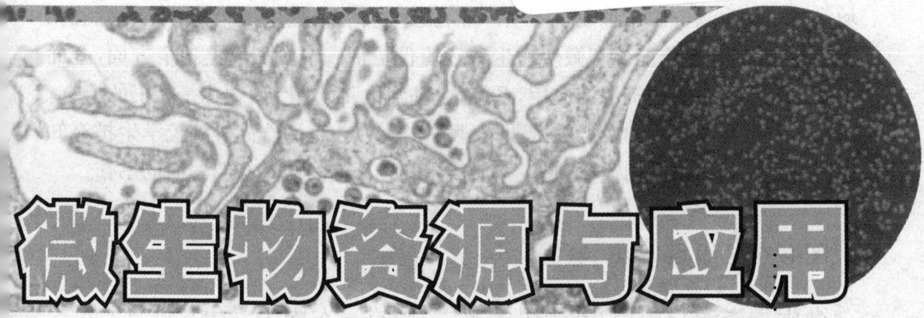

微生物资源与应用

刘爱民 编著

東南大學出版社
·南京·

内容提要

微生物资源是一类现实和潜在用途很大的可再生生物资源，不仅在维持生态平衡方面发挥巨大作用，而且广泛应用于农业、工业、医药、食品及环保等各个领域。目前微生物资源已形成了6项产业：微生物饲料、微生物肥料、微生物制药、微生物食品、微生物能源和微生物生态环境保护剂。本书从以上各个方面，全面系统地介绍了微生物资源的应用，系统化、基础化、时代化、新颖化是本书的特点。

本书可作为生物学及相关专业本科学生的教材，也适合高等院校学生扩充知识面和了解学科前沿的需要，是一本对微生物较全面的应用介绍方面的书籍。

图书在版编目(CIP)数据

微生物资源与应用/刘爱民编著. —南京：东南大学出版社，2008.6（2019.7重印）

ISBN 978-7-5641-1291-2

Ⅰ.微… Ⅱ.刘… Ⅲ.微生物—生物资源—研究
Ⅳ.Q939.9

中国版本图书馆CIP数据核字(2008)第082802号

微生物资源与应用

出版发行 东南大学出版社(南京市四牌楼2号 邮编210096)
电　　话 (025)83795801(发行);57711295(传真)
出 版 人 江建中
责任编辑 杨小军 (025)83790586;bioyangxj@126.com
经　　销 江苏新华集团股份有限公司
印　　刷 南通印刷总厂有限公司
版　　次 2008年6月第1版 2019年7月第5次印刷
开　　本 850 mm×1168 mm 1/32
总 印 张 11.875
总 字 数 319千
印　　数 6001～7000
书　　号 ISBN 978-7-5641-1291-2/Q·12
定　　价 26.00元

前　言

微生物是地球生态系统中最重要的分解者,也是开发潜力最大、人类最宝贵的资源库。在无公害产品的生产开发、污染物的降解转化、资源的再生利用、生态环境的建设保护等方面,微生物都发挥着重要作用。当今人类所面临的诸如环境污染、资源短缺、生态破坏、健康受害等许多重大问题,都有可能从微生物资源的开发研究中寻找到解决的办法,它将对人类社会的持续发展产生重要影响。正因为如此,发达国家自20世纪80年代以来在环境有益微生物的开发、应用研究领域投入了大量的人力、物力,取得了许多成果,同时在微生物技术的产品化、产业化方面迅速发展,取得了巨大的经济、环境和社会效益。

"微生物资源与应用"是关于微生物资源的种类和分布、微生物资源与环境的关系,以及资源的合理开发、应用和有效保护的科学。它既与微生物学、生物化学、分子生物学、发酵工程学相关,又与生态学、生物统计学、环境生物学等多门现代生物科学课程相关,是一门新兴学科。"微生物资源与应用"旨在介绍微生物丰富的资源、广泛的应用和巨大的开发价值,提高和拓宽人们实际应用知识的能力和知识面,对与自己紧密联系的生活常识和环境能从理论和实践上有科学的认识,以便更好地保护我们的生存环境和提高生活的质量。

微生物农业又称"微生物工业型农业",是指微生物资源产业化的工业型新农业,简称"白色农业"。微生物农业的科学基础主体是"微生物学”，技术主体是生物技术中的发酵工程和细胞工程在农业中的应用，在某种意义上又可称为“分子农业”，属于生物工程高科技产业。白色农业是以工厂化生产为特征，生产者穿着白色工作服，在洁净的厂房里生产，不受地域环境的限制，不受气候和自然灾害的影响，产品质量均可达到稳定的保证。其开发的是微生物资源，利用的是农副产品、矿物质、轻工业废弃物等，制造出的是高营养的食品、饲料，如单细胞蛋白等，获得了有价值的产品。微生物农业把传统绿色农业“向‘光’（阳光）要粮、向地要粮”的生产方式，转变为“向‘草’（秸秆）要粮、向废弃物要粮”的生产方式；与传统种植业生产粮食相比，它具有生产周期短，高产、高效，产品无污染、无毒副作用，节约水土资源，不污染环境，资源可综合利用等特点。据科学测算，如果利用每年世界石油总产量的2%进行微生物发酵生产，产出的单细胞蛋白可供20亿人吃1年。目前，我国以占世界7%的耕地生产了占世界24%的粮食，并养活了占世界22%的人口。但随着经济的发展，我国人口、资源和环境之间的矛盾将日益激烈，而缓解人口膨胀与资源缺乏之间矛盾的有效途径就是大力发展微生物农业。因为只有充分利用地球上丰富的微生物资源，通过发酵工程和酶工程，在工厂化条件下进行生产，才能节省大量耕地，真正实现退耕还林还草、退田还河还湖的目标，有效缓解人口膨胀与资源缺乏之间的矛盾。微生物农业的发展系数很大，属于高增值农业。微生物农业拓宽了传统农业的生产领域，将由植物、动物资源（二维结构）组成的传统产业，拓展为植物、动物、微生物资源（三维结构）组成的新农业，变革传统农业（单相形态）的生产模式为多相形态的生产模式，即绿色（露天农业）与白色（工厂农业）并存。目前微生物农业在微生物肥料、微生物农药、微生物食品、微生物饲料、微生物能源和微生物生态环境保护剂等六个方面已经初步实现了微生物资源开发利用的产业化,国内外在这个领域的研究和应用都已经取得了一定的研究成果。本书主要从以上六个方面以及微生物药物方面等介绍微生物的资源与应用。

微生物资源是一个重要的资源库,开发潜力巨大,应用前景广阔。

目录

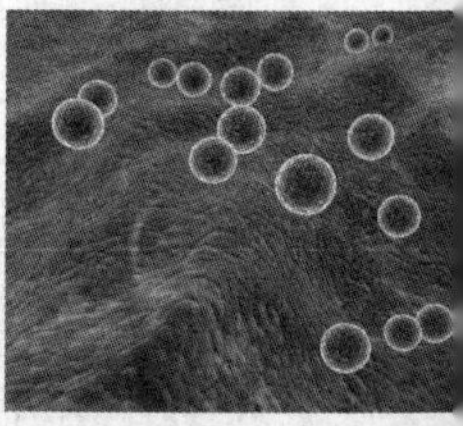

第一章　微生物资源概论

随着社会需求的发展，全球资源环境问题日益尖锐，已成为人类社会进入 21 世纪寻求可持续发展所面临的根本性、战略性问题，该领域的科学研究已经备受国际社会和各国政府的重视。要实现我国在本世纪中叶人均国民生产总值达到中等发达国家水平的第三步战略目标，其关键在于保证自然资源的可持续供给和生态环境的良性循环。

一、微生物资源的定义

在 1992 年的联合国环境与发展大会上，包括中国在内的 153 个国家通过的《生物多样性公约》中明确指出："生物资源是指对人类具有实际或潜在用途或价值的遗传资源、生物体或其部分、生物群体或生态系统中任何其他生物组成部分。"生物资源也就是指可为人类所利用的生物，是人类社会赖以生存的基本物质来源，包括动物资源、植物资源和微生物资源。这里的微生物资源系指古细菌、真细菌、放线菌、酵母菌、病毒、丝状真菌及大型真菌等。

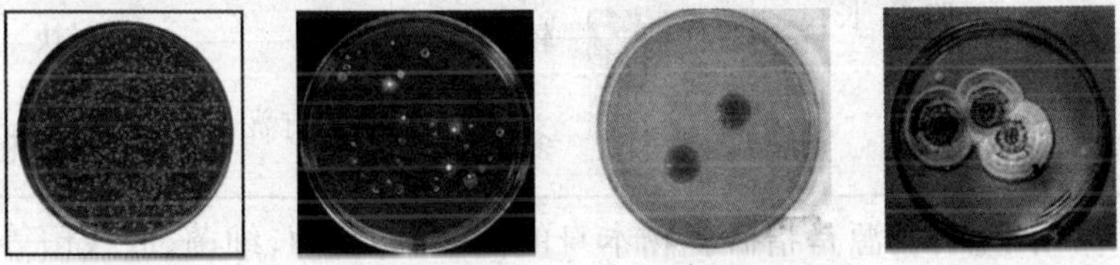

细菌　　放线菌　　酵母菌　　霉菌

图 1-1　四大类微生物菌落特征比较

表 1-1 四大类微生物的细胞形态和菌落特征的比较

菌落特征			单细胞微生物		菌丝状微生物	
			细菌	酵母菌	放线菌	霉菌
主要特征	菌落	含水状态	很湿或较湿	较湿	干燥或较干燥	干燥
		外观状态	小而突起或大而平坦	大而突起	小而紧密	大而疏松或大而致密
	细胞	相互关系	单个分散或有一定排列方式	单个分散或假丝状	丝状交织	丝状交织
		形态特征	小而均匀，个别有芽孢	大而分化	细而均匀	粗而分化
参考特征		菌落透明度	透明或稍透明	稍透明	不透明	不透明
		菌落与培养基结合程度	不结合	不结合	牢固结合	较牢固结合
		菌落颜色	多样	单调、一般呈乳脂或矿浊色，少数红色或黑色	十分多样	十分多样
		菌落正反面颜色的差别	相同	相同	一般不同	一般不同
		菌落边缘	一般看不到细胞	可见球状、卵圆状或假丝状细胞	有时可见细丝状细胞	可见粗丝状细胞
		细胞生长速度	一般很快	较快	慢	一般较快
		气味	一般有臭味	多带酒香味	常有泥腥味	往往有霉味

微生物资源是指微生物本身的资源，如真菌、细菌、放线菌等能发酵产生生理活性物质，如真菌多糖、维生素、低聚糖、活性油脂、氨基酸、酶制剂、抗菌素等菌体或代谢产物；其次是指微生物发酵工厂的下脚料——废渣、废水等。它是一类现实和潜在用途很大的可再生生物资源，不仅在维持生态平衡方面发挥了巨大作用，而且广泛应用于农业、工业、医药、食品及环保等各个领域。当今

微生物生产已与动植物生产并列成为生物产业三大支柱之一。据粗略估计，全世界目前微生物产业的年产值达 2 000 亿美元，每年由微生物向全球药业市场提供的原材料就达 500 亿美元；在日本，发酵行业的年产值与电气和电子行业相当。

二、微生物资源的开发利用程序

微生物资源的开发利用程序通常由总体设计、找到目的菌、效果试验、申请专利、菌种改良及发酵工艺研究、报批、生产、投放市场等相互关联的过程所组成。核心问题就是千方百计尽早找到所需的目的菌，决定开发资源的成败。获取高效菌种是开发应用环境有益微生物并进一步实现产业化的基础，是该领域研究和开发工作的源头，也是产业化发展的核心与关键。我国在环境有益微生物的开发研究中，虽已得到不少高效菌种，但无论是数量、质量还是高效菌种的应用技术，都远远跟不上实际的需求，跟国外也存在不少差距。微生物生产的基本策略是以廉价的原料为前提，以效益为核心，以优良的菌种和科学的工艺为保证。充分发挥我国的研究和技术优势，采用富集、筛选、纯化、诱变、基因重组、细胞融合等多种手段，建立环境有益微生物菌种库，不仅能使分散的资源和成果集中起来，有利于这些成果的完善、提高和更快地应用、推广，而且可以加大环境有益微生物资源开发的力度，加快高效菌种获取的速度，并有利于一菌多用或多菌组合等应用技术的开发，使菌种库成为资源库，成为该领域产业化发展的龙头。

第一节 微生物资源的种类和分布

一、关于微生物

1. 微生物是一类天然资源的公共意识远远没有建立。自从有了人类，人们也就天天跟微生物打交道，但人类发现微生物的历史却较短，仅 300 多年而已。微生物的发现与显微镜的发明密切相关。最初发现的微生物还都是引起疾病的病原微生物，在很长的时期内，人们都把微生物同疾病联系在一起，认为它对人类有害无益，而对微生物有益性的理性认识则晚得多。微生物与人类关系密切，它既能造福于人类也能给人类带来毁灭性的灾难。

2. 微生物的形体极小，代谢类型极其多样化，生长繁殖速度惊人。在动植物不可能生长的地方都有微生物分布，作为一类资源，它既可提供极为多样化的产品，又适于在人工控制条件下进行大规模生产，而不受气候等因素的影响。

3. 种源丰富，未知者众。目前很难用多少属、多少种、特有种、蕴藏量来估计微生物的资源量，现在人们还不知道微生物的种类究竟有多少。有人认为，全世界被描述的微生物种类不到实有数的2%～10%。

4. 微生物的变异性大，它为人类改造它们提供了更大的可能性。如果说微生物是个“富矿”的话，那么对微生物资源的开发目前还只是个“刚剥去一层表土的富矿”。

5. 微生物资源的开发潜力大，生产性能优越，前景广阔。微生物可看作是光合能量的初级固定者，也可看做是引发所有天然和合成有机分子产生化学变化的系统。从维持生态平衡而言，微生物起的作用是巨大的，是其他生物不可取代的；从“有实际或潜在用途或价值”的观点看，除了传统的酿酒工业、面包工业、奶酪工业、调味品工业所利用微生物以外，现代发酵工业生产药物、氨基酸、有机酸、维生素、酶、醇、微生物肥料、微生物农药等以及石化工业、冶金工业均使用微生物，其价值是难以估量的，全世界仅抗生素的年产值就达300亿美元之巨。微生物产品覆盖制药、农业、食品、化学、化妆品、环境、能源等许多方面，具有巨大的商业价值和社会效益。

表 1－2　固体基质发酵的例子

例子	基质	参与的微生物
蘑菇生产	秸秆、畜禽粪便	双孢蘑菇(*Agaricus bisporus*)、 香菇(*Lentinus edodes*)、 草菇(*Volvariella volvacea*)
泡菜生产	卷心菜	乳酸细菌(*lactic acid bacteria*)
酱油生产	大豆和小麦	米曲霉(*Aspergillus oryzae*)
奶酪生产	凝乳	娄地青霉(*Penicillium roquefortii*)
浸矿	低品位矿石	硫杆菌(*Thilbacillus* sp.)
有机酸生产	蔗糖、糖蜜	黑曲霉(*Aspergillus niger*)
酶生产	麦麸等	黑曲霉(*Aspergillus niger*)
堆肥	混合有机物	细菌、真菌、放线菌
废水处理	废水成分	细菌、真菌、原生动物

二、微生物资源的特性

微生物是生物中一群重要的分解代谢类群，没有微生物的活动，地球上的生命就不可能存在。微生物是地球上最早出现的生命形式，其生物多样性在维持生物圈和为人类提供广泛的、大量的未开发资源方面起着重要的作用。但它们中的一些成员又是人类和其他生物的敌人，如历史上数次流行并杀死了数以万计生命的鼠疫、伤寒、霍乱以及 20 世纪下半叶开始威胁人类的艾滋病等，就是微生物惹的祸。然而由于微生物的微观性，尤其原核微生物简单的单细胞结构、繁殖快，以及无准确的基线用于统计等原因，对于它们的生物多样性研究远没有宏观生物那样受到重视。尽管人类的干扰取样似乎未造成它们种群灭绝的危险，但宿主的失去也导致了某些微生物种群的消失和演变。已知有 8%的真菌种群处于濒危状态，一些处于特殊生境的真菌物种已被其他取代。因而对微生物多样性的认识和保护是整个生物圈保护中必不可少的内容。

（一）物种多样性

生物多样性(biodiversity)是生物及其与环境形成的生态复合体以及与此相关的各种生态过程的总和，它包括数以千百万计的动物、植物、微生物和它们所拥有的基因以及它们与生存环境形成的复杂的生态系统。通常被认为有三个层次，即遗传、物种和生态系统多样性，近年来又增加了一个层次，即景观多样性。因此，生物多样性要从基因、物种、生态系统和景观四个水平上进行保护。在生物多样性中，物种多样性是最基本的内容，掌握现存物种数及其分布状况是评价生物多样性的基础。

表 1-3　地球上不同类群的微生物资源

类　群	已知种	估计种	已知种占的比例/%
病　毒	5 000	130 000	4
细　菌	4 760	40 000	12
真　菌	69 000	1 500 000	5
藻　类	40 000	60 000	67

至今，人类对微生物多样性的估计在很大程度上只是反映了它们与高等生物的专一的或兼性的依赖关系，而我们对这些关系的了解还十分肤浅。另外，由于研究手段的限制，许多微生物的种群仍不能分离培养。因此，建立在培养手段上的多样性估计对单细胞的原核微生物尤为困难。如表 1-3 所示，1992 年 Bull 等根据全球不完全的统计得知，已描述的真菌种是 69 000 个，占全部的 5%；已描述的细菌种是 4 760 个，占全部的 12%；已描述的病毒种是 5 000 个，占全部的 4%；高等动植物的种群基本全部描述记载，其中高等植物为 250 000，昆虫为 1 千万～6 千万，而微生物和无脊椎动物的已描述种群最少。然而 1995 年 Amann 等人根据原位、无培养的微生物系统发育学研究认为，自然界中 95%～99%的微生物种群未被分离培养和描述，因而推算地球上仅细菌应有 10 万～50 万种。微生物的多样性为人类了解生命起源和生物进化提供了依据。表 1-4 显示美国、日本和欧洲微生物种株保有的基础

准备(种株数及DNA解析数)情况。

表1-4　各国微生物种株保有数

国别	微生物种株保有数	DNA解析比例/%
美国	约71 000	60
欧洲	约64 000	30
日本	约8 000	10

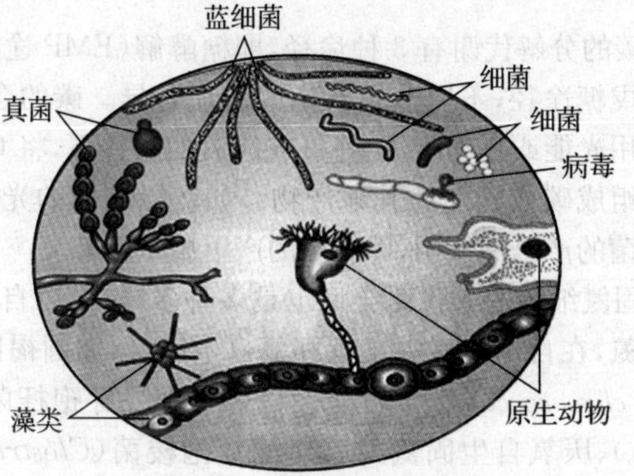

图1-2　微生物的多样性

（二）代谢类型多样性

微生物的代谢多样性是其他生物所不可比拟的。原核微生物具有多种多样的代谢方式和生理功能,可适应各种生态环境并以不同的生活方式与其他生物相互作用,构成了丰富多彩的生态体系。正如美国加州技术研究所的Ken Nealson所说,实际上在地球的任何一个能够产生能量的生境中都有微生物的存在。细菌在生态系统中的能量利用和物质循环上具有多种代谢类型。在能源利用方式上,既能利用太阳能又能利用化学能;代谢中产生的电子受体可以是有机物也可以为无机物;代谢的环境可以有氧也可无氧,因而出现了如表1-5所示的各种代谢图谱。

表 1-5　细菌的营养代谢类型及代表

营养类型	好氧		厌氧	
	无机营养	有机营养	无机营养	有机营养
光能营养	蓝绿细菌	无	绿硫杆菌	红细菌
化能营养	亚硝化单胞菌	假单胞菌	硫小杆菌	梭菌

1. 物质转化具有多种多样的途径　在物质转化过程中，细菌无论在元素的代谢还是产物的代谢过程中都具有多种多样的途径。

(1) 碳的分解代谢有 3 种途径，即糖酵解(EMP 途径)、ED 途径和磷酸戊糖途径，不同途径产生的物质各异。碳的合成代谢中细菌可利用光能或化学能，在好氧或厌氧的条件下，将 CO_2 同化为其细胞的组成碳或转化为其他产物。如蓝绿细菌的光合作用，同型产乙酸菌的产乙酸作用，甲烷菌的产甲烷作用等。

(2) 固氮细菌的氮代谢类型也是多种多样，可以自生固氮，还可共生固氮，在自生固氮中又有好氧自生固氮，如圆褐固氮菌(*Azotobacter chroococcum*)、兼性自生固氮如多黏芽孢杆菌(*Bacillus polymyxa*)、厌氧自生固氮如巴斯德芽孢梭菌(*Clostridium pasteurianum*)、光合细菌如红色红螺菌(*Rhodospirillum rubrum*)，共生固氮又有根瘤菌与豆科植物共生、非豆科植物与放线菌共生、蓝藻与细菌共生等。

(3) 在代谢产物的产生途径上亦表现多样性。大多数微生物都可以产生乙烯，但各种微生物中乙烯的合成代谢却复杂多样。目前研究表明，乙烯的合成前体可以是糖代谢 TCA 中的有机酸、氮代谢中的氨基酸如丙氨酸和甲硫氨酸、脂肪代谢中的亚麻酸等。

(4) 细菌在生长发育过程中，可以产生或分泌多种物质。可以产生植物激素类物质，如吲哚乙酸、细胞分裂素、赤霉素；维生素类物质，包括烟酸、泛酸、生物素、维生素 B_{12}；核酸类等物质，调节植物的生长。还可以产生对其他有害病原微生物生长发育具有抑制作用的拮抗物质，如抗生素(脂肽抗生素、多肽抗生素等)、细菌素、几丁质酶、葡聚糖酶、抗菌蛋白以及挥发性抗菌物质等。这些代谢产物在农业生态系统中发挥着各自的作用和功能。

(5) 同一种微生物还会因环境的变化而改变代谢类型。紫色硫细菌在白天利用光合作用获得能量，并氧化 H_2S 为元素硫，还原 CO_2 为储存物质糖原；而在夜晚或阴天时进行化能营养，氧化糖原产生乙酸。自养营养是细菌特有的生活类型，地球上主要的基础生产者——植物的叶绿体也是起源于蓝细菌。但目前对细菌的自养营养方式只了解固氮作用和 CO_2 固定作用，而对铁、氢及硫代谢了解甚少。所有自然的或生物合成的物质最终都由微生物降解，包括纤维素、半纤维素、木质素、难降解的卤素苯环化合物等，这些对于其他生物来说是营养极限的物质。

2. 细菌的适应多样性　其表现为几乎在任何环境条件下均可生活。通过适应性不同的单细胞群体形成能耐受和适应各种特殊环境的细菌种群来适应环境。在高浓度酸、碱、盐等其他生物无法忍受和生存的极端环境条件下，细菌均可生长。厌氧呼吸更是微生物所特有的功能，在厌氧污水处理器、瘤胃等各种缺氧或无氧环境中的微生物能够进行必要的物质转化，如将硝酸盐还原为大气氮，将硫酸盐还原为元素硫或 H_2S，将 CO_2 还原为乙酸或甲烷等等。

3. 从对物质的降解能力上看，微生物的生物化学活性几乎是万能的　微生物对自然界各种有机物的分解中，较为重要的是对不含氮有机物如纤维素、半纤维素、木质素、淀粉、果胶物质等的分解，以及对含氮有机物中的蛋白质、甲壳质和尿素的分解。因此微生物在维持各种自然生境的物质转化上具有其他生物无法代替的作用。如果化学工业由矿物资源为原料完全转化到以生物资源为原料，那么资源将会源远流长、取之不尽。

4. 代谢产物的多种多样　微生物资源非常丰富，微生物的代谢产物有 300 多种，已知的有 37 个大类(表 1－6)，已大量生产的才近百种。微生物的酶有几千种，已被应用的才几十种，可见其应用前景很大。表 1－7 是按工业领域划分的发酵产品。

表 1－6　微生物代谢产物类型

产业	微生物代谢产物
医药	抗生素,药理活性物质,维生素,抗肿瘤剂,基因工程药物,疫苗等
食品	氨基酸,鲜味增强剂,脂肪酸,蛋白质,糖与多糖类,发酵剂,脂类,核酸,核苷酸,核苷,维生素,饮料等
农业	动物生长促进剂,除草剂,植物生长促进剂,灭害剂,驱虫剂,杀虫剂等
轻工	酸味剂,生物碱,酶抑制剂,酶,溶媒,辅酶,表面活性剂,转化甾醇和甾体,有机酸,乳化剂,色素,抗氧化剂,石油等
其他	离子载体,抗代谢剂,铁运载因子等

表 1－7　按工业领域划分的发酵产品

领域	产品/活性
化学品	
有机的(批量的)	乙醇、丙酮、丁醇
	有机酸(柠檬酸、衣康酸)
有机的(精细的)	酶
	香料
	多聚物(主要是多聚糖)
无机物	生物选矿、生物富集、生物浸矿(铜,铀)
医药用品	抗生素
	诊断试剂(酶、单克隆抗体)
	酶抑制剂
	类固醇
	疫苗
能源	乙醇(酒精—汽油混合燃料)
	甲烷(沼气)
	生物质
食品	奶制品(奶酪、酸奶、鱼和肉制品)
	饮料(酒精饮料、茶、咖啡)

续表

领域	产品/活性
食品	面包酵母
	食品添加剂(抗氧化剂、色素、香料、稳定剂)
	新食品(酱油、面酱)
	蘑菇
	氨基酸、维生素
	淀粉制品
	葡萄糖和高果糖糖浆
	功能改良的蛋白质和果胶
农业用品	动物饲料(单细胞蛋白)
	动物疫苗
	青贮饲料和堆肥过程
	微生物杀虫剂
	根瘤菌等固氮细菌接种物
	菌根菌接种物

(1) 氨基酸的生产:利用微生物酶可转化对应的α-酮酸或经羟基酸作用生产氨基酸,如亮氨酸、苏氨酸、色氨酸等。

(2) 有机酸的生产:利用假单胞菌属可转化油酸为10-羟基十八酸,转化D-木糖为α-酮-D-木质酸等。

(3) 糖类的生产:利用细菌可制取葡聚糖、果葡糖、聚甘露糖、脂多糖,还可以生产单糖和寡糖等。

(4) 核苷酸类的生产:利用细菌生产5′-AMP、5-肌苷酸、核苷和磷酸核糖等。

(5) 维生素的生产:利用细菌生产维生素B_1、维生素B_2、烟酸、生物素等。

(6) 酶的生产:利用细菌可生产α-淀粉酶、蛋白酶、脂肪酶、几丁质酶等。由埃希氏大肠杆菌产生 L-天冬酰胺酶是治疗肿瘤的第一个酶制剂。

放线菌是重要的抗菌素生产菌，已有的 1 000 多种抗菌素中约 2/3 产自放线菌。真菌是生产工业酶制剂的主要资源。酵母菌（图 1－3）是良好的食品与蛋白质的原料。

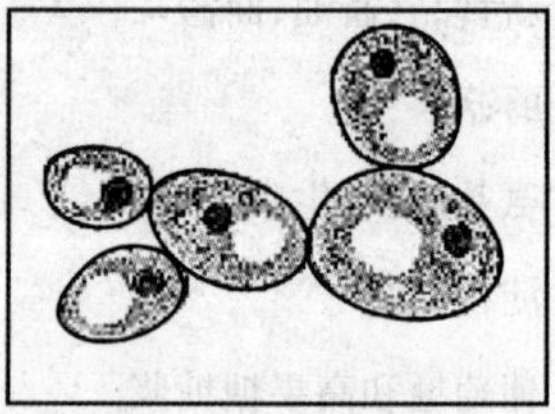

图1－3　用于酿酒、制面包、单细胞生产的酵母菌

5. 控制微生物代谢的目的　从应用角度看，控制微生物代谢的目的有以下几种：①积累低分子代谢产物（抗生素、有机酸等）；②生产特异性生物大分子（酶等）；③获得微生物菌体；④分解和转化工农业废弃物。

（三）生态系统多样性

高等生物能够通过功能专化和分化的细胞或器官适应逆境，而微生物使用的是适应性不同的单细胞群体，因而形成了具有耐受或适应广泛的特殊环境的生物种群。它们能够耐受烧烤、冰冻、酸、碱、高盐、无氧、营养极限等使其他生物束手无策的极端环境，尤其是古细菌，如嗜盐菌、高温嗜酸菌和甲烷菌，它们多生活在地球上开始出现生命时的原始环境和极端环境中。

地球上每一角落都是不同的微生物生态系统（即使在很小的范围也可能存在多个微生物生态系统）。按大环境的不同，可分为下列主要的微生物生态系统：

1. 陆生（土壤）微生物生态系统　土壤素有“微生物天然培养基”之称。土壤中微生物种类最多、数量最大，是人类最主要的微生物资源菌种库。对土壤的形成、土壤肥力、生物质（biomass）的生产、对含 C、N、S、P 等元素的有机物的矿化都有非常重要的作用。

2. 水生微生物生态系统　水是一种很好的溶剂。地球表面约有71%为水所覆盖。水生微生物生态系统可分为淡水水生微生物生态系统和海水水生微生物生态系统。水中含有的异养微生物可把腐殖质、有机废弃物等分解并部分转化为微生物蛋白;此外,水中还含有各种光合微生物(如光合细菌、蓝细菌、藻类等),它们通过光合作用,将无机物转化为有机物而合成自身细胞物质。

3. 大气微生物生态系统　大气中的C元素含量极低,不是微生物生长繁殖的适宜环境,空气中没有固定的微生物种群。由于许多微生物可以产生各种抗逆境的休眠体以适应不良环境,于是微生物可在大气中存活相当时间而不死亡,在空气中仍能找到各种微生物。它们主要来源于带有微生物细胞或孢子的尘埃、小水滴及动物呼吸排泄物等,主要是细菌和真菌。探索微生物在大气中的传播途径和规律及其变化,对研究大气污染,防止有害微生物(病原菌和腐生菌)特别是流行性病原菌对动植物和人类造成大范围损伤,具有极其重要的理论和实践意义。

4. 根系微生物生态系统　一般来说,根系微生物生态系统的正常功能维系着植物的正常生理功能;有些形成共生关系,如固氮菌与豆科植物;有些根系微生物离开了根系微生物系统就不可能生长繁殖,如菌根菌。研究根系微生物生态系统,对于发展、保护森林资源,提高牧草产量,提高农业粮食产量,甚至在环境污染治理方面都具有重要意义。

5. 极端环境微生物生态系统　极端环境包括高温、低温、高盐、高碱、高酸、高热、高压环境等。在各种极端环境中生长着不同的微生物,这是自然选择的结果。这些微生物在蛋白质和核酸组成、分子结构、细胞膜分子结构和功能、酶的结构和性质及代谢途径等方面,发生了生理性和进化性改变的结果。研究极端环境微生物生态系统,了解极端环境因子对微生物种群、群落分布和结构组成及其功能的限制性作用规律,对于研究微生物分类、生物进化,甚至是生命的起源,对于开发微生物资源,应用这些微生物的特殊基因、特殊功能的酶(耐热酶、耐碱酶等)、新的生物产品等,在理论上和实践上都有极其重要的意义。

6. 活性污泥微生物生态系统　活性污泥是由很多革兰阴性细菌、革兰阳性细菌、丝状真菌、原生动物、后生动物、有机残片、无机颗粒、胶体等组成的复杂结构的共生体系。不同来源的活性污泥，其微生物组成、结构和功能有着非常明显的差别。活性污泥中的各种微生物都具有降解各种有机物的能力。研究并阐述活性污泥微生物生态系统的组成、结构与功能，对于提高活性污泥对有机污染物的降解能力，进而提高废水的生化处理效率，以及对于进一步了解微生物种群之间的关系，特别是微生物种群之间的共生关系等，都具有重要的理论和实践意义。

7. "生物膜"微生物生态系统　"生物膜"是由各种微生物种群构成的特殊的微生物生态系统。一般至少有两层结构，外层由各种好氧异养微生物种群组成，可降解各种有机污染物；内层由各种兼性厌氧或厌氧的化能异养或化能自养微生物种群组成，可进行各种氧化还原反应，特别是可以进行硫酸盐还原和反硝化作用。研究并阐述"生物膜"微生物生态系统的组成、结构与功能，对于提高其对有机污染物的降解能力，进而提高废水的生化处理效率等都具有重要的理论和实践意义。

8. 人体的生物微生态系统　在人体体表及体内存在着大量的微生物，如图 1－4 所示。皮肤表面平均每平方厘米有 10 万个细菌；口腔细菌种类超过 500 种；肠道微生物总量可达 100 万亿，粪便干重的 1/3 都是细菌，每克粪便的细菌总数为 1 000 亿个。

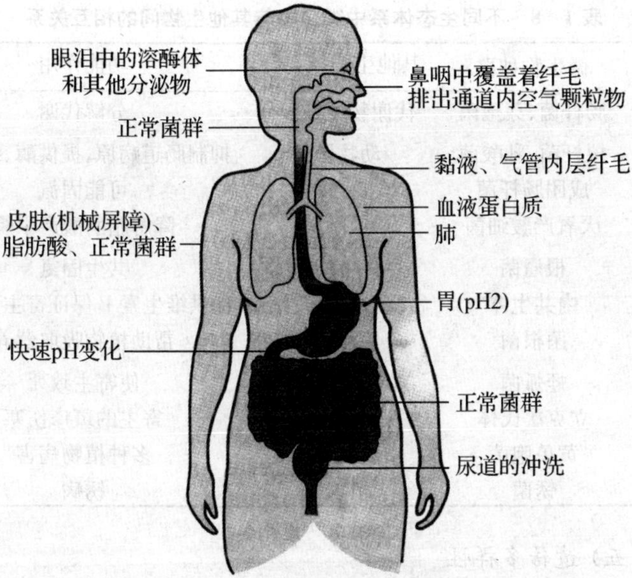

图 1-4 人体体表及体内存在大量的微生物

即使是同一地点、同一环境，在不同的季节，如夏季和冬季，微生物的数量、种类、活性、生物链成员的组成等也会有明显的不同。自然界中的微生物受环境因素的影响，温度、湿度、酸度、营养、空气都会极大地影响微生物的生存。空气、雨水、动植物、人、机械等都可以传播微生物，在人类活动频繁的场所，微生物群落的变化比较大。

（四）生活方式的多样性

微生物同其他生物间的关系也因种群而异，它们可通过代谢活动为其他生物提供营养，也可对它们的生命活动有所抑制甚至致死。微生物对其他生物的依赖关系可分为腐生、互生、共生和寄生。另外微生物可产生多种生物活性物质，如各种抗菌素、细菌素及短肽，而对其他菌群抑制，这叫做拮抗作用。

表 1－8　不同生态体系中微生物与其他生物间的相互关系

关系	微生物种群	其他生物体、部位	功能作用
腐生	肠杆菌、芽孢菌	代谢物质或尸体	分解代谢
互生	拟杆菌、乳酸菌	动物肠道	抑制肠道病原，提供酶、维生素
	成团肠杆菌	水稻体内	可能固氮
	厌氧产酸细菌	甲烷菌	降解脂肪酸产甲烷
共生	根瘤菌	豆科植物根瘤	共生固氮
	内共生体	舌蝇中肠表皮细胞	提供维生素 B 保证寄主产卵力
	菌根菌	兰科植物	帮助植物吸取营养
寄生	蛭弧菌	革兰阴性细菌	使寄主致死
	立克次氏体	人细胞内	寄主的斑疹伤寒
	黄单胞菌	植物体	多种植物病害
	锈菌	植物体	锈病

（五）遗传多样性

与高等生物相比，微生物的多样性在基因水平上更为突出，不同种群间的遗传物质和基因表达具有很大的差异。DNA 的多样性是生物多样性的本质内容。

1. 基因组大小和基因数目的多样性　脉冲场电泳（PFGE）方法及其他分子生物学手段为微生物基因组的分析提供了得力的工具。已知不同种群原核生物的基因组大小范围从 0.6 Mb（分枝杆菌）到 9.45 Mb（黏细菌），据估计，低等真核生物（如酵母菌）同“高等”原核生物（如链霉菌）的基因组大小无太大区别。与高等生物相比，原核生物的基因组要小得多，编码的基因数目也少得多。然而与人类基因组中 90％～95％的非编码区相比，微生物对遗传物质的利用效率就高得多，相关的基因常以操纵子形式出现，这样有利于转录调控和协调表达。另外，细菌除染色体带有遗传信息外，在细胞内还有一种环状的 DNA——质粒。质粒亦表现出多样性，如不同植物根瘤菌质粒的大小、数目和组合存在着差异；而且同一植物，生长在不同的地理区域，其大小、数目和组合也有差异；即使来自相同地区的植物，其质粒的大小、数目和组合也有差异。质粒在遗传上的作用也不同，如根瘤菌的质粒携带了根瘤菌全部遗传信息的25%～50%。质粒编码控制结瘤基因、固氮基因和固氮酶结构基因等有关共生固氮的重要基因；降解性质粒可编码生物降解过程中的一些关键酶类；而抗药质粒能使宿主细胞抗多种抗生素和有毒化学品如农药和重金属等；致病质粒可以引起植物的肿瘤和发根等。

2. 遗传物质化学组成和DNA序列的差异　原核生物DNA的化学组成差异很大，不同种群的GC含量范围是24%～76%，细菌种内的GC含量差别不超过3%，属内的差别不超过10%。另外，不同种群的基因组DNA序列差异也很大，两种DNA-DNA的结合（杂交）比例间接地反映了两种细菌DNA序列的相似性程度。通常同一个种的细菌菌株间的序列差异可高达30%。近年来发展的DNA指纹图谱也显示了细菌种内不同菌株的DNA差别很大，常用的AFLP、RAPD、ARDRA及Ribotyping（rRNA基因指纹技术、核糖体分型）等都是菌株鉴别的重要手段。

3. 基因组序列所揭示的遗传背景多样性　一些微生物基因组序列的完成为人们全方位、深入地认识其遗传物质和结构的多样性提供了极好的素材。1996年当第一个古菌——詹氏甲烷球菌（*Methanococcus jannaschii*）的基因组全序列完成后，“原核生物学家”和“真核生物学家”都开始从这个古菌中寻找他们感兴趣的基因，很快人们就发现了它的特殊性。1997年Koonin等通过计算机软件比较了詹氏甲烷球菌和另外三个细菌的基因组序列，它们是流感嗜血杆菌（*Haemophilus influenzae*）、生殖道支原体（*Mycoplasmagen italium*）和集胞蓝细菌的一个种（*Synechochstis* sp.）。通过所推测的蛋白质氨基酸序列同源性分析得知，73%的*M. jannaschii*蛋白具有序列保守性，其中26%是它自己特有的，在它所编码的1 738个蛋白中，676个与细菌的蛋白相似，占全部的39%；544个蛋白与酵母菌的蛋白相似，占全部蛋白的3.14%。3种细菌各自特有的蛋白比例分别是：*Haemophilus influenzae*约10%、*Mycoplasmagen italium*约20%和*Synechochstis* sp.约25%。蛋白质序列相似性分析不仅支持古菌作为一个独立的进化分支，而且也揭示了原核生物遗传背景的差异和多样性。

三、微生物资源的重点研究领域

1. 寻找发现新菌种　新菌种的发现就意味有新基因和新产物的发现，这样就可发现新用途。土壤、海洋和极端环境是新菌种发现的最大资源库，现在正是国际学术界研究热点。

2. 利用现代生物技术改造菌种　深入了解微生物的组成结构、代谢过程、遗传表达等内容，可充分利用微生物资源。运用原生质融合技术和基因工程技术构建高效工程菌，为环境污染治理开辟了广阔前景。将降解污染物的质粒转入极端环境微生物中，具有很高的实际应用价值。另外，应用的安全问题一直是现代生物技术的重要障碍，尚需进一步完善解决。

3. 发展完善各种微生物环境保护应用技术　各种应用技术都要以提高效率、降低成本为原则。从微生物的角度，分离、筛选和驯化高效降解菌，利用微生物共代谢作用、多菌种协同作用降解难降解污染物；从技术角度，开发实用新技术，包括传统技术改造，开发现代技术和传统技术与现代技术的结合；从工艺角度，构建高效反应器，优化运行条件，探索新工艺、新方法等。

4. 微生物制剂的产业化　微生物制剂是利用微生物菌体、细胞组成成分或代谢产物制成的产品。在现代生物技术迅猛发展的今天，微生物制剂产品已渗透到人类社会的各个方面，从工业到农业，从医疗保健到环境保护，微生物制剂在环境保护中的应用日益广泛。目前最具市场前景的是有效微生物群制剂和微生物絮凝剂，菌体蛋白、酶制剂、微生物农药、微生物表面活性剂等也已产业化或正逐步实现产业化。

5. 极端微生物研究　地球上存在着各种不同的、强烈抑制一般生物生长的极端环境(extreme environment)。在极端环境中生长，并通常需要这种极端环境才能正常生长的微生物被统称为极端微生物。极端环境涵盖了物理极端(如温度、辐射、压力、磁场、空间、时间等)、化学极端(如干燥、盐度、酸碱度、重金属浓度、氧化还原电位等)和生物极端(如营养、种群密度、生物链因素等),如高温(200～300℃)、高盐(15%、20%或饱和盐溶液)、高酸(pH<1)、高碱(pH>10)、高压(>1.013×10⁸Pa)、寡营养等。微生物适应异常环境是自然选择的结果。为了适应生存,微生物逐步形成了独特的结构、机能和遗传因子,以应答相应的强烈限制性因子(胁迫因子)。对极端生境微生物的研究,不仅使人类了解和探索生命的策略和极限,而且为超常物质的开发利用提供了资源。嗜热酶的开发已开始为人类创造前所未有的价值,众所周知的来源于水生栖热菌的 *Taq* DNA 聚合酶使 DNA 的体外复制变得异常简便和常规化,将生物工程、基因组研究等分子生物学领域推向了一个新境界。国外的一些生物公司也瞄准了这一领域,已有 20 多个公司申请并被获准调查美国黄石公园的微生物,他们已在 30 多种嗜热物种中发现有一半以上具有加工淀粉、漂白纸张和产生乙醇的潜力。

6. 微生物分子生态学研究　微生物与环境之间的分子生态关系体现了环境造就生物、生物改造和修饰环境的基本原理。其核心是外界环境因子对微生物产生的环境分子生态效应和微生物对环境适应的遗传分子生态效应。微生物在机体内环境的分子生态现象体现在它们之间的信息交流。

生态系统的基本特点是进行物质、能量和信息的流动,即物流(signal flow)、能流(energy flow)和信息流(information flow),三流则体现在分子作用上。物流就是自然环境中的物质分子被细胞吸收,通过新陈代谢,有的分子构成细胞物质,有的则排出胞外;能流是活细胞吸收光能转变成化学能的过程,为细胞生命活动提供能量,借这种能量的流动进行中间代谢;第三种是信息流,意味着方向和蓝图,通过信息,贮存或传递特殊分子的聚合、分解的方向。可以说,分子生物学特别是分子生态学,核心是研究活细胞与环境交流时信息分子的表达、分配、复制和交流的方式。由复杂性系统思维所产生的生态文化应用于解决环境治理和生物病虫害防治而提出来的生态整治(eco-realignment),即维系生态系统平衡,是促进人类文明的科学举措。生态性(生命活动对不可缺少的环境条件的依赖性)、繁殖性、遗传性和代谢性成为生物的四大属性。

细胞产生的信息素(pheromone)是细胞间相互作用的信息物质,它可通过自分泌、旁分泌与内分泌等途径调节细胞的功能。①自分泌:细胞对自身分泌的信号分子产生反应;②旁分泌:信息分子通过细胞外液弥散至邻近的靶细胞;③内分泌:信息分子经血液循环运送至远距离的靶细胞。信息素被传递到靶细胞部位后,少数的小分子信息物质经自由扩散进入细胞,同细胞质中的受体结合,再进入细胞核转录 mRNA 合成蛋白质(也包括酶)。多数大分子信息物质首先同靶细胞膜上的受体结合,形成信息分子复合体。细胞经 cAMP 系统、脂质类信使系统、钙调素信使系统等途径传递信息,在此过程中同时可使信息量扩增数百倍。细胞信号传递的研究一直是生物学的热点话题,尤其随着分子生物学的发展,发现并弄清了许多动物细胞信号交流和传导途径。常见的生物信息类物质,如:动物产生的章鱼碱、植物的根产生的黄酮类化合物、环境中裸露的 DNA 分子。但长期以来人们一直认为微生物只能感受环境变化,没有群体效应。20 年前由于黏细胞和生物发光现象的研究,发现了细胞密度阈值敏感现象(quorum sensing),确认了细胞的信息素(bacterial pheromones),从而打开了微生物细胞通讯的大门。细菌自身分泌的小分子物质,用以调节自身的生理活性,这些小分子化合物就是细菌的信息素,也叫细菌激素(bacterial hormones)。微生物对环境信号分子的响应有两种途径:一是环境信号分子首先结合细胞膜上的特异信号受体,再通过细胞质中调节蛋白的磷酸化过程来调节目的基因的转录,例如进化系统和代谢受体系统;另一种形式则是信号分子直接进入细胞膜后与特异性响应调节蛋白作用,启动目的基因的转录,而不需要与受体蛋白结合。研究最多的是组氨酸蛋白激酶-响应调节系统(histidine kinase-response regulator system)。细菌的信息素的调节机制是近 30 年来才开始研究的。革兰阴性菌的信息素是高丝氨酸内酯衍生物,革兰阳性菌的信息素多是寡肽,其作用涉及寡肽的合成、加工和分泌，以及对寡肽的响应等一系列的精细调节过程。细菌信息素的响应调节过程最重要的特点是信息素对细胞密度有依赖性的阈值敏感现象。按调节噪声假说，微生物通过改变启动子 DNA 结构或是激活启动子之间不活泼的核心序列，参与专一性底物的降解过程。

微生物与细胞之间的信息交流则是阐明微生物与细胞之间通讯的分子关系，这也是微生物在生物细胞环境的分子生态效应。由此可以进一步解决细胞、病毒对于动植物和人类感染过程的调控作用，以及微生物次生代谢物质对于其他生物的拮抗、抑制和杀灭的分子机制；探索寄生、共生、腐生的原理，为生物防治和健康医学注入新的活力。细菌信息素作用于微生物群体水平，但从分子水平参与了生物发光、对抗生素的抗性、细菌毒素的产生、质粒结合转移等等生理调控过程，并且从分子水平参与了细菌与高等生物的相互作用，使细菌以有组织的群体形式相互协同、有效地适应环境。由此可见，微生物与细胞之间的动态行为也就是微生物之间、微生物与高等动物之间的信息交流。

微生物种群结构对于环境变化尤其是污染环境的反应动力学的研究，建立在环境污染物产生的环境分子生态效应的基础上；污染物的微生物降解的生化机制与微生物修复多态性分子生态学的研究，建立在微生物对污染环境适应的遗传分子生态效应的基础上。随着科学技术的发展，将在分子水平上阐述环境污染、水土流失、沙漠化、臭氧层破坏、赤潮及其引发的生态问题。微生物资源对生物技术尤其具有价值，它们及它们的基因代表了最大的、未开发的无价资源。人们特别重视对微生物菌种的驯化、诱变和基因工程菌的构建等技术的研究与应用，目的是提高生物修复工程的效率。

基于微生物资源的生理遗传特性、物种多样性、广泛的生态适应性以及物质特化能力强等特点，微生物资源在环境保护中得到了广泛应用。微生物在生物圈的维持中起“中枢”作用，推动着自然界养分元素的生物地球化学循环，是大自然元素的平衡者。微生物可用于监控环境变化，它们的群体通常对环境状况反应迅速，因而是一个地区或历史环境变迁的良好记录。微生物在高等生物的保护和恢复生物学中起重要作用，如菌根真菌可帮助植物成功地将根定植在土壤中，因而可实现本地区的森林再造。微生物可作为阐明生态和生物进化原理的模式，因为它们容易操作、具有独特的交叉反应，并在地球上存在历史悠久。

四、微生物资源研究的基本方法

（一）单一菌种分离鉴定

1. 样品采集　为了筛选到所需的某一种微生物，采样最好在富含该微生物特定营养基质的场所进行。例如，分泌纤维素酶和半纤维素酶的微生物，多数存在于森林土壤的枯枝落叶层、腐木以及农业堆肥中；在油田地区的土壤中，能利用碳氢化合物的微生物种类比较丰富；在盐碱土壤中容易分离到嗜盐微生物；在热泉中容易分离到嗜热微生物等。

（1）土壤采样：蔬菜地和耕作过的农田中，细菌和放线菌较多；在植物残体丰富的地方，如森林枯枝落叶层或某些沼泽土中，真菌数量较多；好氧微生物主要分布于通气好、水分含量适宜的土壤表层；厌氧微生物则存在于潮湿或积水的土壤中；细菌或放线菌在中性偏碱的土壤中居多；真菌则在偏酸的土壤中较为丰富。土壤植被对微生物群落结构和分布有很大影响。一般在豆科植物生长的土壤中，根瘤菌较多；在果园土壤中，酵母菌较多。细菌是土壤微生物中数量最大、种类最多、功能多样的类群。土壤细菌以异养型为主和无芽孢细菌占优势，它们大都是中温型、需氧或兼性厌氧菌。在土壤的不同深度上，微生物的分布也呈现很大的差异：一般真菌多生活在地表层，细菌和放线菌可延伸到较深处生长。由含鸟粪的土壤中分离出谷氨酸产生菌；庆大霉素产生菌特异地从湖底陈年沉积土中发现；自生长着稀疏低矮小松树的酸性贫瘠土壤中获得单环β-内酰胺产生菌。

采样地点选好后，除去表土，取离地面5～20 cm深处的土样约 10 g,盛入事先灭过菌的牛皮纸袋等容器中,并记录样品编号、采集地点、时间等。若暂时不能分离使用,应置冰箱中保存。

(2) 水体采样:采样点设在湖泊中心与沿岸的具有代表性的水域,在采集江、河、湖、水库等地表水时,可将采样瓶底部直接穿入水中,距水面 10～15 cm 处,瓶口朝水流方向使水样灌入瓶内。采好水样后迅速盖上瓶盖。在一定深度采水样时,可以用采水器。在采废水时,一般要在废水入口处,按一定距离及有代表性的出口地点分别设采样点;同时,还要在没有污染的上游水域采样选择作为对照。

(3) 气体采样:空气中的微生物数量一般相当低,而且易受局部的冲击或气流活动的影响。空气样品采集有下面三种方法:①自然沉降法,即利用微生物气溶胶粒子受重力作用沉降到敞开的营养琼脂平板上,然后进行菌落计数;②惯性撞击采集法,即利用抽气装置,在单位时间将一定量的含有微生物粒子的空气通过某种装置,形成直线或曲线运动的高速气流,使悬浮气流中的微生物粒子也随之高速运动,当气流方向改变时,运动着的粒子因惯性继续照直前进,撞击黏着于采集面上;③使用过滤阻留式采样器,目前主要应用微孔滤膜采样器。

2. 富集培养　为了增加分离成功率,可通过富集培养增加待分离菌的数量。主要是利用不同种类的微生物其生长繁殖对环境和营养的要求不同,如温度、pH 值、渗透压、氧气、碳源、氮源等,人为控制这些条件,使之利于某类或某种微生物生长,而不利于其他种类微生物的生存,以达到使目的菌种占优势,快速分离纯化的目的。

3. 纯化分离　在生产实践和科研工作中,一般都需要纯种微生物。通过富集培养,只能使需要分离的微生物在数量上占优势,提高筛选成功的概率,但其中目的菌株往往还可能是不纯的,因此需要进一步进行纯种分离。纯化分离的方法主要有平皿划线分离法、稀释分离法和单细胞分离法等。

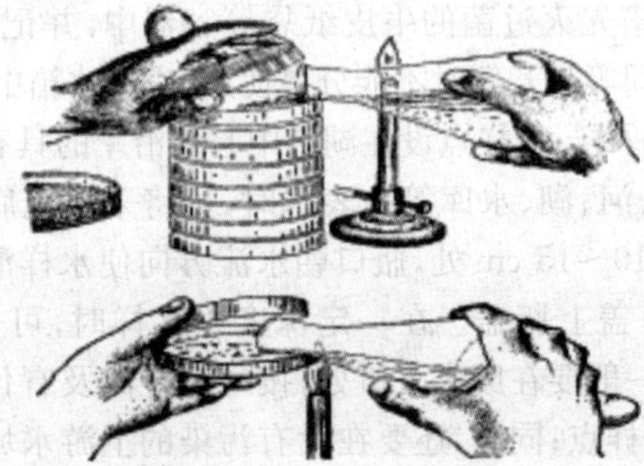

图1-5 稀释平皿分离法——倾注平皿法(上:皿架法 下:手持法)

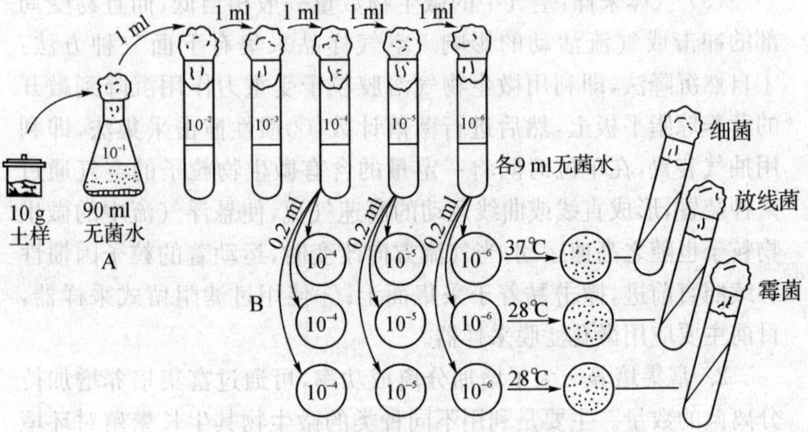

图1-6 平板稀释分离过程示意图

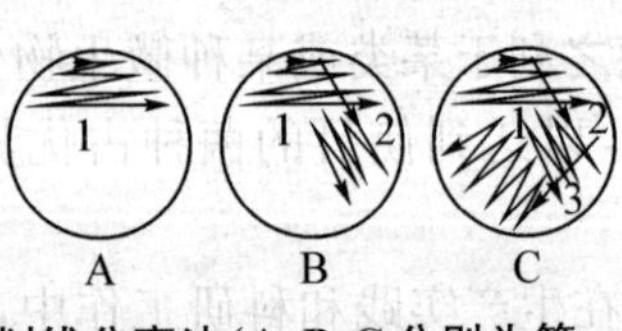

图1-7 平皿划线分离法(A、B、C分别为第一、二、三次划线)

4. 菌种鉴定 微生物菌种鉴定可以从以下四个水平进行工作:

(1) 细胞形态和习性水平:如考察形态特征、运动性、酶反应、营养要求、生长条件、代谢特性、抗原性、生态学特性等。

(2) 细胞组分水平:如分析细胞壁、脂类、醌类和光合色素等成分。

(3) 蛋白质水平:如分析氨基酸组成,蛋白质特性等。

(4) 核酸水平:如测定 G+C 的摩尔分数,分析重要基因序列和全基因组序列等。

微生物传统鉴定都须经过下列三个环节:①获得微生物纯培养物;②测定必要鉴定指标;③查找菌种鉴定手册。

(二) *群落微生物分析方法*

环境微生物是由多个种群组成的微生物群落,不同种群之间存在着共生、互利、共存、竞争等各种复杂的关系,在物质循环和能量转化过程中发挥着重要作用。微生物的量、群体组成、结构和活性是决定该生态体系的物质循环和污染物分解能力的三大要素。

研究微生物多样性的传统方法是将微生物从环境中分离→实验室培养→鉴定。然而,微生物种类繁多,自然界中仅有极少数微生物得到鉴定,能够在实验室培养的种类则更少。近年来,随着从环境中提取微生物群落 DNA 方法的改进,按样品中 DNA 来计算微生物数目和种类的技术得到了较大发展,这为微生物多样性的研究提供了一些有益的思路。现代分子生物学技术在微生物多样性研究上的应用克服了微生物培养技术的限制,能对样品进行较客观的分析,较精确地揭示微生物种类和遗传的多样性,即通过检测样品中微生物特定的 DNA 或 RNA 片段来判断某种微生物的存在与否。自从 Muyzer 等首次报道了 16S rDNA 应用后,该技术已成为环境样品微生物多样性研究的重要工具。利用16S rDNA进行微生物多样性研究具有有效、准确和偏好小等优点,引起了学者们的普遍关注。

以分子生物学为基础的新技术及各种检测仪器的发展,使人们对微生物群体多样性有了更科学更直接的认识。如荧光染料染色法、变性梯度凝胶电泳法(DGGE、TGGE)、分子指纹方法如限制性片段长度多态性(restriction fragment length polymorphism, RFLP)、APDRA 和以 PCR 为基础的 rRNA 及 rDNA 的分析等分子方法已应用于细菌多样性的研究中,特别是为那些未可培养的未知种群的研究提供了有效的手段,如利用随机扩增多态性RAPD分子标记技术研究了处于2,4-D不同影响下的土壤微生物群落遗传特征的变化。ARIAD公司和Wisconsin大学通过非培养手段建立了土壤微生物总基因组文库,并从中筛选到了抗白血病的靛玉红基因。我国学者也利用无培养的手段从土壤中直接克隆到了一些新酶或分子伴娘的基因,其中有催化手性化合物的酶等。随着基因组时代的到来,生命信息学、功能基因组学和比较基因组学等学科的发展,将会为人类充分地展示微生物的多样性,也将为人类利用丰富的微生物资源展示出美好的前景。目前分子生物学在微生物多样性的应用研究主要集中在以下几个方面:

1. 微生物总DNA制备及其遗传多样性检测方法　从环境样本中提取微生物总DNA有两种方法:①直接用机械或化学的方法破碎样品中的微生物,释放出总DNA;②从样本中分离出微生物细胞,然后抽提DNA。从总体上来讲,前一种方法更能代表环境样本中微生物遗传多样性的实际情况。

2. 16S rRNA基因序列研究　Pace等首次利用rRNA基因确定环境样品中的微生物,通过对5S rRNA基因的序列分析来研究微生物的生态和进化,该方法很快被用于微生物多样性研究领域。由于5S rRNA基因相对较小(约120个核苷酸),携带信息相对较少,因而揭示微生物群落多样性的能力有限。相比之下,随后开展的16S rRNA基因序列(约1 500个核苷酸)分析为微生物多样性研究提供了更多信息,且效率更高。16S rRNA基因序列分析是主要基于已建立的微生物16S rRNA基因序列数据库,用来确定细菌的系统发育关系,并使序列探针用于识别未知菌(uncultured microbes)成为可能。当然,序列探针的确定也可根据分子标记方法如RAPD方法进行。目前,16S rRNA基因序列分析已广泛应用于微生物多样性的研究。利用16S rRNA基因序列研究微生物多样性可采用不同的策略。目前一般常用以下几种方法:

方法一:①从样品中分离总微生物DNA;②PCR扩增16S rRNA基因;③对PCR扩增产物进行变性梯度凝胶电泳(denaturing gradient gel electrophoresis，DGGE）或温度梯度凝胶电泳（temperature gradient gel electrophoresis，TGGE）分析，直接观察其多态性。

方法二：步骤①和②同方法一；③对 PCR 扩增产物用限制性内切酶进行切割并电泳，然后用标记探针杂交，从而进行 RFLP 分析，用以揭示微生物 RFLP 的多态性（PCR-RFLP）。

方法三：步骤①同方法一；②建立 DNA 文库；③用16S rRNA 基因探针筛选 DNA 文库中的 rDNA 克隆；④克隆的序列测定和比较，用以鉴定微生物序列的多样性或利用已知各物种的 16S rRNA 基因序列数据库鉴定未知菌的归属，从而可发现新菌种。

方法四：①从环境样品中分离微生物菌落；②对各单菌落分离微生物总 DNA；③以 16S rRNA 基因探针（包括 domain、属或种等专一性探针）进行杂交，常用于鉴定未知菌或研究微生物物种的多样性。

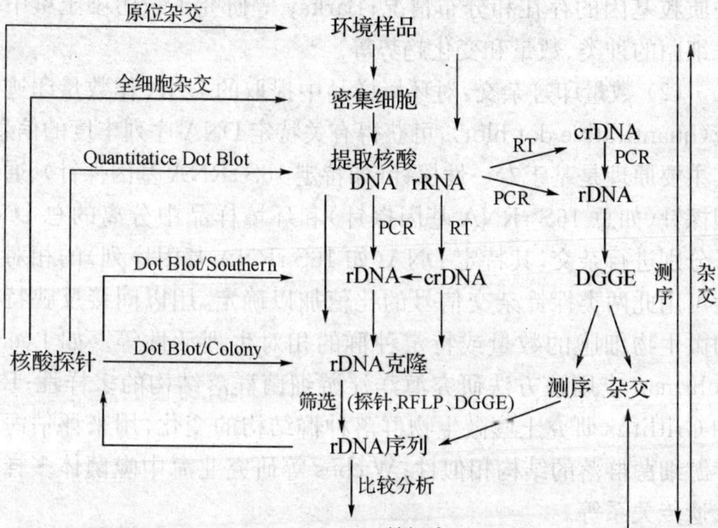

图 1－8 16S rRNA 在分子生态学中的应用

3. 核酸分子杂交技术 核酸分子杂交技术是 20 世纪 70 年代

发展起来的一种崭新的分子生物学技术。它是基于DNA分子碱基互补配对的原理,用特异性的cDNA探针与待测样品的DNA或RNA形成杂交分子的过程。由于它的高度特异性和灵敏性,近年来被广泛应用于微生物多样性的研究中。用于微生物多样性研究的探针主要有双链DNA、单链DNA和RNA以及寡核苷酸探针等4类,可对有关微生物在特定环境中的存在与否、分布模式和丰度等情况进行研究。

(1) 原位杂交:对环境样品直接作原位杂交(in situ hybridization),可获得未知菌的微生物多样性的大量信息,如微生物的形态特征和丰度以及在样品上的空间分布和动态。由于是对环境样品直接进行检测,所以获得的结果理论上应更能反映自然环境下微生物的多样性特征。这种研究成功的关键是前期研究工作的积累,尤其是已具有对属、种或种群等具特异性的DNA探针。如采用特异性的探针对地下水中的细菌进行原位杂交,研究了细菌有关质粒基因的存在和分布情况;Barkay等研究了汞污染土壤中抗汞细菌的种类、数量和变化趋势等。

(2) 数量印迹杂交:对环境样品中提取的DNA作数量印迹杂交(quantitative dot blot),可获得有关特定DNA序列丰度的信息。其主要原理是基于专一性探针(如特定16S rRNA基因探针)、通用型探针(如总16S rRNA基因探针)和环境样品中分离的总DNA可分别进行杂交,其特定DNA(如16S rRNA基因序列)的相对丰度可用此两类探针杂交信号的比值加以确定,用以间接反映特定的微生物细胞的数量或特定种群的相对生理活性等。如Lee和Fuhrman应用该方法研究海洋浮游细菌群落结构的多样性;Ritz和Griffiths研究土壤微生物群落种群结构的变化,用来评估海洋浮游细菌群落的结构相似性;Wiches等研究北海中噬菌体多样性及遗传关系等。

(3) Southern杂交:对rDNA的扩增产物或rRNA的反转录产物作Southern杂交(Southern hybridization),其主要原理是基于微生物的rRNA基因的信号序列在不同物种层次上存在差异。

根据这些不同层次的信号序列而设计的特定寡核苷酸探针可检测相应微生物的层次，用古生物、真细菌和真核生物等三域专一性探针可鉴别未知菌所属的域类。如有必要可用更低分类级别（如属、种和亚种等）的专一性探针进行检测，从而确定未知菌的相应种类。利用此法，Murray 等成功地研究了南极洲 Anvers 岛附近海水中细菌和古细菌的季节变化和空间变异等。

(4) 全细胞杂交：对微生物菌落作全细胞杂交（whole cell hybridization），可提供比用探针作 Southern 印迹杂交更直观的信息。其基本原理是以适当的介质固定样品细胞，并保持细胞的形态完整、渗透性和代谢活性；固定的细胞用含荧光标记的寡核苷酸探针的杂交液处理；样品温育 2～3 h，以使标记探针和互补 DNA 序列杂交；杂交后洗去未杂交上的探针；样品用落射荧光显微镜（epifluorescence microscopy）进行微生物鉴定和计数。最初此方法以放射性标记的 rRNA 基因探针用于镜检单个微生物细胞。有人也曾应用荧光标记的 rRNA 基因探针对海底沉积物微生物群落进行杂交分析。

4. 生物标记物方法　生物标记物（biomarkers）通常是微生物细胞的生化组成成分，其总量通常与相应生物量呈正相关。由于特定结构的标记物标志着特定类型的微生物，因此一些生物标记物的组成模式可作为指纹评估微生物群落结构。测定时，首先使用合适的提取剂提取环境微生物样品中的这些化合物并加以纯化，然后用合适的溶剂制成合适的样品，用气相色谱（gas chromatography，GC）或液相色谱（liquid chromatography，LC）检测，最后用统计方法对得到的生物标记物图谱进行定性定量分析。

(1) 微生物醌技术：微生物醌是能量代谢过程的电子传递体，不同的微生物含有不同种类和分子结构的醌。因此，环境样品中微生物醌的组成（即醌指纹）可在一定程度上反映微生物的群体结构。泛醌与甲基萘醌的摩尔比可反映革兰阴性菌与革兰阳性菌之比；呼吸醌与光合型醌的摩尔比则可在一定程度上反映环境中细菌与藻类的比例。在一定条件下，微生物醌的含量相对稳定，故可利用微生物醌测定环境中的活性微生物的浓度。同时，根据微生物醌的摩尔组成还可计算出微生物的多样性和微生物物种分布均匀性两个指标。

(2) 磷脂脂肪酸分析：磷脂脂肪酸(phospho lipid fatty acid, PLFA)图谱分析方法的原理基于磷脂几乎是所有生物细胞膜的重要组成部分，细胞中磷脂的含量在自然条件下(正常的生理条件下)恒定，其长链脂肪酸的形式——磷脂脂肪酸可作为微生物群落的标记物。此外，磷脂不能作为细胞的贮存物质，在细胞死亡后会很快降解，可以代表微生物群落中“存活”的那部分群体。PLFA 方法适合跟踪研究微生物群落的动态变化，能够快速有效地从环境样品中提取大部分脂肪酸。

微生物在地球生物圈中扮演了一个极为重要的角色，起着关键作用，但由于微生物的形体小、结构简单，微生物多样性的研究一直不为人们所重视。尽管近十几年来，各种研究方法的发展使得这种状况有了很大改观，但还远远不够。许多涉及微生物的过程还不为人们所真正了解，如地球化学过程和对全球变化的影响、微生物标准生态系的建立和种群间关系的研究等方面，都需要加倍努力研究。

第二节　自然环境中的微生物

土壤是微生物的宝库，土壤能提供微生物需要的全部营养物质和环境条件，因而它是微生物最适宜的生活环境或“大本营”。岩石在风化过程中释放出的大量矿质元素和微量元素，适合于多数自养型微生物生长的需要。土壤中生长的动植物和微生物残体及其分解产物，又为异养型微生物提供了良好的碳源、氮源和能源。肥沃的土壤具有较好的团粒结构，能在团粒内部保水又而让团粒间流通空气，因而能同时满足好氧与厌氧微生物生长的需要；此外，土壤还能保护微生物不受烈日的曝晒，从而避免了紫外线等对微生物的杀伤作用。1 g 普通土壤中，大约含有 1 亿个细菌、

1 000 万个放线菌、100 万个真菌。

一、植物内生菌

近年来的研究表明，几乎所有植物中都存在内生菌，其种类极其丰富，主要包括真菌、细菌和放线菌等。它们主要生长在植物表皮下的组织当中。植物内生菌能产生多种全新的活性物质，作为生物防治资源、外源基因的载体和新药的来源，在农业、医药卫生领域有着巨大的应用潜力。随着人们对微生物资源的不断开发、微生物研究领域的不断扩展、微生物研究方法的不断创新和改进，内生菌的研究越来越受到科研工作者的重视。但是目前植物内生菌的研究仍处于起步阶段，人们对于内生菌还知之甚少，对内生菌的开发和应用刚刚展开。很多植物的内生菌是新属或者新种，从不同地区、不同植物体内分离到内生真菌种类的数量也不相同，少则十几种，多则近百种。研究表明植物内生菌种类的多样性与植物生长环境和不同的植物有关系。热带、亚热带地区的植物与生长在较干燥、寒冷环境条件下的植物相比，其内生菌种类和数目多集中在热带、亚热带和温带地区。大多数植物的内生菌还没有得到开发和应用，因此植物内生菌是宝贵的菌种资源库，有待于进一步的开发和更多的学者深入的研究。

1. 植物内生菌的定义　目前关于内生菌的概念范畴还有很大的争议。早在 1866 年，De Bary 提出内生菌（endophyte）是指生活在植物组织内的微生物，以区分那些生活在植物表面的表生菌；即指生长在植物体内的根、茎、叶及组织中的细胞间隙或细胞内，与植物建立共生关系的微生物，是植物微生态系统中的天然组成成分。按此定义，植物的致病菌、菌根菌也归属于内生菌的概念范畴。1986 年，Carroll 将内生菌定义为生活在植物的地上部分、活的组织内，并不引起植物明显病害症状的菌，突出强调内生菌与植物的互利共生关系。在这个内生菌的范畴内就不包含植物致病菌和菌根菌。1992 年 Kloepper 提出了“植物内生细菌”的概念，打破了过去一直认为健康的植物组织内是无菌的这样一个传统认识。

内生细菌不仅将寄主植物作为其栖息场所,而且对寄主植物有促生、防病、固氮等广泛生物学作用,还可作为基因工程的载体和工程菌,因此具有较高的研究价值。

2. 植物内生菌的起源　关于内生菌的起源问题有着多种假说,大致分为三类:有人认为内生菌是通过植物种子传递给植物的;有人认为内生菌最初可能是通过对植物细胞纤维素的降解,破坏植物细胞壁,从而进入植物体内;还有人认为有的根际菌可以通过植物侧根的裂缝进入植物当中,经过长期的协同进化,与植物建立了一种和谐的共生关系,成为内生菌。一般认为以上三种假说均有一定的道理,三种途径均可能是内生菌的起源方式。通过对分离到的植物内生菌分解纤维素情况的研究表明,很多内生菌能够利用纤维素为唯一碳源生长,这说明一些植物内生菌可能是通过分解植物表皮和细胞壁进入植物,并且可能利用植物组织中的纤维素为碳源,以维持生长活动的需要。

内生细菌多为土壤微生物种类,其中假单胞菌属(*Pseudomonas*)、芽孢杆菌属(*Bacillus*)、肠杆菌属(*Enterobacter*)以及土壤杆菌属(*Agrobacterium*)为常见的属,在其他植物中也发现了很多新种。目前已经发现多种内生菌能够产生抗癌物质,紫杉醇就是很好的例子。紫杉醇是红豆杉产生的一种生物碱,紫杉醇的抗癌机理不同于其他抗癌药,它能促进微管蛋白的聚合,抑制其解聚,抑制细胞的有丝分裂。经美国 FDA 批准,其用来治疗晚期卵巢癌、乳腺癌等。内生菌产生这些生物活性物质可能会帮助它们同其他的微生物相互竞争或者适应生存环境。

植物内生菌这一微生物类群是一巨大资源,能产生多种具有不同抗菌活性的物质,对植物、动物以及人体病原菌有抑制活性。植物内生菌的开发与应用必将促使微生物制药、微生物防治、微生物资源的开发进入新时代。开发植物内生菌有着极其诱人的前景。

二、冰核微生物

能引起水从液态向固态转变的物质称为冰核。在缺乏外来异质冰核的情况下，植物组织在－8～－7℃温度时不会发生冻结及霜冻害。1972 年 Schnell 和 Vali 首次报道即将腐烂的植物叶内有一种很重要的生物能形成冰核物质。随后，R. Fresh 从即将腐烂的赤杨(*Alnustenuifolia*)树叶中分离出 1 株在－5.0～－2.5℃下具有冰核活性(ice nucleation active, INA)的细菌。1974 年，Maki 等将这一具有冰核活性的细菌菌株鉴定为丁香假单胞菌(*Pseudomonas syringae*)，并进行了较为详细的研究。此后，冰核细菌引起不同学科如植物病理学、细菌学、植物生理学、园艺学和气象学等的研究者的广泛兴趣，开展了深入的基础理论和应用研究。

冰核微生物作为植物的一种附生生物，几乎到处都存在，并随季节和植物种类不同而存在数量上的差异，在植物发芽与开花的春季，冰核微生物的数量达到最高值。目前研究较多的主要是细菌，其次为真菌，有关病毒的研究略有报道。

1. 冰核细菌　已报道的冰核细菌有 3 属 20 个种或致病变种，即假单胞菌属(*Pseudomonas*)、欧文氏菌属(*Erwinia*)和黄单胞菌属(*Xanthomonas*)。孙福在等人从我国辽宁、山东等 17 个省市区的 68 种植物上，分离出 250 种冰核细菌，经鉴定属于 3 个属 17 个种或致病变种，其中 *E. ananas* 有 133 株，占 53.2%；*P. syringae* 有 59 株，占 23.6%；*Xanthmonas* 属冰核细菌出现频率少，仅在北方寒冷地区的禾本科植物上发现；其余种类的冰核细菌占 18.8%。INA 细菌的种类和数量受地理纬度、气候条件及植物种类的影响和制约。如我国云南、广西的亚热带地区，主要分布的是 *E. ananas*；在东北、西北和华北的温带地区，主要有 *P. syringaepvs*，其次是 *E. ananas*。当气温平均在 10～25℃、雨露多、湿度大、春秋霜冻季节时，INA 细菌出现频率高、数量大；相反，当平均气温高于 30℃的炎热盛夏季节时，INA 细菌分布数量很少，甚至难以分离到。

2. 冰核真菌　冰核真菌的发现较晚，1988 年 Kieft 首次报道红脐鳞菌(*Rhizoplacachrys oleuca*)在−1.9℃具有冰核活性，此后研究者又从昆虫、植物体及土壤中分离到多种 INA 真菌，目前已报道了 4 属 11 个种冰核真菌，除 3 种为地衣真菌外，其余 8 种均属镰刀菌属(*Fusarium*)。我国已分离和收集到 6 个在−5℃具冰核活性的真菌菌株。

3. 其他微生物类型　周希明等利用人工模拟霜箱，测试接种大麦黄矮病毒(barley yellow dwarf virus，BYDV)的小麦等作物植株和对照麦苗的霜冻温度，结果表明，接种病毒的小麦比对照提高霜冻温度 1～2℃以上，其病毒含量与霜冻温度成正相关；用 Vali 小滴冻结法检测提纯的 BYDV，证明 BYDV 在−5℃具有冰核活性。这是首次发现病毒有冰核活性，其他微生物如硅藻也发现具有冰核活性。

4. 冰核细菌的分子生物学研究　目前，关于冰核的分子生物学研究主要是以冰核细菌为研究对象。由于真菌的高活性冰核产量低，故对真菌冰核的研究目前主要靠间接方式，即通过研究各种物理、化学处理对冰核活性的影响来推测真菌冰核的结构和功能。关于真菌冰核的确切组成和结构，是否有其他一些分子如无机辅助因子等参与真菌冰核的成冰过程，以及真菌冰核活性的遗传基础等均有待深入研究。

5. 冰核微生物的应用　冰核微生物的应用研究涉及人工降雪、食品冷藏保鲜、促冻杀虫、高敏检测、报告基因等领域。由于目前对冰核真菌的基础理论研究的缺乏，应用研究主要局限于细菌冰核。但真菌冰核拥有细菌冰核不具备的独特特性，如耐热，耐酸碱，活性发挥不需脂类、糖类和巯基基团的参与等，真菌的应用前景可能会更广阔。

(1) 人工降雪：1980 年，Woerpel 用冰核细菌研制成冰蛋白人工降雪催化剂，并申请专利，1985 年由美国投产。我国也已掌握了利用冰核细菌制备人工降雪催化剂技术，现已完成产品的中试，进入应用阶段。

(2) 食品工业中的应用：冰核细菌或其胞外冰核应用于食品冷

冻浓缩中,可以提高过冷却点和缩短冻结时间,在零下较高的温度中迅速生成冰晶,形成大尺寸冰晶,从而解决了常规冷冻浓缩时食品物料黏度大、难以生成大冰晶体、固液分离效率低等技术难题,降低了结晶和分离操作的费用,改善了冷冻食品的质地,最大限度地保持食品原料中的芳香组分和营养成分。目前利用冰核细菌已经成功地浓缩了蛋清、鲜奶、柠檬汁和草莓汁。陈庆森等人将灭活的冰核活性细菌碎片应用于海产基围虾的虾体微冻保鲜技术,虾体鲜度保存期最少可延长 20 d。

(3) 促冻杀虫:研究表明 INA 细菌能在虫体上起到异源冰核作用,提高过冷却点而结冰,延长结冰时间,破坏细胞组织,造成昆虫死亡。利用 INA 细菌可促冻杀虫、提高害虫越冬死亡率、减轻下一年危害,为控制害虫危害提供了一条生物防治新途径。

三、趋磁细菌

趋磁细菌(magnetotactic bacterium)是一类对磁场有趋向性的细菌,其菌体能吸收外界环境中的铁元素,并在体内合成包裹有膜的纳米磁性颗粒 Fe_3O_4 或 Fe_3S_4 晶体(即磁小体)。趋磁细菌中铁的含量占自身重的 2%～4%,是非磁细菌胞内含量的 100 倍,而胞内铁浓度为培养基铁浓度的 2 万～4 万倍。磁小体(magnetosome)中铁占 84%以上,铁如何被吸收进细胞内的呢?趋磁细菌的磁小体由双层脂分子包被,膜上含有很多特异性的可溶和跨膜蛋白,在磁小体基质和颗粒间连接中还存在其他结构相关蛋白。趋磁细菌通过对磁小体膜或结构相关蛋白的遗传调控,实现从铁的吸收、氧化和还原—铁氧化体的沉积和成晶—磁小体链的装配和维护等一系列环节,取得了原核细胞中最高结构水平之一的膜状细胞器结构。1982 年 Neilords 提出了铁在微生物中的运输方式。他认为在好氧与兼性厌氧微生物中有两种铁的运输方式,即低亲和力吸收途径和高亲和力吸收途径。前者在铁浓度高时不需要膜上特定的受体结合,也不需要同特定的配位体结合,而直接将 Fe^{3+} 吸收进细胞内;后者是细菌在铁浓度低的环境中生长时,Fe^{3+} 需要通过同膜上特异性载体或受体参与而吸收进细胞内。铁的这一运输过程是由染色体(或质粒)控制的。

这表明趋磁细菌在生长过程中可以通过次级代谢产物氧肟酸的合成,对培养基中铁的浓度变化作出反应。氧肟酸可以同细胞内部的铁形成复合物,降低细胞内游离铁(有效铁)的浓度,从而使培养基中的铁不断进入胞内,促进磁小体的形成。

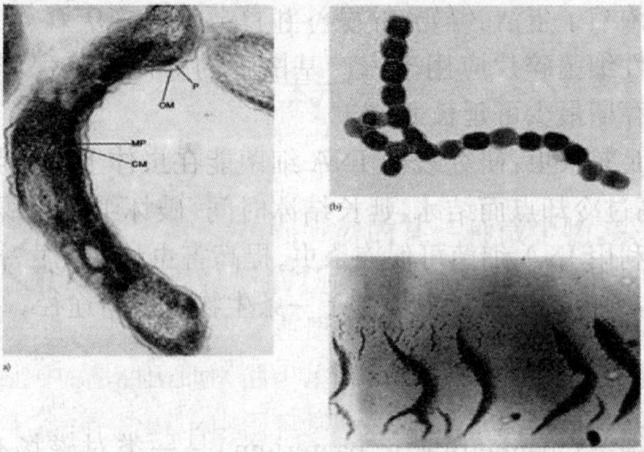

图 1-9 趋磁细菌

四、黏细菌

黏细菌(myxobacteria)是最高等的原核生物类群,是革兰阴性单细胞杆状细菌,细胞壁很薄,能够在细胞间通过信号的传递和感应协同摄食,靠细胞分泌的黏液在固体表面滑行运动,在生活世代中有营养细胞和子实体两个阶段,具有显著的社会学特征,其复杂的多细胞行为和形态发生使它在细胞分化、发育和生物进化研究中占有重要地位。黏细菌不能采用常用的细菌学培养基和稀释平板分离法,因为它的胞外黏液使黏细菌细胞在水中不易分散。许多黏细菌的单细胞不易萌发成菌落,而且在贫瘠的培养基上,黏细菌通常会形成特征性的薄而扩展的菌落,易于污染;在营养丰富的培养基上不生长,或形成致密不扩展的小菌落而不能与其他细菌区分。此外,黏细菌生长速率缓慢,容易被其他生长迅速的菌尤其是霉菌所掩盖。黏细菌属化能有机营养型,专性好氧,主要分布在土壤表层、树皮、腐烂的木材、堆肥和动物粪便中。黄色黏球菌

(*Myxococcus xanthus*)是研究细菌发育的典型材料之一，黏细菌的生活史见图1－10。

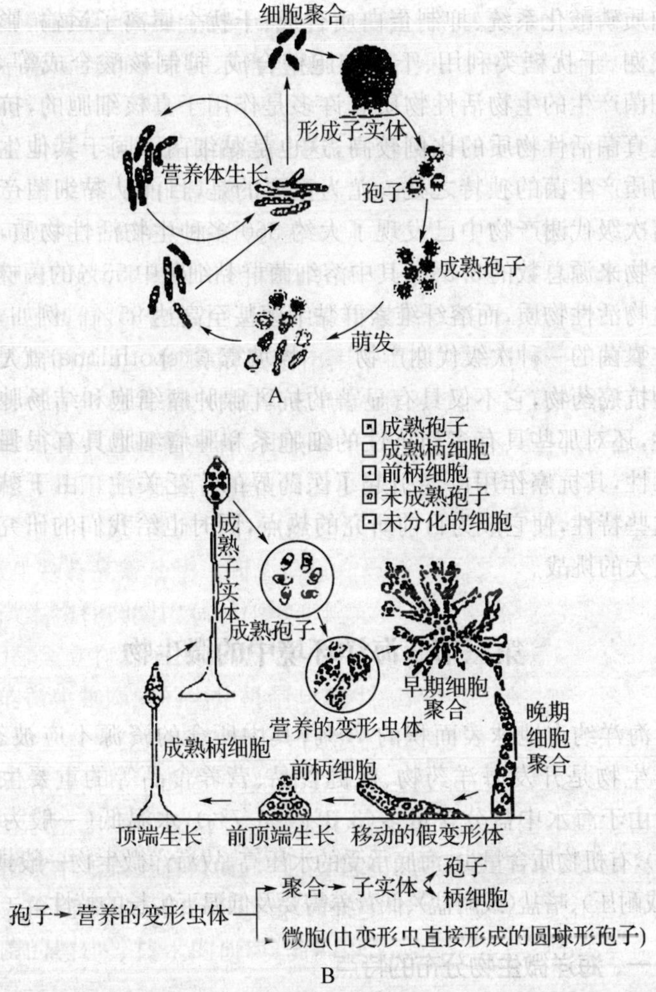

图1－10　黏细菌生活史

(A. 黏细菌生活史；B. 黏细菌生活史，示细胞分化成柄细胞和孢子)

黏细菌产生的生物活性物质种类多，包括芳香族、杂环类、醌类、大环类、聚醚类、多烯类、肽类化合物等。菌株具有特异性，一株菌可以产生一种基本结构的许多衍生物，同种的不同菌株产生生物活性物质的差异很大；作用机制多样，主要有呼吸抑制、干扰蛋白质磷酸化系统、抑制蛋白质合成、干扰金属离子运输、影响脂类代谢、干扰糖类利用、干扰细胞壁合成、抑制核酸合成等8类。黏细菌产生的生物活性物质有许多是作用于真核细胞的，抗肿瘤和抗真菌活性物质的比例较高，这也是黏细菌不同于其他生物活性物质产生菌的独特之处。尤为重要的是，目前从黏细菌产生的丰富次级代谢产物中已发现了大约360多种生物活性物质，约占微生物来源总数的3.5%，其中溶细菌群黏细菌中55%的菌株可产生生物活性物质，而溶纤维素群黏细菌甚至高达95%。例如，纤维素堆囊菌的一种次级代谢产物——埃坡霉素(epothilone)就是一种新型抗癌药物，它不仅具有显著的抗乳腺肿瘤细胞和结肠肿瘤的活性，还对那些具有多药抗性的细胞系和肿瘤细胞具有很强的细胞毒性，其抗癌作用已经引起了医药界的广泛关注。由于黏细菌的这些特性，使它成为目前研究的热点，同时也给我们的研究带来了更大的挑战。

第三节　海洋环境中的微生物

海洋约占地球表面积的70%，其中所含的资源不应被忽视。海洋生物是开发海洋药物、保健食品、营养食品等的重要生物材料。由于海水中盐分含量多(3.3%～3.7%)，水温低(一般为10～25℃)，有机物质含量少，海底承受的水压高，故海洋微生物一般具有嗜压(或耐压)、嗜盐(或耐盐)、低营养需要及低温下生长的特性。

一、海洋微生物分布的特点

沿岸比外海微生物密度高，特别是江河入海口和近海养殖场海域的微生物密度高。

海面下20～25 cm由于光线能够达到，细菌和浮游植物的密度高，随水深增加而密度下降；至海底淤泥处，细菌密度又急剧升高,但沙砾海底由于有机物少而微生物密度偏低。

海底土中表土的微生物密度高,随深度增加,微生物密度和种类均减少。

水温高的夏季,微生物密度比冬季高。

附着性细菌在固形物含量多的海水中密度高。

海水表层溶解氧浓度高,好氧的微生物和浮游植物密度高。

有机物含量高的海水中异养微生物密度高。

自浅海海水中分离的微生物对明胶、酪蛋白等蛋白质和脂肪的分解力高于对淀粉的分解力。

赤道及其附近热带海域中分解蛋白质、碳水化合物等生物学活性低的异养微生物比南北极及亚寒带海域多。

海洋中蕴藏着丰富的微生物资源。据统计,世界上已发现的微生物约有150多万种,其中7.2万种存在于陆地,而现在研究的海洋微生物不超过2 000种,仍有大量的海洋真菌和细菌有待深入开发。对海洋细菌的生态调查表明,在近海区,海洋微生物与陆栖微生物相似,也是以链霉菌占优势;到深海区,逐步过渡到以小单胞菌和诺卡氏放线菌占优势;而到水深6 000 m以上的深海区,则只有嗜压的假单胞菌才能生长。与2万多种陆栖微生物代谢产物相比,至今从海洋微生物中分离的代谢产物不足1 000个。对海洋微生物代谢产物的研究证明,海洋动植物中80%以上的活性成分实际上是来自于与之共生的海洋微生物。海洋微生物代谢产物多样、易培养、结构简单,没有海洋动植物生物量有限、分离提纯复杂、难以工业化操作的弊端,而且越来越多的实验证明来自海洋动植物的活性物质的真正生物源是海洋微生物。从海水、海底沉积土,到海洋动植物,以及一些热泉涌、水热狭缝等,包罗万象的生态圈造就了海洋微生物这样一个复杂多样的群体,同时形成了独特的有别于陆地微生物的代谢产物。Sponga等人对800多株海洋放线菌和丝状真菌的代谢产物进行活性测定后发现,这些菌株产生抗生素的阳性率与陆生菌株代谢产物的阳性率相当,主要包括绿藻门、褐藻门、蓝藻门、红藻门、甲藻门等10门海藻,共10 000多种。现已从藻类植物中发现和提取了一些抗肿瘤、防止心血管疾病、治疗慢性气管炎、驱虫和抗放射性物质及血浆代用品等生物活性的物质，如烟酸甘露醇脂、六硝基甘露醇、褐藻酸钠、海人草酸、β-二甲基丙基噻宁等。

二、深海微生物

深海通常指1 000 m以下的海洋，占海洋总面积的3/4，而其中深海沉积物覆盖了地球表层的50%以上。深海及深海沉积物中的微生物面临高压、低温或高温、黑暗及低营养水平等几个主要极端环境，那里长期以来一直被认为是一片"荒芜的沙漠"。海底被认为是上述极端环境中的极端，在数千米深海海底存在着由微小的原核生物组成、数量极大的生物群，有人估计其生物量相当于全球地表生物总量的1/10。在深海环境中广泛存在着嗜酸(pH 3以下)、嗜碱(pH 10以上)、嗜盐(2.5 mol/L以上)、嗜冷(可达0℃以下)、嗜热(120℃以上)、嗜压(500大气压以上)微生物。1977年美国"阿尔文"号深潜器最早在太平洋上的加拉帕戈斯群岛附近2 500 m的深海区发现了完全不依赖于光合作用而生存的生命体系，位于生命体系金字塔底部的是微生物，能直接利用深海火山口喷出的硫化物、氮化物、甲烷等低分子化合物作为食物和能源，合成各种生物大分子如蛋白质、糖等。

深海环境下极端微生物的研究不仅是目前生命科学最前沿的领域之一，也是海底深部生物圈研究和海底流体活动研究重要的组成部分。该项研究将回答生命起源、生物进化、外太空生命探索等生命科学的重大问题，并带动包括21世纪地球科学在内的其他学科领域的重大发展。深海生物处于独特的物理、化学和生态环境中，在高静水压、剧变的温度梯度、极微弱的光照条件和高浓度的有毒物质包围下，它们形成了极为特殊的生物结构、代谢机制系统。由于这种极端的环境，深海生物体内的各种活性物质，特别是酶，具有高度的温度耐受性、高度的耐酸碱性、耐盐性及很强的抗毒能力，这些特殊的生物活性物质是深海生物资源中最具应用价值的部分。除了发展、改进海洋微生物的分离培养方法以获得新的海洋微生物、筛选活性物质外，应用基因组学研究方法，构建海洋微生物基因组文库，通过研究、操作海洋微生物遗传基因来获得新的海洋微生物活性物质，这是探索海洋特别是深海微生物资源，研究开发海洋新药的必然而有效的选择，也是目前深海微生物资源开发的热点。

第二章 微生物肥料

微生物的研究是进行产业化的基础，以微生物肥料和微生物农药为代表的产业是物化产品和农业应用的价值体现。

中国是农业大国，国民经济的80%以农业为主。2001年8月在北京召开的第12届世界肥料大会的主题是“21世纪的肥料科学：施肥、食品安全和环境保护”，可见合理使用肥料是生产绿色食品的重要一环。目前，我国农业耕地中约80%缺氮、50%缺磷、30%缺钾，有些土壤的有机质不足1%。1949—1981年，我国肥料施用的总养分量，其中 $N:P_2O_5:K_2O=1:(0.4\sim0.46):(0.36\sim0.50)$。农作物增产的一个重要且为人类较易控制调节的因子就是养分，即与施用肥料的数量、质量、品种和方法密切相关联。

“滥用化肥和农药造成的污染，尤其是氮污染，已经严重危害到人体健康和环境质量”，现代农业以高投入、高产出、高效率、可持续发展为特征，而与此密切相关的肥料工业更是现代农业生产和发展的极其重要的物质基础。以氮肥为例，我国的平均施用量是美国的近3倍、澳大利亚的8倍多，全年总用量约为1.2亿吨。作为中国磷肥的主要品种过磷酸钙、磷铵等，无论是在北方石灰性土壤还是在南方酸性土壤，都具有强烈的固磷作用。这样我国氮、磷、钾肥的当季利用率分别为40%、20%和40%左右，低于发达国家近20个百分点。

氮肥施到农田中后，很大一部分以 NH_3、N_2 和 N_2O 的形式逸散到大气中，大量损失的氮素进入空气后，引起酸沉降，大气的平衡失调，导致臭氧层破坏。氮素在地面流失造成水污染，水体及地下水中硝酸盐(致癌物质)含量增加。

磷肥的主要原料是磷灰石，大多是氟磷灰石[$Ca_{10}(PO_4)_6F_2$]，其与酸结合产生氟化氢。植物叶片对氟有强烈的富集作用，引起氟中毒症。在氟污染区,食草动物易患此症,在昆虫中蚕和蜜蜂最为敏感。当桑叶含氟量较高时,会影响蚕丝的品质,严重时可使幼蚕致死。化学磷肥常含有镉(Cd),不仅污染土壤和植物,对人、畜也有很大的危害,易引起"骨痛病"等。

如果化学肥料使用太多,微生物肥料使用较少,常导致以下后果:

(1) 土壤中有益菌群日益减少;

(2) 构成土壤胶体颗粒的有机质在逐步减少;

(3) 新施入的有机质不能得到有效的矿化,造成土壤矿质元素、有机质、微生物的比例严重失调;

(4) 植物产量逐年降低,而农民因产量降低又在加大化学肥料的投入,大部分化肥施用后没有发挥应有的效果,却导致了土壤板结、土壤结构被破坏、水体污染、湖泊富营养化、自然界生物多样性和生态系统稳定性降低等一系列严重问题。

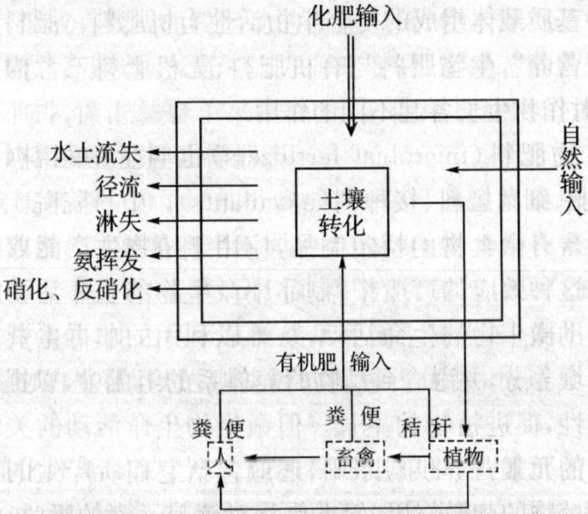

图 2-1 肥料经土壤转化后的去路

第一节 微生物肥料

一、微生物肥料的定义

经近3个半世纪的研究，已确定的植物必需的16种营养元素为：碳(C)、氢(H)、氧(O)、氮(N)、磷(P)、钾(K)、钙(Ca)、镁(Mg)、硫(S)、铁(Fe)、硼(B)、锰(Mn)、铜(Cu)、锌(Zn)、钼(Mo)、氯(Cl)。三要素(大量元素)肥料是氮、磷、钾；中量元素肥料是钙、镁、硫；微量元素肥料是铁(Fe)、硼(B)、锰(Mn)、铜(Cu)、锌(Zn)、钼(Mo)、氯(Cl)。

土壤是由矿物质、有机质和微生物三大部分组成的，微生物肥料正是基于这个原理开发的，是以土壤有益微生物包括氮、磷、钾和刺激作物生长的菌种为核心的活性肥源，和有机、无机物质及微量元素为基质载体组成的复合生物活性有机肥料。肥料是作物的“粮食”、“营养”，生物肥料与有机肥料、无机肥料三者构成了肥料的总体，对作物生长各起不同的作用。

微生物肥料(microbial fertilizers)也叫生物肥料(biofertilizers)、菌肥、细菌肥料、接种剂(inoculants)。中科院院士陈华癸将其定义为含有微生物的特定制品，应用于植物生产能取得特定肥料效应。这种效应的产生中，制品中微生物的生命活动起到关键作用。借助微生物的生命活动，从难以利用的非再生资源中增补和活化土壤养分，并融合到植物营养体系的组成中，以提高土壤养分的有效性，促进植物的生长。但微生物生命活动的关键作用不限于植物的元素营养供应水平，还应包括它们所产生的植物生长类物质对植物的刺激作用，促进作物对营养元素的吸收，或者是拮抗某些微生物的致病作用，减轻作物病虫害，使产量增加，植物根际促生细菌(plant growth promoting rhizobacteria，PGPR)即属于此类。

微生物肥料的研究应用起始于豆科植物应用根瘤菌接种剂。

1988年荷兰学者Beijerlinck第一次获得了根瘤菌的纯培养;1889年波兰学者Prazmowaki用根瘤菌纯培养物接种豆科植物形成了根瘤;1895年法国学者Nobbe第一次研制并在欧美推广纯培养的根瘤菌制剂"Nitragin"专利产品,从此开辟了微生物肥料的新产业。

二、微生物肥料的作用机理

利用微生物的生命活动来增加土壤中氮素或有效磷、钾的含量,或将土壤中一些作物不能直接利用的物质转换成可被吸收利用的营养物质,或提供作物的生长刺激物质,或抑制植物病原菌的活动,从而提高土壤肥力,改善作物的营养条件,提高作物产量。

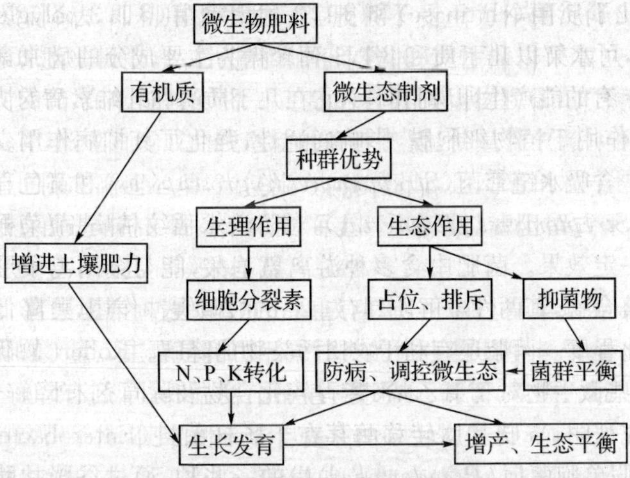

图2-2 微生物肥料的作用机理

微生物肥料施用后,在微生物的生命活动中能产生多种生理活性物质如吲哚乙酸、赤霉素、多种维生素等。这些生理活性物质可以促进植物细胞分裂、增强吸收水分及矿质营养的能力,并刺激植物内源激素的增加,从而促进种子萌发、根系发达、植株生长和早熟开花。有益细菌在根际的大量繁殖,一来在植物根际区域形成优势种群,抑制了病原微生物的生长繁殖,降低了植物病虫害的发生;二来有益微生物可诱导植物产生抗菌素类物质和植物的过氧化物酶、多酚氧化酶等参与植物的防御反应,提高植物的抗病虫害能力;三来产生大量黏多糖,与植物分泌的黏液及矿质胶体、有机胶体相结合,形成土壤团粒结构,增进土壤蓄肥、保水能力。微生物肥料(包括 PGPR 制剂)还能产生铁载体(siderophores)、抗生素(antibiotics)、系统防卫酶和氰化物等多种物质,抑制细菌或真菌性病害,有的也能诱导系统抗性(induced systemic resistance, ISR),产生间接达到促进植物生长的作用。已报道且被分离出的、PGPR 产生的抗生素有 20 种左右,且对多种抗生素的合成基因以及基因调控系统的研究已取了得较大进展,很多抗生素基因已被克隆或用于转基因菌株,获得了抑病作用。一些植物促生细菌能产生几丁质酶(chitinase)和 β-1,3-葡聚糖酶(β-1,3-polyglucosanase),可水解以几丁质和 β-1,3-葡聚糖为主要成分的病原真菌细胞壁。有的能产生卵磷脂酶 C,它在几丁质酶和纤维素酶的协调作用下,作用于植物细胞膜,影响通透性,强化了其抑病作用。生物菌肥中含吸水链霉菌(*Streptomyces hygroscopicus*)和黄色直丝链霉菌(*Streptomyces flavorectus*),对防治水稻纹枯病、蔬菜根腐病等有一定效果。菌肥中含多种游离氨基酸,能与金属离子形成可溶性螯合物,其两性电解质具有重要的酸碱缓冲作用,可降低土壤盐碱化程度。菌肥还有利于农田污染物的降解。Robert 的研究表明,某些微生物对三氯乙烯、芳香族化合物及除草剂有降解作用;有研究证明,谷胱甘肽转移酶存在于肠杆菌科(Enterobacteriaceae)和假单胞菌属(*Pseudomonas*)中的一些种,通过谷胱甘肽的结合作用除去除草剂中的氯,这些都有利于改善土壤生态环境。某些微生物肥料可提高宿主的抗旱性、抗盐碱性、抗极端温度、湿度和 pH 值、抗重金属毒害等能力,从而增强植物的抗逆性。微生物肥料具有将无机元素转化为有益植物生长的有机化合物、改善土壤氧化还原条件、减低氮素脱氧和氧化过程,从而降低硝酸盐含量等作用。

三、微生物肥料的种类

（一）根据其功用分类

1．增加土壤氮素和作物氮素营养的菌肥　如根瘤菌肥、固氮菌肥、固氮蓝藻等。

2．分解土壤有机质的菌肥　如有机磷细菌肥料、综合性菌肥。

3．分解土壤难溶性矿物质的菌肥　如钾细菌肥料、无机磷细菌肥料。

4．刺激植物生长的菌肥　如抗生菌肥料。

5．增加作物根吸收营养能力的菌肥　如菌根菌肥料。

（二）根据制品中特定的微生物种类分类

1．细菌肥料　如根瘤菌肥、固氮菌肥。

2．放线菌肥料　如抗生素类、5406（细黄链霉菌，*Streptomyces microflavus*）。

3．真菌类肥料　如菌根真菌。

（三）按制剂的组成成分分类

1．单一微生物肥料　该种微生物肥料中除指标要求的微生物的品种及数量外，不含其他肥料成分如 N、P_2O_5、K_2O 等。一般含有一种有效微生物，通过其生命活动增加植物营养元素的供应，从而改善植物营养状况，使产量增加。其代表品种为各类根瘤菌肥料，主要应用于豆科植物，使其能在豆科植物根、茎（叶）上形成根瘤，同化空气中的氮素来供应豆科植物主要氮素营养。

2．复合微生物肥料　由于作物生长发育需要多种营养元素，单一菌种、单一功能的微生物肥料已经不能满足现代农业发展的需求。现代微生物肥料不能仅由单一的菌种构成，而趋向于复合微生物肥料。这里所说的复合是指两种或者两种以上的微生物或一种微生物与其他营养物质复配而成。按营养物质不同分为两类：第一类为微生物和有机物质复合；第二类为微生物和有机物质及无机元素复合。根据我国作物的种类和土壤条件，采用将不同微生物与有机物质及不同种化肥配合施用，既能保证增产，又减少了化肥使用量，降低了成本，还能改善土壤及作物品质，保护了生态环境。

在微生物肥料的生产应用过程中，为了提高使用效果，一些研究者在复合剂型上做了一些研究，近几年陆续开发、推出了不少复合微生物品种。从实用角度出发，采用复合的方式应该是提高微生物肥料效果的一个途径。此类产品虽然在生产中出现的历史不长，但产品种类较多，所占的市场份额在增加，应用的作物种类和地区比较广泛。当然，目前这类产品中的许多品种还不够成熟，有待做更深入的研究和试验。复合是微生物肥料研制、开发的一个方向。

(1) 菌加菌的复合微生物肥料：是由两种或两种以上微生物复合而成。它们可以是同一个微生物菌种的复合，如大豆根瘤菌的不同菌系(或血清组、DNA 同源组)分别发酵，吸附时混合，用于使用不同大豆基因型的地区，或用于不太明确使用豆科作物品种的地区，应用后利于菌系-品种的不同组合；也可以是不同的微生物菌种的复合，如固氮微生物、解磷微生物和解钾微生物分别发酵，吸附时混合，以增强微生物肥料功效。应用的前提是所采用的两种或两种以上的微生物之间无拮抗作用，而且必须分别发酵，然后混合。

(2) 菌加各种营养元素或添加物、增效剂的复合微生物肥料：采用的复合方式为菌加大量元素，即菌和一定量的氮、磷、钾或其中的 1～2 种复合；菌加一定量的微量元素；菌加一定量的稀土元素；菌加一定量的植物生长激素；有用畜禽粪便、生活垃圾、河湖污泥作为主要基质的。然而，无论哪一种方式，必须考虑到复合物的量、复合后制剂中的 pH 和盐浓度对微生物有无抑制或复合本身可能抑制微生物的存活，否则这种复合就会失败。当巴西固氮螺菌和糖或聚丙烯酰胺降解菌(PDB)混合使用时，构成一个代谢组合。在这个组合里，糖降解菌产生降解物和发酵产物，这些能被固氮螺菌作为碳源，而固氮螺菌为 PDB 提供氮源。这些组合还有固氮螺菌和纤维单胞菌，后者能降解纤维素；固氮螺菌和芽孢杆菌，后者能降解胶质；固氮螺菌和阴沟肠杆菌，后者能发酵葡萄糖。菌群并不是越庞大效果就越好，菌和菌之间可能产生拮抗作用。

开发集各种养分功能于一身的、具有高科技含量的综合性复合型生物肥料，是肥料发展的方向。有机肥料和化肥配合，氮、磷配合，是合理施肥的重要原则。面向21世纪的复合肥料包括：有机-无机复合肥（结合工业、农业、城市废弃物的利用），农药-除草剂-生长调节剂-肥料复合肥，生物制剂-生化制剂-肥料复合肥等。它们体现了多功能、低成本、省劳力、废弃物综合利用的特征。

目前市场上的微生物肥料产品种类约有11个，它们分别是固氮菌肥料、根瘤菌肥料、硅酸盐细菌肥料、磷细菌肥料、光合细菌菌剂、有机物料腐熟剂、复合生物肥、生物有机肥、复合菌剂、农用放线菌制剂、土壤环境修复菌剂（含水体净化菌剂和农药残留降解菌剂）。

四、各类肥料举例

（一）微生物氮肥

1. 微生物固氮　微生物作为肥料资源主要是由于它是自然界中唯一能够利用氮气的生物。空气中的氮气是所有生物的氮素来源，微生物通过固氮作用，把分子氮转化为氨态氮，部分供自己，另一部分供植物利用并进一步合成有机氮；同时通过微生物的降解作用，将生物的残余物变成植物可以利用的氮源和其他养料，实现生态平衡。其次，微生物参与地球化学过程，促进土壤的形成和熟化，促进无机元素的释放，为植物提供矿质营养，扮演了天然肥料生产者的角色。

2. 根瘤菌肥　根瘤菌（rhizobia）类肥料应用于农、牧业已有100多年历史，是迄今为止世界上研究最早、应用时间最长、生产最多、应用最广泛和效果最稳定的微生物肥料之一。它是利用根瘤菌与豆科植物共生，植物根毛弯曲而形成根瘤来进行固氮。据估计，平均每亩豆科植物的根瘤菌从空气中摄取的氮可达到3～

12 kg，相当于 15～60 kg 硫酸铵的肥效。豆科植物-根瘤菌共生体系是自然界存在的最重要的生物固氮体系之一，也是农业生产中应用最广泛、经济效益和社会效益（增加豆科植物籽粒和鲜草的产量及培肥土壤、节约化肥、减少污染）最好的一个方面。迄今为止，把豆科植物-根瘤菌共生固氮的模式体系移植到禾本科作物上，一直是人类梦寐以求的。虽然，非豆科作物的共生固氮问题还未突破，但豆科植物-根瘤菌共生固氮体系在农业和畜牧业中的潜力还远未发挥出来，大有研究和开发应用的前景。

3. 固氮菌肥料　固氮菌（azotobacter）肥料是特指由能够自由生活的固氮细菌或与一些禾本科植物进行联合固氮的细菌为菌种生产出来的固氮菌类肥料。能够进行自生固氮和联合固氮的微生物资源很多，行联合固氮的微生物也能进行自生固氮。这类固氮微生物与共生固氮的根瘤菌不同，根瘤菌与豆科植物形成共生固氮的器官——根瘤，豆科植物宿主拥有氨同化系统和氧屏障系统，能够把根瘤固定的氮素不停地转化、不停地运输，根瘤内的氨浓度始终很低，不会造成对固氮酶系统的毒害，所以根瘤形成后和破溃前才能一直不停地固氮，固定氮素的数量也十分可观。自生和联合固氮微生物则缺乏这样的结构和机制，所以它们一般固定的氮素能够满足自身的需求后，细胞内氨的浓度反过来会抑制固氮酶系统，固氮过程也就停止。即使行联合固氮的微生物生活在植物根内、根表、根际，部分则能侵入植物根的皮层组织或微管中，利用一些禾本植物，主要是 C_4 植物（玉米、高粱）根分泌的一些糖类繁殖、固氮，能分泌到体外的氮素是极少的，所以它们固定的氮素量仍然是很少的。虽然如此，此类微生物肥料在生产实践中得到了发展，其原因是除了它们能固定一定数量的氮素以外，这些微生物当中的许多菌株在生长繁殖过程中能够产生多种代谢产物。有研究发现，在圆褐固氮菌细胞浸出物中发现了植物生长调节物质；用雀稗固氮菌（*Azotobacter paspali*）培养物处理几种植物的苗和根部，结果发现其根和叶重均增加；用巴西固氮螺菌（*Azospirillum brasilense*）接种植物，促进了根的生长。这些研究均证实这类固氮微生物产生的代谢产物对作物生长有利。另外，此类固氮细菌在根际生长繁殖没有严格的特异性，尤其是易于在低呼吸率的 C_4 植物如甘蔗、玉米、高粱等根部生长繁殖，应用范围较广泛，这也是此类肥料在生产上得到应用的一个重要原因。自生固氮菌每利用1 g 糖可固定近 30 mg 的氮素，在土壤中氮素的固定作用更强烈，估计每千克土壤每年平均可积累 3.75～7.5 kg 的氮素。但利用自生固氮菌作为微生物肥料，其应用效果不稳定，固氮能力比共生固氮菌的效果差。

（二）磷细菌肥

磷是作物生长发育必需的三大营养元素之一，在作物的植株中磷的含量占干重的 0.2% ～ 1.1%，作物富有生命力的幼嫩组织和繁殖器官部位如种子，磷的含量均较高。作物吸收磷素营养主要是以正磷酸盐的形态进入体内，并且以同一形式直接参与体内的物质代谢。

1. 土壤中磷的存在状态　土壤中的磷以有机磷和无机磷的形式存在，其中无机磷占全磷含量的 1/3～1/2，另外的 1/2～2/3 是有机磷。无机磷的形态主要有原生矿物质和次生矿物质两种类型，原生矿物质有 200 多种，主要有磷灰石，其主要成分是钙氟磷灰石和羟磷灰石。次生矿物质主要指化合态即沉淀态的磷酸盐，它分为闭蓄态和非闭蓄态两种类型。闭蓄态磷指磷酸铁和磷酸铝被氧化铁胶膜所包蔽，其活性低，供磷能力弱。非闭蓄态磷酸盐包括磷酸铝、磷酸铁、磷酸三钙 3 种形态，它们在一定条件下可以逐渐释放出来。有机磷中的 50% 是磷酸肌醇、磷脂、核酸和少量的磷蛋白、磷酸糖。土壤中 95% 的磷为无效形式，植物很难吸收和利用。我国有 74% 的耕地土壤缺磷，若仅靠使用化学肥料来补充土壤中的磷，长期施用会造成土壤中某些元素的过量累积和土壤理化性质改变。土壤中有大量微生物，有的能够将难溶性磷转变为水溶性形态，供植物吸收利用。磷细菌肥料采用优良的解磷微生物和溶磷微生物，经人工培养并制成菌剂，施入田间，提高土壤中可溶性磷酸盐的含量，为农作物生长提供有效态磷元素。目前采用最多的磷细菌肥料菌种有解磷巨大芽孢菌、解磷假单胞菌和无色杆菌等。

2. 磷细菌肥料的解磷机理　磷细菌产生各类有机酸(如乳酸、柠檬酸、草酸、甲酸、乙酸、丙酸、琥珀酸、酒石酸、α-羟基酸、葡萄糖酸等)和无机酸(如硝酸、亚硝酸、硫酸、碳酸等),降低环境中的pH值,使难溶性磷酸盐降解为有效磷;或有人认为有机酸可螯合闭蓄态Fe-P、Al-P、Ca-P,使之释放有机磷;产生胞外磷酸酶,催化磷酸脂或磷酸酐等有机磷水解为有效磷。磷酸酶是诱导酶,微生物和植物根对磷酸酶的分泌与正磷酸盐的缺乏程度是正相关的,缺磷时其活性成倍增长;微生物通过呼吸作用放出CO_2,能降低它周围的pH值,从而引起磷酸盐的溶解。某些细菌还可以释放H_2S,它能与磷酸铁作用,产生硫酸亚铁和可溶性的磷酸盐。

当缺磷严重时,在田间可见到:水稻出现“僵苗”、“坐蔸”,小麦形成“小老苗”,玉米果穗秃尖增多,果树花果脱落,薯类作物的薯块变小和耐储藏性变差。作物严重缺磷时,植株内碳水化合物转移受阻,糖类在叶片中积累增加,形成较多的花青素,如玉米、番茄和油菜等茎叶上,可明显呈现紫红色的条纹或斑点,甚至枯死。禾谷类作物缺磷,分蘖、抽穗、开花和成熟延迟;水稻叶片直立,叶色浓绿,下部叶片叶尖枯萎,呈黄褐色。作物缺磷的临界期多在苗期。苗期缺磷,在作物整个生育期都会受到影响,即使后期施磷也不能补偿。所以,严重缺磷的土壤,播种时施足磷肥特别重要。另一方面,过量的磷酸盐会强烈促进植物呼吸,消耗大量糖分和能量,往往使谷类作物无效分蘖和秕粒增加,叶肥厚而密集,叶色浓绿,节间过短,植株矮小,表现为生长受抑制。繁殖器官常因磷肥过量而加速成熟过程,结果导致营养生长减少,茎叶生长受抑制而降低产量。磷肥过量时,植株上部与根系生长比例不协调,地上部生长因受抑制,比重减少,而根系则多而粗,比重增大。此外,还会出现叶用蔬菜纤维素含量多和烟草燃烧性差等品质下降的情况。磷肥过量不仅自身会多方面影响作物生长,而且还会影响其他养分的有效性,如引起锌、铁、镁等元素的缺乏,会加重对作物的不利影响。作用的原理是过量的无机磷酸盐进入作物体内时，使无机磷酸盐在植株内积累，这时植株吸收的中量和微量元素在植株体内与无机磷发生沉淀反应而使这些元素的活性下降，从而明显地降低了已吸收入体内的某些中微量元素的有效性；同时，这些过量积累的无机磷酸盐将严重地阻碍碳水化合物在种子和块根和茎等器官中的正常积累，使其淀粉含量下降、不耐储藏等。其次，大量磷酸盐施到土壤中，使土壤中的微量元素部分被磷酸盐固定，从而使土壤对作物营养的供应失去平衡，造成严重的生产问题。当土壤中发生有效磷异常积累时，施入土壤的任何重金属态微量营养元素如锌、铜、铁、镁、锰、钼等，都会被土壤中的磷酸盐所固定，如果不采取相应的措施，作物将处于持续缺乏该元素的状态。在这种情况下，只有施用螯合态的重金属营养元素才能改善土壤缺乏微量元素的状况，这无疑进一步增加了生产成本。

实验表明，施用磷细菌肥与单施化学磷肥相比，小麦增产18%；当代替50%～70%的化学磷肥时，玉米增产12%～14%。

（三）微生物钾肥

钾是一种不同于氮、磷和硫等元素的植物营养元素，它不参与植物体的组成，而只是在代谢中发挥重要作用，促进植物生长发育，增强抗寒抗旱、抗倒伏的能力，提高农作物的品质和产量。土壤里总钾量的98%是难溶性钾，它们不能被植物直接利用。有一些微生物可以分解难溶性钾，产生有效钾，提高土壤有效钾含量，供植物利用。

目前采用的生产菌种大多是胶质芽孢杆菌和胶冻样芽孢杆菌（*Bacillus mucilaginosus*），主要用于缺钾地区和对钾需要量较大的作物。施用此菌肥对各种喜钾作物如甘薯、烟草、水稻、棉花、小麦等均有明显增产效果。生产实践中亩施1 kg生物钾肥与亩施15 kg硫酸钾或30 kg过磷酸钙的增产效果相当。生物钾肥1 g含菌2亿～3亿个，亩施1 kg，花5～6元钱，等于就地建立一座有2 000亿～3 000亿个菌的钾、磷肥转化加工厂。

解钾机理：硅酸盐细菌类肥料能对土壤中云母、长石、磷灰石等含钾、磷的矿物质进行分解，使难溶钾转化为有效钾。由于这种

“解钾”作用，这类细菌也俗称“钾细菌”。其“解钾”作用与细菌胞外多糖的形成和低分子量酸性代谢物（如柠檬酸、乳酸等）有关。硅酸盐细菌能够破坏钾长石的晶格结构并释放其中的钾素，晶格结构的破坏与菌体合成分泌的草酸、柠檬酸、酒石酸和苹果酸等有机酸、氨基酸和荚膜多糖的络合作用密切相关。

（四）菌根菌肥

在植物共生关系中，菌根（mycorrhiza）是最普遍的一种自然现象，它是土壤真菌与高等植物长期形成的共生体，有内生、外生和内外生菌根之分。泡囊丛枝（vesicular arbuscular，VA）菌根是一种最常见的内生菌根，其真菌菌丝体可侵入植物细胞组织内部，在根部的皮层区产生真菌的构造，胞内菌丝体呈泡囊状（vesicular）和丛枝状（arbuscular）。泡囊是由菌丝顶端膨大而成的球形、圆柱形、椭圆形结构，是一种储藏养分的器官；另外有时它还具有繁殖的功能，可在根系皮层细胞间生长发育。并非所有丛枝菌根都能产生泡囊，如巨孢囊霉属（*Gigaspora*）和盾巨孢霉属（*Scutellospora*）的真菌，就不产生泡囊。丛枝是丛枝菌根形成的特征性结构，被认为是菌根真菌与植物之间进行营养交换的重要器官。所有的丛枝菌根真菌侵染植物根系都能形成丛枝，它是由 VA 菌根真菌菌丝体侵入宿主植物皮层细胞内，并在细胞内连续进行分枝形成的一种枝状结构。真菌在土壤中吸收磷，积累成多聚磷酸盐颗粒，并以该形式运转到丛枝，在这里多聚磷酸盐颗粒被降解，释放出磷给植物。VA 菌根对植物具有广泛的侵染性，世界上大约 90% 以上的有花植物以及蕨类和苔藓植物都具有 VA 菌根，特别是温、热带草本及阔叶木本植物大多有 VA 菌根。在许多植物上 VA 菌根都被证明能通过根外菌丝延伸达几厘米，甚至十几厘米，以促进植物对 P、Fe、Cu、Zn 等矿质营养元素的吸收和利用，改善植物营养状况，增强植物的抗逆性，提高植物的产量和质量，加快移栽苗成活速度，节约农林业生产成本，增加植物经济产量和效益。一方面提高其磷酸酶活性，同时还产生草酸盐、柠檬酸盐结合铁和铝，使固定态磷酸盐释放有效磷。所以 VA 菌根对农林生长的重要性及其作用正日益受到人们的关注，并在农业及人工造林中逐渐得到应用。

实验证明菌根的作用很多，如可以扩大根的吸收面积，促进根的分枝和延长根的寿命，提高对水分的吸收效率和抗旱能力；能保护根部免受病原菌的侵袭、避免冻害；能产生阻抑其他微生物的类似抗生素的物质等。目前菌根已经被应用于造林和育苗等技术中，但菌种的提纯和工厂化生产尚未解决，大面积生产应用尚待时日。由于菌根菌具有促进植物吸收磷元素、增加植物生长量和抗逆性等优点，其越来越受到人们的重视。目前多采用侵染了菌根菌的植物根作为接种剂，施入田间感染植物。真菌从植物获得生长所需要的碳水化合物和一些生长物质，其菌丝可以从土壤中吸收矿质营养元素和水分等，通过菌丝内部的原生质流快速地将它们运转到植物体内，供植物生长需要，形成互惠共生体，Frank 称之为“菌根”。

由于菌根真菌还不能离体纯培养，现常用灭菌土壤盆栽培养活植株，接种菌根真菌孢子或侵染根片段，让菌根真菌在活的根上侵染并得到繁殖。常见方法有以下 4 种：①孢子法：用湿筛法从土壤中获得菌根真菌的厚垣孢子，接种于盆栽幼苗。②侵染根法：取侵染了菌根菌的植物根系，用水洗干净，剪成 1 cm 长的小段，风干后接种到盆栽幼苗的根系附近。③侵染植株法：将已侵染菌根菌的幼苗整株挖出，洗净根部，重新植入灭菌土壤中，一段时间后，侵染率会逐渐提高，并形成孢子。④诱导法：采用已形成菌根的植株的根际土作盆栽，种植容易感染的植物，待植株被感染后再将植株取出洗净根系，移至灭菌土中栽培。实验表明，菌根真菌的大量孢子和菌丝黏附在寄主植物的根表和存在于根的皮层中，因此菌根菌繁殖体主要在根部和根际土中，应用时最好选用侵染根法接种，其侵染速率最快，菌龄 20 天时即可达侵染高峰，侵染率可达 60%以上。

接种菌根菌剂（包括孢子、菌丝和被侵染的根部）的方法很多，常用的有以下 4 种方法：①菌床预接种：将菌剂预先接种在菌床上,待幼苗被侵染形成了共生体系后,再移植到大田。此方法有利于同土著菌种的竞争。②种子球化法:把菌剂与草炭或黏土掺和在一起,加入适量的黏合剂(如4%甲基纤维素)与种子拌和,使菌剂和种子滚成小球状,晾干后播种。③流体沟施:在菌剂中加入4%的甲基纤维素,制成悬浮液施到播种沟里。④穴施法:按所需间距挖穴,在穴内加入菌剂,菌剂上覆盖一薄层河沙,然后播种子或栽培植株。4种方法中,种子球化法是一种较好的接种形式,由于种子被菌剂包裹,幼苗胚根生长伸出,首先接触到菌剂,促使其被早期侵染。

(五)酵素菌肥料

酵素菌肥料技术是日本磐亚株式会社发明的农用生物技术。该技术20世纪40年代由日本微生物学家岛本觉也发明,80年代开始应用于农业生产,先后被20多个国家和地区引进推广,产生了很好的经济效益和社会效益。酵素菌是由细菌、放线菌、酵母菌、丝状菌组成的能够产生多种催化分解酶的有益微生物群体,它能够产生几十种活性很强的酶。酵素菌具有很强的好气发酵分解能力,既能分解各种作物秸秆、树皮、锯末等,又能分解化肥、农药等化学物质,还可分解页岩、沸石、膨润土等矿物质,使之在短时间内转化成为可供植物利用的有效成分。

酵素菌分解有机无机物料并转化为多种农作物生长发育所需要的物质,如:①各种维生素、葡萄糖等,可直接被植物吸收,保证植物生长。②核酸、菌体蛋白,被植物吸收后,能促进细胞分裂和繁殖。③游离氨基酸、脂肪酸以及多种酶、生物激素类物质和其他营养物质,使土壤养分更加丰富,又是有益菌的良好培养基,加速有益菌繁殖。④未知生长促进因子(UGF),促进植物生长发育。⑤酵素菌在土壤中可形成有益微生物群体优势,抑制有害微生物繁殖,可明显减少作物病虫害及因有害微生物破坏导致作物的重茬病。

五、微生物菌肥的生产制备

微生物肥料的生产要采用严格条件的工业发酵过程，生产工艺必须符合微生物发酵要求：①要有优良菌种；②严格的符合微生物学要求的生产工艺；③吸附剂的选择和灭菌。

（一）微生物菌肥发酵流程

微生物菌肥发酵通常采用液体发酵和固体发酵，或液固结合的两步发酵法，其流程简单介绍如图 2－3～2－7 所示。

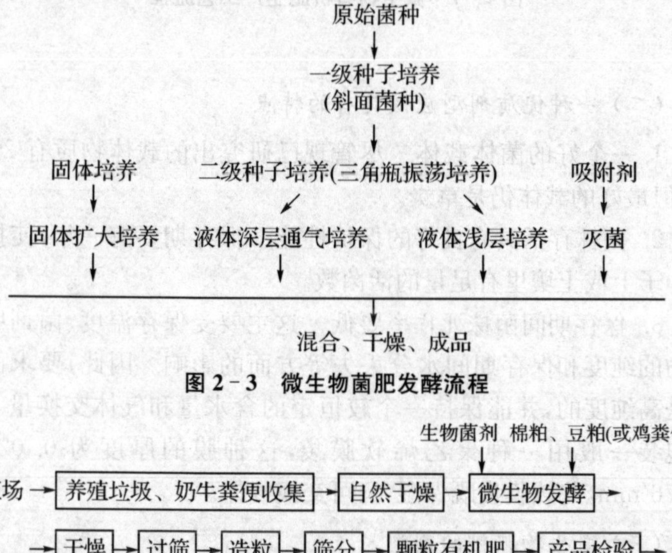

图 2－3　微生物菌肥发酵流程

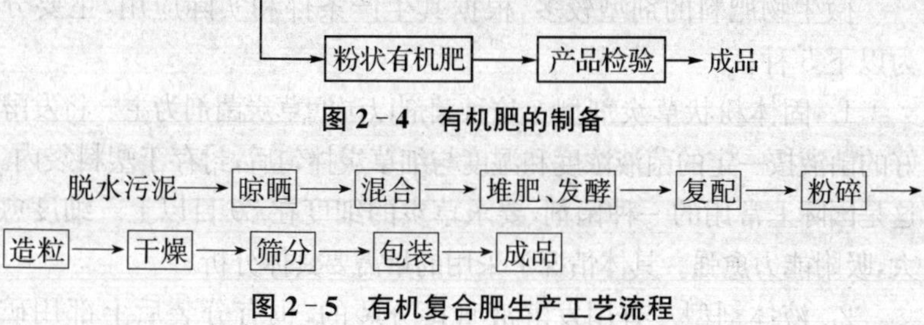

图 2－4　有机肥的制备

图 2－5　有机复合肥生产工艺流程

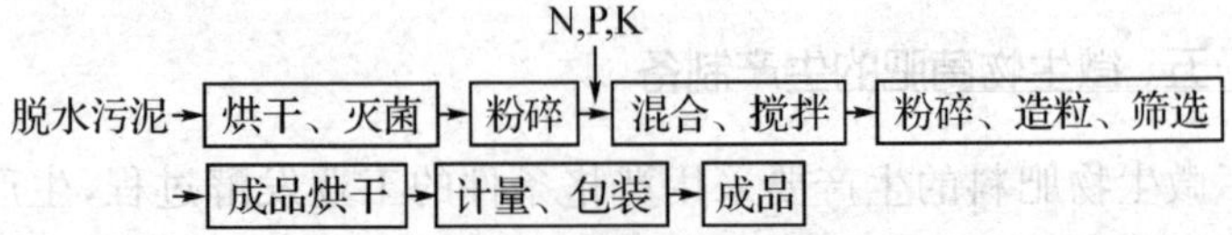

图 2-6　有机复混肥生产工艺流程

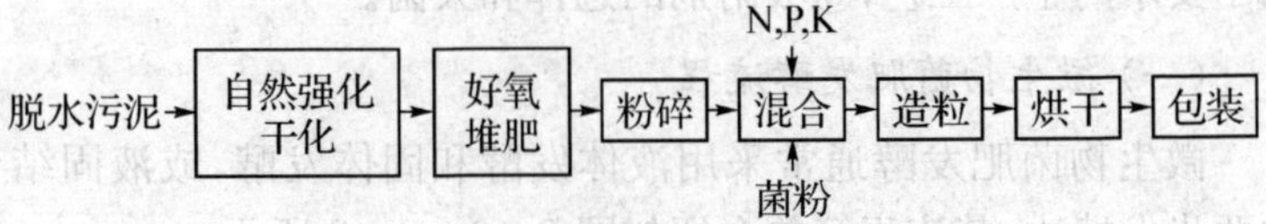

图 2-7　微生物有机肥生产工艺流程

(二) 一种优质剂型应该具有的特点

1. 一个好的菌体载体　尽管现已研究出的载体物质有 20 余种,但最好的载体仍是草炭。

2. 菌株存活具有良好的保护性能　保存期要有一年,使接种到种子上或土壤里有足量的活菌数。

3. 保存期间菌株死亡率要低　这主要受保存温度、菌剂中培养物的纯度和保存期间水分丢失等方面的影响。因此,要求菌剂应是高纯度的,并能保持一个较恒定的含水量和气体交换量。菌剂包装一般用一种聚乙烯软膜袋,这种膜的厚度为 0.027～0.076 mm,此软膜袋既保湿,又可交换气体。

(三) 微生物肥料的剂型

微生物肥料的剂型较多,根据其生产条件和实际应用,主要分为以下 5 种。

1. 固体粉状草炭剂型　这种菌剂以湿润草炭菌剂为主。将发酵好的菌液按一定的菌液浓度和湿度与细草炭拌匀后,封存于塑料袋内。这是国际上常用的一种菌剂,要求草炭的细度在 80 目以上。细度愈大,吸附能力愈强。具体情况下采用的量需要具体分析。

2. 液体剂型　有用发酵液直接分装的,也有分装后上部用矿物油封面的,用于实验室和扩大培养接种,或直接施用。但是凡以活菌起作用的液体剂型都应在尽可能短的时间内用完。

3. 颗粒接种菌剂　这是为了避免粉状剂型拌种时与杀菌剂、化学肥料直接接触,或者为提高微生物肥料的接种效果而采用的。采用20～50目过筛的草炭制备的颗粒与高浓度菌液混合,使草炭的含水量从原来的7%～8%上升到32%～34%。其用量较粉状剂型大得多,采用的量在具体情况下需要具体分析。

4. 浓缩冷冻液体菌剂　这是用高浓度的浓缩菌液(10^{12}个/ml),分装,突然快冻,并借助干冰将其保存在冰冻状态下。在0℃下至少可保存9个月,使用时需在24 h内一次融化。

5. 琼脂剂型　此为早期使用的一种剂型,即菌体的琼脂培养物。

六、影响微生物肥料有效性的因素

(一) 微生物肥料的有效性

微生物肥料的作用表现为两方面:①改善作物的营养条件。有益微生物能将某些作物不能吸收利用的物质转化为可吸收利用的营养物质,也就是生物固定氮、解磷、解钾和活化微量元素,提高土壤中养分的利用率;②刺激作物的生长。有益微生物在代谢过程中能产生植物激素和抗生素,促进作物的生长和增强作物的抗病能力。

(二) 影响微生物肥料有效性的因素

影响微生物肥料有效性的内在因素是微生物的质量,必须选用优良的菌种,而且要达到足够的数量。一般每亩地应至少施入有益微生物1 000亿～3 000亿个。在配制生物复合肥以及计算成品施用量时,一定要考虑有益微生物的引入量,数量过小就无法表现出其有效性。

外部因素是土壤条件和环境因素。当肥料施入土壤后,土壤为休眠的微生物提供了复苏的条件,但微生物能否繁殖、代谢是否旺盛,取决于土壤的pH值、湿度、温度和通气性等条件以及养分含量(微生物与作物之间将会竞争养分)。另外,要弄清微生物和作物品种、土壤类型之间的关系,做到合理使用。此外化肥品种和配比也会对微生物的生存产生影响,甚至产生负面作用。微生物肥料不能与化肥、杀菌剂、石灰等一起施用,以免杀死菌体。微生物肥料在存放过程中,菌体处于休眠状态(芽孢),当施入土壤后,一旦湿度、温度、营养等环境条件适宜,微生物便开始大量繁殖生长,但如果与化肥、石灰、杀菌剂一起施用,在土壤中解除休眠状态的菌体很容易被杀死,而达不到原来的施肥目的。

第二节 微生物堆肥

禽畜养殖业的发展使禽畜粪便造成的环境压力日益增加。每年我国有 25 余亿吨畜禽粪便及大量有机废弃物,是工业固体废弃物年产生总量的 2.4 倍,在部分地区如河南、湖南、江西,这一比例甚至超过 4 倍。据估算,到 2010 年,全国畜禽粪便的排放量将达 45 亿吨。有调查发现,90%的规模化养殖场缺乏必要的污染治理设施。家畜禽粪便是一种含不同有机物的复杂体系,主要成分为可溶性有机物、蛋白质、脂肪、纤维素、半纤维素和木质素等。20 世纪 80 年代初期,日本等发达国家利用生物技术,以家畜禽粪便为原料,加入矿质肥和多种"酶"后制成了多种优质有机肥。好氧堆肥法是现在处理禽畜粪便和固体废弃物的一种有效方法。有机物料在微生物作用下分解成无机物及简单有机物,这一过程又叫矿质化过程。矿质化中间产物进一步脱水缩合而成一种复杂的、稳定的大分子棕色有机物,此过程称为腐殖化过程。

一、禽畜粪便的堆肥化

(一) 堆肥

以人畜粪便、各类秸秆、落叶、山青、湖草为主要原料并与少量泥土混合堆制,经好气微生物分解而成的一类有机肥料称为堆肥(composting)。

(二) 参与堆肥的微生物发酵过程

堆肥制作过程中,复杂有机物质在一系列微生物作用下,逐渐降低 C/N 率,为植物提供可给态养料。

堆肥堆制初期,主要是中温好气性微生物旺盛繁殖,将堆积物中容易分解的有机物质(简单糖类、淀粉、蛋白质等)迅速分解,同时产生大量的热,逐步使堆肥内的温度升高。这时的微生物主要是无芽孢细菌、芽孢细菌如枯草芽孢杆菌(*B. subtilis*)、地衣芽孢杆菌(*B. licheniformis*)和环状芽孢杆菌(*B. circulans*),根霉、毛霉、白腐真菌、嗜温性地霉菌(*Geotrichum* sp.)等。几天内,堆肥内温度可升至 50℃以上,对纤维素、半纤维素、果胶物质具有强烈分解能力的嗜热性微生物逐步代替中温性微生物。其中常见的真菌有嗜热真菌(*Thermomyces* spp.),如嗜热性真菌烟曲霉(*Aspergillus fumigatus*)、担子菌(*Basidiomycotina*)、子囊菌(*Ascomycotina*)、橙色嗜热子囊菌(*Thermoascus aurantiacus*),放线菌中有嗜热链霉菌(*Streptomyces thermofuscus*)、单孢子菌(*Micromonospora*)、诺卡氏菌(*Nocardia*)、普通嗜热放线菌(*Thermoactinomyces vulgaris*)等。当温度上升到 60℃时,嗜热性真菌停止活动,但嗜热性放线菌仍然活跃,同时细菌中的嗜热性芽孢杆菌和梭菌成为优势种群。这时纤维素、果胶类物质继续被强烈地分解。放线菌可以分解一些纤维素、溶解木质素,比真菌能够忍受更高的温度和 pH 值。放线菌降解纤维素和木质素的能力并没有真菌强,但它们在堆肥高温期是分解木质纤维素的优势菌群。在恶劣条件下,放线菌则以孢子的形式存活。随着微生物继续旺盛活动,热量积累,堆肥温度可上升到 70℃以上,大多数耐热性微生物开始死亡或进入休眠状态,但由于死亡菌体内酶的作用,复杂有机质的腐解作用仍能继续进行一段时间。堆肥内的高温状况可持续数十天。当纤维素、半纤维素及果胶类物质被分解将尽时,生物的活动强度减弱,产热量减少,堆肥温度也逐渐降低。当温度下降到 40℃以下时,中温性微生物将代替好热性微生物成为优势种类。这时将堆肥压紧造成厌氧状态,人为抑制好气性微生物的分解活动,再经过一段时间后堆肥物质就成为一种与土壤腐殖质类似的物质，即堆制成熟的肥料。

腐殖物质是指植物残体中稳定性较大的木质素及其类似物在微生物作用下部分被氧化，形成的一类特殊的高分子聚合物，具有芳环结构，苯环周围连有多种官能团，如羧基、羟基、甲氧基及氨基等，使之具有表面吸附、离子交换、络合、缓冲、氧化还原作用及生理活性等性能。土壤腐殖质是土壤有机质的主体，包括胡敏酸(humic acid)、富里酸(fulvic acid)和胡敏素(humin)三部分。由微生物合成的氨基酸化合物与木质素、醌和还原糖发生反应而形成复杂的暗色聚合物，即芳香族化合物(苯酚类)、多肽和氨基酸、多糖类脱水缩合形成的腐殖质(humus)，如图 2-8 所示。非腐殖物质主要包括糖类化合物(如淀粉、纤维素等)、含氮有机化合物及有机磷和有机硫化合物。腐殖质的产生是有机肥腐熟的重要标志，腐殖质的含量决定了有机肥的质量。由于腐殖质具有胶体特性，能吸附较多的阳离子，因而使土壤具有保肥力和缓冲性；它还能使土壤疏松和形成一定结构，从而改善土壤的物理性质；它也是土壤微生物必不可少的碳源和能源，因此是土壤肥力高低的一个重要指标。腐殖质能与金属离子、氧化物、氢氧化物、矿物质和包括毒性污染物在内的有机物发生相互作用，形成具有千差万别的化学和生物学稳定性的溶于水或不溶于水的缔合物。这些作用对于土壤养分的保蓄、土壤良好结构的形成以及土壤有害物质的毒性消除具有重大的意义。

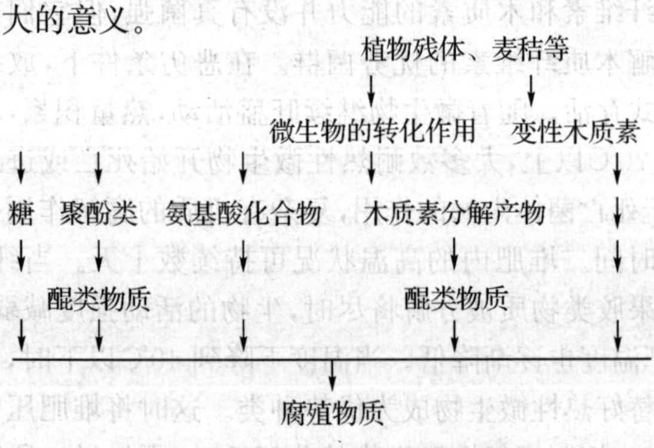

图 2-8 腐殖物质形成的机理

表 2-1 堆肥中对纤维素和木质素有分解能力的真菌

菌种名称	分解物质	菌种名称	分解物质
黑曲霉 *Aspergillus niger*	纤维素	绿色木霉 *Trichoderma viride*	木质素、纤维素
血红栓菌 *Trametes sanquinea*	纤维素	木质素木霉 *T. lignorum*	木质素、纤维素
卧孔菌 *Poria* sp.	纤维素	康氏木霉 *T. koningii*	纤维素
伊利亚青霉 *Penicillium iriensis*	木质素、纤维素	嗜热毛壳菌 *Choetomium thermophile*	木质素、纤维素
绳状青霉 *P. funiculosum*	木质素、纤维素	腐皮镰孢菌 *Fusarium solani*	纤维素
多变青霉 *P. variabile*	木质素、纤维素	白腐菌 white-rot	木质素、纤维素
变色多孔菌 *Polyporus versicolor*	纤维素	褐腐菌 brown-rot	纤维素、半纤维素
乳白耙齿菌 *Irpex lacteus*	纤维素	软腐菌 soft-rot	木质素、纤维素

(三) 鸡粪堆制发酵

1. 降解鸡粪的微生物菌剂 降解鸡粪的微生物菌剂是由蛋白分解菌、纤维分解菌、酵母菌、光合细菌、乳酸菌等多种有益微生物组成的。这些菌群在生长中产生的代谢物质相互利用，而不发生拮抗现象。在鸡粪堆制发酵过程中，微生物菌群以辅料为载体，与鸡粪组成了复杂而稳定的微生态系统，能够快速、环保地发酵鸡粪并增加肥效。

2. 微生物菌剂在鸡粪堆肥中的作用

(1) 降低 pH 值：与自然发酵相比，微生物菌剂能产生一些酸性物质，因此处理的鸡粪 pH 值较低，减少鸡粪发酵过程中氨的挥发，保持较多氮素，有助于提高肥效、保护环境。

(2) 水溶性碳、氮的变化：堆肥中的水溶性碳、氮化合物是堆肥微生物很好的碳源、氮源，是能够被微生物直接用来合成自身有机体的重要组成部分。有机物料中起始有效态碳、氮物质及分解过程中产生的碳、氮库，尤其是碳库强烈地影响着整个分解过程和氮的生物固定。堆制初期，水溶性碳、氮含量基本上呈下降趋势，中后期开始上升。可见随着培养时间的延长,微生物对易利用的碳、氮源需求越来越多,导致其含量下降,但到了中后期,其中的淀粉、脂类化合物、半纤维素和蛋白质等较易分解的物质以及部分纤维素和少量木质素开始被分解,部分转化为水溶性碳源、氮化合物,同时初期被微生物利用的部分碳源、氮源随着微生物的死亡而被逐渐分解释放,从而导致水溶性碳、氮的含量回升。

(3) 腐殖质态碳、氮的增加:与鸡粪自然发酵相比,接种微生物菌剂的堆肥在相同时间里能合成较多腐殖态的碳、氮。合成等量的腐殖态碳、氮要比自然发酵所需的时间明显提前,这是由于微生物菌剂产生的各种酶类能催化有机质快速转化为腐殖态。因此接种微生物菌剂更有利于堆肥的腐殖质化。

(4) 过氧化氢酶活性的变化:堆肥中的一切生物化学过程都是在酶的参与下进行的,酶的活性大小反映了有机物料堆制中各种生物化学过程的方向和强度。在有机物料堆制中,过氧化氢酶活性远远高于土壤,而接种微生物菌剂的鸡粪堆肥其过氧化氢酶活性又明显高于自然堆制,这是因为微生物菌剂中含有较多的产过氧化氢酶的耐高温芽孢杆菌,从而促进了有机质的氧化分解。

(5) 蛋白酶活性的变化:蛋白酶属于水解酶类,能分解蛋白质和多肽产生氨基酸。接种微生物菌剂的堆肥发酵完毕后,其氨基酸含量都要远高于自然发酵。由于微生物产生了多种蛋白酶,并且不乏有一些高温蛋白酶在堆制过程中积极降解蛋白质,形成了更多易被作物吸收利用的氨基酸。鸡粪经微生物菌剂发酵后氨基酸含量明显增加。

(6) 加速鸡粪堆肥无害化:经微生物发酵剂处理的鸡粪堆肥达到无害化指标的堆制时间一般为 20 d 左右,而自然发酵达到这一指标时间常需 60 d 左右。微生物的生长繁殖加快了发酵物料中物质的降解,使堆肥缩短了达到高温阶段的时间,并延长了高温期,这样充分杀死其中的寄生虫卵和病原菌,尽快还于农田。

(7) 提高作物生物安全性:尿酸、NH_4^+-N 是鸡粪中主要影响作物正常生长的物质,微生物菌剂能促进堆肥中的氮物质向蛋白

氮和 NO_3^--N 转化，减少 NH_4^+-N 的累积，能快速消除或减少致使作物生长障碍的物质。

表 2-2 鸡粪及其经堆制发酵后的粗蛋白与氨基酸含量变化(干重/%)

项目	发酵前	自然发酵	菌剂发酵	项目	发酵前	自然发酵	菌剂发酵
粗蛋白	28.12	28.74	29.58	蛋氨酸	0.07	0.27	0.37
总氨基酸	8.36	12.41	19.74	异亮氨酸	0.28	0.68	0.89
天门冬氨酸	0.92	1.05	2.18	亮氨酸	0.60	0.94	1.15
苏氨酸	0.49	0.68	1.47	酪氨酸	0.42	0.46	0.59
丝氨酸	0.58	0.69	1.25	苯丙氨酸	0.33	0.64	0.78
谷氨酸	1.32	1.65	4.24	赖氨酸	0.48	0.54	0.64
脯氨酸	0.51	0.57	0.74	组氨酸	0.05	0.30	0.33
甘氨酸	0.55	1.14	1.46	精氨酸	0.41	0.73	1.11
丙氨酸	0.74	0.82	1.01	半胱氨酸	0.21	0.28	0.46
缬氨酸	0.40	0.97	1.07				

二、固体废弃物的堆肥化

(一) 垃圾的微生物处理

1. 垃圾处理状况　迄今为止，我国累积的城市生活垃圾已达60亿吨，城市的生活垃圾清运量正以每年约4%的速度增长。现在的处理方式主要为填埋(sanitary landfill)、焚烧(incineration)和堆肥(composting)三种，填埋法不仅占用了大量土地，还污染土壤和地下水，焚烧法对大气污染严重，而生物堆肥由于适应垃圾资源化和可持续发展的科学发展思维而成为城市垃圾处理的主要方法，用微生物进行处理是目前成本最低、效益最大的垃圾处理途径。堆肥处理是固体废弃物减量化、无害化以及资源化最有效的处理方法之一，可以使废物转化为能源、食品、饲料、肥料，还可提取金属。生物堆肥的关键是三大瓶颈目前还难以突破，一是前期处理，生物堆肥对垃圾分类处理的要求比较高，但目前全国城市垃圾能做到分类收集的并不多，难以进行机械化分选，导致资源回收率低，堆肥质量差；二是适合于中国城市垃圾特点的生物堆肥技术研发还不够，尽管目前一些化工企业开发出了适用于生物堆肥产业的促进剂和生物菌剂，突破了堆肥复合微生物接种剂及其接种方法、堆肥生物表面活性剂、高效好氧堆肥和厌氧消化处理工艺及装置等5大关键技术，但全行业总体的技术应用还很落后，使得一些处理企业虽然引入了国外的先进设备，但处理效果仍不理想；三是堆肥产品的市场开发。由于前两个原因，目前我国从垃圾处理产生的堆肥不但数量有限，而且产品质量与化肥相比还有一定差距，因此市场开发有较大难度。

表2-3　城市生活垃圾处理技术比较

项目	填埋技术	焚烧技术	堆肥技术
机械设备	设备相对少，处理技术相对简单	设备复杂、处理技术较难，高科技投入多	配套设备较多，技术密集，分选处理相对较难
占地面积	大	小	中
对垃圾质量需求	无需求	垃圾热值在3 350～4 186 J/g	有机物含量高于40%
二次污染	地面水、地下水、大气均有二次污染，尤以地下水污染较难控制	大气污染严重，须采用先进技术控制有害气体排放	对土壤、地面水有轻微污染
资源化产品及用途	沼气，用于发电、供热	燃料气、燃料油，用于发电，供热	腐熟堆肥，直接农用或配制高效系列有机复合肥
废物利用率	低；严重浪费资源	高；充分利用废物资源的热能	高；物尽其用，变废为宝
最终处理	无	残渣占10%，须填埋	残渣10%～15%，须填埋
单位投资额	低，2～3元/t	高，35～45元/t	中等，7～10元/t
利润	低	高，45～80元/t	中等，10～12元/t
技术方法	压缩填埋，破碎填埋，渗沥填埋	热解法（提取燃料气和油），水解法（提取酒精）	好氧发酵

2. 垃圾堆肥化处理工艺流程　堆肥是利用自然界中广泛分布的细菌、放线菌、真菌等微生物高速繁殖能力及其快速的新陈代谢作用，将垃圾中所有能分解的有机质在短时间内转化成稳定状态

的高效生物有机肥或土壤改良剂，是处理有机固体废弃物并使之实现资源化的一项重要技术。它是一种由微生物驱动的好氧处理工艺，能够将固体有机废物转化成稳定的、卫生的类似腐殖质的物质。经过堆肥处理，有机废物的体积大大减小，并能安全地返回环境中。就效果而言，堆肥是一个低湿度的固体发酵过程。为了充分发挥堆肥作用，应该采用那些易分解的有机废物作为基质。长期以来，堆肥不仅被认为是安全处理固体有机废物的一种方法，而且也被看成是循环利用有机物的一种形式。堆肥原料成分复杂，彼此互补性好；生物堆肥过程中会产生各种中间代谢产物及各种营养类型的微生物群落，可能是继土壤之后的又一个微生物资源库；针对性强的微生物如降解纤维素、木质素等的微生物，它们是潜在的生防菌。堆肥除有"肥效"外，还具有"药效"，即能抑制许多土传病原菌的生长、繁殖，对多种植物土传病害具有防治效果。有试验与应用结果表明，来源不同的固废堆肥产物或它们的浸提液对土传或叶生病原菌有明显的抑制效果，进而可以发展成一种替代化学农药防治某些植物病害的有效手段。因而，近来堆肥或堆肥浸提液抑菌防病研究已成为废弃物资源高效利用以及有机农业生产技术等研究领域的热点。利用微生物对固体废弃物进行堆肥化处理时，起主要作用的是堆肥物料中含有的大量的微生物群，主要包括嗜热及嗜温细菌、硝化细菌、蛋白及果胶水解微生物、固氮微生物和纤维素分解微生物。当提供适宜的条件时，物料中的微生物生长迅速，形成反馈回路，即中温微生物促进温度升高，但是当达到不适于中温微生物生长的温度时，则变为负反馈机制，升高的温度抑制中温微生物进一步增长，并使其生长减慢或结束。这时，嗜热微生物逐步取代中温微生物，重新又形成一个高温阶段的正反馈回路，即高温微生物数量增长、促进温度升高；同样，当温度过高时，也会抑制高温微生物的数量进一步增长，从而又形成负反馈机制，结果使温度稳定在一个范围内。

城市生活垃圾所含的有机成分是潜在的有机肥源，而当前国内采用"垃圾堆肥"方法制造的堆肥是一种"粗肥"，存在着有效养分含量低、肥效不高、用量大、不便运输等缺点。通过对城市生活垃圾进行消毒、灭菌、分选、粉碎、烘干等一系列温性物理处理，再辅以能改善土壤理化性能的微生物及植物生长所需的 N、P、K，并引入固氮菌、解磷菌、解钾菌等有益微生物，可生产出富含有机质和有益微生物的肥料。由于目前使用的固氮、解磷、解钾等微生物均为常温菌，不能经历垃圾高温发酵阶段，因此需要将有益微生物制备成菌液并按比例混入堆肥成品。这样生产出来的微生物肥料具有长效、高能、肥素丰富、活化土壤、施用方便的特点，不仅能提高作物产量，还具有提高作物品质和抗病能力的作用，这样才符合世界肥料发展的方向。

随着城市化步伐的加快，农村人口大量向城市迁移，粮、果、菜也向城市集中，城市生活垃圾的产生量日益增加，对生态环境的影响和危害不断加重，已成为困扰城市建设和发展的重大问题。另一方面，由于化肥用量愈来愈大，而有机肥用量逐年减少，结果土壤有机质减少，促使供肥能力降低，农业增产完全依赖化肥，使肥料缺口逐年增长。若将城市垃圾的处理与生产生物有机复混肥结合起来，不仅可以缓解垃圾处理的压力，而且开发了新的肥源渠道。利用城市生活垃圾生产生物有机复混肥，既解决了生活垃圾对环境的污染和大量垃圾侵占土地的问题，把废弃之物变为了宝贵的资源，又可以起到保护土地、防止土壤板结沙化的作用。

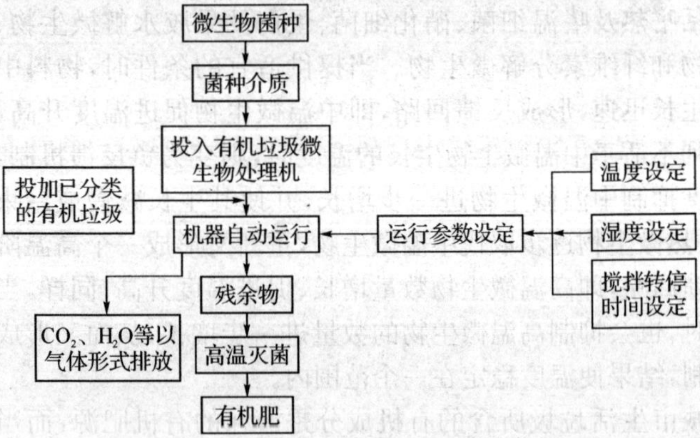

图 2-9　有机垃圾微生物处理技术工艺路线

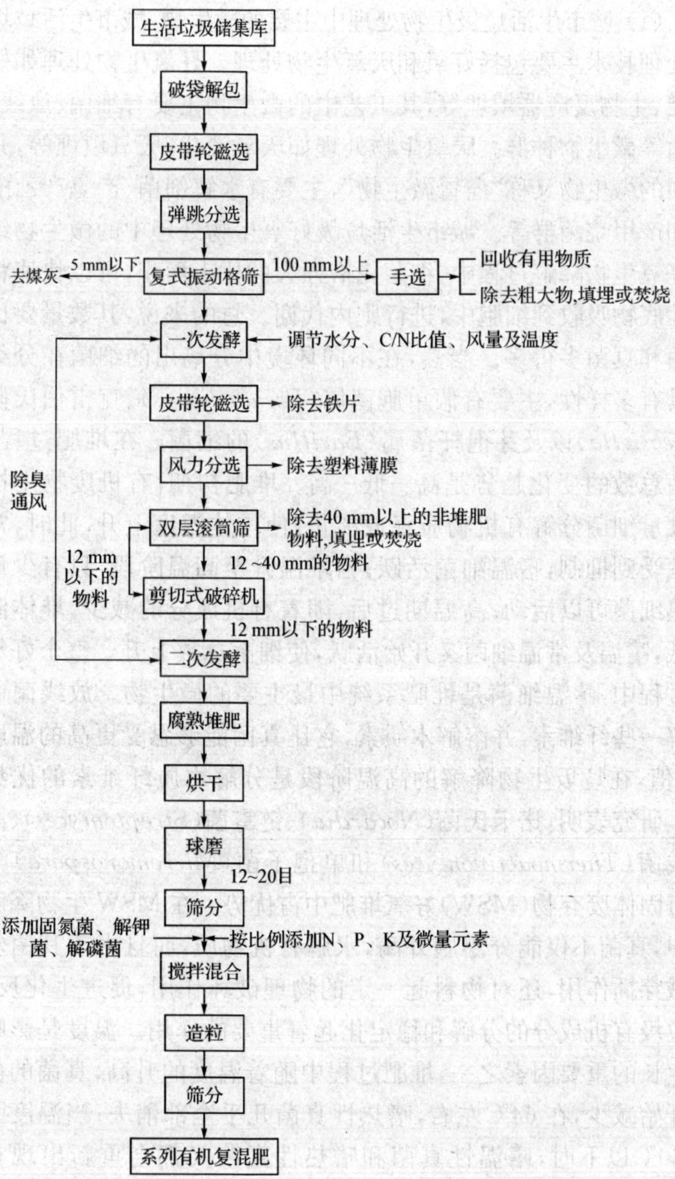

图 2-10　城市生活垃圾堆肥化综合处理工艺流程框图

(1) 城市生活垃圾生物处理中主要的微生物:城市生活垃圾生物处理技术主要包括好氧和厌氧生物处理。好氧生物处理如好氧堆肥、生物反应器填埋等,其工艺中的微生物主要有细菌、放线菌、真菌等微生物种群。厌氧生物处理如厌氧消化、厌氧填埋等,其工艺中的微生物又称"瘤胃微生物",主要有水解细菌、产氢产乙酸菌群和产甲烷菌群等。城市生活垃圾好氧生物处理中的微生物细菌在好氧生物降解过程中,细菌凭借强大的比表面积,可以快速将可溶性底物吸收到细胞中,进行胞内代谢。总的来说,其数量要比放线菌和真菌多得多。当然,在不同环境中分离出的细菌在分类学上具有多样性,主要有假单胞菌属(*Pseudomonas*)、克雷伯氏菌属(*Klebsiella*)以及芽孢杆菌属(*Bacillus*)的细菌。在堆肥过程中,细菌总数的变化趋势是高—低—高。堆肥初期,有机废物中携带的大量细菌分解有机物质释放能量,使堆体温度上升,此时,常温细菌受到抑制,嗜温细菌活跃;当堆温升至高温阶段,只有少量的嗜热细菌可以活动;高温期过后,随着有机成分的减少,堆体温度降低,嗜温及常温细菌又开始活跃,使细菌总数上升。整个好氧降解过程中,嗜温细菌是堆肥系统中最主要的微生物。放线菌可以分解一些纤维素,并溶解木质素,它比真菌能够忍受更高的温度和pH 值,在垃圾生物降解的高温阶段是分解木质纤维素的优势菌群。研究表明,诺卡氏菌(*Nocardia*)、链霉菌(*Streptomyces*)、高温放线菌(*Thermoactinomyces*)和单孢子菌(*Micromonospora*)等在城市固体废弃物(MSW)好氧堆肥中占优势。在 MSW 生物降解过程中,真菌不仅能分泌胞外酶,水解有机物质,而且由于其菌丝的机械穿插作用,还对物料起一定的物理破坏作用,促进生化反应,对垃圾有机成分的分解和稳定化起着重要的作用。温度是影响真菌生长的重要因素之一,堆肥过程中随着温度的升高,真菌的菌落数开始减少,在 64℃左右,嗜热性真菌几乎全部消失;当温度下降到 60℃以下时,嗜温性真菌和嗜热性真菌又都会重新出现在堆肥中。

(2) 厌氧生物处理的微生物:城市生活垃圾的厌氧生物处理依

次分为水解、产氢产酸和产甲烷三个阶段，每个阶段各有其独特的微生物类群起生物降解作用。

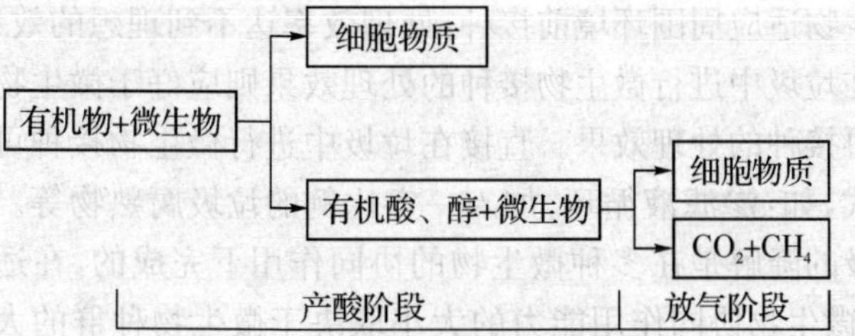

图 2－11 厌氧发酵原理图

①水解细菌：水解阶段，水解细菌利用胞外酶对有机物进行体外酶解，使固体物质变成可溶于水的物质，然后细胞将其吸收、水解成不同产物，该阶段起作用的细菌为水解细菌。Hungate 分离出了以下几种水解菌：产琥珀酸拟杆菌属、芽孢菌属、柱孢梭菌属、黄瘤胃球菌、白色瘤胃球菌、溶纤维丁酸弧菌等。同时还分离出纤维酶 β-1，4-葡聚糖酶，外 β-1，4-葡聚糖酶和纤维素二糖酶。

②产氢产乙酸菌群：产氢产乙酸菌群是将第一阶段发酵产物如丙酸等三碳以上有机酸、长链脂肪酸和醇类等氧化分解成乙酸和分子氢。目前在卫生填埋场中已分离出产氢产乙酸菌布氏甲烷杆菌属等。

③产甲烷菌群：甲烷菌利用 H_2/CO_2、醋酸和甲醇甲酸等化合物为基质，将其转化为甲烷。在卫生填埋场中，目前已分离出产甲烷菌群分杆状菌、球状菌和八叠球菌三类。杆状产甲烷菌通常呈弯曲、链状或丝状，此类细菌有史密斯甲烷短杆菌属、甲酸甲烷杆菌属、巴氏甲烷杆菌属、反刍甲烷短杆菌属、史密斯甲烷杆菌属、嗜热自养甲烷杆菌等；球状产甲烷细菌直径为 0.3～5 μm，细胞呈正圆形或椭圆形，成对排列成链状，此类细菌有巴氏甲烷八叠球菌、范尼氏甲烷球菌、沃氏甲烷球菌、马氏产甲烷球菌、海生产甲烷球菌及嗜热无机营养甲烷球菌等。八叠球状产甲烷菌，其细胞繁殖成规则、大小一致的类似砂粒的堆积物，有巴氏甲烷八叠球菌和嗜热甲烷八叠球菌等。

(3) 强化接种处理技术：纯种分离后还要将微生物接种到垃圾中进行生物处理，但由于接种微生物的生存环境发生了变化，如果在微生物适应周围环境前接种，处理效率达不到理想的效果，因而直接在垃圾中进行微生物接种的处理效果则应好于微生物纯种分离后再接种的处理效果。直接在垃圾中进行微生物接种可采用多种方式，如：渗滤液循环、加入一定比例的垃圾腐熟物等。微生物对垃圾的降解是在多种微生物的协同作用下完成的，在适宜的条件下，微生物协同作用能力的大小取决于微生物种群的大小与结构的稳定性。一般说来，生物的种群越大，其自动调控能力越好，适应性就越强，结构越稳定。经垃圾渗滤液循环或向待处理的新鲜垃圾中加入一定比例的垃圾腐熟物进行强化接种培养后，微生物的种群扩大，且循环次数越多，微生物的数量和种群就越大，这样就会更有利于对垃圾的降解。

(4) 添加微生物菌剂：研究表明，单一的细菌、真菌、放线菌群体，无论其活性多高，在加快垃圾生物降解进程中的作用都比不上复合微生物菌群的共同作用。微生物菌剂是采用分离、筛选的有效微生物，配合一定的处理工艺和设备，通过合理地调配各种有效微生物的含量，进行筛选、培育生物处理的高效复合微生物菌剂，进而来调节菌群结构、提高微生物降解活性、提高微生物降解有机成分的效率。复合微生物菌群中既有分解性细菌，又有合成性细菌；既有纤维素分解菌、真菌，又有放线菌。向工艺中添加复合微生物菌剂，不仅增加了工艺中微生物的初始浓度，而且改善了工艺中微生物的种群结构。作为多种细菌共存的一种生物群落，依靠相互间共生增殖及协同作用，代谢出抗氧化物质，生成稳定而复杂的生态系统，使得整个生物降解过程中微生物数量保持相对稳定，处理效果较佳。

(5) 固定化微生物技术：固定化微生物技术是将微生物固定在载体上，使其高度密集并保持其生物功能，在适宜的条件下还可增殖，以满足处理工艺的要求。实质上是从增加单位反应器内微生物数量的角度来提高微生物的活性，使得细胞密度高、微生物流失少、不需分离，就能纯化和保存高效菌株等，反应速度快，运行稳定、可靠，从而节约运行成本，提高处理效率。固定化微生物技术目前国内外还没有一个统一的分类标准，方法也多种多样，主要有载体结合固定化(吸附法)、交联固定化、包埋固定化和共价结合法，各种固定化方法和载体都各有特点。其中，微生物细胞的固定化方法以包埋法和吸附法最为常用。包埋法是将微生物封闭在天然高分子多糖类或合成高分子凝胶的网络中，从而使微生物固定化。其特点是可以将固定化微生物制成各种形状(球状、块状、圆柱状、膜状、布状、管状等)，但包埋法制得的固定化微生物对传质有一定的影响。吸附法是将微生物细胞附着于固定载体上，微生物细胞与载体之间不起化学反应，并且具有操作简单、固定化条件温和、细胞活性损失小、载体可以反复使用等优点，所以被广泛应用和深入研究。

(6) 基因工程技术:基因工程技术在垃圾处理中应用的基本原理是通过基因分离和重组，将对某种有机物可高效降解的微生物的基因片段转移到受体生物细胞中并表达，使受体生物具有该高效降解有机物的特性，从而达到治理、去除有机物的目的。如能找到特定污染的抗性基因，转基因后构建高效基因工程菌，则可显著提高污染物的降解效率。利用微生物来治理污染快速高效，因此利用基因工程技术构建高效菌种来治理污染，特别是环境中复杂的或难以降解的有毒有害废弃化合物，如人工合成塑料、除草剂、杀虫剂等，必将成为环境生物技术的热点之一。

无论是厌氧生物处理垃圾工艺还是好氧生物处理垃圾工艺，其中都存在着各种各样的微生物种群，正是这些微生物种群相互协调、互生互克，组成了一个复杂的生态系统。生态系统中的微生物还有待进一步研究，以至能分离出降解某种特定污染物的特定微生物种群。这批菌群主要由细菌、放线菌、真菌等十几种能降解不同有机残体的微生物组成，它们融合在生活垃圾中，其非常活跃的新陈代谢活动，使垃圾中的各种有机物转化成促进植物生长的有机营养和腐殖质。运用微生物处理生活垃圾，不会像化学处理方法那样对环境造成新的污染，更避免了挖坑填埋处理方式所带来的侵占土地以及对环境造成潜在污染的弊端。研究人员配制菌群时，选择哪些种类的微生物将主要取决于垃圾中的有机物成分。垃圾中的有机物一般主要包括纤维素、脂肪和蛋白质等三大类。然而，由于垃圾的来源以及产生的季节不同，其有机物成分也会有所变化，因而菌群的组成也将随之调整。根据对垃圾中有机物成分的分析，研究人员将配制最为有效的微生物菌群，即每种有机物都将由功能最强、活性最大的微生物来“对付”。为了尽量避免因菌群中微生物种类过多而造成垃圾处理成本的升高，研究人员还运用了基因工程的方法，对从自然界收集来的天然微生物菌种进行基因结构修改，以改良和增加它们的功能。

对于城市生活垃圾的各种生物处理技术的研究正方兴未艾，无论是从强化微生物种群的角度，还是从基因工程的角度，都具有较大的发展潜力。

（二）污泥的微生物处理

1. 污泥处理处置状况　城市污水污泥是指污水处理厂处理废水所产生的固态废弃物。污水处理厂在净化污水的同时，产生的污泥量占污水总处理量的0.3%～5%（含水率以 97%计）。据估算，目前世界上生产污泥量已达 1 亿吨/年（干污泥量），我国城市污水处理厂每年排放的污泥量（干重）大约为 350 万吨，而且年增长率大于 10%，特别是在我国城市化水平较高的几个城市与地区，污泥出路问题已经十分突出。如果城市污水全部得到处理，则产生污泥量（干重）为 840 万吨，占我国总固体废弃物的 3.2%。目前，在我国的污泥处理处置主要方法中，污泥农用约占 44.8%、陆地填埋约占 31%、其他处置约10.5%、没有处置约 13.7%。可以看出，污泥处理处置处于严重滞后状态。据统计，我国用于污泥处理处置的投资占污水处理厂总投资的 20%～50%，污泥由于其成分复杂，既含有大量的有机质，又含有有害的重金属、病原微生物等，处理和处置费用高，堆放风险大。以往只将部分污泥作为固体废弃物稍作处理后弃置，大量未经处理的污泥没有出路，造成堆放和排放区周围环境二次污染。未经处理或处理、处置不当的污泥直接施入农田，将严重污染和毒害农作物和土壤。因此，如何安全、经济、合理地利用污泥已成为当今世界各国十分关注的研究课题。

2. 污泥处理与处置的目的　主要有：①稳定化：通过处理使污泥停止降解，从而避免二次污染；②无害化：杀灭寄生虫卵和病原微生物；③减量化：减少污泥最终处置的体积，降低污泥处理及最终处置费用；④资源化：在处理污泥的同时实现化害为利、循环利用、保护环境的目的。污泥的最终处置途径有填埋、焚烧、工业利用、土地利用等。随着环境污染问题的突出，人们已认识到污泥处理的顺序应是减容、利用、废弃。污泥减量化、稳定化、无害化处理后作为资源回收利用已经成为主流。土地利用是目前发达国家和地区使用最广泛的城市污水处理厂剩余污泥的处置方法之一。大多数国家把土地利用和填埋作为处置污泥的主要途径，而随着可填埋范围的日益减少，土地利用将是一个主要的发展方向。我国是一个发展中国家，又是一个农业大国，城市污水污泥的土地利用应是一项重要的途径。处理是过程，污泥处置才是目的。污泥处置最为经济有效的方式就是生物资源循环利用，即污泥资源利用处置。污泥资源利用处置方案将污泥的处理、处置、污泥肥料产品的市场营销连为一体，系统解决。

3. 污泥堆肥资源化　由于剩余污泥中含有丰富的有机物和氮、磷、钾等营养元素及植物所必需的各种微量元素，是良好的农用肥料，将剩余污泥回用于土地作为植物的肥料，可以对剩余污泥进行充分的资源化利用。污泥堆肥资源化就是把污脱车间生产出的泥饼进一步在微生物的作用下，通过微生物的生物化学反应实现物质转化，从而达到剩余污泥的无害化、稳定化、减量化和资源化处理的过程。污泥的处理方案重点解决污泥肥料产品的特性问题，即营养成分的有效利用与产品的安全性。污泥中的有机物分解产生的腐殖质可以改良土壤，是良好的土壤改良剂。1 吨干污泥养分含量相当于 100 kg 硫酸铵、100 kg 过磷酸钙和 16 kg 硫酸钾。如果以目前全国产出 350.0 万吨/a 干污泥计算，其养分含量相当于35.0万吨硫酸铵、35.0万吨过磷酸钙和5.6万吨硫酸钾。

表2-4　污泥中营养成分与农家肥的对比(%)

类别	有机成分	氮	磷	钾
某一污水处理厂污泥	48.0～53.0	2.40～3.90	1.20～3.50	0.32～0.43
某二污水处理厂污泥	39.0	1.97	1.72	0.53
猪厩肥	25.0	0.45	0.08	—
马厩肥	25.0	0.58	0.12	—
牛厩肥	20.0	0.34	0.07	—
羊厩肥	31.8	0.84	1.10	—

尽管污泥土地利用具有能耗低、可回收利用污泥养分等优点，但是污泥中也含有大量病原菌、寄生虫(卵)，以及铜、铝、锌、铬、汞等重金属和难降解的有毒有害物。以施用城市垃圾为主的菜田，检出土壤中铜、铅、砷、铬的含量高于背景值的0.3～1倍，汞甚至高出30多倍。重金属离子最易被植物摄取，并在根、茎、叶与果实内积累；氮是农作物的主要肥分，但浓度太高会使作物的枝叶疯长而倒伏减产，因此污泥用作土地处置必须经无毒无害化处理后才能利用，否则污泥中有毒有害物会导致土壤、作物的重金属污染及地下水氮、磷超标。

在我国，城市园林绿化事业蓬勃发展，需要大量的苗木花卉草坪基地。而污泥有机肥用于花卉苗圃，一是可以改良土壤，增加土壤有机质和养分；二是可促进苗木和花卉生长；三是污泥中的一些重金属和有害物质不进入食物链，同时树木园林花卉对重金属和有害物质有一定的净化功能。欧洲和美国的经验表明，污泥不仅可有效代替常规林地用肥料，而且用于针叶林地培肥效果十分显著。它既可作为植树前的基肥，又可作为立地林的追肥。当前我国正进行大规模生态建设，大面积植树种草，污泥可作为城市园林绿化和防护林建设最合适的肥料。城市污水处理厂污泥堆肥可作为乔灌草与大田农作物的基肥使用，以增加作物产量。我国每年城市绿化都是就地挖坑栽树，原地种花种草，不施任何基肥，致使有的花苗生长不良，成活率不高，其中有气候土壤因素，也有管理、水肥等原因。城市污泥有机肥则可以弥补缺肥这一缺陷，既可改良土壤，又能保水保肥。

污泥农用过程必须注意以下问题：①污泥中的重金属造成二次污染；②污泥中的病原体对农作物造成影响；③土壤中过剩的N、P随水土流失造成水体污染；④长期使用对土壤pH值的影响，且使土壤出现板结现象。污泥在农用前，一定要对其进行无害化、稳定化处理。

根据处理过程中起作用的微生物对氧气的要求不同，污泥堆肥可分为好氧法和厌氧法两种。好氧法是指在通气条件下通过好气性微生物活动使有机物得到降解稳定的过程，此过程速度快、堆肥温度高(一般为50～60℃，极限温度可达80～90℃，故又称高温堆肥)；厌氧堆肥实际上是微生物的固体发酵，对有机物进行降解和稳定化，需通过更复杂的生物化学反应，该过程堆肥速度慢，堆肥时间是好氧法的3～4倍甚至更多。

(1) 好氧堆肥法的微生物作用原理：好氧条件下进行污泥堆肥资源化，微生物作用过程可分为以下三个阶段：

①发热阶段(主发酵前期，1～3 d)：堆肥堆制初期，主要由中温好氧的细菌和真菌，利用堆肥中最容易分解的可溶性物质，如淀粉、糖类等，迅速增殖，释放出能量，使堆肥温度不断升高。

②高温阶段(主要发酵、一次发酵，3～8 d)：堆肥温度上升到50℃以上，即可称为高温阶段。由于淀粉、糖类等易分解物质迅速分解氧化的同时，消耗了大量的氧，造成了堆肥中局部的厌氧环境。这样，好氧性的微生物如纤维素分解氧化菌逐渐代替了中温微生物的活动。这时，堆肥中残留的或新形成的可溶性有机物继续被分解转化，一些复杂的有机物和纤维素、半纤维素等也开始得到强烈的分解。在此过程中，好热性微生物随着温度升高而随之发生变化，在50℃左右，主要是嗜热性真菌和放线菌，温度升高到60℃时，真菌几乎完全停止活动，仅有嗜热菌和放线菌在继续活动，缓慢分解有机物，温度升到70℃时，大多数嗜热性微生物已不适宜，而大量死亡或进入休眠状态。

高温对污泥堆肥化而言是极为重要的，主要表现在两个方面：一方面，高温对快速腐熟起着重要作用，在此阶段中，堆肥内部开始了腐殖质的形成过程，并开始出现能溶于弱碱的黑色物质。另一方面，高温有利于杀死病原性微生物和寄生虫卵。病原性微生物的灭活取决于温度和接触时间，据研究 60～70℃维持 3 d，可使脊髓灰质炎病毒、病原细菌和蛔虫卵灭活。根据长期经验，一般认为，堆温 50～60℃、持续 6～7 d，可达到较好的杀灭虫卵和病原菌的效果。

③降温和腐熟保肥阶段（后发酵、二次发酵，需时 20～30 d）：经过高温阶段的主发酵，大部分易分解有机物（包括纤维素等）已得到分解，剩下的是木质素等较难分解的有机物以及新形成的腐殖质。这时，微生物活动减弱，产热量随之减少，温度逐渐下降，中温性微生物逐渐成为优势种，残余物质进一步分解，腐殖质继续不断地积累，堆肥进入腐熟阶段。腐熟阶段的主要问题是保存腐殖质和氮素等植物养料，充分的腐熟能大大提高污泥堆肥肥效与质量。为了减弱有机质矿化作用，避免肥效损失，可采取压紧堆肥造成厌氧状态的措施。

污泥堆肥过程中的生物相的变化通常表现为：细菌、真菌、厌氧菌→纤维分解氧化菌→嗜热菌、氨化菌→细菌、脱氨菌→细菌、放线菌。在堆肥的过程中，大量的蛋白质转变成氨，经消化后，又接着发生脱氮作用，即在同一堆肥系统内同时存在着氧化反应和还原反应。也就是说，在有机物团块氧气分布不均匀的污泥内，既存在着适应消化细菌活动的好气微环境，也存在着适应脱氮菌活动的厌气环境。因此，在污泥堆肥系统中，一般都是细菌占优势。

由于污泥好氧堆肥化具有发酵周期短、能高温发酵、无害化程度高、卫生条件好、易于实现机械化操作和工业化生产等特点，污泥脱水后的泥饼和堆肥后的腐熟物质混合调整接种后，采用好氧堆肥法简单易行，能达到很好的堆肥效果。如美国费城污泥制配中心采用贝尔茨维尔（Beltsville）好氧堆肥法，年生产污泥达 5 万吨，其特点是在条形堆下设穿孔管，用真空泵抽气，使空气从污泥混合物通过而充气，排出的气再经过腐熟的肥堆过滤以防止散发臭气，从而达到了很好的堆肥效果。

(2) 好氧堆肥法的主要工艺流程与堆肥设备

①好氧堆肥法的主要工艺流程：泥饼→调整碳氮比→调整水分与接种→主发酵(通气发酵 1～4 d)→后发酵(二次发酵)→后处理(紧压保肥)。

②堆肥设备：堆肥设备包括物料处理、翻堆、反应器和除臭设备。物料处理设备包括粉碎、混合、输送和分离设备。污泥堆肥系统的物料处理设备比较简单，只需混合设备和输送设备就行了。条垛堆肥系统的翻堆设备有三类，即斗式装载机或推土机、垮式翻堆机、侧式翻堆机。翻堆设备可由拖拉机牵引或自行推进，中小规模的条垛宜采用斗式装载机或推土机，大规模的条垛宜采用垮式翻堆机或侧式翻堆机。垮式翻堆机不需要牵引机械，侧式翻堆机需要拖拉机牵引。美国常用的是垮式翻堆机，而侧式翻堆机在欧洲比较普遍。

③除臭设备：消除臭味问题关系到一个堆肥工厂能否正常运行，有效的臭味控制是衡量堆肥工厂成功运转的一个重要标志。控制臭味至少必须采取 5 种措施：a. 堆肥过程控制；b. 调查可能的臭味来源；c. 臭味收集系统；d. 臭味处理系统；e. 残留臭味的有效扩散。堆肥过程控制是减少臭味的关键因素，但不能完全有效地控制臭味。应根据臭味来源的调整结果，建立适当的臭味处理系统。臭味处理系统中包括化学除臭器、生物过滤器等。实践中，常采用生物过滤器处理臭味，在污泥堆肥系统中，它的组成材料为熟化的肥堆等。控制臭味的最常用的综合措施是封闭堆肥设备、采用生物过滤器和进行过程控制。

(3) 堆肥的腐熟度与品质评价：腐熟度(maturity)是衡量污泥堆肥成熟程度的参数，是指污泥中的有机物经微生物作用后腐化分解成为成分稳定、不再变化的物质，即堆肥中的有机质经过矿化、腐殖化过程最后达到稳定的程度，施于土壤后能提高土壤肥效，增加农作物产量，是对作物没有阻碍的堆肥发酵状态。判断堆肥腐熟度的物理评价指标法又称表观分析法，有人将腐熟堆肥的表现性质归纳为：堆肥后期温度自然降低，不再吸引蚊蝇，不再有令人讨厌的臭味；由于真菌的生长，堆肥出现白色或灰白色菌丝，堆肥产品呈现出疏松的团粒结构。此外，高品质的堆肥应是深褐色，肉眼看上去很均匀，并发出令人愉快的泥浆气味。污泥堆肥产品必须腐熟，若腐熟不完全就施于农田则易造成植物根部缺氧腐烂，并释放出有毒物质，且增加土壤中某些重金属离子的溶解性。

（4）堆肥技术存在的缺陷：堆肥的工艺比较简单，适合于易腐、有机质含量较高的垃圾处理，可对垃圾中的部分组分进行资源利用，且处理相同质量垃圾的投资比单纯的焚烧处理低得多。堆肥技术在欧美国家起步较早，目前已经达到工业化应用的水平。但堆肥技术也存在明显的缺点，如：不能处理不可腐烂的有机物和无机物，减容、减量及无害化程度低。因此仅仅依靠堆肥处理仍然不能彻底解决垃圾问题。原因是垃圾中不易腐、有机组分（纸、塑料、布、橡胶等）的重金属（Pb、Cd、Hg 等）含量很高，占垃圾中重金属总量的 85％以上，如果这类物质与易腐有机物长期共同埋于地下，加上雨水的作用，重金属必然会渗入最终的有机肥产品中，施用这种有机肥的食品其重金属含量必然超标，危害人体健康。因此，先进的堆肥技术必须是将新鲜的垃圾首先进行分类，再将易腐有机组分进行发酵，才能有效地防止重金属的渗入，从而保证有机肥达到国家标准，真正实现无害化和资源化。

图 2－12　垃圾

图 2-13 室内槽式堆肥系统

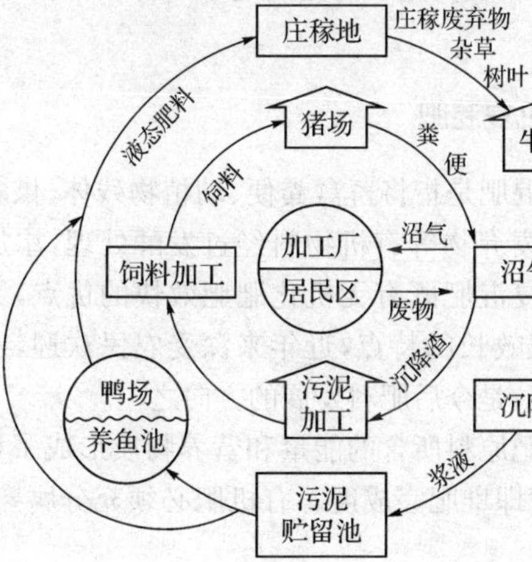

图 2-14 马雅农场的废物循环途径

第三节 其他生物肥料

一、生物有机肥料

生物有机肥料是指畜禽粪便、秸秆、农副产品和食品加工的固体废物、有机垃圾以及城市污泥等经微生物发酵、除臭和腐熟后加工而成的肥料。

其具有以下优点：①有机质含量大于或等于 35%，氮、磷、钾总含量为6%，符合商品有机肥产品质量指标。②含有大量的有益微生物代谢产物。③卫生标准明显高于一般有机肥料，无恶臭味，生产成本比较低。采用生物有机肥与无机肥混用的办法，可大大提高氮肥的利用率，增加作物的产量，减少肥料的施用量，降低生产成本，尤其对于果树类作物和园林花卉及特种经济作物更有着改善品质、提高产量、增加收益的显著效果。因此，大力发展生物有机肥的工业化生产，不仅能有效地变废为宝，同时可治理和避免日益严重的环境污染，更为重要的是满足了“两高一优”、绿色生态农业的需要。

二、有机无机复混肥

有机无机复混肥是指将畜禽粪便、动植物残体、供农田使用的腐熟的城镇有机废弃物等有机物料经过发酵处理，添加无机肥料制成。有机无机复混肥既有无机化肥肥效快的优点，又具有有机肥料改良土壤、肥效长的特点，近年来深受农民欢迎，发展极为迅速，已有相当规模，是今后肥料发展的方向之一。

腐熟即指堆肥原料所含的能量和营养物质形成了稳定的腐殖质，而所谓腐熟度即堆肥完成度。有机肥必须充分腐熟，其原因如下：

(1) 未腐熟的有机肥中养分多是迟效性的，作物不能直接吸收利用；

(2) 未腐熟的有机肥 C/N 高，施入土壤会与作物争氮；

(3) 未腐熟的有机肥能传播病菌、虫、卵等。

三、农家肥料

有机肥料是农村中就地取材、就地积制的自然肥料的总称。它由含有大量生物物质、动植物残体、排泄物、生物废物等积制而成，包括堆肥、沤肥、厩肥、沼气肥、绿肥、作物秸秆肥、泥肥、饼肥等。有机肥料养分全、肥效慢、化肥肥分浓、见效快。另外，有机肥料中含有大量的有机质，经微生物作用，形成腐殖质，能改良土壤结构,使其疏松绵软,透气良好,这不仅有利于作物根系的生长发育,而且有助于提高土壤的保水、保肥能力。化肥可以供给微生物活动需要的速效养分,加速微生物繁殖和活动,促进有机肥料分解,释放出大量的二氧化碳和有机酸,这就有利于土壤中难溶性养分的溶解。因而有机肥料和化肥配合施用,能取长补短、互相调剂,充分发挥这两种肥料的作用。有机肥料一般氮少磷多,和氮肥配合一般有良好反应,如果和磷肥配合,就要影响磷肥效果。因此,除非土壤特别缺磷,且有机肥用量又少,可以施用少量磷肥外,一般情况下,有机肥和磷肥最好分别施在不同田块,以充分发挥肥料的作用。

表 2-5 有机肥与化肥的特点比较

有机肥	化肥
含有机质、能改良土壤	只能提供矿质养分,一般无改土作用
含养分全面,含量低	含养分单一,含量高
供肥时间长,肥效缓慢	肥效快,不持久
能使土壤保肥、供肥性改善	养分浓度高,易挥发、流失、固定等

1. 沤肥　所用物料与堆肥基本相同,只是在淹水条件下,经微生物厌氧发酵而成一类有机肥料。

2. 厩肥　以猪、牛、马、羊、鸡、鸭等畜禽的粪尿为主,与秸秆等垫料堆积,并经微生物作用而成的一类有机肥料。

3. 沼气肥　在密封的沼气池中,有机物在厌氧条件下经微生物发酵制取沼气后的副产物。主要由沼气水肥和沼气渣肥两部分组成。

4. 绿肥　以新鲜植物体就地翻压、异地施用或经沤、堆后而成的肥料。主要分为豆科绿肥和非豆科绿肥两大类。

5. 作物秸秆肥　以麦秸、稻草、玉米秸、豆秸、油菜秸等直接还田的肥料。我国每年产生 7 亿多吨作物秸秆,其中每年有 2 亿吨被就地焚烧。

6. 泥肥　以未经污染的河泥、塘泥、沟泥、港泥、湖泥等经厌氧微生物分解而成的肥料。

7. 饼肥　以各种含油分较多的种子经压榨去油后的残渣制成的肥料，如菜子饼、棉籽饼、豆饼、芝麻饼、花生饼、蓖麻饼等。

8. 泥炭　泥炭是各种植物残体在水分过多、通气不良、气温较低条件下未充分分解，经过长时期累积形成的稳定的有机物堆积层，由未完全分解的植物残体和腐殖质、矿物质组成。

四、腐殖酸类肥料

以含有腐殖酸类物质的泥炭（草炭）、褐煤、风化煤等为主要原料加入一定量氮、磷、钾和微量元素制成含有植物营养成分的肥料。腐殖酸（humic acid，HA）是一种有机高分子化合物，为黑色或棕色的无定型胶体物质，是以芳香核为主体，含有多种官能团结构的酸性物质聚合体。它是由自然界植物残体经过腐解后形成的产物，广泛存在于泥炭、褐煤、风化煤之中，在某些海洋沉积物和造纸废液中也含有腐殖酸。可用稀碱抽提、稀酸沉淀或人工氧化（空气或硝酸氧化）的方法把这些富含腐殖酸的物质分离出来，之后可再与对植物有营养作用的氮、磷、钾及微量元素化合，制成有机营养肥料。这样就使无用的煤炭变成高活性的腐殖酸肥料。例如，从泥炭中提取的腐殖酸的含量可达15%～19%。该肥料含有较多的官能团及有效养分，能改良土壤、供应养分、刺激作物生长等。

第四节　微生物肥料的应用前景

一、微生物肥料的市场前景

据统计，目前我国传统化肥市场占有率为99%，新型生物肥、绿色有机肥的市场占有率仅为1%。专家预测，到2010年，微生物肥料将占有10%～20%的市场份额，年需求量在1 400万～2 800万吨左右。随着人们生活水平的提高和对健康的日益关注，人们对食品安全也提出了更高的要求。微生物肥料是绿色农业种植的基础。新型生物肥、绿色有机肥的市场占有率极小，农业生产普及使用生物肥和有机肥仍需进行努力。为此,专家们呼吁大力提倡绿色农业,提倡多使用新型生物肥。

二、发展微生物肥料的重要意义

1. 有效地利用了大气中的氮素或土壤中的养分资源　氮素是植物生长必需的主要营养元素,空气中虽含有近 80%的氮,但并不能被高等植物全部吸收利用。据有关资料估计,全球生物固氮作用所固定的氮素大约为 130×10^9 kg N/a,而工业和大气的固氮量则少于 50×10^9 kg N/a,即依靠生物所固定的氮素是工业和大气固氮(如雷电对氮素固定)量之和的 2.6 倍,因此,开发和利用固氮生物资源是充分利用空气中氮素的一个重要方面。从目前的研究结果来看,虽然微生物的固氮效率因土壤条件的不同而有较大差异,但这种作用的存在无疑是氮肥工业的一个有力补充。如何将土壤中的无效态磷、钾转化成可供作物吸收利用的有效态养分,一直为广大研究者所关注,生物肥料的应用无疑为其提供了前提条件。

2. 降低了生产成本　固氮生物能直接或间接利用光能生产氨,且这种生产是就地发生的,不仅节约了肥料生产所需的能源和劳动力,而且又不必花费将所生产的肥料运往田间撒布的代价,同时亦节省了建造化工厂的费用等,可谓是一举多得。微生物肥料在培肥地力、提高化肥利用率、抑制农作物对硝态氮和农药的吸收、净化和修复土壤、降低农作物病害发生、促进农作物秸秆和城市垃圾的腐熟利用、保护环境和提高农作物产品品质和食品安全等方面,已表现出了其独特的不可替代的作用。国家已在"十一五"规划中对微生物肥料的研发应用提出了新的要求,并将大力利用微生物的生命活动及代谢产物的作用,改善作物的养分供应,为农作物提供营养元素、生长物质,调控生长,增强抗逆性,达到提高产量、改善品质、减少化肥使用、提高土壤肥力的目的。我国政府已经充分认识到发展无公害微生物肥料的重要意义,并把加强农业环境保护和食物的安全生产作为我国 21 世纪农业科技发展的重要方向之一。

三、我国微生物肥料的发展回顾

我国微生物肥料的研究始于20世纪40年代，最早研究应用的是根瘤菌制剂，代表和奠基人有张宪武先生、陈华癸院士和樊庆笙先生等。50年代是早期发展阶段，开始研究应用了包括根瘤菌在内的固氮菌、溶磷细菌、硅酸盐细菌等细菌肥料；60年代则主要推广应用了"5406"放线菌抗生菌肥料；70～80年代中期开始研究由土壤真菌制成的泡囊——丛枝菌根（AM菌根）。

至2006年7月，微生物肥料研究应用的总体情况可概况为：①微生物肥料产业初具规模，约有500个以上企业，年产量达到500万吨，已逐渐成为肥料家族中的重要成员。②产品种类不断增加，在农业部登记的产品分为菌剂类和菌肥类两大类，共有11个品种。9个菌剂产品种类是：固氮菌剂、硅酸盐菌剂、溶磷菌剂、光合细菌菌剂、有机物料腐熟剂、复合菌剂、微生物产气菌剂、复合菌剂和土壤修复菌剂；2个菌肥类产品是复合生物肥料和生物有机肥。③微生物肥料使用菌种种类不断扩大，所使用的菌种早已不限于根瘤菌，即使是根瘤菌，种类也达10多种，其他的诸如各种自生、联合固氮微生物、纤维素分解菌、PGPR菌株等。据统计，目前使用菌种已达到110种之多。另外，用于减轻和克服作物连作障碍、农药降解等微生物肥料新产品将陆续研发应用。④使用效果逐渐被农民等使用者认可。微生物肥料的应用效果不仅表现在产量增加上，而且表现在产品品质的改善、减少化肥的使用、降低病（虫）害的发生、保护农田生态环境等方面，应用面积不断扩大。在应用对象范围上，不仅蔬菜、粮油作物上微生物肥料大量应用且反映良好，近几年在果树和中草药种植中微生物肥料的应用发展也极为迅速，并在改善品质上效果显著，形成了新的热点。⑤质量意识开始深入人心，质检体系初步形成。农业部在1996年将微生物肥料纳入国家检验登记管理范畴，对微生物肥料的生产、销售、应用、宣传等方面进行监管。农业部和其下属的微生物肥料质检中心已举办了11期标准和技术培训班，发表了有关标准、产品质量、应用误区等文章，使社会各界的产品质量意识有了较大的提高。⑥微生物肥料产品的进出口交易日趋活跃，已步入世界经济全球化轨道。我国 10 个产品出口至澳大利亚、日本、美国、匈牙利、波兰、泰国等国家和地区。⑦国家产业政策对行业的发展给予了一定的重视和支持，在科研资金支持力度和产业化示范项目的建设上的立项都是空前的。

四、如何正确认识和评价微生物肥料的作用

长期以来，社会上对微生物肥料的看法存在一些误解和偏见。一种看法认为它肥效很高，把它当成万能肥料，甚至认为可以完全取代化肥；另一种看法则认为它根本不是肥料。其实这两种看法都有偏颇。由于生物肥料中微生物的活动需要大量的能量，如自生固氮菌每固定 27 kg 氮素就需要消耗 100 kg 碳，共生固氮菌更是每消耗 100 kg 碳只能固定 1 kg 氮素，所以，生物肥料必须是在施足有机肥和适量化肥的基础上才能发挥出其增产效果，或者说生物肥料只能是作为辅助肥料，而不能代替化肥和有机肥。高效复合型生物菌肥是时代的产物，化肥这个昔日的贵族终于开始走向没落。认为微生物肥料没有什么作用的人有的是不了解微生物肥料的作用实质，有的是认为土壤中已有大量的微生物，无需再施入。他们并不了解微生物肥料是将人工选育的优良菌株经发酵扩大，集中施于种子表面或其周围，形成群体优势而发挥作用的。以小麦为例，现在公认 100 kg 产量大致需要从土壤中带走 2.8 kg 纯氮、1.0～1.3 kg P_2O_5、2.0～3.0 kg K_2O。仅以这种“微生物肥料”氮素的供给分析，按其产品提供的固氮酶活性最高值计算，理论上根本不可能提供足够量的养分供应。无论是一概否定或是无限夸大微生物肥料的作用，还是把微生物肥料神秘化，人为地罩上一层神秘光环，都是不科学的，甚至是反科学的。

五、今后微生物肥料的发展方向

今后微生物肥料的发展方向应是：①集中固定型微生物肥料，

即通过微生物的吸收作用，将环境中的养分元素集中或固定到植物根区，供植物利用，如各种固氮菌肥；②溶解型微生物肥料，即利用微生物及其分泌物溶解土壤中的难溶性营养元素，供植物吸收利用；③排除型微生物肥料，即通过微生物吸收或分泌物的中和沉淀作用，减少土壤中某些元素的有效量，避免植物吸收过量的元素而中毒；④改善型和保护型微生物肥料，即通过对根系的保护或改善根际微生态环境，提高作物对养分的吸收能力或对逆境的抵抗能力。

据世界粮农组织（FAO）肥料年鉴的有关报道，世界肥料的发展是向多成分、多功能、高效、高浓度、无污染的方向发展；走有机、生物、无机相结合的道路。可以预料，未来肥料是实现清洁生产的、物质循环的、持续发展的中心环节，它不仅可以消纳转化工农业生产和现代生活所产生的废物，而且所投入的有机复合肥也是一种对环境友好的绿色肥料。未来肥料将与环境和谐相处协调发展，共同建立人类未来的绿色新文明。

为加速我国生物肥料的发展，建议：①加速生物肥料的研制和开发工作；②深入研究不同类型生物肥料的施用条件和施用方法；③加大对生物肥料质量的监管力度；④纠正目前对生物肥料认识中的误导倾向。生物肥料不能代替化肥和有机肥，我们在施用生物肥料的同时，不能忽视对化肥和有机肥的合理施用；⑤加强对生物肥料应用的推广和宣传工作。

总的来看，当今国内外肥料的发展趋势是“四化”和“两个结合”，“四化”是：肥料的高浓度、多元复合化，专用化，长效化，无公害化；“两个结合”是：化学肥料与有机肥料结合，有机、无机肥料与生物肥料结合。以提高化肥利用率，增加作物产量，改善作物产品品质，减少环境污染、保护生态环境，增加经济效益为目的。当前的重点研究内容为：微生物菌种的筛选与选育，微生物复合菌系的应用，微生物专用肥的开发，微生物菌种与化肥和有机肥的复配技术，与化肥复合的高盐和干燥过程的高温下提高有效活菌数。

土壤清洁生产施肥有以下原则：以有机肥为主，辅以其他肥料；以多元复合肥为主，单元素肥料为辅；以施基肥为主，追肥为辅；肥料种类符合要求，采用平衡施肥；尽量限制化肥的施用，有限度有选择地施用部分化肥。

第三章　微生物农药

第一节　农　药

害虫、病菌和杂草是农业生产的三个大敌。据估计农作物在生长期因病、虫、草害造成的损失为30%～35%，收获后损失为10%～20%。如农药使用得当，可大幅度减少损失量。据国内外研究资料表明，如减少农药使用量50%，则各类农作物和蔬菜水果的收获量平均减少7%～58%；完全不使用农药则收获量平均减少20%～70%。有人估计，如果没有农药，全世界因病、虫、草害造成的粮食损失可达50%左右，使用了农药可挽回损失约15%。

一、农药的概念

农药(pesticide)是指用于预防、消灭或者控制危害农业、林业的病、虫、草和其他有害生物以及有目的地调节植物、昆虫生长的化学合成或者来源于生物、其他天然物质的一种物质或者几种物质的混合物及其制剂。广义地说，除化肥以外，凡是可以用来提高和保护农业、林业、畜牧业、渔业生产及环境卫生的化学药品，都叫做农药。

二、使用农药的利与弊

减少农作物的损失，提高产量，提高农业生产的经济效益，增加食物供应，这些是使用农药产生的最大效益。

中国小麦、水稻、玉米和棉花的种植面积约9 000多万公顷，蔬菜、烟叶种植面积约330万公顷。每年棉铃虫、小菜蛾和甜菜夜蛾等害虫危害面积约2 000万公顷，水稻纹枯病、稻瘟病、白叶枯病、小麦白粉病、锈病、赤霉病、植物线虫病和病毒病等危害面积约2 700万公顷,因此,农药的需求量很大。由于农药对粮食生产的重要性,目前全世界农药的总产量已达200多万吨,中国目前共有农药企业2 600家左右,是世界农药生产和使用的大国。目前我国化学农药的年使用量超过130万吨,单位面积用量为世界平均水平的2倍。从1990年起,农药生产量一直居世界第二位(产销第一位为美国),其中农药出口量约占农药总产量的30%,产值达7亿美元。近年来农药出口更呈迅猛增长之势,主要销往东南亚、日本、欧盟。目前已注册登记使用的农药有效成分的品种约600多种。

虽然使用农药对农业带来了极大的好处,在控制人畜共患传染病方面也发挥了重要作用,但过量使用农药会对环境和食品造成污染,可通过食物和水的摄入、空气吸入和皮肤接触等途径对人体造成多方面的危害,如急性中毒、慢性中毒以及致癌、致畸、致突变等,并可以恶化环境,引起物种减少,影响生态平衡。例如,在喷施粉剂时,仅有10%的农药附着在植物体上;喷施水剂时,仅有20%附着在植物体上,其余有40%~60%降落于地面,5%~30%漂浮在空气中。落于地面的农药会随降雨形成的地表径流而流入江河、渗入土壤,造成污染物在整个环境中的扩散。

人类长时间大量使用化学农药已经造成了严重后果,如:①与过量摄入化学农药有关的疾病发病率逐步升高,人、畜中毒的现象严重。②植物病虫害的耐药性种群增加。20世纪50年代,抗药性害虫大约有50种,到了90年代初增加到552种,90年代末已增加到900种。特别是近10年来,棉铃虫、蚜虫、小菜蛾、斜纹夜蛾等多发性害虫对菊酯类、有机磷类化学农药的抗药性增加了几百乃至数千倍。据1993年我国农业部对害虫抗药性监测结果,棉蚜对菊酯类农药的抗药性已比原来高出4万多倍。危害蔬菜的抗药性小菜蛾、甜菜夜蛾已成为世界性的防治难题。在我国,棉铃虫、稻飞虱、甜菜夜蛾等害虫已成为很难防治的农业害虫了。③自然农业生态系统的平衡被破坏。化学农药固然对害虫的杀伤力很大,但是与此同时也杀伤了天敌生物,破坏了生态平衡,造成害虫再生猖獗，使次要害虫上升为主要害虫。近年来，我国棉铃虫、松毛虫、稻飞虱等害虫一度大暴发，蚜虫、螨类、飞虱、甜菜夜蛾、潜叶蝇等害虫危害逐年增加，有些地区鼠害猖獗，都与化学农药大量杀伤其天敌有关。农药从使用开始就污染了自然环境，给人们身体健康带来了不利影响。近年来的研究还发现，在已知的67种环境激素有机物中，化学农药及其代谢产物共占44种，接近2/3，在已进行调查的47种环境激素中，已检出的有24种，占1/2。因此，农药带来的负面问题必须引起高度的重视。

三、农药残留

（一）农药残留的概念

农药残留（pesticide residue）是指农药使用后残存于环境、生物体和食品中的农药母体、衍生物、代谢物、降解物和杂质的总称；残留的数量称为残留量，表示单位是mg/kg食品或食品农作物。

（二）食品中农药残留的来源

1. 施用农药对农作物的直接污染。

2. 农作物从污染的环境中吸收农药

（1）喷洒的农药40％～60％降落在地面污染土壤，集中在耕作层，由植物的根部吸收至组织内部，其吸收的多少与土壤中的残留量有关，与植物种类有关（块茎、豆类吸收多）。

（2）“工业三废”的排放污染环境，植物从环境中吸收农药。

3. 食物链（food chain）污染食品

（1）水体污染通过食物链和生物富集作用（bioconcentration）污染水产品等；

（2）饲料受农药污染而致肉、蛋、奶的污染；

（3）某些农药对某些组织器官具有亲和力，如脂溶性农药（有机氯农药等）造成蓄积作用。

4. 其他来源　熏蒸、食品包装及运输过程食品与农药混放等造成食品的农药污染和误食。粮库内用农药，鸡舍施用农药，食品运输过程中的事故性污染等。

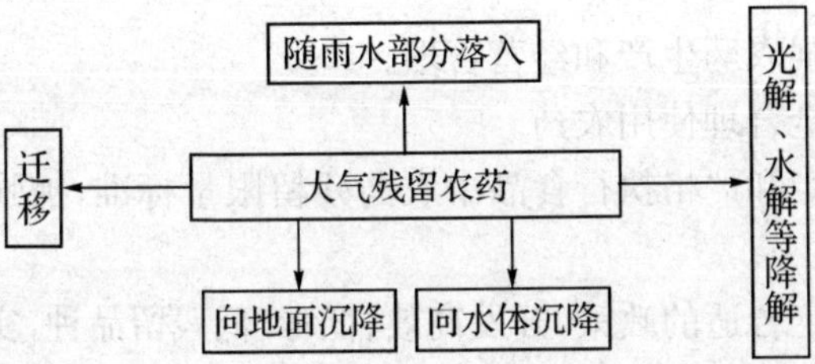

图 3-1 大气残留农药的污染行为

(三) 食品中农药残留的危害

1. 急性毒性　指一次服用或吸入药剂后，很快表现出中毒症状的毒性。如误食剧毒有机磷农药的急性中毒，开始时出现恶心、头痛，继而出汗、流涎、呕吐、腹泻、瞳孔缩小、呼吸困难，最后昏迷甚至死亡。

2. 慢性毒性　指长期接触或长期摄入小剂量某些农药后，逐渐表现中毒症状的毒性。

3. 特殊毒性(三致作用)　指致癌、致畸、致突变作用。

来自世界卫生组织(WHO)对 19 个国家的统计数据表明，全世界每年大约发生 300 万起化学农药中毒事件，其中急性中毒事件约 50 万起，75%的中毒死亡事件发生在发展中国家。我国农药污染是世界上最严重的国家之一，食品中农药检出率高达 90%以上。我国 1992—1999 年每年因发生农药中毒事件造成伤亡的人数超过 10 万。

(四) 食品贮藏和加工过程对农药残留量的影响

1. 贮藏　贮藏过程中农药残留可能缓慢降低，但也有部分农药渗透至食品内部，如谷、蔬、果等。不同的农药、不同的食物、不同的贮藏温度，农药残留量的降低程度不同。

2. 加工　加工可不同程度降低农药残留，不同工艺有不同的降低程度。加工方法如洗涤，去壳，粉碎、混合、搅拌，精制(油脂精炼、粮谷精加工等)；发酵；烹调；罐装等。

（五）控制食品中农药残留量的措施

1. 加强农药生产和经营管理。

2. 安全合理使用农药。

3. 制定和严格执行食品中农药残留限量标准，加强食品中农药监测。

4. 制定合适的政策，开发高效、低毒、低残留品种，实行综合治理等。

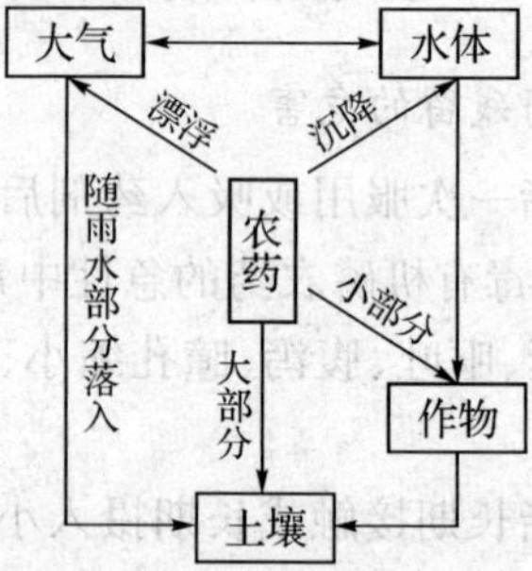

图 3-2　农药在土壤中的污染行为

四、农药的分类

目前世界上农药品种达 420 种，大量使用的就有 100 多种。

（一）按来源分类

可分为有机合成农药、生物源农药、矿物源农药。

（二）按用途分类

可分为杀虫剂（insecticide）、杀螨剂（mitecide）、杀真菌剂（fungicide）、杀细菌剂（bactericide）、杀线虫剂（nematicide）、杀鼠剂（rodenticide）、除草剂（herbicide）、杀螺剂（molluscides）、熏蒸剂（fumigants）、植物生长调节剂（plant growth regulators）等。

（三）按化学组成及结构分类

分为有机磷、有机氯、氨基甲酸酯、拟除虫菊酯、有机砷、有机汞等多种类型。

目前世界上使用的农药原药达 1 000 多种。我国使用的有近 200 种原药和近千种制剂。凡与农药原药混合或通过加工过程与原药混合，并能改善制剂的理化性质、提高药效、便于使用的物质，统称为农药辅助剂，简称农药助剂。一般来讲，农药助剂本身是没有生物活性的，但助剂选用得当与否，对农药制剂的药效性能有极大影响。例如，含 10％敌稗及 30％柴油的混合乳油，与不含柴油的 20％敌稗乳油具有相似的杀草效果，而敌稗用量却相差 1 倍；使用波尔多液时，若在其中加入 0.2％～0.3％骨胶，可抗雨水冲刷，且能提高防病效果。农药助剂的合理使用，往往还能提高药剂对植物的安全性及降低对人畜的毒性。

五、矿物源农药

矿物源农药是指有效成分起源于矿物的无机化合物和石油类农药，包括硫制剂、铜制剂和矿物油乳剂等。

六、有机合成农药

有机合成农药是指由人工研制合成，并由有机化学工业生产的一类农药。按其化学结构可分为有机氯、有机磷、氨基甲酸酯、拟除虫菊酯等。当前使用的农药多是有机氯制剂、有机磷制剂和有机汞制剂。

（一）有机磷杀虫剂

世界上常用的有机磷农药有上百种，我国有 30 余种。2000 年的《中国环境公报》中的数据表明，我国有机磷使用量约有 7.889 万t/a，是目前使用量最大的杀虫剂，其中常用者如敌百虫、敌敌畏、乐果、马拉硫磷等。此类农药的化学性质较不稳定，易于降解而失去毒性，故不会长期残留，在生物体的蓄积性亦较低。其具有胆碱酯酶的抑制力，使其失去分解乙酰胆碱的能力，造成乙酰胆碱在体内蓄积，引起神经功能紊乱，导致昆虫过激活动，出现发抖、痉挛和麻痹，直至死亡。

1. 甲胺磷　名称：methamidophos，O，S-二甲基硫代磷酰胺；别名：多灭灵、杀螨隆、克螨隆；分子式：C_2H_8ONPS；分子量：141.14。

甲胺磷是一种高效、高毒有机磷杀虫杀螨剂，对害虫具有触杀、胃毒、内吸和一定的熏蒸作用，对螨类还有杀卵作用，持效期较长，对蚜、螨可维持 10 d 左右，对飞虱、叶蝉约 15 d，对高龄幼虫有较好的防治效果。其杀虫谱广，主要是以乳油兑水喷雾，用于防治水稻、棉花、甘蔗、大豆和观赏植物的多种害虫，以拌种、撒毒饵或撒毒土等方法用于防治地下害虫。甲胺磷对人畜高毒，不宜用于观赏、蔬菜、茶树、烟草及药用植物。

2. 乐果　名称：dimethoate，O，O-二甲基-S-(甲基氨基甲酰甲基)二硫代磷酸酯；别名：乐戈、Rogor；分子式：$C_5H_{12}NO_3PS_2$；分子量：229。

乐果属于内吸性有机磷杀虫、杀螨剂，杀虫谱广，对害虫和螨类有强烈的触杀和一定的胃毒作用，进入虫体内能氧化成毒性更高的氧化乐果。乐果对害虫的毒力随气温升高而显著增强。它是中等毒性杀虫剂，对鱼类低毒，对牛、家禽和蜜蜂有毒，适用于防治刺吸式口器害虫。香蕉上用于防治多种蚜虫、卷叶虫、斜纹夜蛾、花蓟马和网蝽等。

3. 敌百虫　学名：dipterex，英文通用名称 trichlophon，O，O-二甲基-(2，2，2-三氯-1-羟基乙基)磷酸酯；分子量：257.45。

敌百虫是一种毒性低、杀虫谱广的有机磷杀虫剂，在弱碱中可变成敌敌畏，但不稳定，很快失效。其对害虫有较强的胃毒作用，兼有触杀作用，对植物具有渗透性，但无内吸传导作用。它适用于水稻、麦类、蔬菜、茶树、果树、桑树、棉花等作物上的咀嚼式口器害虫及家畜寄生虫、卫生害虫的防治。

4. 一六零五　名称：paration，二乙基-4-硝基苯基硫代磷酸酯；别名：乙基对硫磷；分子式：$C_{10}H_{14}NO_5PS$；分子量：291.27。

农业上用作杀虫剂和杀螨剂，用来防治棉蚜虫、棉红蜘蛛、稻螟虫、蝗虫、叶跳虫等。其杀虫力强，对植物安全，但对人畜有剧毒。可由二乙基硫代磷酰氯和对硝基酚在硫酸铜存在下反应制得。

5. 久效磷 英文通用名称 monocrotophos,[Dimethyl(E)-1,2-methylcarbamoy-lvinylphosphate,MCP]

久效磷是一种速效、剧毒有机磷杀虫剂,具有内吸和触杀作用。由于其高效、价格便宜、杀虫谱广,被广泛用于各种作物上防治螨类、刺吸性害虫、食叶甲虫、棉铃虫以及其他鳞翅目幼虫,还有一定的杀卵作用。在环境中久效磷的半衰期与土壤 pH 相关,其在 pH 3 和 pH 9 土壤中的半衰期分别为 131 d 和 26 d。适用于防治棉花、水稻、大豆等作物以及森林的多种害虫。

(二) 有机氯杀虫剂

有机氯杀虫剂是早期使用的最主要杀虫剂。从 20 世纪 40 年代大量使用 DDT 以来,有机氯对环境的污染不断增加,现在世界上几乎任何地区的环境中均可检出有机氯。如 DDT 在土壤中消失 95%的时间平均为 10 年。我国于 1983 年停止生产,1984 年停止使用六六六和 DDT 等有机氯农药。

特点:剧毒,高度的化学、物理和生物学的稳定性,半衰期长、脂溶性强,极难分解。

表现:侵害肝、肾及神经系统,有致畸、致癌作用。

1. 六六六 学名:benzene hexachloride,六氯环已烷、六氯化苯、BHC;分子式:$C_6H_6Cl_6$;分子量:290.82。

六六六在高温和日光下不易分解,对酸稳定而极易被碱破坏,是作用于昆虫神经的广谱杀虫剂,兼有胃毒、触杀、熏蒸作用,一般加工成粉剂或可湿性粉剂使用。由于用途广、制造容易、价格便宜,20 世纪 50～60 年代在全世界广泛生产和应用,对于消除蝗灾、防治农林害虫和家庭卫生害虫,起过积极作用。

2. DDT 学名:滴滴涕;别名:2,2-bis(4-chlorophenyl)-1,1,1-trichloroethane,2-双(4-氯苯基)-1,1,1-三氯乙烷,二二三;分子式:$C_{14}H_9Cl_5$;分子量:354.5。

DDT 一般毒性与六六六相同,属神经及实质脏器毒物,对人和大多数其他生物体具有中等强度的急性毒性。它能经皮肤吸收,是接触中毒的典型代表,由于其在常压时即使在 12℃以下,也有一定的蒸发,所以吸入 DDT 蒸气亦能引起中毒。据世界卫生组织报告,全世界生产了约 150 万吨 DDT,其中有 100 万吨左右仍残留在海水中。我国土壤中积累的 DDT 总量约为 8 万吨,进入环境中 DDT 由于迁移作用,通过食物链的浓缩在生物体内积累,并在人体内保留达 10 年之久。

3. 狄氏剂　学名:dieldrin;别名:六氯-环氧八氢-二甲撑萘,HEOD;分子量:380.9。

对神经系统、肝脏、肾脏有明显的毒性作用。可迅速经皮吸收而中毒,症状类似滴滴涕,蓄积于脂肪中。

(三) 拟除虫菊酯杀虫剂

拟除虫菊酯(synthetic pyrethroids)是一类仿生合成的杀虫剂,是改变天然除虫菊酯的化学结构衍生的合成酯类。天然除虫菊酯是古老的植物性杀虫剂,是除虫菊花的有效成分,其化学结构到 20 世纪 40 年代才被研究确定,此后,开始了类似物质的合成研究。1949 年,美国的 M. S. 谢克特等合成了第一个商品化的类似物丙烯菊酯。在 20 世纪 50～60 年代,又有一些类似化合物陆续研制成功,通称为合成拟除虫菊酯。这些早期品种与天然除虫菊酯一样,在光照下易分解失效,仅适用于室内条件下防治害虫。70 年代初,合成了第一个适用于农林害虫防治的光稳定性品种氯菊酯。此后不断出现许多光稳定性品种,被称为第二代拟除虫菊酯,其中还包括了不含三元环的氰戊菊酯。80 年代以来,结构改变的研究仍在深入,并有了新的进展。例如结构中引入氟原子的品种则兼具杀螨效能,又如把酯键改为醚键后,可大大降低对鱼的毒性等。拟除虫菊酯对昆虫具有强烈的触杀作用,有些品种兼具胃毒或熏蒸作用,但都没有内吸作用。其作用机理是扰乱昆虫神经的正常生理,使之由兴奋、痉挛到麻痹而死亡。

1. 氟氯氰酯　名称:cypermethrine;别名:agrothrin;分子式:$C_{23}H_{19}ClF_3NO_3$;分子量:415。

对多种鳞翅目幼虫有很好的杀灭效果,亦可有效地防治某些地下害虫,并对某些成虫有拒避作用。

2. 溴氰菊酯 名称：deltamethrin，2，2-二甲基-3-(2，2-二溴乙烯基)环丙烷羧酸-(S)-a-氰基-3-苯氧基苄酯；别名：decamethrin，敌杀死；分子式：$C_{22}H_{19}Br_2NO_3$；分子量：505.21。

溴氰菊酯性质稳定，在阳光下消失缓慢，有较长的残留期。以触杀、胃毒为主，对害虫有一定驱避与拒食作用，无内吸熏蒸作用。杀虫谱广，击倒速度快，尤其对鳞翅目幼虫及蚜虫杀伤力大，但对螨类无效，作用部位在神经系统，为神经毒剂，使昆虫过度兴奋、麻痹而死。可有效防治棉花、烟草、果树、蔬菜等作物上的害虫，适用于防治棉花、水稻、果树、蔬菜、旱粮作物、茶和烟草等作物的多种害虫，尤其是对鳞翅目幼虫，某些卫生害虫有特效。

（四）氨基甲酸酯杀虫剂

氨基甲酸酯可由氯代甲酸酯与氨或胺反应制得，也可由氨基甲酰氯与醇或酚反应制得。氨基甲酸酯类是重要的药物和农药。例如，氨基甲酸乙酯是一种镇静药和催眠药，药名乌拉坦；1-萘基-N-甲基氨基甲酸酯是广效的杀虫剂，商品名称是西维因；N-(3，4-二氯苯基)氨基甲酸甲酯是除草剂，称为灭草灵。氨基甲酸酯类农药是农药急性中毒的主要原因，也是目前蔬菜中农药残留的重点检测品种，酶抑制法就是基于它们对昆虫的毒理机制而建立起来的检测方法。有机磷和氨基甲酸酯杀虫剂的共同毒理机制是抑制昆虫乙酰胆碱酶(Ache)和羧酸酯酶的活性，造成乙酰胆碱(Ach)和羧酸酯的积累，影响昆虫正常的神经传导而致死。

呋喃丹(furadan)，化学名2，3-二氢-2，2-二甲基-7-苯并呋喃基-甲基氨基甲酸酯，即克百威(carbofuran)，虫螨威；分子式：$C_{12}H_{15}NO_3$；分子量：221.38。

呋喃丹作为一种高效、广谱的氨基甲酸酯类杀虫剂和杀螨剂农药，曾经被广泛使用，其毒理机制为抑制胆碱酯酶，但与其他氨基甲酸酯类杀虫剂不同的是，它与胆碱酯酶的结合不可逆，难降解，因此毒性高，尤其对哺乳动物的急性毒性就更大。呋喃丹施入土壤后，由于其半衰期长(尤其在酸性条件下)为30～60 d，水溶性好，易被淋溶而直接进入环境，造成在不同的土壤和水体中均有呋喃丹的残留，通过食物链严重危害人畜健康，具有触杀和胃毒作用。其适用于棉花、水稻、甘蔗、花生、玉米、甜菜等 80 多种作物。可防治多种作物的地下害虫、叶面害虫及线虫 300 多种，如香蕉象鼻虫、根结线虫、蛴螬、蝼蛄、斜纹夜蛾等。

七、化学农药的特性

1. 有毒性，对农作物的害虫、病菌、病毒或杂草有杀灭或抑制作用。

2. 在自然界中比较稳定，不易分解，有足够的有效期。

3. 不易溶于水，具有脂溶性，以便易于渗透进入害虫、病菌或杂草体内。

既然农药对靶标动物、植物、微生物有杀灭或抑制作用，就很难避免对其他动物、植物、微生物和人类的伤害。目前，我国有关部门已制订出削减高毒有机磷杀虫剂的计划，农业部 2003 年发文停止了对新增甲胺磷、甲基对硫磷、对硫磷、久效磷、磷胺 5 种高毒有机磷(包括混剂)的批准登记。这是我国继 1983 年停止生产使用六六六、滴滴涕等有机氯农药后，又一次较大规模的农药结构调整。

因此，高毒农药替代品种的开发势将成为我国农药研究开发的热点，其市场前景非常广阔。大力发展生物农药已成为必然的趋势。发展无公害农业，生产绿色食品是国家发展目标之一，而生物农药是绿色食品生产的重要保证。北京、上海、山东、广州、福建等省市都已制定了无公害生产条例，明确规定蔬菜生产中禁止使用剧毒农药和部分高毒农药。俗话说“民以食为天”，随着生活水平的不断提高，老百姓对这句话有了新的体会和认识，那就是要吃出健康、吃出营养。我国也已将发展生物农药和绿色食品列入《中国 21 世纪议程》。另一方面，在我国，每年发生较大的农药事故达 3 000～4 000 起，因农药污染赔款超过 1 亿元。随着《环境保护法》的贯彻执行，农药给社会和环境所带来的负面影响将愈来愈大，符合环保、健康、持续发展理念的高效、低毒、低残留并与环境相容的生物农药研发已成为当今农药研究的主要目标。近年来，生物技术(特别是基因重组)、高通量筛选技术和组合化学技术的快速发展及其在农药研究开发中的渗透,极大地推动了微生物农药的研发和应用。

八、生物农药

据美国生物农药工业联盟(BPIA)和欧洲国际生物防治产品生产者协会(IBMA)发布的数据显示,2006 年全球生物农药总销售额约 10.4 亿美元,占当年全球农药总销售额的 2.9%,比 2005 年增加 5.2%。生物农药在经过多年徘徊后,终于突破占全球农药总销售额不到 1%的格局。

对生物农药的定义,均按照联合国粮农组织的标准,即生物农药一般是天然化合物或遗传基因修饰剂,主要包括生物化学农药和微生物农药两部分。

(一) 生物农药的概念

我国对生物农药的性质和范畴的界定也在随着时代的不同而发展。1992 年农业部《农药登记资料要求》首次明确生物农药定义,包括生物化学农药(信息素、激素、植物调节剂、昆虫生长调节剂)和微生物农药(真菌、细菌、昆虫病毒、原生动物,或经遗传改造的微生物)两类,但烟碱、鱼藤酮、天然除虫菊、昆虫天敌、转基因抗虫抗病作物除外。《中国农业百科全书·农药卷》中称,生物农药即利用生物资源开发的农药,因此天敌昆虫、致病微生物、生物信息物质以及氨基甲酸酯类、拟除虫菊酯类、沙蚕毒素类及烟碱类杀虫剂均被纳入生物农药范畴。1999 年,《农药管理条例实施办法》将用基因工程技术引入抗病、虫、草的外源基因改变基因组构成的转基因作物以及有害生物的商业化天敌归类于农药,但没有明确其是生物农药。20 世纪 90 年代以来,许多专家对生物农药的定义也有不同的解释,有的认为生物农药是由生物产生的具有农药生物活性的化学品和具有农药生物作用作为农药应用的活性物体;有的认为生物农药是可用来防除病、虫、草等有害生物的物体本身及源于生物并可作为“农药”的生物活性物质,这些物质既要具有作为“农药”的生物活性，更要在生产、使用及对环境生态安全性等方面符合有关“农药”的法规；有人则认为生物农药是指用来防治病、虫、草害等有害生物的生物活体及其代谢产物和转基因产物，并可以制成商品上市流通的生物源制剂，包括微生物源（细菌、病毒、真菌及其次级代谢产物、农用抗生素）、植物源、动物源和抗病、虫、草害的转基因植物等。国外以联合国粮农组织（FAO）为代表，认为生物农药主要包括：生物化学农药、微生物农药、转基因生物农药、天敌生物农药等。

目前生物农药就是指直接用生物活体或生物代谢过程中产生的具有生物活性的物质或从生物体提取的物质作为防治病、虫、草等有害生物的农药，以及人工合成的与天然化合物结构相同的农药，包括微生物农药、动物源农药和植物源农药三类。17 世纪，人们把烟草、松脂、除虫菊（不稳定）、鱼藤（对鱼类毒性极高）等杀虫植物作为农药使用。1763 年，法国用烟草（尼古丁）及石灰粉防治蚜虫，这是世界上首次报道的杀虫剂。赤霉素是最早的微生物农药商品，最初是从植物（水稻秧苗）中发现的（使秧苗疯长，但不结实，是一类植物生长调节剂），后经微生物培养、发酵制得。目前，我国常用的生物农药有苏云金杆菌杀虫剂、农用抗生素制剂（如井冈霉素）等。植物源农药主要是从植物中提炼出来的，产品有：烟碱、苦参碱、川楝素、茼蒿素、茶皂素、除虫菊酯等。动物源农药包括动物毒素、性引诱剂、保幼激素等。植物激活蛋白作为一种新型生物农药，具有高效、低毒、低残留的特点。激活蛋白广泛使用后，可显著减少化学农药的使用次数和使用量，不仅能增产增收，增加农产品的附加值，同时将对保护生态环境、食品安全具有良好的推动作用。

据了解，一些国家的生物农药已占到农药产量的 5%～10%，美国微生物杀虫剂占农药的 1/4，而我国仅为 1%左右。2004 年全球生物农药销售额 60 亿美元，年增长速度 6%，其中北美及西欧占 70%。2005 年，中国各类生物农药的总需求量达到 14.5 万吨，总销售量额约为 8 亿～10 亿元。然而，中国 Bt 杀虫剂只占市场份额的 2%，棉铃虫病毒杀虫剂占 0.2%，农用抗生素占 9%，植物源农药占

0.5%。据预测,今后10年内,生物农药将取代20%以上的化学农药。中国生物农药市场需求量很大,未来生物农药发展潜力巨大。

（二）发展生物农药产业的迫切性

农业生产每年因病虫草害造成巨大损失,为了保证稳产高产,长期以来人们一直主要采用化学农药控制农作物病虫草害。据统计,我国1985—2000年间化学防治面积占总防治面积的比例高达95%左右。由于化学农药的长期、大量和反复使用,带来了对土壤、水体和大气的污染;农副产品中农药残留增加,也直接危害了人类的健康及生存;同时,化学农药在杀灭害虫的同时,也杀伤了天敌及其他有益生物,破坏了生态平衡,引起害虫更加猖獗。这样,不得不加大农药的施用量和频度,从而造成化学农药应用的恶性循环。

目前,我国农业正进入一个从传统农业向高效优质和可持续发展的现代农业转变的时期,特别是加入WTO以后,我国农业正面临着日趋激烈的国际竞争,在农产品贸易方面,严格苛刻的农药残留量标准正成为我国农产品出口的“绿色壁垒”;另一方面,随着社会的发展和人民生活水平的不断提高,食用“无公害”农副产品也成为国人所必需。同时,调整农业结构、实施农业可持续发展战略,必须保护生态环境,所用农药必须向低毒、“无公害”方向发展。生物农药正是一类满足上述要求的与环境相容的绿色农药,生物农药将是21世纪控制农业生物灾害技术革命的生长点和农业生态保护的突破口。近年来,随着人类经济文化水平的提高,人们对食物安全和环境安全提出了更高的要求,生物农药也因此得到了迅猛的发展,具有广阔的应用前景。

（三）生物农药具有的优点

与化学农药相比,生物农药具有以下优点:

1. 对病虫害防治效果好,选择性强,对人畜安全无毒,不污染环境,无残留。

2. 对病虫害特异性强,不杀伤害虫的天敌和有益生物,不破坏生态环境,并能保护生态平衡。

3. 生产原料和有效成分属天然产物,生产原料广泛,它的回归自然能保证可持续发展。

4. 可用现代生物技术手段对产生菌及其发酵工艺进行改造,不断改进性能和提高品质。

5. 多种因素和成分发挥作用,害虫和病菌难以产生抗药性。

6. 生产工艺比较简单,开发与登记等费用低于化学农药。

(四) 我国生物农药产业发展概况

我国生物农药的研究始于 20 世纪 50 年代初。目前,已有 30 余家研究机构,注册登记的生物农药有效成分 77 个,产品 691 个,约有 200 家生产企业,年产量接近 10 万吨,在促进"无公害"农业生产、发展绿色食品产业方面,起到了重要的推动作用。目前我国能大规模生产的生物农药品种主要有 4 个,即苏云金芽孢杆菌、井冈霉素、阿维菌素和赤霉素。

此外,我国正在研究开发或处于产业化初期的主要生物农药品种有浏阳霉素、南昌霉素、制蚜菌素、中生菌素、抑霉菌素、宁南霉素和杀枯肽,还有真菌杀虫剂如白僵菌、绿僵菌、拟青霉,细菌杀虫剂如球形芽孢杆菌、金龟子芽孢杆菌、缓死芽孢杆菌,病毒杀虫剂如核型多角体病毒,颗粒体病毒,植物源杀虫剂如印楝素(azadirachtin)等正在开发之中。刺糖菌素(spinosyn)是由土壤放线菌多刺糖多孢菌(*Saccharopolyspora spinosa*)产生的次级代谢产物,是一种具有触杀及摄食毒性的广谱杀虫剂。

(五) 生物农药发展阶段

生物农药防治的历史大致可分为 4 个阶段:1888 年以前是经典生物防治的萌芽时期;1888 年至二战爆发是实现生物防治的时代;二战爆发后,由于有机合成杀虫剂的出现,使生物防治的研究和应用步入低调,但仍然取得了很大进展;20 世纪 60 年代以后施用化学农药弊端的暴露、"有害生物综合治理"防治策略的制定及人类环保、健康意识的提高,使生物农药重新得到重视,并逐渐成为研究和应用的热点。近30年来,科学技术迅猛发展,特别是生物技术等学科与农药学相结合,一方面产生了转基因作物等新型生物农药,另一方面促进了生物农药产业的发展,使全球生物农药的产量每年以10%～20%的速度在递增。目前全世界生物农药产品已经超过100多种,已实现商品化的生物农药30多种。

(六)生物农药研发和使用中存在的问题

尽管生物农药本身具有众多的优点和良好的发展机遇,但与化学农药相比,市场占有率仍然很低。问题主要有以下几个方面:

1. 效果较慢　生物农药的防治是一个生物学过程,效果相对缓慢;生物农药专一性强,杀虫、杀菌谱窄,在遇到暴发性和毁灭性病虫害时,生物农药则是难当重任。

2. 稳定性较差　生物农药稳定性差,特别是以活体微生物为有效成分的产品。微生物农药的防效实质上是生物间在自然界中的平衡作用,因此生态环境中的各种因素都有可能影响微生物农药的防效。作为生物体,对外界因素,如温度、湿度和光照等比较敏感,致使产品的贮存稳定性差,生物活性下降很快,因此产品质量保证期和田间持效期短。

3. 农民对微生物农药的优越性认识尚不足　由于农民长期使用化学农药,考虑的是效果好坏、经济效益,基本不考虑环境问题,对微生物农药的优点和可持续控制作用缺乏感性认识,加上微生物农药药效相对慢以及宣传力度不足等原因,使农民对微生物农药的优越性认识不足。

4. 假冒伪劣产品对微生物农药市场的冲击　农药市场上有一些打着“环保”、“绿色”等旗号,生产销售的“生物农药”实为化学农药,使得真正的生物农药在市场竞争中处于劣势。

5. 微生物农药的制剂问题　目前,活体微生物农药剂型单一,生产工艺落后,产品理化指标和有效成分含量不稳定,是生物农药发展的一个瓶颈。

(七)国内外生物防治研究进展

在自然界中许多昆虫都会被病原细菌感染而得病死亡,人们可以利用这些病原细菌进行有害昆虫的生物防治。世界生物防治在 20 世纪 70 年代后发展极为迅速，在宏观决策上，发达国家已将生物防治技术作为缓解当今世界所面临的五大危机的战略决策之一。在研究方法上，国外不仅注重传统的生物防治方法，而且尤其注重分子生物学水平上的研究，特别是植物病虫害天敌之间的相互作用，遗传工程、微生物诱变育种定向筛选、化学农药生物降解等领域十分活跃。我国是生物防治最悠久的国家。早在公元 304 年，晋代的《南方草木状》一书就有利用 *Oecophylla smaragdina* 来防治南方柑橘病害的记载。20 世纪 90 年代以来，“生态农业”、“有机农业”及环境保护的呼声日高，生物防治发展迅速，现已成为水稻、小麦、玉米、棉花、果树、蔬菜等作物病害综合防治中的一项重要技术措施。目前我国生物防治虽已步入世界先进行列，但基础研究不足，深入的理论研究常常受到条件限制，尤其是在上述国外较活跃的领域和课题，开展的工作很少，生物防治研究及应用的技术手段多样性方面与国外相比，差距较大。

第二节 微生物农药的性质和种类

微生物是地球上分布最为广泛的一大类生物。微生物农药是生物农药的一类，包括由细菌、真菌、病毒和原生动物或基因修饰的微生物等自然产生的防治农作物病、虫、草、鼠等有害生物的农药。人们把用于农作物抗御病虫草鼠害或调节农作物生长的微生物及其代谢物统称为微生物农药。微生物农药是指非化学合成、具有杀虫防病作用的微生物制剂，如微生物杀虫剂、杀菌剂、农用抗生素等等，人们称它为“活农药”。这一类微生物包括杀虫防病的细菌、真菌和病毒。微生物农药是公认的“无公害农药”，防治对象不易产生抗药性，不伤害天敌；繁殖快，能利用农副产品甚至工业废水广泛生产，是综合防治农林病虫害的重要手段。随着全球农药公害问题的日趋严重，微生物农药的研究备受重视，成为当今农药开发的热点，并取得了有意义的进展。根据来源，微生物农药可分为活体微生物农药和农用抗生素两大类。

一、活体微生物农药

活体微生物农药也称微生物体农药，是指能使有害生物致病的病原微生物活体直接作为农药。其通过工业方法大量繁殖，并加工成制剂后作为农药产品使用。

（一）微生物农药的种类

根据微生物体种类的不同分为细菌类、真菌类和病毒类微生物体农药。

1. 细菌类微生物农药　细菌类农药是目前我国应用较多的一类。

（1）苏云金芽孢杆菌（*Bacillus thuringiensis*）：是目前世界上应用最为广泛、开发时间最长、产量最大、应用最成功的品种，约占到全部生物农药使用量的 90%，可用于防治小菜蛾、菜青虫、甜菜夜蛾、斜纹夜蛾、茶毛虫、茶尺蠖、棉铃虫、稻苞虫、稻纵卷叶螟、枣尺蠖、玉米螟、苹果巢蛾和天幕毛虫等多种鳞翅目害虫。

（2）多黏类芽孢杆菌（*Paenibacillus polymyxa*）：可用于防治番茄、烟草、辣椒、茄子青枯病。

（3）土壤放射杆菌（*Agrobacterrium radiobacter*）：可用于防治桃树根癌病。

（4）枯草芽孢杆菌（*Bacillus subtilis*）：可用于防治黄瓜白粉病、草莓白粉病和灰霉病、水稻纹枯病和稻曲病、三七根腐病和烟草黑胫病等，还可用于水稻调节生长和增产。

（5）蜡质芽孢杆菌（*Bacillus cereus*）：可用于油菜抗病、壮苗、增产，还可用于防治水稻纹枯病、稻曲病和稻瘟病、小麦纹枯病和赤霉病、姜瘟病等。

（6）荧光假单胞杆菌（*Pseudomonas fluoresceus*）：可用于防治番茄青枯病、烟草青枯病和小麦全蚀病。

（7）类产碱假单胞菌（*Pseudomonas pseudoalcaligenes*）：可用于防治草场牧草的草地蝗虫。

2. 真菌类微生物农药

(1) 白僵菌(*Beauveria bassiana*):可用于防治白粉虱、烟粉虱、金龟子、蛴螬等多种害虫。

(2) 绿僵菌:可用于防治滩涂飞蝗和一些鳞翅目害虫。国际生防组织(IIBC)使用黄绿绿僵菌防治沙漠蝗虫,巴西使用金龟子绿僵菌防治甘薯沫蝉等,均取得了显著效果。自从1879年首先大量繁殖绿僵菌防治奥地利金龟子(*Anisoplicae austriaca*)以来,绿僵菌就成为害虫微生物防治的主角之一。由于20世纪初人们对绿僵菌防治效果不稳定感到失望,对绿僵菌的研究仅限于分类、培养特性、感染机制及其影响因素等方面。近20年来,随着巴西和澳大利亚广泛使用金龟子绿僵菌防治甘蔗和牧草害虫取得较大进展,以及在非洲用黄绿绿僵菌防治蝗虫的初步成功,对绿僵菌的研究进入了一个高潮,特别是最近10余年,在分子系统学研究、基因遗传育种、剂型的改进和扩大防治对象上都取得了较大进展,但与Bt等杀虫剂微生物的研究相比还有很大差距。

(3) 耳霉菌(*Thromboides* spp.):可用于防治小麦蚜虫。

(4) 木霉菌(*Trichoderma* spp.):木霉菌是真菌中的一大类,对植物病原真菌的抑制作用早已有发现。生菌消(又名灭菌灵)为我国商品化的木霉菌杀菌剂,可用于防治黄瓜灰霉病和霜霉病、大白菜霜霉病和小麦纹枯病等。常见的木霉菌有哈茨木霉(*T. harzianum*)、绿色木霉(*T. viride*)、钩状木霉、长枝木霉(*T. longibrachiatum*)、康氏木霉(*T. koningii*)等。哈茨木霉T39已在以色列、希腊等国家登记,主要用于防治灰霉病。

(5) 淡紫拟青霉菌(*Paecilomyces lilacinus*):可用于防治番茄线虫病。

(6) 厚孢轮枝菌(*Verticillium chlamydosporium*):可用于防治烟草根结线虫病。

3. 病毒类微生物农药

(1) 苜蓿银纹夜蛾核型多角体病毒:可用于防治十字花科蔬菜等多种作物甜菜夜蛾。

(2) 斜纹夜蛾核型多角体病毒:可用于防治十字花科蔬菜等多种作物斜纹夜蛾。

(3) 棉铃虫核型多角体病毒:可用于防治危害多种作物的棉铃虫。

(4) 茶尺蠖核型多角体病毒:可用于防治茶树茶尺蠖。

(5) 油桐尺蠖核型多角体病毒:可用于防治茶树茶尺蠖。

(6) 小菜蛾颗粒体病毒:可用于防治十字花科蔬菜小菜蛾。

(7) 幕青虫颗粒体病毒:可用于防治十字花科蔬菜菜青虫。

(8) 草原毛虫核多角体病毒:可用于防治草原毛虫。

根据微生物体农药发挥功效的不同可分为微生物体杀虫剂、微生物体杀菌剂和微生物体除草剂,而后者为一新开发领域,我国在此领域几乎为空白。自然界存在的用于防治虫害的真菌、细菌、病毒和原生动物或被遗传修饰的微生物制剂,是微生物农药的重要组成部分。

(二) 微生物杀虫剂的历史

目前全世界已鉴定出100多种杀虫细菌,全世界已商品化的微生物农药约30种,微生物杀虫剂占其中的90%。19世纪,Elie Metchnikoff 在奥地利金龟子(*Anisoplia austriaca*)、甜菜象甲(*Cleonus punctiventris*)上发现由绿僵菌(*Metarhizium anisophae*)引起的真菌病害——绿僵病,并经实验确定昆虫对该病原真菌的敏感度。在 Metchnikoff 的主持下生产出 55 kg 的绿僵孢子,在乌克兰地区进行田间试验,10~15 d 后,55%~80%的象甲幼虫患绿僵病而死。在法国,当时葡萄根瘤蚜(*Phylloxera vitifoliae*)是法国葡萄生产的大害,路易斯·巴斯德建议采用 Pedbrine (一种微孢子病原,在1874年经试验后发现能使葡萄根瘤蚜染病)防治,同时他还明确地提出了利用微生物防治害虫的思想。1909年,德国一个叫苏云金的地方的一家面粉加工厂,一种平时在仓库中四处飞舞的地中海粉螟(*Ephestia kiihniella*)的幼虫突然大量死亡。面粉厂的人觉得很奇怪,他们把这些害病的地中海粉螟幼虫的尸体寄给生物学家 Berliner。经过无数次努力,Berliner 终于在1911年从地中海粉螟染病幼虫体内分离到一种由孢子和内含体组成的杆菌，他把这种菌涂在叶片上，当粉螟幼虫狼吞虎咽这些叶子后，先是惶惶不安，两天后纷纷死去。这种细菌生长旺盛，一天后就可在细胞一端长成一个芽孢。芽孢就像一个结实的"蛋"，不仅可以"孵化"出下一代，而且还有一层厚厚的壁，能更好地抵抗像高温、干旱等一些不利的外界环境。4年以后，Berliner详细描述了这种微生物，并在1915年以它被发现的地方命名称其为苏云金杆菌(*Bacillus thuringiensis*)。他后来还发现，在细菌的芽孢形成后不久，会形成一些正方形或菱形的晶体，称为伴胞晶体(Parasporal protein crystal)。可惜的是，这个发现并未被重视。尽管苏云金杆菌的研究一直在进行，而且于1938年在法国实现商品化生产，但直到40年后的1953年，由一个叫汉纳的生物学家证明了这种晶体是有毒性的，这正是苏云金杀死粉螟幼虫的原因。后来又证明，伴胞晶体是一种蛋白质。苏云金杆菌的发现使人们自然想到利用它来给害虫制造"流行病"以杀灭害虫。经过几十年的努力，科学家用试验证明，苏云金杆菌可以防治鳞翅目、膜翅目、直翅目、鞘翅目的130多种害虫。但由于化学农药的价格优势，苏云金杆菌长期以来未获得产业界的足够重视。然而在1901年，比Berliner的发现早10年，日本人Ishiwata在家蚕的染病幼虫体内就发现了苏云金杆菌。1940年日本金龟子的A和B型乳状病的致病原日本甲虫芽孢杆菌(*Bacillus popilliae*)和缓病芽孢杆菌(*Bacillus lentimonbus*)，从日本金龟子(*Popillia japonica*)体内被分离出来。后来在美国，其中一种细菌制剂被生产并在市场销售，这是第一个商品化的微生物杀虫剂。另一方面，核多角体病毒在田间也被试验性施用，1949—1953年在美国和加拿大地区进行了大规模飞机喷施。

(三) 细菌杀虫剂——苏云金芽孢杆菌

1. 苏云金芽孢杆菌　苏云金芽孢杆菌(*Bacillus thuringiensis*,Bt)是革兰阳性细菌，短杆菌，周身鞭毛或无鞭毛，在形成芽孢时产生伴孢晶体(parasporal protein crystal)。寄生在130多种鳞翅目幼虫中、膜翅目、双翅目、直翅目和鞘翅目体内,控制毛虫、毒蛾、白菜金翅夜蛾、烟草天蛾等。1902 年被发现,1951 年开发商业价值。我国自 1965 年第一个商品制剂“青虫菌”问世以后,其年产量长期稳定在 1 000~2 000 吨。20 世纪 90 年代后得到了迅速发展,已有 20 多家企业登记了 30 多个产品,年产量达 3 万吨。目前国内 Bt 制剂的生产厂家达 68 家,年产量达 2 万~3 万吨,在 20 多个省市用于防治粮、棉、果、蔬、林等作物上的 20 多种害虫,使用面积达 300 万公顷以上。据统计,现在全世界已有 60 多种 Bt 制剂工业化生产,能有效防治菜青虫、小菜蛾、棉铃虫等 150 多种害虫,年产量达 8 000 吨左右,是目前世界上应用最广泛、开发时间最长、产量最大、应用最成功的微生物杀虫剂,广泛用于防治农、林、贮藏害虫和医学昆虫。

总之,Bt 制剂作为一种生物杀虫剂,在控制农、林、仓库害虫、保护生态平衡、减少环境污染等方面日益发挥着更大的作用。我国于 1959 年引进 Bt 杀虫剂,经过多年的发展,其已成为我国工业化和生产水平最高的生物农药之一。采用基因工程技术构建药效稳定、防治面较广的 Bt 工程菌剂,是当前生物农药发展的新趋势。

2. 苏云金芽孢杆菌的毒素杀虫原理　苏云金芽孢杆菌对昆虫之所以有致病能力,主要是由于它产生的毒素。一般认为苏云金芽孢杆菌在生长过程中所产生的毒素可分为两大类:在所有这些毒素中,研究得较多的、同时也是杀虫中起重要作用的是 δ-内毒素(即伴孢晶体),其次为 β-外毒素(是细菌在生命活动过程中排出体外的代谢产物,包括 α-外毒素、β-外毒素、γ-外毒素、不稳定外毒素)。

δ-内毒素杀虫原理:δ-内毒素(蛋白质晶体)在其碱性肠道中被水解成毒性短肽,产生毒性。这种短肽作用于上皮细胞,使中肠麻痹。随着病情的发展,肠道壁细胞被胶黏物质破坏,上皮细胞削离,散落在肠腔内,这时中肠的透性失去控制,肠壁随后穿孔,肠道内含物、芽孢和细菌大量侵入血腔。中肠的 pH 由 10.4 下降至 9.0;血液的 pH 则由正常的 6.8 上升至 8.0,引起虫体全身麻痹,细菌大量繁殖，发生败血症而死亡。在哺乳动物中肠壁细胞没有晶体蛋白受体，而且肠道环境呈酸性，杀虫蛋白无法发挥作用。正常情况，芽孢形成时才合成 Bt 前毒素蛋白，芽孢形成过程中，转录因子 σ 与活跃基因启动子结合，毒素基因的启动子受这一 σ 因子的控制。*cry* 基因是苏云金芽孢杆菌的主要杀虫晶体蛋白基因，依据其核苷酸序列的相似性及其编码蛋白质的杀虫范围，至少可以分为 4 类：专对鳞翅目（*cry* Ⅰ）、鳞翅目和双翅目（*cry* Ⅱ）、鞘翅目（*cry* Ⅲ）以及双翅目（*cry*Ⅳ）的基因。把蜡状芽孢杆菌（*Bacillus cereus*）质粒组成型表达的四环素抗性基因启动子和毒素基因（无自身启动子）克隆到质粒上，导入 Bt 中，在 Bt 生活史的各个时期都表达毒素蛋白。

苏云金杆菌对营养的要求不严，能在常用的细菌培养基（如牛肉膏蛋白胨培养基）中迅速地旺盛生长，并形成芽孢和伴胞晶体。黄豆饼粉、玉米浆、麸皮等农副产品都是培养苏云金杆菌的良好材料。苏云金杆菌制剂的大量生产可采用深层发酵法，也可采用固体发酵法。

3. 苏云金杆菌制剂生产工艺流程

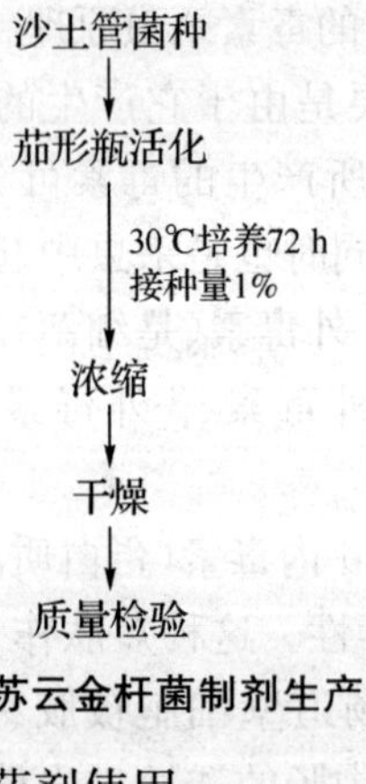

图 3－3　苏云金杆菌制剂生产工艺流程

4. 苏云金杆菌（Bt）药剂使用

（1）剂型：Bt 乳剂（100 亿活孢子/ml）。

（2）防治对象：防治直翅目、鞘翅目、双翅目、膜翅目，特别是鳞翅目的多种害虫。

(3) 使用方法:喷粉、灌心等,也可用于飞机防治。如用 100 亿孢子/g 的菌粉兑水稀释 2 000 倍液喷雾,可防治多种鳞翅目幼虫。

(4) 注意事项:30℃以上施药效果最好。苏云金杆菌可与敌百虫、菊酯类等农药混合使用,速度快。但不能与杀菌剂混用。

(四) 真菌杀虫剂——白僵菌

目前世界上已记载的杀虫真菌约有 100 属,800 多种。半知菌亚门集中了约 50%的杀虫真菌,如白僵菌属(*Beauveria*)、绿僵菌属(*Metarrhizium*)、被毛孢属(*Hirsutella* Pat.)、穗霉属(*Spicaria*)、棒孢霉属(*Corynespora* Güssow)等。各国应用和研究最多的是白僵菌和绿僵菌,此外还有拟青霉属(*Paecilomyces*)、赤霉菌等,英、美等国家还有蜡蚧轮枝菌(*Verticillium lecanii*)、大链壶菌(*Lagenidium giganteum*)、汤普生多毛菌(*Hirsutella thompsonii*)的商品制剂。白僵菌是发展历史较早、普及面积大、应用最广的真菌杀虫剂。在前苏联主要用于防治马铃薯甲虫,在美国用于防治森林害虫。我国开展真菌制剂的研究开发已有 30 多年的历史,其中主要以研究球孢白僵菌(*Beaurevia*)为主,也应用球孢白僵菌(*Beauveria bassiana*)大规模防治大豆食心虫、玉米螟和松毛虫,用卵孢白僵菌(*B. tenella*)和布氏白僵菌(*B. brongniartii*)防治地下害虫蛴螬。20 世纪初,人们对绿僵菌的研究仅限于分类、培养特征、感染机制等方面,近 20 年来,随着巴西和澳大利亚两国广泛使用金龟子绿僵菌防治甘蔗和牧草害虫并取得了较好防效,绿僵菌的研究又成了热点,特别是近 10 余年来在分子系统学研究、基因遗传育种、剂型的改进和扩大防治对象上都取得了较大进展。我国用绿僵菌防治蝗虫、小菜蛾、蛴螬,用蜡蚧轮枝菌(*V. lecanii*)防治温室白粉虱等。另外,虫霉目(Entomophthoralean)真菌是自然界中多种害虫和害螨的主要寄生菌,常引起害虫的流行病,因此虫霉目真菌日益为世界各国学者所重视。

真菌类生物农药的特点是容易生产,使用后可在自然界中再次侵染,自然形成害虫流行病,但在使用时,对环境的温度、湿度要求较严格，感染时间较长，防效较慢。

在昆虫病原微生物中，霉菌占60%以上，而其中白僵菌引起的占21%。白僵菌在自然界分布极为广泛，寄生范围也十分宽广，杀虫范围达200多种昆虫和螨类。应用白僵菌治虫，国内已广泛推广。

1. 白僵菌(*Beauveria bassiana*) 白僵菌属于半知菌类的一种真菌，其中包括球孢白僵菌、卵孢白僵菌、小球孢白僵菌3个种。白僵菌最适生长温度为22～26℃，30℃和相对湿度20%～50%有利于孢子的成熟，孢子萌发要求相对湿度90%以上。

2. 白僵菌杀虫原理 白僵菌一旦侵入虫体，就大量繁殖，形成许多长筒形孢子，也叫节孢子，如此反复增殖，充满于昆虫血液中，影响血液循环。菌丝还分泌一定量的草酸钙结晶，在血液中大量积累，致使血液酸碱度下降，失去固有的透明性，引起血液理化性质改变。病原菌大量吸取昆虫的体液、养分，并分泌毒素(白僵菌素)破坏其组织，损害其机能，严重地干扰了它的新陈代谢活动，使其两三天后就死亡。刚死亡的虫子身体柔软，但因菌丝猛烈夺取水分，尸体很快就干硬了。直至侵入脂肪组织的菌丝破坏全部脂肪吸尽其养分后，体内的菌丝便沿着尸体的气门间隙和环节间膜伸出体外，顶端产生分生孢子。这时，可看见虫体上披着白色茸毛，叫白僵虫。条件适应时，从白僵菌孢子接触虫体，到萌发、生长、繁殖，使虫发病僵死，直至再长出菌丝体与分生孢子，仅需7～10 d时间。

因此，使用白僵菌剂后，害虫很快就会因疾病蔓延而死亡，而且可较长时间有效；用起来也很方便，既可以把菌剂喷洒在虫子危害的作物上，也可以撒施在害虫群集的场所，这些优点都是化学农药无可比拟的。白僵菌用于防治松毛虫、玉米螟效果更好，尤其是用于防治松毛虫，白僵菌可作为环境因子，持续多年控制松毛虫的危害。

3. 白僵菌的生产工艺流程 白僵菌的生产有固体发酵和液体深层发酵两种途径。白僵菌对营养要求不严，在以黄豆粉或玉米粉等为原料的半固体培养基中生长良好，并形成分生孢子。培养物干燥后制成白僵菌制剂。在液体培养基中,白僵菌形成抗逆力差的芽生孢子。除在菌剂生产中孢子萌发可引起操作人员的过敏外,尚未发现其他对人体有害的作用。

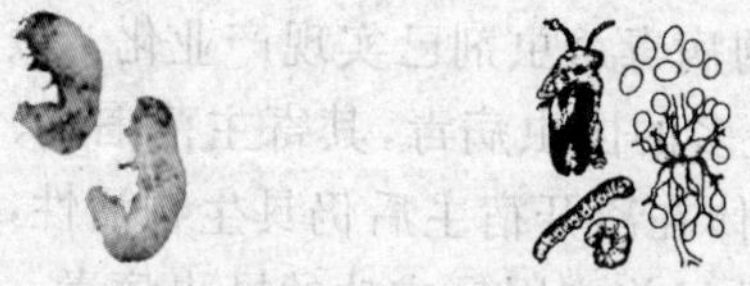

侵染后的蛴螬僵虫　1331-白僵菌 *Besuveria bassians*

图 3-4　白僵菌

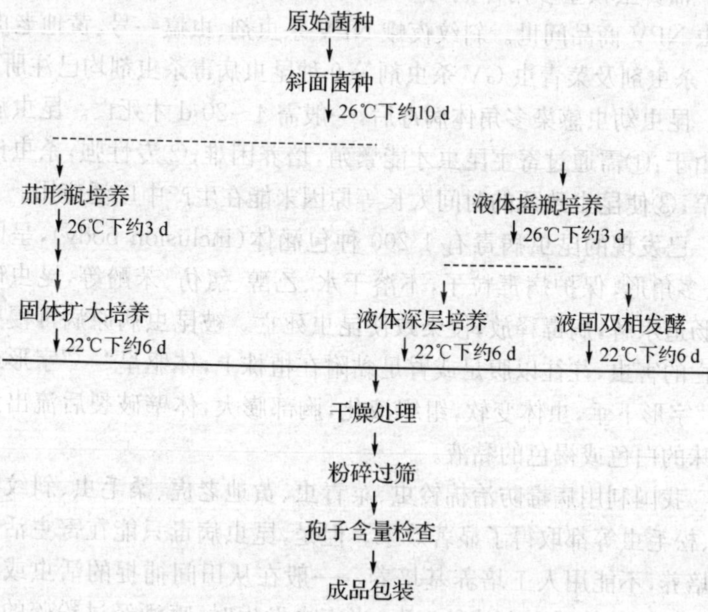

图 3-5　白僵菌的生产工艺流程

（五）昆虫病毒杀虫剂——核型多角体病毒

昆虫病毒种类多,分布广,专一性强。目前,全世界已知昆虫病毒有 1 600 多种,涉及 11 个目 900 多种昆虫。目前已有 20 多个国家对 30 多种病毒杀虫剂进行了登记、注册、生产和应用。昆虫病毒可引起 1 100 种昆虫或螨类发病,可控制近 30%的粮食和纤维作物上的主要害虫。目前研究应用较多的是核型多角体病毒(the nuclear polyhedrosis viruses，NPV)、质型多角体病毒和颗粒体病毒(the granulosis viruses，GV)，针对棉铃虫、小菜蛾、斜纹夜蛾、甜菜夜蛾防治的病毒杀虫剂已实现产业化。核型多角体病毒是已发现的种类最多的昆虫病毒，其寄主范围广、专一，对人、植物、天敌无害，包涵体在离开宿主后仍具生物活性，杀虫效应具有流行性和持续性，是目前应用最成功的昆虫病毒。我国的昆虫病毒研究始于20世纪50年代，1993年我国第一个昆虫病毒杀虫剂——棉铃虫核型多角体病毒(NPV)完成了产品注册登记，已有棉铃虫NPV商品问世。斜纹夜蛾NPV杀虫剂、虫瘟一号、黄地老虎GV杀虫剂及菜青虫GV杀虫剂等9种昆虫病毒杀虫剂均已注册。

昆虫幼虫感染多角体病毒后，一般需4～20 d才死亡。昆虫病毒由于：①需通过寄主昆虫才能繁殖，培养困难；②专性强，杀虫谱太窄；③使昆虫致死的时间太长等原因未能在生产中广泛应用。

已发现的昆虫病毒有1 200种包涵体(inclusion body)，呈圆形、多角形，保护病毒粒子，不溶于水、乙醇、氯仿、苯酚等，昆虫碱性肠道水解，病毒释放，侵染致使昆虫死亡。被昆虫病原病毒侵染死亡的害虫，往往以腹足或臀足黏附在植株上，体躯呈"一"字形或"V"字形下垂，虫体变软，组织液化，胸部膨大，体壁破裂后流出无臭味的白色或褐色的黏液。

我国利用病毒防治棉铃虫、菜青虫、黄地老虎、桑毛虫、斜纹夜蛾、松毛虫等都取得了显著效果。但是，昆虫病毒只能在寄主活体上培养，不能用人工培养基培养。一般在从田间捕捉的活虫或室内大量饲养的活虫上接种病毒，当害虫发生时，喷洒经过粉碎的感病害虫稀释液。也可将带病毒昆虫释放于害虫的自然种群中传播病毒。

成虫→卵(含病毒包涵体的饲料)→新孵幼虫→四龄幼虫→蛹→成虫(室内人工饲养)

↓

病毒感染野外幼虫→收集死虫

↓

高速组织匀浆、差速离心

↓

多角体

↓

各种试剂(保护剂、乳化剂、湿润剂等)→机械搅拌

↓

各种数据测定(毒力测定、致病菌检测、动物试验等)→分装并加工成制剂

↓

产品

图 3-6　杀虫病毒生产流程

(六) 原生动物杀虫剂

国内对昆虫病原线虫和微孢子虫的研究起步较晚,在 20 世纪 80 年代中期,我国从澳大利亚引入了多种斯氏线虫及其培养技术,并结合国情改进了生产线虫工艺(包括共生细菌培养技术),实现了批量生产的要求,并用于大面积防治多种害虫,如用芫菁夜蛾线虫防治园林蛀干害虫,用斯氏线虫(*Steinernema feltiae*)防治小菜蛾、桃小食心虫、地老虎、蝇蛆、天牛等害虫,用异小杆线虫(*Heterorhabditis* sp.)防治大蜡螟等害虫,均取得了良好的防效。目前,国内外对昆虫病原线虫的研究集中在液体发酵工艺方面。在微孢子虫研究方面,已经实验室鉴定并显示较大生物防治潜质的昆虫微孢子虫有蝗虫微孢子(*Nosema locustae*)、按蚊微孢子(*N. algerae*)、枞色卷蛾微孢子(*N. fumiferanae*)、棉铃象微孢子(*N. gasti*)、玉米螟微孢子(*N. pyrausta*)、黏虫变态微孢子虫(*Vairimorpha necatrix*)等,其中,蝗虫微孢子虫作为一种微生物治蝗技术,已经商品化大量生产并在多个国家广泛应用。自 1998 年起我国在内蒙古、新疆、青海等省区采用蝗虫微孢子虫防治草原蝗灾,总面积达 10 万公顷以上,有效地控制了蝗虫危害,取得了显著的

社会、经济和生态效益。今后,开发并利用昆虫微孢子虫防治农林、卫生害虫将显示更大的潜力和广阔的前景。

很多原生动物是节肢动物的病原菌,但它们感染动物的速度慢、时间长,因而大部分均不能用作杀虫剂。

(七) 重组微生物杀虫剂

重组微生物是指利用基因工程技术修饰微生物本身基因,以提高其对害虫的感染力,或与异源病毒重组以扩大寄主范围,或将外源激素、酶和毒素基因导入杆状病毒基因组以增强其致病作用。基因工程技术的应用加速了新型生物农药的研制进展,其中进展最为迅速的是重组昆虫杆状病毒和重组 Bt 的研究。通过遗传工程重组杆状病毒,可以表达外来蛋白基因,应用微生物遗传工程技术,例如质粒清除和核转移,可以建立新的 Bt 杀虫晶体蛋白基因组合,以发展高杀虫活性的 Bt 株系。

(八) 微生物杀虫剂的特点

微生物杀虫剂的特点有:对人畜安全无毒,不污染环境;杀虫作用具有一定特异性和选择性,不会使天敌和非目标昆虫致死;易于和其他生物学手段结合进行害虫综合治理,维持生态平衡;由于杀虫活性蛋白的多样性,昆虫产生抗性较缓慢或不易产生抗性;可以通过发酵法生产,具有较低的生产成本;可以通过基因工程技术途径筛选或构建优良性能的菌株来满足生产与应用所需。

二、农用抗生素

由细菌、真菌和放线菌等微生物在发酵过程中所产生的次级代谢产物,可抑制或杀灭作物的病、虫、草害及调节作物生长发育,将其加工成可直接使用的形态,就是农用抗生素,属于微生物源生物化学农药。农用抗生素研究开发在美、日等国均已列入国家重点科研规划。抗生素的研究开始于 1877 年巴斯德关于微生物拮抗作用的发现,从发现拮抗作用到青霉素的发现经历了 50 余年,但抗生素研究的黄金时代还是从青霉素的工业化生产和链霉素的发现开始的。抗生素防治人类疾病取得的成就推动了农用抗生素的发展，美、英、日等国先后将链霉素、四环素等用于农作物病害防治。从1946年发现放线菌酮到1958年发现杀猪瘟素-S的10多年中，虽然在实验室中发现了像抗霉素、灭瘟素等强抗菌作用的物质，但实际应用中都因为其不稳定性及成本、毒性等问题遇到困难。杀猪瘟素-S的发现是农用抗生素发展过程中的第一块里程碑，此后农用抗生素的发展进入了高潮。抗生素研究以日本最快，已开发出了春日霉素、灭瘟素、多氧霉素(polyxin)、井冈霉素、灭孢素、杀螨霉素等高效低毒无公害的植物病害防治药剂，其中阿维菌素是迄今为止发现的最有效的杀虫抗生素。在我国，阿维菌素的商品制剂——虫螨克，1996－1997年已在全国26个省市、自治区防治蔬菜示范及推广应用，对小菜蛾、甜菜夜蛾、螨、蚜的防效率达80%～98%，对美洲斑潜蝇的防效率为60%～99.1%，1997年推广面积达13.6×10^4公顷。我国农用抗生素的研究始于20世纪50年代，是随着医用抗生素之后发展起来的，一些品种已达到世界先进水平，诸如农抗101、内疗素、灭瘟素、春雷霉素、庆丰霉素等农用抗生素品种相继研制和利用。70年代中期，由于春雷霉素的菌种选育、发酵工艺等采取了大协作的方式，进展非常迅速。经过几十年的研究探索，我国对新农用抗生素的筛选方法有较大程度的改进和提高，已筛选出不少农用抗生素新品种。此外，我国已开发成功的还有防治水稻纹枯病的井冈霉素，防治植物白粉病的武夷霉素，防治多种真菌病害的农抗120(由中国农科院开发成功的抗生素杀菌剂)、多抗霉素，防治细菌病害的农霉素、中生霉素、新植霉素、制黄杆菌素，防治植物病毒病的宁南霉素等10多种产品，防治稻瘟病的春雷霉素，防治苹果树腐烂病的内疗素，以及防治稻瘟病和小麦白粉病的庆丰霉素等。日本、美国、德国生产的杀虫农用抗生素主要有：阿维菌素、杀螨素、敌贝特等。目前国内外较受重视的杀虫抗生素有：杀粉蝶素、杀蚜素、韶关霉素、杀螨素、浏阳霉素，杀虫素B41(密尔比霉素)、阿弗霉素、南昌霉素等。20世纪70年代初发现的杀蚜素是我国报道的第一个农用杀虫素。近年来对微生物农药多抗灵等也进行了较深入的研究,并已批量生产。尽管抗生素在防治人类和动物疾病方面具有较大的影响,也可使植物具有内吸治疗活性,但正如 Isonok 所认为的,抗生素在农业上的应用还是有限的,一是因为在作物上广泛的应用可使病原菌对这些抗生素产生抗性,二是由于抗生素不稳定,在应用时易受环境影响而效力下降。另外,毒性的副作用也同样存在。

抗生素类历来是生物农药研发的重点,其产品多,产业化程度最高,一般通过微生物发酵工艺来生产,可用于杀虫、防病(井冈霉素)、除草(双丙氨磷)及调节植物生长发育(赤霉素)等。一般具有药效高、专化性强、无药害与环境相容较好等优点。但严格来讲,抗生素的活性成分是化学物质,与化学农药并无本质的区别,所以具有一般有机化学农药往往存在的抗药性、农产品中残留污染等问题。

国外农用抗生素的研究开发有 2 个方向:①大量筛选新的化合物;②重点改造一些农用抗生素的结构,以增加用途或提高药效。

我国在 20 世纪 90 年代后研发工作进展迅猛,国内登记的有效成分有 20 余个,产品 170 个,年产量 8 万多吨。目前我国农用抗生素的研发重点是筛选新有效成分,提高生产菌株的发酵水平,降低生产成本,研制新剂型和混配制剂以稳定药效。

(一) 井冈霉素

井冈霉素(jingganensis)由吸水链霉菌井冈变种(*Streptomyces hygroscopicus* Var.)发酵制得,是碱性水溶性抗生素,分子中含葡萄糖。其有效成分有 A、B、E、F 几种,能引起纹枯病菌丝顶端不正常分枝,抑制菌丝生长,防治水稻纹枯病效果显著。其具有高效选择作用、耐雨水冲刷性能,对人、畜、水生生物低毒,能被动物及多种生物所代谢分解。

引起纹枯病菌丝顶端不正常分枝的最低浓度:井冈霉素 A 为 0.01 mg/kg,井冈霉素 B 为 0.5 mg/kg;商用产品为 3%井冈霉素液体。30～50 mg/kg 时对水稻纹枯病防治效果大,每亩最大增产

40 kg，实际用药面积达 1.5 亿～2 亿亩。

井冈霉素是防治水稻纹枯病的当家农药，自 20 世纪 70 年代问世以来，20 多年经久不衰。目前国内有 30 多家工厂生产，年产量近 4 000 吨(按 100%原药计算)，已占水稻纹枯病防治市场的 90%以上，可供约 5 000 万公顷土地使用，防治对象也已从水稻扩大到了小麦、玉米等作物。由于高产菌株的培育成功及高温短周期发酵工艺大大地降低了生产成本，井冈霉素已成为我国农药中最安全、有效、廉价的品种。

(二) 春日霉素(春雷霉素)

春日霉素又称春雷霉素(kasukamycin)，是一种碱性抗生素。1965 年在日本发现，由春日链霉菌产生，我国的春雷霉素产生菌为小金色放线菌。小剂量对植物的真菌和细菌病害有很强的防治作用，10～20 μg/ml 时，防治水稻稻瘟病有效率达 80%。在植物组织中具有迅速被吸收和转移的特性；对人和动物都没有急性和慢性毒性，小鼠 LD_{50} 为 2 000 μg/ml；1 000 μg/ml 浓度时对鱼无毒害；300 μg/ml 时对植物无毒害。

(三) 有效霉素

有效霉素(validamycin)是拟寡肽糖抗生素，由吸水链霉菌柠檬变种 T-7545 发酵制得；有效成分为 A、B 两种，对水稻纹枯病有显著疗效，而对水稻无害；对人、畜、鱼、鸟、水生生物低毒；小鼠 LD_{50} 为 20 000 mg/ml；土壤中半衰期为 4 h；稻种残留量为 0.007 μg/ml，施药一次药效达 80%，施药 2 次药效超过 85%；具有耐雨水冲刷性能，降雨几乎不影响药效；有效霉素 A、B 成分类似井冈霉素。

(四) 浏阳霉素

1. 概述 1968 年日本中外制药公司首次从金色链霉菌 S-3466 株发现抗生素(杀螨霉素)，含 A、B、C 三个组分，具有杀螨活性。经 7 年研发，1975 年将其商品化，1987 销售额达 6 亿～7 亿日元，成为日本农药市场上的主要杀螨剂。1979 年，浏阳河地区从灰色链霉菌浏阳变种发酵制得，它是由 5 个组分组成的混合物，具有高效安全杀螨活性的大环内酯类抗生素，对人畜安全、不杀伤天敌和有益昆虫、不污染环境、不易产生抗药性，发酵效价很高。大田试验证明：10％浏阳霉素稀释 1 000 倍，用药 14～20 d 后效果达 100％；稀释1 500倍，用药 2～7 d 后效果达 86.7％。广泛用于防治苹果、桃、柑橘、棉花、茶叶、辣椒、豆类、瓜类等作物。

2. 浏阳霉素的生产过程

(1) 出发菌株：原始菌株 S-12→诱变→P_3-52 菌种；

(2) 发酵：28℃发酵 156 h，粮食消耗每吨制剂不高于 1.3 吨，原料成本不高于 4 000元/吨，提炼效率不低于 85％；

(3) 提炼：发酵液→酸化加热→压滤→取滤饼→造粒→气流振动干燥→装柱→逆流连续串联提取。

(五) 新型农用、畜用抗生素——7051 杀虫素

1. 概述　微生物发酵生产的农畜两驱(杀)虫剂用抗生素，英文名 aermectin。用于牛、羊、猪、兔、鸡等家畜体内外多种寄生虫的驱杀治疗，剂量为 0.2 mg/kg 体重，用于蔬菜、果树、棉花等经济作物的害螨及多种鳞翅目害虫的防治，剂量为 1～10 mg/kg。

2. 7051 杀虫素的生产过程

(1) 发酵工艺：沙土孢子→接种原斜面孢子→斜面孢子→摇瓶种子→小罐种子→发酵罐发酵→后处理。

(2) 发酵液→过滤→湿滤饼→干燥→7051 粗粉→磨粉→7051 粉剂→加粉剂→7051 成品。

(六) 日光霉素

日光霉素是德国科学家从日本名胜地日光的土壤中分离的链霉菌 TVE901 产生的两性水溶性核苷类抗生素。我国分离的链霉菌产生的与此相当的抗生素称为华光霉素。日光霉素含有 12 种组分，对农作物的致病菌及螨类有较强的拮抗作用，对温血动物毒性低。大白鼠口服 LD_{50} 大于 5 000 mg/kg。用于防治蔬菜、水果、农作物等多种真菌病害及虫害。

(七) 阿维菌素

阿维菌素(avermectin)由日本北里大学和美国 MERK 公司联合开发研制,是由阿维链霉菌(*S. avermitilis*)产生的一组广谱、高效、低毒的 16 元大环内酯类抗生素,含 8 个组分,其中 B_1 组分最有效。具有高效、广谱杀虫、杀螨、杀线虫功效,用于防治家畜体内外的寄生虫,防治农业害虫、害螨,但对鳞翅目类害虫无效。阿维菌素是一种超高效的杀虫生物农药,每公顷用量仅 3 000～7 500 mg,主要用于防治螨类、潜叶蛾、梨木虱、斑潜蝇、小菜蛾、菜青虫等害虫。目前我国已登记产品 62 个,生产企业 100 多家。

(八) 除草抗生素

除草霉素是由吸水链霉菌 AM-3672 产生的中性脂溶性安沙霉素抗生素。对大多数单子叶和双子叶植物具有较强的除莠作用,对沙草特别有效。用量在 0.25～1 g/m^2 时,致杀率为 90%～100%;100～125 μg/ml 时,对植物的致杀率为 50%～100%,对水稻无毒害。

(九)生长促进抗生素——赤霉素

植物生长调节剂有生长素类、赤霉素类、细胞激动素、抑制剂类。赤霉素是双萜类化合物,约 37 种,开始从患水稻恶苗病的稻株叶上分离得到,后来发现真菌及高等植物中也广泛存在。生产中用藤仑赤霉发酵法制得,以 GA3 赤霉酸最重要,称“920”。“920”对大多数植物的茎、叶、根、种子、果实及芽等器官具有促进生长作用。赤霉素也是目前应用最广、最有效的微生物源生长激素,具有促进种子发芽.植物生长和提早开花结果的作用,对水稻、蔬菜、花生、蚕豆、葡萄、柑橘、棉花等有显著的增产作用。目前我国已登记产品 7 个,生产企业 10 多家。

三、微生物除草剂

不少微生物或它们的代谢产物能够选择性地杀灭某些杂草,且对人、畜毒性极低,也不污染环境。美国微生物除草剂研究是在

20 世纪 60 年代后期才真正开始的。当时在佛罗里达州对柑橘园防除草伦藤以及阿肯色州对水稻和大豆田防除田皂角用的微生物病原进行研究。Samarkand Alisher 大学自 1971 年取得专利,用列当镰孢防治烟草田的列当类杂草。在美国的工作在 80 年代达到高潮。这两个产品是 Devine 和 Collego,分别是棕榈疫霉和盘长孢状刺盘孢田皂角变种的配制剂。Devine 和 Collego 的发现和早期成功有力地促进了在美国最终扩展到其他国家的对微生物除草剂的研究,结果发现并报道了许多潜在的微生物除草剂。近年来开发的除草农用抗生素也为数不少,如日本明治制果开发的双丙氨磷,其他报道的还有硫代乳酸霉素、浅蓝霉素、丁香霉素等,也具有相当的除草活性。

随着除草剂在农业中的广泛应用,利用高效低毒的微生物除草剂引起了许多发达国家,如美国、澳大利亚、加拿大、俄罗斯等的重视,并相继开展了大量的研究工作,涉及的微生物有 80 多种。我国对于微生物除草剂也有一定的研究,如山东省农科院植保所筛选的"鲁保一号"微生物除草剂,防除主要的农田杂草菟丝子效果显著,20 世纪 70 年代在 20 多个省推广应用 600 多万公顷,防效 85%以上,平均挽回损失 30%~50%。

四、有效提高微生物农药使用效果的方法

1. 科学保管　微生物农药是活体制剂,必须保存于闭光、低温、通风、干燥的地方。不能和杀菌剂、抗病毒剂及碱性物质混合存放,否则易促使活的微生物体死亡,降低药效。

2. 看天用药　温度、湿度、光照等气象条件影响生物农药的活性。气温在10~27℃时,随气温升高,害虫取食量和吸收量增加,细菌芽孢或病毒进入害虫体后,繁殖快、毒性大,促使害虫更快致病死亡;温度高于 30℃或低于 10℃,应用效果均较差。在干燥、强光条件下,使用效果也较差,因此,生物农药在 5~9 月份的阴天或晴天下午使用,可明显提高效果。

3. 对症选用农药　病虫草害种类繁多,而生物农药应用范围

相对较窄，具有严格的选择性，如春雷霉素只防治稻瘟病，鲁保一号仅防除菟丝子。因此，要根据当时当地发生的主要病虫草害，对症选准用药，才能收到理想的效果。

4. 适当提前用药　生物农药使用后，有一个繁殖排毒过程，防效比化学农药稍慢。要加强病虫预报，比化学农药提前 3～5 d 使用。杀虫剂在卵孵化期至幼虫 2 龄前，杀菌剂在发病初期、病叶率 5%时喷施，效果较好。

5. 采用正确的施药方法

(1) 浓度适宜，科学间隔：溶液浓度低，防效差，易造成浪费或药害。只有适时施用适宜的菌剂，使害虫、病菌获得充足的致病菌量，才能保证防效。

(2) 喷洒均匀：生物农药一般以胃毒为主，均匀喷施可提高防效。粉剂使用前称取所用药量，加入少量水搅成糊状，乳剂使用前要充分摇匀，加入所需水量后搅匀。在溶液中加入 0.1%的合成洗衣粉、皂角或茶子粉作黏着剂，有利于提高喷洒效果。

(3) 正确配方，混合使用：生物农药杀虫防病针对性强，农药混配可扩大应用范围，提高工作效率，特别是在暴食性害虫成灾时，十分必要。但不宜和碱性农药、内吸性有机磷杀虫剂混配，禁止和杀菌剂、抗病毒剂混用。在配方混用时，要做到随配随用，不可久放。

(4) 雨后补喷：用药当天遇雨，天晴后应立即补喷一次。

五、微生物农药剂型加工研究进展

微生物农药由于其有效成分是生物活体，为保证其在贮存过程中的稳定性或保证在田间条件下充分发挥作用，除了从助剂着手外，选择合适的剂型也很重要。鉴于此，微生物农药剂型加工也逐渐从水基制剂向油基制剂、从液体制剂向固体制剂、从粉末制剂向颗粒状制剂方向发展。由于微生物农药在贮存过程中和田间使用后易受环境条件的影响，作用速度较慢，防效不稳定，所以保护剂和增效剂的筛选一直是研究人员的努力方向。目前微生物农药保护剂主要有两类：一类是防止微生物体在贮存过程中受到损伤的适当的剂型。另一类是保护微生物农药施到田间后免受不利环境的影响的保护剂，如防光剂等。研究发现很多种紫外线保护剂对病毒和 Bt 有保护作用。

对于细菌杀虫剂，以 Bt 为例，主要有可湿性粉剂(WP)、粉剂(DP)、颗粒剂(GR)、水分散性粒剂(WG)、悬浮剂(SC)、超低容量剂(UL)、油悬剂(OF)、乳悬剂(ES)、水剂(AF)和胶囊剂(化学胶囊和生物胶囊)等。中国的产品多为悬浮剂、可湿性粉剂、颗粒剂和粉泡剂等；真菌杀虫剂以白僵菌和绿僵菌为例，主要有可湿性粉剂(WP)、高孢粉剂、孢子粉油剂、孢子水悬剂、白僵菌微囊剂(聚合凝胶)和绿僵菌菌丝体颗粒剂等；病毒杀虫剂主要有可湿性粉剂、粉剂、颗粒剂、乳悬剂、微胶囊化可湿粉等；真菌除草剂主要有粉剂和干粉状制剂；线虫杀虫剂主要有海藻酸凝胶剂(alginategel)、黏土剂(clay)、流动性凝剂(flowable gel)、水分散性粉剂(WG)等。

根据现代农药研究开发的趋势和社会对农药的要求来看，作为公认的“无公害农药”的微生物农药在 21 世纪将有更广阔的发展前景。保持微生物农药对环境安全的优点，筛选环境相容性好的天然产物作为微生物农药，以及对生物农药助剂的选择仍是今后应加强的工作。

六、使用微生物农药存在的问题

1. 微生物农药防效的评价问题　以微生物农药为主的生物防治是一种持久效应，因此对微生物农药的防治效果应该进行长期追踪调查，这样才能制定出使用微生物农药进行农作物病虫害管理的途径和策略。把微生物农药的防效与化学农药的防效进行比较，并套用化学防治的使用方法进行生物防治，这是一种错误的思路。微生物农药是通过生物间的相互作用来控制植物病虫害发生和为害的，微生物农药的效果不像化学农药那么快速、有效，但它们的防效是持久的、稳定的。因此，应该建立生物农药防治植物病虫害效果的评价体系，从生物农药对环境保护、可持续控制、农产品安全等诸方面的影响进行评估，才能有利于生物农药健康、迅速的发展。

2. 微生物农药的中试和制剂问题　微生物农药进行实验室研究、小试的产品和品种很多，但真正最终实现产业化的却很少，究其原因，主要是未能解决产、销、用三个环节的实际问题。许多研究人员不大愿意做大范围的田间生物防治试验，因为这种试验费用大，各种干扰因素复杂，获得成果的可能性小。微生物农药剂型单一、生产工艺落后，产品的理化指标和有效成分含量不稳定，成为微生物农药发展的一个瓶颈，因此，要开展产学研联合攻关，筛选能保持新剂型理化性状的助剂配方，筛选能提高新剂型分散性和附着性的表面活性剂，研制出提高生物农药防治效果的新助剂和新剂型，从而提高微生物农药的防治效果和有效利用率。对于微生物体农药的研究不能局限在病原微生物的分离和人工培养上，自 20 世纪 90 年代以来，利用基因工程技术与“生物微囊”技术构建了重组型微生物体农药，以提高其对害虫的感染力，或扩大寄主范围。目前，国外已有不少此类微生物农药投入市场，如新型 Bt 杀虫剂 Foil 和杀虫荧光假单胞菌制剂 MVP、M-Trak 等。但重组微生物也存在着与植物体农药相同的潜在隐患——基因污染，因此对其研究和应用也应保持慎重的态度。

3. 农民对微生物农药的认识问题　由于农民长期使用化学农药，首先考虑的是效果的好坏，其次才是成本与经济效益的关系，基本不考虑环境污染和农产品残留问题，对微生物农药的优点和可持续控制作用缺乏感性认识，加上微生物农药药效相对慢等弱点和宣传力度不足等原因，使农民对微生物农药的优越性认识不足，直接影响到微生物农药的推广应用。因此要加大宣传力度，使广大农民充分认识到生物农药的优越性，同时应加强农产品化学农药残留的检测，严格实行农产品优质优价，使农民真正获得使用生物农药的好处。

七、微生物农药使用的对策与建议

1. 抓住发展机遇,加强微生物农药研究　我国农业可持续发展要求确保食物安全,发展高产优质高效农业,维护资源的合理利用,建立良好的生态环境,以实现农业和农村的持续发展。要促进农业的可持续发展,推广应用微生物农药是重要的技术支撑之一。此外,随着我国加入 WTO,国内市场进一步开放,我国农产品将面临严峻的挑战。发展优质、无公害的农产品,提高参与国际市场的竞争力,微生物农药将起到极其重要的作用。因此,要抓住机遇,大力发展微生物农药。

2. 强化基础研究,加大研究力度　发展微生物农药,政府必须加大科研经费的投入。首先应建立省级微生物农药研究基地或工程中心,组成一支微生物农药科研队伍,围绕当前生产上主要农作物重大病虫害开展生物防治的研究,系统筛选高效菌株,建立优化的发酵、增殖生产工艺和规范的生产质量标准,组建配套的田间实用技术;其次要加强微生物农药作用机理的研究,根据其作用位点和活性中心反推导,指导菌种选育,更新剂型,合成新农药的先导化合物,创制新农药。我国采用利尿激素基因、昆虫保幼激素酯酶基因、Bt 杀虫蛋白基因、蝎神经毒素基因等构建的重组病毒杀虫剂大大缩短了害虫致病时间,防治效果显著。

3. 加速微生物农药产业化进程　微生物农药的研究在立项的同时就应考虑到项目的最终目标是形成微生物农药产品,将要进入市场,因此,应着重对微生物农药的制剂加工、产品质量、环境行为等一系列问题开展研究,提高微生物农药商品的质量和竞争能力;政府应制定向微生物农药产业化倾斜的政策,一方面要加大扶持微生物农药产业化的力度,另一方面要鼓励企业单位直接参与项目研究,使企业成为微生物农药研究成果转化为生产力的基地,促进微生物农药的产业化。

4. 微生物农药的开发与无公害农业生产基地建设相结合　微生物农药是无公害农产品生产必需的生产资料,因此应该将微生物农药的开发和无公害农业生产基地的建设紧密结合，在广泛建立无公害农产品生产基地的同时大力推广应用微生物农药。围绕我国农业结构调整、提高农业效益、增加农民收入、改善农村生态环境的主题，结合我国无公害农业对植物保护研究的新要求，大力发展微生物农药，使微生物农药及其配套使用技术在农作物主要病虫害防治中发挥更大的作用，为加速我国农业由主要追求数量向注重质量效益的根本转变、保障食物安全、保护环境、促进农业可持续发展等，提供有力的科技支撑。

八、微生物农药的应用前景

微生物农药是21世纪农药工业的新产业，代表着植物保护的方向，其最大的优势在于能克服化学农药对生态环境的污染和减少在农副产品中的农药残留量，同时使农副产品的品质和价格大幅度上升，可有力地促进农村经济增长和农民增收，社会效益不可估量。我国已加入WTO，农业将面临新的发展机遇和空间，农副产品出口市场更加广阔，提高我国农产品的国际市场竞争力的重要方面之一是降低农产品有毒物质的残留量，而微生物农药将为农产品优质安全生产和降低有毒物质残留量提供技术和物质保障。微生物农药研究与发展，将有效地实现农产品的优质安全生产，提升农产品的经济附加值，扩大我国农副产品外销市场，推进绿色产业的发展，这些均对发展农村经济、增加农民收入、促进农村繁荣具有重要的推动作用。微生物农药作为无公害农副产品生产的必要生产资料之一，在未来的农作物病虫害防治方面将有巨大的市场需求，因此，应进一步加快微生物农药的研制、产业化和推广应用进程，降低农药在农副产品中的残留和对农田生态环境的污染，实现农作物重大病虫害可持续控制，满足我国无公害农产品产业化生产对农业科技的重大需求，同时将产生巨大的社会、经济和生态效益。

第四章　微生物食品

第一节　微生物与食品生产

一、食品的概念

食品是指各种供人食用或者饮用的成品和原料以及按照传统认为既是食品又是药品的物品，但是不包括以治疗为目的的物品。

对食品的基本卫生要求是：食品应当无毒无害，符合应有的营养要求，具有相应的色、香、味等感官性状。

二、在食品生产中微生物的应用

在食品生产中，微生物的应用十分广泛，分为三种形式：①应用微生物菌体；②应用微生物的代谢产物；③应用微生物的酶。

在食品生产中微生物菌体的应用主要包括三类：食用菌、单细胞蛋白、微生态调节剂。

（一）食用菌

食用菌是继植物性、动物性食品之后的第三类食品——菌物性食品，其味道鲜美，含水量高、组织脆嫩，而且含有丰富的蛋白质、氨基酸、多种人体必需的微量元素和维生素，是一类高蛋白、低脂肪类食物，被世界公认为“天然的健康食品”。许多食用菌品种还以其突出的抗癌、降脂、增智及提高机体免疫力的功效而成为首屈一指的保健食品。国际食品界已将其列为21世纪的八大营养保健食品之一。中国食用菌生产量和出口量居世界首位。

1. 食用菌结构成分　食用菌含90%的水分和10%的干物质。

（1）蛋白质：食用菌干品蛋白质含量为19%～50%，而稻米蛋白质含量仅为7.3%，小麦12%，牛奶25%。其蛋白质消化率高，大约70%的食用菌蛋白质在人体内消化酶的作用下，分解成氨基酸被人体吸收，如蘑菇干粉蛋白质超过42%，蛋白质消化率高达88.3%。另外，它的氨基酸种类齐全，并含有8种人体不能合成而又不可缺少的必需氨基酸，且必需氨基酸含量高达菇体氨基酸总量的25%～45%，其中赖氨酸和亮氨酸含量较为丰富，这正是许多粮食作物所缺乏的。金针菇游离氨基酸含量高达20.23%，尤其是赖氨酸、精氨酸含量明显高于其他菇，能促进儿童的身体健康和智力发育，故被人们称为“增智菇”。食用菌的必需氨基酸指数高于一般蔬菜，低于动物性食品，与豆类、玉米等相似。所以食用菌被人们认为“是十分好的蛋白质和氨基酸的来源”。

表4-1 真菌蛋白与牛肉的主要成分比较

组成成分	真菌蛋白	生的瘦牛排
蛋白质	47%	68%
脂肪	14%	30%
膳食纤维	25%	微量
碳水化合物	10%	0
灰分	3%	2%
RNA	1%	微量

表4-2 真姬菇中营养成分含量 单位:g/100 g干重

营养成分	粗蛋白	粗脂肪	灰分	粗纤维	多糖	碳水化合物	水分		游离氨基酸（干重）
							占干重	占鲜重	
含量	26.81	2.37	6.23	16.14	13.95	60.44	4.15	91.81	0.205

表4-3 真姬菇中几种生物活性物质含量 单位:g/100 g

成分	黄酮（干重）	皂苷（干重）	总酚（干重）	胆碱（干重）	维生素C（鲜重）	SOD(U/g鲜重)		CAT(mol/g pro·min)	
						菌盖	菌柄	菌盖	菌柄
含量	0.127	0.123	0.145	0.694	1.23	576.37	249.17	0.041	0.034

(2) 碳水化合物:碳水化合物是食用菌中含量最高的组分,一般占干重的60%左右。在食用菌碳水化合物中,营养性糖类含量为2%～10%,包括海藻糖(菌糖)和糖醇,它们经水解生成葡萄糖被吸收利用。食用菌中纤维素含量不高,仅有10%～12%,而半纤维素含量较高,一般在13%～32%。常见食用菌的粗纤维含量都较多,是很好的膳食纤维来源,膳食纤维主要包括糖原(肝糖原)和真菌甲壳素(壳多糖),它们是食用菌纤维素的主要成分,属于食物性纤维,其含量一般为干重的29.0%～55.0%。膳食纤维以金针菇中含量为最高,达137.2 g/kg。膳食纤维虽不能被人体消化吸收,但它具有多种生理功能:一是促进肠胃蠕动,加速粪便排泄速度,故可预防便秘、肠癌发生;二是吸附胆汁酸、胆固醇,降低血液中的胆固醇含量,加速脂质的排泄,从而具有预防高血脂、动脉硬化、冠心病、胆结石和肥胖症的功效;三是加速尿中钾离子和血液中钠离子的排出,降低血压;四是降低血糖,并改变外周组织对胰岛素的敏感性;五是改变肠道系统微生物组成。因此,多摄入富含粗纤维的食用菌,可预防多种疾病,符合当前国内外普遍提倡的改变膳食结构的要求。

(3) 脂质:食用菌所含的脂类物质主要包括脂肪酸、植物甾醇和磷脂。食用菌在脂质上与其他食品相比,有三个突出的特点:一是脂质含量较低,为低热量食物,但天然粗脂肪齐全。不同种类或品种的食用菌粗脂肪含量不同,黑木耳为0.74%,香菇为1.71%,金针菇为2.85%,蘑菇为4.12%,姬松茸子实体为5.34%,平均含量为干重的3.0%左右。二是非饱和脂肪酸的含量远高于饱和脂肪酸,且以亚油酸为主。据分析,目前广泛栽培的几种主要食用菌的非饱和脂肪酸的含量约占总脂肪酸含量的72.0%,其中亚油酸占脂肪酸含量的比例分别为:香菇76.0%、双孢蘑菇69.0%、草菇70.0%。三是植物甾醇尤其是麦角甾醇含量较高,如草菇干品含量为0.47%,香菇为0.27%,蘑菇为0.13%。麦角甾醇是维生素D的前体,它在紫外线照射下可转变为维生素D,从而促进钙的吸收,能预防佝偻病。

（4）矿质元素：矿质元素参与构成骨骼、血红蛋白、细胞色素，维持体内渗透压和酸碱平衡，还作为酶的辅助因子对维持人体正常生理机能、促进生长发育、抵抗疾病有重要作用。食用菌含有人体必需的多种矿质元素，不同菇类所含的矿物质的量及其比例不同。大球盖菇含 Fe、Ca、K 丰富，姬松茸含 Zn、Cu、Ca 丰富，鸡腿蘑含 Ca、K 丰富，白鲍鱼菇、金针菇、姬菇、台鲍菇含 Mg 丰富，香菇、银耳、木耳等含有较多的 K、Ca、Mg 等矿质元素。相对来说，食用菌中以 K、P、Na 含量最高，其次是 Ca、Mg 和 Fe，再次为 Zn、Cu、Mn、Mo 和 Se 等，而 Pb、Hg、Cd 等重金属元素含量极少，对人体健康无不利影响。食用菌所含的矿质元素与人体需要的矿质元素相近，可满足人体对矿质元素的需求。含钾量丰富的食用菌是治疗缺钾引起的疾病的良药。食用菌可对 Fe、Zn、Se 等元素有不同程度的富集作用。Zn 具有多种生物学作用，动物缺锌时免疫力下降，严重时导致生长发育障碍，Zn 还能促进伤口愈合；缺 Zn 能影响脑的正常发育，也可导致智力下降。Cu 在机体代谢中起着生物催化剂的作用，构成多种铜蛋白和铜酶，参与氧的运输及铁的吸收作用。Mn 是多种酶的激活剂，参与钙磷代谢、有助于骨骼的生长发育；缺 Mn 可出现软骨营养不良、骨骼畸形、生长迟缓、智力呆滞和生殖功能抑制。Se 是人体必需的微量元素之一，可增加人体免疫功能，延缓衰老，保护肝脏，预防肿瘤和心血管疾病。灵芝的含 Ge 量是人参的 3～4 倍，具有促进新陈代谢、滋补强壮抗衰老的作用。Ge 虽然不是人体必需的微量元素，但最近的研究表明，有机 Ge 具有保健、延年益寿、抗衰老、抗肿瘤等功效。

2. 食用菌的功能成分　除了食用菌的构造物质——蛋白质、脂肪、碳水化合物等有机物质外，食用菌的代谢产物种类繁多，在其生长后期或在不正常的代谢条件下，还会合成和积累一些次生物质，如抗生素、麦角甾醇、维生素、甾体、多糖体、橡胶类等。其中有些可以用作制药工业、食品工业或发酵工业的原料，或制成抗生素、抗肿瘤药物、鲜味剂等物质。

（1）多糖：多糖是食用菌中最重要的成分，它具有抑制肿瘤、降血脂、抗癌和抗凝血的作用，可预防心脑血管疾病，提高机体的免疫力。食用菌多糖是从食用菌中分离出的由10个以上的单糖以糖苷键连接而成的高分子多聚物。现已提取出来并已有研究的食用菌多糖有香菇多糖、灵芝多糖、毛木耳多糖、冬虫夏草菌丝多糖、银耳多糖、双孢蘑菇多糖、猴头菇多糖、裂褶菌多糖、阿魏侧耳多糖、灰树花多糖、鸡腿蘑多糖、姬松茸多糖、竹荪多糖等。食用菌的多糖来自真菌的菌丝、子实体和发酵液。食用菌多糖中的活性成分是具有分枝的β-(1-3)-D-葡聚糖。这些活性多糖成分具有一个共同的结构，即主链由β-(1-3)连接的葡萄糖基组成，沿主链随机分布着由β-(1-6)连接的葡萄糖基，呈梳状结构。生物活性的大小随多糖的精细结构和构象不同而变化。这些多糖的抗肿瘤活性是因为其活化了宿主的免疫系统，刺激抗体形成，而不是直接的细胞毒性作用。研究表明，药用菌的活性多糖成分β-(1-3)-D-葡聚糖对异源的、同源的甚至是遗传性的肿瘤都有效。此外，它还具有抗细菌、抗病毒的作用，无毒副作用，与化疗联合应用有协同作用，还可对抗化疗药的骨髓抑制等不良反应。

(2) 萜类：灵芝酸(ganodenic)是灵芝药用功效的主要物质基础之一。它是一种三萜类物质，现已从灵芝中分离到100多种。它们由数个异戊烯首尾连接而成，大部分为30个碳原子，部分为27个碳原子的萜类化合物。灵芝子实体中灵芝酸含量随品系、成熟度和培养基的不同而不同。灵芝酸有较强的药理活性，能降低血脂，护肝排毒，抗氧化，抗菌抗炎，抗HIV病毒和疱疹病毒，抑制肝脏肿瘤细胞等活性，还有止痛、镇痉等功效。现已从蜜环菌菌丝体中分离出14种倍半萜成分，倍半萜化合物具有广泛的生理活性，如抗肿瘤、抗菌消炎、抗病毒、降血脂，具免疫调节等多种功效。

(3) 腺苷：腺苷是以核苷和嘌呤为基本构造的活性物质。灵芝含有多种腺苷衍生物，都有较强的药理活性，能降低血液黏度，抑制血小板聚集，能提高血红蛋白2,3-二磷酸甘油的含量，加速血液循环，提高血液对心、脑的供氧能力。香菇中核酸包括环磷酸腺苷(cAMP)、环磷酸鸟苷(cGMP)、环磷酸胞苷(cCMP)，cAMP是一种调节代谢的活性物质，具有抑制细胞生长和促进细胞分化的作用，可用于抗肿瘤，治疗牛皮癣以及冠心病、心绞痛等。香菇孢子提取物中的双链核糖核酸(ds-RNA)能促进干扰素的分泌，是提高干扰素血中浓度的诱发因子，使人体产生干扰病毒繁殖的蛋白质，可提高人体免疫力，有助于抗艾滋病和抗衰老。

(4) 不饱和脂肪酸：不饱和脂肪酸也是人体必需的营养素。在食用菌所含的脂肪酸中，油酸等不饱和脂肪酸含量占到70%左右。动物脂肪中虽然也含有一定量的非饱和脂肪酸，但饱和脂肪酸含量更高，若摄入过多，易造成高血脂、冠心病及动脉硬化等疾病。常食用食用菌，既能满足人体对非饱和脂肪酸的需要，又能避免饱和脂肪酸过多所造成的危害。

(5) 活性肽与氨基酸：目前已在灵芝中发现了一些活性蛋白和活性肽，前者具有免疫调节作用，而后者则有抗氧化功能。在常见的食用菌中，无论是游离氨基酸还是人体必需的氨基酸都较蔬菜和水果高，具有较高的营养保健价值，可促进婴幼儿健康成长和智力发育。此外，香菇中的另一种主要活性成分香菇嘌呤，具有一定的降血脂功能，还有抗病毒和解毒作用。

(6) 维生素：维生素是维持人体正常生理的必需物质，一般在人体内不能合成，必须由食物供给。大多数食用菌都含有硫胺素、核黄素、泛酸、烟酸、吡哆醇、钴胺素、尼克酸、抗坏血酸、生物素、叶酸、胡萝卜素、维生素E以及麦角甾醇等。食用菌维生素C的含量与蔬菜相近，但草菇、猴头菌中含量较高。含维生素A的食用菌种类较少，只有鸡油菌、蜜环菌含维生素A较高。胶质菌的胡萝卜素、维生素E含量高于肉质菌，而肉质菌中的草菇、香菇维生素总量高于胶质菌。食用菌是良好的维生素食物来源，在双孢蘑菇中有维生素B_1、维生素B_2、烟酸、维生素C以及少量生物素、泛酸、吡哆醇、维生素K和叶酸。羊肚菌子实体内至少含有8种维生素，每100 g羊肚菌干菇中含有的维生素B_1为3.92 mg、维生素B_2为24.6 mg、烟酸为82.0 mg、泛酸为8.7 mg、吡哆醇为5.8 mg、生物素为0.75 mg、叶酸为3.48 mg、维生素B_{12}为0.003 62 mg。在食用菌中含量最高的是B族维生素，均比其他食品要高得多，一般都含维生素B_1和烟酸，这两种维生素在草菇、平菇、灰树花、香菇中的含量都很高；在一些野生食用菌中，这类维生素的含量更加丰富，如红汁乳菇含有的维生素B_1、松乳菇含有的烟酸，都远高于人工栽培食用菌的含量水平。一般来说，毒蘑菇中的维生素B_2含量都相对比较低，但鹅膏菌属中可以食用的种类如橙盖鹅膏，却含有大量的维生素B_2。过去认为只存在于动物食品中的维生素B_{12}，在双孢蘑菇、四孢蘑菇、羊肚菌中含量都很丰富，尤其在开伞阶段含量最高。维生素一般作为生物催化剂——酶的辅助因子起作用，参与所有细胞的物质与能量变化过程。另外，维生素A、胡萝卜素、维生素C、维生素E及SOD等还具有消除人体的自由基、增强免疫力、防止衰老等功效。常吃食用菌可预防或减少维生素缺乏症，提高机体免疫力。

(7) 呈味物质：食用菌的代谢产物中有特别引人注目的呈味物质——鲜味和香味成分。食用菌中的鲜味成分除了常见的多种氨基酸外，更重要的是有一般生物中少见的稀有氨基酸。此外，许多食用菌之所以具有特殊的鲜美风味，还和它们的细胞中含有多种高含量的核苷酸有关。呈味核苷酸主要为5′-鸟苷酸，每100 g香菇煮汁中5′-鸟苷酸的含量为90～103 mg，金针菇为21.1 mg，松口蘑为64.6 mg。食用菌有特异香味成分也是食用菌代谢产物的重要特征。不少菇类具有浓郁的香味，如松口蘑、香菇、香蘑、香鬼笔、鸡油菌等。野生食用菌具有独特的风味，如竹荪、口蘑、羊肚菌、牛肝菌、松茸等，这些都是享誉中外的美味佳肴。

3. 食用菌的保健功效　食用菌中含有大量的具有药用和保健作用的多糖、多肽、生物碱、萜类等生理活性物质，通过液体深层发酵技术大规模生产这些非常有用的生理活性物质，成了食用菌液体发酵研究的焦点。随着对食用菌生理活性物质结构和机理研究的不断深入，人们对食用菌中的活性物质关注程度不断增加。食用菌具有多种功效因子和较高的药用价值，部分食用菌本身就是传统的名贵中药。归纳起来，食用菌主要有以下几方面的保健功效。

(1) 增强机体免疫力：人体免疫系统是人体内保持健康、避免发生各种疾病的防御安全系统。灵芝多糖作为生物免疫调节剂，主要通过以下几个途径作用于人体免疫系统：①激活巨噬细胞和T细胞等免疫细胞活性；②激活网状内皮系统、补体系统和免疫系统，诱导产生IFN（干扰素）、TNF（肿瘤坏死因子）等多种免疫因子；③促进细胞中RNA、DNA和蛋白质的合成，提高细胞内环核苷酸（cGMP、cAMP）的含量。香菇多糖是一种胸腺依赖型T细胞导向并有巨噬细胞参与的特殊免疫剂，它能增强宿主巨噬细胞吞噬率，活化T细胞，恢复或刺激T细胞的功能。猴头多糖、金针菇多糖、灰树花多糖等对实验小鼠的B细胞和巨噬细胞的吞噬功能有明显增强作用。银耳多糖对细胞和体液免疫以及非特异性免疫功能均具有增强作用。具有较强免疫调节作用的真菌多糖还有木耳多糖、羧甲基茯苓多糖、猪苓多糖、虫草多糖、树舌多糖、金顶侧耳多糖、地衣多糖、红栓菌多糖、家园鬼伞多糖、鸡腿蘑多糖和羊肚菌多糖。

(2) 抑制肿瘤作用：目前已知约有50多种食用菌具有一定的抗癌作用。菇类抑癌的主要成分是多糖体，这类化合物具有1,3-糖苷键连接的己糖主链和1,6-糖苷键连接的己糖支链构成的葡聚糖结构。食用菌菌丝体和子实体中含有的多糖类物质，不仅能增强机体的免疫功能，而且还具有抑制肿瘤生长的作用。灵芝多糖、香菇多糖、茯苓多糖和裂褶多糖等已用于临床治疗肿瘤。绝大多数食用菌多糖的抗肿瘤作用是通过增强宿主免疫调节功能，即宿主介导抗肿瘤活性来实现的，它们对肿瘤细胞没有直接的杀伤力，没有毒素和副作用，而是通过活化巨噬细胞功能、促进T细胞增殖、诱导某些免疫因子产生等方式抑制肿瘤生长。据研究，灵芝多糖对接种于小鼠的肺癌和结肠癌细胞生长有抑制作用，且它与抗癌药物环磷酰胺合用时有增效作用；猴头的多糖对消化系统肿瘤有较好疗效，蘑菇的多糖物质P_3-K及多酚对抑制乳癌、皮肤癌、肺癌有一定疗效。另外，菇类中的有些物质也有抗癌作用，如香菇的香菇素对抑制胃癌、大肠癌、乳癌和肺癌具有明显效果。食用菌含有的维生素 C(草菇等)、维生素 E(平菇等)、胡萝卜素(密环菌、鸡油菌等)等抗氧化物质,能够提高白细胞吞噬作用,增强人体抵抗力和免疫力,阻止致癌物质亚硝胺形成,防止癌症发生。

(3) 降低胆固醇、降血压和抗血栓作用:有人研究了 24 种食用菌对实验小鼠血液中胆固醇含量的影响,发现蘑菇、香菇、金针菇、木耳、毛木耳、银耳和滑菇等 9 种食用菌的子实体均具有降低胆固醇的作用,尤其以金针菇为最强。香菇多糖、银耳多糖可促进胆固醇代谢,从而降低其在血清中的含量。灰树花也有类似的作用。存在于灵芝、香菇等中的皂苷、多酚和黄酮类等活性物质降血脂效果明显。从香菇中分离提取的香菇嘌呤,具有显著降低小鼠血液中胆固醇含量的作用。灵芝水提物可抑制血小板聚集,其多糖具有抗血栓和抗血凝作用。竹荪多糖、灵芝多糖及双孢菇中的酪氨酸酶对降低血压非常有效。另外,大多数的食用菌富含膳食纤维,能保持水分吸收胆固醇的同时,加快肝脏等部位合成的胆固醇排泄。

(4) 抗疲劳、抗衰老作用:近年来研究认为,衰老与自由基引起生物膜的脂类过氧化,导致膜结构损伤和功能失活具有密切关系。生物膜上不饱和脂肪酸过氧化后,膜功能受损导致细胞功能障碍,使细胞变性、死亡,引起多种疾病和衰老。据研究,灵芝、冬虫夏草、香菇、银耳和猴头菇等均可增强机体对运动负荷的适应能力,具有抗疲劳功能。实验表明,灵芝能增强老年小鼠血中 SOD 活力,降低血中丙二醛(MDA)的含量,延长果蝇的寿命,表明灵芝通过增强酶的活力,提高机体清除自由基的能力,从而减少细胞的变性和死亡,达到抗衰老的作用。以甘露聚糖肽为主要成分的香菇多糖片,可有效提高肝脏 GSH-Px 活性,降低力竭游泳后肝脏 MDA 及血清 GPT 活性,起到抗氧化、抗损伤等保肝作用;同时可明显增加肝糖原的水平,提高运动能力。具有抗衰老作用的食用真菌多糖有香菇多糖、虫草多糖、毛木耳多糖、灵芝多糖、猪苓多糖、云芝多糖和猴头菌多糖。

(5) 抗病毒作用:许多研究证明,多糖对多种病毒,如艾滋病毒

(HIV-1)、单纯疱疹病毒(HSV-1、HSV-2)、巨细胞病毒(CMV)、流感病毒、囊状胃炎病毒(VSV)等有抑制作用。香菇中双链核糖核酸(ds-RNA)能使小鼠体内诱导生成干扰素，并进一步阻止鼠体内流感病毒和兔口炎病毒的增殖。裂褶菌多糖可提高感染仙台病毒(sendaivirus)小鼠的存活率，且能有效抑制病毒的扩散。带有肽残基的云芝多糖也具有明显的抗病毒作用，已经制成药物用于临床治疗慢性肝炎，并用于肝癌的预防。

(6) 抗氧化作用:已发现许多食用菌多糖具有清除自由基、提高抗氧化酶活性和抑制脂质过氧化的活性，起到保护生物膜和延缓衰老的作用。具抗氧化活性的多糖还有灵芝多糖、凤尾菇多糖、香菇多糖、虫草多糖、短裙竹荪多糖、糙皮侧耳多糖、猴头多糖、木耳多糖和虎奶菇多糖等。另外，食用菌所含的多种维生素，如维生素 C、维生素 A、维生素 E 及胡萝卜素和 SOD 等，也具有消除人体自由基的功效。

食用菌除上述功能外，还有止血消炎、清热解毒、润肺益气、健脾和胃、补肾利尿、强精护肤、健脑等医疗保健功能。有些食用菌或其多糖还有抗辐射、抗突变、抗菌、预防肥胖症和糖尿病等功效。

4. 食用菌的分类地位　食用菌属于真菌门中的子囊菌亚门和担子菌亚门的大型真菌。目前世界上已有记载的食用菌已有2 000多种，我国已知的食用菌有 657 种，分属于 41 科，132 个属。人工栽培的有 40 余种，作为商品生产的仅 20 多种。

5. 食用菌的营养生理　食用菌能利用的碳源只能是纤维素、半纤维素、木质素、淀粉、有机酸和醇类等有机物，不利用无机碳。食用菌生长发育需磷、钾、镁、钙、铁、锌、锰等多种元素。

6. 食用菌栽培　食用菌生产分为液体深层发酵培养和固体基质栽培两种形式。

(1) 液体深层发酵培养工艺过程:斜面种子→摇瓶种子→种子罐→发酵罐发酵→过滤→菌丝体。

通过发酵获得食用菌的菌丝体和代谢产物，可用于保健食品和药品生产。

(2) 固体基质栽培:母种培养→原种培养→栽培种→栽培→收摘,可以获得可食用的子实体。

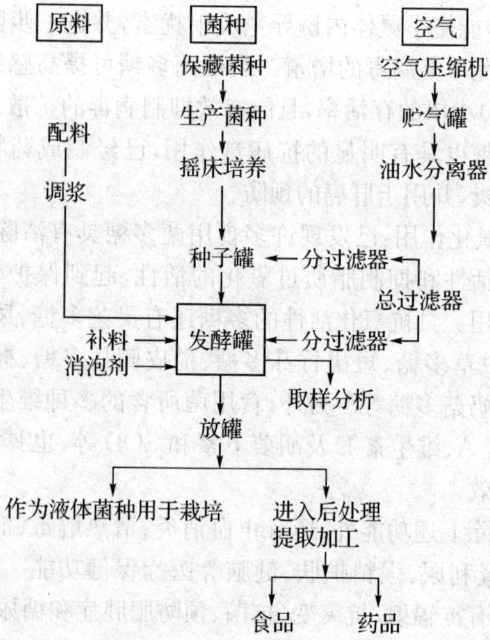

图 4-1　大型食、药用真菌深层发酵生产工艺流程

7. 食用菌的保鲜加工　新鲜的食用菌子实体收获后,除直接销售和食用的以外,必须加以保鲜、保藏和加工。

8. 大型真菌举例

(1) 冬虫夏草:冬虫夏草[*Cordyceps sinensis* (Berk.) Sacc.]是一种强壮滋补中药,世界上仅发现分布于中国青藏高原海拔3 500 m以上的高原草甸中,是中国特产的名贵药材。一般认为该药具有止咳、化痰、润肺,抗心律不齐,降低血清胆固醇和脂蛋白,调节和增强免疫力,抗肿瘤,降血糖以及补肾壮阳、改善性功能等多种药理作用。大量的药理和化学分析证实,人工液体发酵生产的菌丝体和天然冬虫夏草的成分和药理作用基本相同,某些功能成分含量甚至高于天然虫草。虫草菌发酵液含有丰富的虫草素、蛋白质、氨基酸、D-甘露醇、虫草多糖等功能性成分。冬虫夏草多糖能与肝腹水癌细胞结合，抑制胞外葡萄糖进入癌细胞，使癌细胞缺乏能量而致死；能提高血清的皮质酮含量，促进机体核酸及蛋白质的代谢，具有抑瘤作用。因此，研究优化虫草液体发酵技术，最大限度地获得菌丝体和有效成分含量，具有现实意义。

(2) 红菇：红菇是一种珍贵的菌根食用菌，属担子菌亚门、层菌纲、红菇目、红菇科、红菇属。国际上已报道的红菇有300多种，我国记载的有90余种，其中多数可食用且具有药用功能。长期以来红菇被作为一种名贵的药食兼用真菌，具有补血、滋阴、解毒功效，可用于治疗贫血、水肿、营养不良及产妇出血过多，能降低胆固醇，并有一定的抗菌、抗癌(抑瘤率60%～100%)、抗病毒、促进血小板凝聚、增强血管收缩等作用。红菇所含多糖及蛋白多糖与其他食用菌相似，主要分三类：一是葡聚糖，二是由葡萄糖、半乳糖、甘露糖、果糖、木糖等单糖组成的杂多糖，三是在多糖上连接有短肽的蛋白多糖。除多糖外，从液体培养菌丝体中分离出的物质也显示出生物活性，如脂肪酸、脑苷脂类物质(cerebrosides)和挥发油等脂类、酸类、酶、氨基酸、麦角甾醇(ergosterol)、色素和抗生素。研究还发现红菇中含有具有欣烷(shionane)构架的三萜烯族化合物(triterpenoids)、倍半萜烯(sesquiterpenes)和视力活性物质氯代氢醌四聚物(russuphelol)等新的活性物质。红菇因具有独特的生物学活性而日益受到人们重视，但目前尚不能人工栽培出红菇，而野生资源有限，开发利用红菇菌丝体发酵产物来代替红菇子实体已成为众多研究者瞩目的研究热点。研究表明，红菇菌丝体同样含有丰富的蛋白质和多糖，齐全的氨基酸、不饱和脂肪酸、挥发性物质、麦角固醇及抑菌活性物质等多种有效成分，具有极高的营养和药用价值。

(3) 鸡腿菇：鸡腿菇(*Coprinus comatus*)学名毛头鬼伞，属真菌门、担子菌亚门、层菌纲、伞菌目、鬼伞科、鬼伞属，又名鸡腿蘑和“刺蘑菇”。鸡腿蘑形似鸡的小腿，洁白粗壮，脆嫩，味道鲜美，营养丰富，具有清神益智、益脾健胃、助消化、增食欲、抗肿瘤、提高机体免疫力、降低血脂和血糖的医疗效果，对糖尿病患者有明显的疗效，是一种具有较高开发价值的食、药用菌。我国传统医学对其药性有过不少记载："甘、平、无毒"，"主小儿寒热痫"，"和醋敷肿毒、恶疮"。

(4) 杏鲍菇：杏鲍菇(*Pleurot useryngii*)学名刺芹侧耳，是一种食药两用珍稀真菌，因其子实体具杏仁香味和菌肉肥厚似鲍鱼而得名，是近年深受国际市场欢迎的珍稀食用菌之一。杏鲍菇含有丰富的钾、钙、钠、镁、锌、铜、铁、钼、锡等10余种矿质元素，18种氨基酸，其中含人体必需的氨基酸8种，入药有降血压、降血脂、降低胆固醇、防癌抗癌和增强机体免疫力之功效，其寡糖含量丰富，与双歧杆菌结合能改善肠胃功能并有美容的效果。该菇肉质肥厚脆嫩，味道鲜美，有清淡的杏仁香味，风味独特，被誉为"菇中之王"。若用于保健食品开发，有很大的潜能。但杏鲍菇属于低温型菌球，温度高于20℃，菇柄萎缩易发黄，甚至腐烂，易受细菌感染，商业性栽培规模尚小，生物转化率较低。

(5) 白灵菇：白灵菇(*Pleurotus nebrodensis*)又名白灵侧耳，属于担子菌亚门、层菌纲、伞菌目、侧耳科、侧耳属。我国最早发现其春季腐生或寄生在伞形科阿魏属多年生草本植物阿魏草的根茎基部或根部，白灵菇的分布和阿魏植物的分布是一致的。白灵菇脆嫩可口，香味浓郁，营养价值很高，它是一种野生名贵食(药)用菌。研究发现，白灵菇具有防治老年人心血管疾病、妇科肿痛、儿童佝偻病，以及防癌抗癌等药用功效。白灵菇也是一种高蛋白、低脂肪，富含食物纤维、维生素及多种有益于健康的矿质元素的保健食品，这不仅仅因为它的营养成分高于多种水果、蔬菜，可以与动物食品媲美，其含有多种化学成分，具有独特的风味，更重要的是对人有医疗保健作用，可以防病治病。因此，人们把它作为一种珍稀的天然保健食品和高品位食用菌。现代药理学表明，白灵菇中所含的真菌多糖能增强人体免疫功能，具有抗病毒、抗肿瘤作用，且能降低胆固醇含量，防止动脉硬化，因而受到越来越多的人的关注。

图 4-2 部分常见大型真菌图谱

（二）单细胞蛋白

据统计，目前我国蛋白饲料年消耗量约为 1 100 万吨，但仍不足，还需进口。充分利用农作物副产物、工业废弃物等再生资源开发新的饲料蛋白，成了一个很有潜力的发展方向。

1. 单细胞蛋白的概念　单细胞蛋白（single cell protein，SCP）也叫菌体蛋白（microbiological protein，MBP），是指利用各种基质大规模培养细菌、酵母菌、霉菌、微藻、光合细菌等而获得的微生物蛋白，是现代饲料工业和食品工业重要的蛋白来源。严格地说，SCP 是指单细胞微生物如酵母菌、细菌等的菌体蛋白，MBP 是指多细胞微生物主要是丝状真菌、大型真菌的菌丝体蛋白。现在泛指大量生长繁殖的微生物菌体蛋白或其蛋白提取物，既包括单细胞，又包括多细胞。微生物菌体细胞含有丰富而全面的营养成分，高量的蛋白质和较多的氨基酸及维生素等，消化利用率高。SCP 可作为人类和动物的蛋白质补充，作为食品添加剂改善口味和脂肪含量，最近甚至作为饮食中动物蛋白的替代品。在动物饲养上，SCP 可以取代鱼粉和大豆粉之类的传统蛋白，因 SCP 蛋白含量高，在小虾、大虾、鲑鱼和大马哈鱼等水产养殖中具有很大的吸引力。

2. SCP 的生产　常见的是利用某些含有丰富营养源的废水废液或其他低氮或无氮原料，培养某些细菌或酵母菌（或丝状霉菌）生产获得蛋白质。

（1）SCP 的生产流程：原材料前处理→水解→调节 pH→澄清配液→发酵→分离压榨→干燥→成型→包装。

在培养后应尽快将菌体细胞分离，以防菌体自溶后影响产量和质量。

（2）生产 SCP 的工艺

①木薯生产 SCP：洗净切片→研粉→加热→淀粉水解、培养基灭菌→接种酵母菌→发酵培养→发酵悬浮液过滤→酵母干燥→压缩成产品或湿酵母加入饲料。

②糖蜜生产 SCP：过滤的糖层、酵母菌种、空气进入发酵罐→发酵液浓缩→脱水→干燥→压榨酵母。

③蔗渣生产 SCP：先用 2%～4%的 NaOH 的溶液处理纤维素，后在110～130℃加热 30～60 min，用 β-葡萄苷酶活性高的酵母发酵。

3. 应用 SCP 生产的实质是利用微生物发酵技术，大规模生产菌体蛋白，以获得优质的蛋白质资源。应用主要集中在食品添加剂和饲料添加剂。科学家发现位于近海水域自然生长的海藻，年产量相当于世界小麦总产量的 15 倍以上。1 公顷水面生长的海藻，加工后可获得 20 吨藻体，其中所含的蛋白质、维生素以及人体所需的矿物质，相当于 40 公顷大豆的营养价值。目前，世界人工养殖海藻的产量已达 240 吨，在未来的食物中将占据重要位置。螺旋藻也以其极高的营养价值和独特的医疗保健功能，逐渐受到世界许多国家和国际组织的重视，在 1993 年摩洛哥召开的首次世界螺旋藻大会上，被一致公认为是“人类最佳保健食品”。

4. 优点

(1) 在适宜条件下微生物生长比一般动植物迅速，有些微生物的生物量倍增时间为 0.5～1 h；

(2) 微生物比动植物更容易进行基因改良，更容易通过大规模筛选高产菌株，改善有用成分含量，更容易采用转基因技术；

(3) 蛋白质含量高，氨基酸组成齐全，且含有多种活性成分，营养价值高；

(4) 微生物可采用连续发酵工艺生产，转化效率高，占地面积小，生产不受气候条件限制；

(5) 微生物可在众多原料，特别是低价值废物中生长，一些微生物还可利用植物纤维，原料来源广泛易得。

5. SCP 的可接受性与毒性 SCP 生产过程中所用的原料是安全问题的主要方面，如汽油或多烷烃中可能含有致癌性的碳氢化合物，无机盐中可能含有重金属以及其他污染物，提取后可能有溶剂残留，某些真菌可产生有毒物质(如毒枝菌素)。生产所用的生物体必须无致病性，不产生毒素，其代谢产物也必须是无毒无害的。在整个生产过程中必须采取严格的卫生防护和质量控制措施，以避免致病菌或产毒微生物的污染。

（三）微生态调节剂

微生态调节剂（microeclogical modulator）简称微生态制剂（microecologics），是以微生态学理论为基础，用于调整微生态平衡，防止微生物失调，以达到提高动物、植物和人的健康水平或增进健康状态的有益微生物及其代谢产物或（和）添加有益菌的生长促进因子的微生物制品。微生态制剂常按其菌种特性、宿主类型、所含成分、作用部位、物理外观或生理功能等加以分类。按其主要成分可细分为3类：益生菌（probiotics）、益生元（prebiotics）、合生元（synbiotics）。目前使用最广泛的则是益生菌。

微生态学（microecology）这一名词最先是由德国学者 Volker Rush 于1977年提出的。同样，对微生态制剂的近义词——益生菌（probiotics）赋予现代含义（即“对肠道菌群的平衡有奉献的菌和物质”）至今，也仅有30余年的历史。因此，应该承认，今日的微生态学还只是一门处于初级发展阶段但却充满生命活力和发展潜力的学科。微生态学是一门在细胞水平或分子水平上研究微观层次生态规律的学科，其任务有三：①研究正常菌群的本质及其与宿主间的相互关系；②阐明宿主的微生态平衡和失调的机制；③在此基础上，指导微生态制剂的研制和应用，借以调整宿主的微生态平衡，进而达到治疗或保健的目的。

1. 益生菌　1989年 Fuller 把益生菌定义为能够促进肠内菌群生态平衡，对宿主起有益作用的活的微生物制剂，强调益生菌必须是活的微生物成员，死菌及其代谢产物不包括在内。益生菌即狭义的微生态制剂，是生态制品、活菌制剂，指一类通常分离自相应部位的正常菌群，以一至几种高含量活菌为主体，一般经口服或黏膜途径投入，能改善宿主特定部位的微生态平衡，发挥有益作用而帮助寄主提高健康水平或改善健康状态的微生物及其代谢产物。它通过补充动物消化道内的有益微生物，改善消化道菌群平衡而对生物产生有益作用，迅速提高机体的抗病能力、代谢能力和对饲料的消化吸收能力，达到防治消化道疾病和促进生长的双重作用。益生菌对生物可以产生如下有利的作用：

①竞争性排斥作用：益生菌可以占据宿主动物消化道的定植

位点，从而降低其他微生物（病原）的侵染机会。大肠杆菌是猪消化道内的正常细菌，但是如果过度繁殖就会使猪发病。定植于胃非分泌上皮的乳酸菌是控制大肠杆菌生长的重要因子。

②改善体内外生态环境，减少疾病的发生和减少氨、胺等有害物质的产生：给母猪喂养有益生物后，能显著地降低肠道中大肠杆菌、沙门氏菌的数量，使机体肠道内的有益微生物增加、致病微生物减少，因而排泄、分泌物中的有益微生物数量增多，致病性微生物减少，从而净化了体内外的环境，减少疾病的发生。氨、胺、吲哚、硫化氢等物质在动物肠道黏膜对细胞有明显的毒害作用，乳酸菌在肠道生长繁殖能产生有机酸、过氧化氢、细菌素等一些物质，可抑制肠内腐败细菌的生长，降低脲酶的活性，进而减少胺、氨等有害物质的产生，有利于动物的健康和生长。

③促进营养物质的产生、代谢和利用：益生菌在动物消化道内生长、繁殖和活动，能直接产生多种营养物质如维生素、氨基酸、短链脂肪酸、促生长因子等，参与动物体的新陈代谢，有的微生物在动物体内生长繁殖时能合成核黄素、泛酸、叶酸、维生素 B_{12} 等 B 族维生素，参与机体某些重要的代谢反应。益生菌在体内可产生多种消化酶如淀粉酶、葡萄糖苷酶等，它们促进了营养物质特别是下消化道营养物质的消化，这一作用被认为是益生菌促进动物生长最有力的证据。

④生物夺氧学说：在肠道微生态系统中，厌氧菌是优势种群。利用非致病的耗氧微生物暂时在肠道内定植，使局部环境的氧分子浓度降低，氧化还原电势下降，促进厌氧微生物的生长，达到提高定植能力，恢复生态平衡的目的，这是好氧和兼性厌氧芽孢杆菌的作用机理之一。

益生菌的种类有双歧杆菌（*Bifidobacterium*）、乳杆菌（*Lactobacterium*）、肠球菌（*Enterococcus*）、大肠杆菌（*Escherichia coli*）、枯草芽孢杆菌（*Bacillus subtilis*）、蜡样芽孢杆菌（*B. cereus*）、地衣芽孢杆菌（*B. licheniformis*）和酵母菌等。

（1）乳酸菌制剂：乳酸菌是一类利用可溶性碳水化合物产生乳酸的细菌总称，是厌氧菌或兼性厌氧的化能异养菌、革兰阳性菌，生长在矿物质和有机营养丰富的微酸性环境中。目前在自然界发现的这种细菌在分类学上至少有23个属，而在食品、医药等领域应用较多的乳酸菌主要有7个属，分别为乳杆菌属、链球菌属、肠球菌属、乳球菌属、片球菌属、明串珠菌属和双歧杆菌属。

乳酸菌制剂的生理功能是：产生抗菌化合物如乳酸、乙酸、H_2O_2、细菌素、SOD、胞外多糖（exopolysaccharide，EPS）等代谢产物，对病原菌具有抑制作用，可改善肠道内环境；营养物质（碳源和氮源）和黏附位点的竞争利用，影响宿主或其他菌株的代谢活性；刺激机体的免疫系统；产生的有机酸可促进对维生素D、钙和铁离子的吸收，起营养作用；减缓乳糖不适应症（2/3的成年人，肠道内缺乏β-半乳糖苷酶而不能分解利用乳糖）；同化或分解胆盐为胆酸，降低胆固醇的合成；抑制将食物转化成致癌物质的酶的活性，可用于结肠癌的治疗。

（2）乳杆菌：乳杆菌（*lactobacillus*）是健康机体肠道中的优势菌群，在人的粪便中含量最多。它们吸附在肠细胞壁黏膜上，阻止致病菌入侵，维持消化道的正常菌群平衡。

（3）双歧杆菌：双歧杆菌（*Bifidobbacterium*）系1899年巴斯德研究院的Tissier首先在以母乳喂养的婴儿粪便中发现并分离出来的，根据DNA同源性和糖发酵试验，双歧杆菌可分为24种。双歧杆菌多分离自人和动物的肠道、反刍动物的瘤胃、人的口腔及污水。肠道内双歧杆菌的数量和种类是衡量机体健康状况的重要指标，其数量和种类随年龄变化而呈动态变化，并与机体内许多生理病理变化现象关系密切，可由最初占总菌数80%～90%的婴儿双歧杆菌（*B. infantis*）、短双歧杆菌（*B. breve*）转变成青春双歧杆菌（*B. adolescentis*）和占总菌数25%的长寿双歧杆菌（*B. longum*），主要与人的饮食习惯和生理状况有关。双歧杆菌和嗜酸乳杆菌（*L. acidophilus*）是存在于人、畜肠道中的有益菌群，具有诸多的生理功能，如调节改善人体肠道微生物菌群的平衡、抑制腐败菌和致病菌的生长、合成B族维生素（维生素B_1、B_2、B_6、B_{12}、烟酸和叶酸等）、改善维生素和蛋白质的代谢、促进营养吸收、保护肝脏、防止便秘、降低胆固醇、缓解乳糖不耐症，以及抑制肿瘤细胞的形成，增强机体免疫力等，与人体健康息息相关。作用机理同乳酸杆菌。

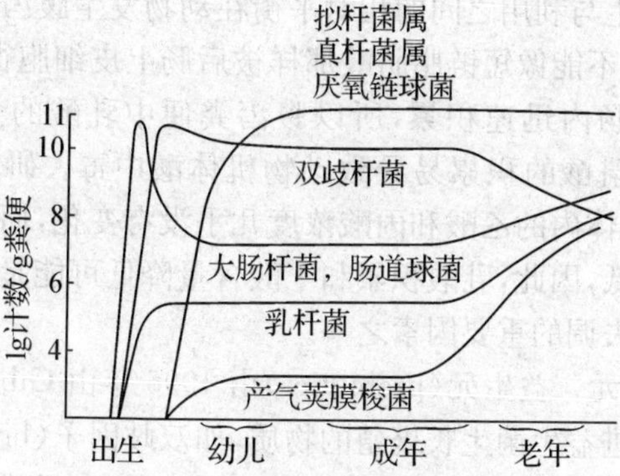

图 4－3　肠道菌群随年龄的变化

(4) 芽孢杆菌制剂：芽孢杆菌(*Bacillus*)不属于肠道正常菌群，但在肠道内消耗氧气，为厌氧菌的生长提供条件。

作用机理：产生多种消化酶类，如淀粉酶和蛋白酶；产生抗菌活性物质，如枯草菌素 subtilin 短肽；对病原菌有拮抗作用；改善体内外生态环境；作为疫苗用于疾病的防治，如将炭疽芽孢杆菌经减毒灭活后添加在饲料中。

(5) 酵母菌制剂：酵母菌不是肠道中的正常菌群，但具有益生作用。酿酒酵母(*Saccharomyces cerevisiae*)分泌的“嗜杀因子”，在啤酒发酵中具有很好的杀菌作用，对肠道病原菌具有杀伤力。啤酒生产后的酵母泥和啤酒糟可作为饲料。

高等哺乳动物与人的肠道，特别是后肠道，栖生着种类众多且数量高达 10^{11} 个的正常肠道微生物，这些肠道微生物与宿主构成了一个共生复合体，对宿主健康具有重要的意义。在代谢上，肠道微生物之间存在着交互饲喂(cross-feeding)，即一群微生物产生的代谢中间产物能够作为另一群微生物利用的底物。动物后肠存在着大量的乳酸产生菌，例如乳酸杆菌、双歧杆菌等，它们利用小肠未完全吸收的葡萄糖及利用未被小肠消化的多/寡糖，可以产生大量乳酸，但是在健康动物和人的粪便中却几乎检测不到乳酸，暗示了乳酸可能被利用而转化成其他物质。Bourriaud 等利用标记乳酸来研究乳酸的转化，发现乳酸被肠道菌主要地转化为丁酸。但是这种乳酸产生与利用之间的相对平衡在动物发生腹泻时易遭到破坏，加之乳酸不能像短链脂肪酸那样被后肠上皮细胞很好地吸收，乳酸便在后肠内迅速积累，所以腹泻粪便中乳酸的含量常高达 20 mmol/g，乳酸的积累易导致动物机体酸中毒。研究进一步发现，腹泻动物体内的乙酸和丙酸浓度几乎没有变化，而丁酸浓度通常会急剧降低，因此，乳酸积累和丁酸含量降低可能是诱发后肠道疾病和功能失调的重要因素之一。

2. 益生元　益生元(prebiotics)由 1995 年由 Gibson 等提出，是指能够促进益生菌生长繁殖的物质，如双歧因子(bifidus factor, BF)、各种只能为有益菌利用却不能为大部分肠细菌分解和利用的寡聚糖以及某些中草药等，能够扶植正常菌群生长，调整菌群结构，提高有益菌的定殖能力。益生元即是有选择地促进大肠内有益菌的生长并为宿主提供能量和营养的非消化性物质。

3. 合生元　合生元(synbiotics)指益生菌和益生元同时并存的制剂。

微生态制剂有治疗功用和保健功用之分，而剂型则有胶囊、微胶囊型的冻干菌粉(一般作治疗用)以及片剂、水剂(口服液)、酸奶或冷饮(一般作保健用)等形式。人类利用微生态调节剂预防和治疗或辅助治疗许多疾病，如对胃肠道疾病、肝脏疾病、高血脂症、某些医源性疾病、婴幼儿保健、某些妇科疾病等。益生菌及其健康促进功效已成为世界各国科学家深入研究的焦点问题。然而，迄今仅有为数不多的菌株被证明具有较为明显的益生作用，而且这些益生特性往往不能同时存在于同一菌株当中。因此，目前广泛应用的益生菌菌株都是经过科学的严格筛选和评定后才被引入人们的食物药品中的。当人们有目的地摄入某种益生菌时，必须同时考虑到自身肠道内微生物的组成和数量，它们经常会受到包括气候、饮食习惯、寄主的生理及遗传等因素的影响，而且这些因素在很大程度上取决于其所生存的自然环境。因此，最值得推荐的方法便是引入从其自身的肠道或其所生存的自然环境当中分离出来的益生菌菌株。

食品工业中最常用的微生物有酵母菌、曲霉以及细菌中的乳酸菌、醋酸菌、黄短杆菌、棒状杆菌等。通过这些微生物的代谢作用制成的食品通常有以下5类：

(1) 酒精饮料，如蒸馏酒、黄酒、果酒、啤酒等；

(2) 乳制品，如酸奶、酸性奶油、马奶酒、干酪等；

(3) 豆制品，如豆腐乳、豆豉、纳豆等；

(4) 发酵蔬菜，如泡菜、酸菜等；

(5) 调味品，如醋、黄酱、酱油、甜味剂(如天冬甜味精)、增味剂(如5′-核苷酸)和味精等。

(四) 酒类

酒分白酒、啤酒、葡萄酒、黄酒。按颜色分为有色酒和无色酒；按本质分为压榨酒和蒸馏酒，压榨酒包括啤酒、葡萄酒、黄酒，压榨酒酒精含量比较低。蒸馏酒主要指白酒，蒸馏酒的酒精含量高，浓度越高质量越高，高档白酒酒精含量一般大于50°。果酒、啤酒、白酒及其他酒均是利用酿酒酵母，在厌氧条件下进行发酵，将葡萄糖转化为酒精来生产的，因此酒的主要成分是水和酒精，以及一些加热后易挥发物质，如各种酯类、其他醇类和少量低碳醛酮类化合物。果酒和啤酒是非蒸馏酒，发酵时酵母将果汁中或发酵液中的葡萄糖转化为酒精，而其他营养成分会部分被酵母利用，产生的一些代谢产物如氨基酸、维生素等，也会进入发酵的酒液中。因此，果酒和啤酒营养价值较高。

1. 白酒　中国的酿酒业距今已有数千年的历史渊源。适量饮酒可以舒筋活血助阳，对身体有一定好处；饮酒过度，则会损害肝、胃、脾等内脏器官，造成胃溃疡、肝硬化等疾病。白酒是我国特有的、具有悠久历史的传统酒种。白酒属于蒸馏酒(spirits)，其所含酒精浓度高，含可溶性有机物质甚少，但有独特的强烈香味。凡用水果、乳类、糖类、谷类等原料，经过酵母菌发酵后，蒸馏得到无色、透明的液体，再经陈酿和调配，制成透明的、含酒精浓度大于20%

(V/V)的酒精性饮料，称作"蒸馏酒"。蒸馏技术起源于古代炼丹术和香料提取技术。中国、印度和阿拉伯国家是蒸馏酒的起源地。

(1) 白酒的分类：我国白酒种类很多，按糖化发酵剂可分为大曲酒、小曲酒、麸曲酵母白酒；按发酵特点分为固态、半固态和液态发酵白酒；按原料分为粮食酒、薯类酒和代粮酒；按酒的香型分为酱香型（如茅台、郎酒）、清香型（如山西汾酒）、浓香型（如五粮液、庐州老窖）、风香型（如陕西西凤酒）、米香型（如桂林三花酒）、兼香型（如湖南白沙液、董酒）或其他香型。

(2) 白酒的共同特点：白酒主要是以谷物及含有丰富淀粉的农副产品为原料生产的高酒精浓度的蒸馏酒。白酒是以自然接种微生物的曲为糖化发酵剂，糖化与发酵同时或交叉进行的复式发酵生产的。白酒是固态糖化发酵（一部分小曲酒为半固态半液态），固态蒸馏的酒。原料投产后，经过多次的糖化发酵和蒸馏取酒。白酒采用特殊的固态甑锅（桶）蒸馏设备，间歇蒸馏制得，蒸馏阶段不同，酒精浓度也不同。

(3) 曲的种类：曲是一种糖化发酵剂，是酿酒发酵的原动力。要酿酒先得制曲，要酿好酒必须用好曲。制曲本质上就是扩大培养酿酒微生物的过程。一般先用破碎的谷物为原料来富集微生物制成酒曲，再用曲促使更多的谷物经糖化、发酵酿成酒。曲的好坏直接影响着酒的质量和产量。

①大曲：大曲是以大麦、小麦和豌豆等为原料，经破碎、加水拌料、压成砖块状的曲坯后，在人工控制的温度、湿度下培养而成。大曲含有霉菌、酵母、细菌等多种微生物及它们产生的各种酶类，是一种多菌种的混合粗酶制剂。大曲的特点：生料制曲、自然接种。大曲既是糖化发酵剂，又是酿酒原料的一部分。大曲经过曲房培养成熟后不能立即使用，需要经过 2～6 个月的贮存，成为陈曲后才投入使用。以块状大曲为糖化发酵剂，进行复式固态发酵，发酵期为 15～120 d，再固态蒸馏，经 3 个月至 3 年的后熟成为产品的称为大曲酒。中国名牌白酒绝大多数用此法生产。

②小曲：也称酒药、白药、酒饼等，是用大米粉或米糠为原料，

添加少量中草药，接种曲母，人工控制培养温度而制成。因为呈颗粒状、球状、小块状或饼状，习惯称它为小曲。小曲中主要含有根霉菌、毛霉菌和酵母菌等微生物，其中根霉的糖化能力很强，并具有一定的酒化酶活性，它常作为小曲白酒或黄酒的糖化发酵剂。在酿酒中小曲用量仅为1%～3%，尚需经过第二次培菌，以大米或高粱等为酿酒原料，采用半固态发酵和蒸馏而获得产品，此为小曲酒。

③麸曲：以麸皮为主要原料，接种纯种曲霉菌，纯种扩大培养而成麸曲。以麸曲为糖化剂，以纯种酿酒酵母为发酵剂采用复式固态发酵(3～10 d)，经固态蒸馏；或用液态发酵，连续蒸馏器蒸馏获得产品，此为麸曲酵母白酒。

(4) 大曲酒的发酵特点

①采用固态配醅发酵：由于酒醅具有较大的颗粒性，加之高粱、玉米等原料的籽粒结构又紧密，糖化、发酵较困难，原料中的有用成分(主要是淀粉)必须经受多次发酵才能被充分利用。

②采用在较低温度下边糖化边发酵(双边发酵)工艺：采用为了防止糖化酶、酵母菌和其他酶类的过早失活，并使糖化和发酵两者相互配合和谐，不致使酒醅的糖分过于积累而引起酸败，最大限度地发挥酶的作用，保证曲酒的发酵完善，在生产中必须控制较低的入窖温度，一般在15～25℃左右。同时，这种较低温度下的边糖化边发酵还有利于香味物质的形成和积累，减少其挥发损失，避免了有害副产物的过多形成，使大曲白酒具备醇、香、甜、净、爽的特点。

③多种微生物混合发酵：参与大曲白酒发酵的微生物种类繁多，它们主要来源于大曲和窖泥，也有的来自于环境、设备和工具场地。整个发酵过程是在粗放的条件下进行的。

④固态甑桶蒸馏：国外常采用釜式或壶式液态蒸馏来提取成品蒸馏酒，而我国大曲白酒是通过固态蒸馏来分离提取成品酒的。

(5) 大曲酒的生产工艺举例：大曲酒有酱香型的茅台，浓香型的泸州老窖，清香型的山西汾酒，(复)混香型的陕西西凤酒等。

大曲酒的制作工艺为：蒸料(山芋干、高粱)→接入大曲→在地窖中发酵,窖口封死→蒸馏。

①浓香型大曲酒:浓香型大曲酒又称窖香型、泸香型,具有窖香浓郁、绵柔甘洌、入口甜、落口绵、尾子净等特点。酒的香气主要来源于优质窖泥和所谓的“万年糟”。采用混蒸混烧和老五甑操作,即将发酵成熟的酒醅与粉碎的新料按比例混合,然后在甑桶内同时进行蒸粮蒸酒的方式,每次出窖蒸酒时,将每个窖的酒醅拌入新投的原料,分成五甑蒸馏,蒸后其中四甑料重新回入窖内发酵,另一甑料作为废糟扔出,这种操作概括为“蒸五下四去一”。四甑料按加入新料的多少,分别被称为大渣、二渣、小渣。不加新料只加曲的称作回糟,回糟发酵蒸酒后即变成丢糟。

其优点是多次发酵,淀粉充分利用,出酒率高;有利于积累香味物质;热能利用率高,成本低;适用范围广。

②清香型大曲酒:清香型(汾香型)大曲酒采用清蒸清烧两遍清的工艺,具有清香醇厚、绵柔回甜、尾净爽口、回味悠长的特点,酒的主体香气成分是乙酸乙酯和乳酸乙酯。

山西杏花村的汾酒是其代表,二次发酵二次勾兑,前次发酵蒸馏后酒糟不配加新料,只加曲粉,再发酵 28 d,蒸馏后糟就直接丢弃。原辅料单独清蒸(去除杂味),清渣发酵,不配酒醅或酒糟,在整个生产中突出一个“清”字。

③酱香型(茅香型)大曲酒:代表为贵州仁怀县茅台酒,以其低而不淡、香而不艳著称,酒倒杯内过夜,变化甚小,空杯比实杯香,酱香突出,幽雅细腻,酒体丰满醇厚、回味悠长。它与法国科涅克白兰地、英国苏格兰威士忌并列为世界三大名酒。

酱香型酒的生产工艺的主要特点:高温制曲、两次投料、多次发酵、高温堆积、回沙、高温流酒、长期贮存、精心勾兑。基本不加辅料,具有“三高特点”。

④凤香型大曲酒:香气浓郁、醇厚圆润、尾净爽口、回味悠长。陕西凤翔县柳村镇西凤酒为其代表,发酵周期为 14 d,在名酒中是时间最短的。

⑤液态法白酒:类似酒精生产的方法生产白酒,机械化程度

高，劳动生产率和淀粉出酒率高，对原料适应性强，是白酒生产发展的方向。

2. 啤酒　啤酒是我国最年轻的酒种，只有近百年历史，但发展非常迅速。我国第一家现代化啤酒厂是1903年在青岛由德国酿造师建立的英德啤酒厂(青岛啤酒厂前身)。

(1) 啤酒的概念：啤酒是以大麦芽为主要原料，经糖化、添加酒花、啤酒酵母发酵而成的，含二氧化碳、低浓度酒精、起泡的酿造酒。啤酒是饮料酒中酒精含量最低、营养丰富的酒。在1972年世界第九次营养食品会议上，啤酒被推荐为营养食品，被誉为"液体面包"。作为营养食品，其具备三个条件：含有多种和多量的氨基酸、发热量高、易被人体消化和吸收。

(2) 啤酒制造工艺流程：大麦→浸泡→发芽→烘焙→去根，贮存→粉碎→糖化→加酒花麦芽汁→ 接种酵母→主发酵→后发酵→过滤或离心→ 灌装→成品。

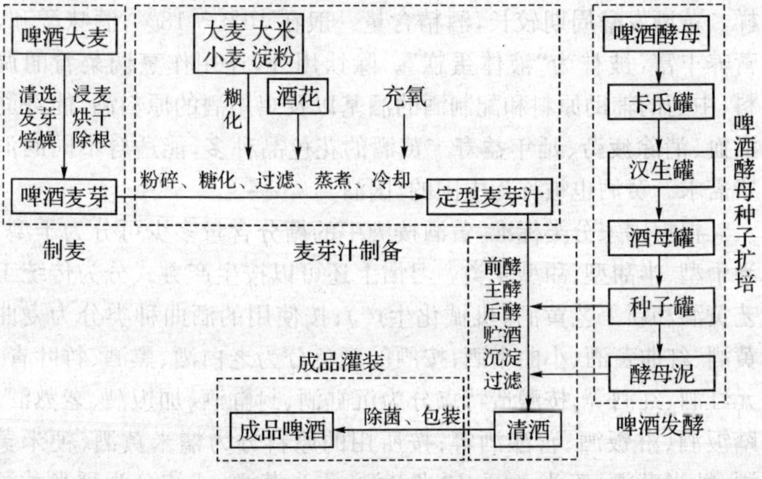

图 4-4　啤酒发酵工艺流程

我国啤酒企业目前多数采用的是发酵技术，受到酵母菌种的制约，发酵温度一般控制在13℃以下，发酵周期在20 d左右。麦糟是啤酒厂产量最大的副产物，全国每年有750万吨湿麦糟等待处理。目前，啤酒厂将湿麦糟直接出售，经济价值甚低且易变质，如果加工成干饲料出售，经济效益也不高。啤酒工业每年产生干酵母45万吨左右、麦根3万吨左右，这些副产物不仅对环境产生了较大的负担，而且产品附加值低，对啤酒的生产成本影响较大。

3. 黄酒　黄酒是中国特有的古老酒种，已有5 000年历史，集营养、保健、烹调功能于一身，其独特工艺为世界酿酒业的发展作出了贡献。黄酒营养丰富、全面，是符合国际营养食品标准的饮料酒。黄酒是低酒度、高出率的酿造酒，不仅符合我国酒类发展的方向，也和国际酒类消费的潮流相吻合。黄酒生产原料取材广泛，可以适应不同地区发展生产的需要。黄酒是以谷物(大米、黍子、玉米等)为主要原料，利用酒药、麦曲和米曲所含有的多种微生物共同作用酿制而成的发酵原酒，其中以糯米酿成的酒质最佳。黄酒生产所用的小曲、酒药、米曲和麦曲，既是糖化发酵剂，又是酒的增色剂、增香剂和增味剂。曲的种类不同，形成的黄酒风格也不一样。黄酒发酵周期较长，酒精含量一般在10%～18%，酒味醇和，营养丰富，被誉为“液体蛋糕”。除饮用外，还用作烹调菜肴的调料、中药的辅助原料和配制酒的酒基以及鸡尾酒的原料酒，能舒筋活血、消除疲劳、延年益寿。黄酒的花色品种多，能适合不同的消费需求。黄酒也被称为中国的“国酒”。

根据国家分类标准，黄酒按酒中的糖分含量多少可分为干型、半干型、半甜型、甜型4类。习惯上还可以按生产方式分为传统工艺黄酒和新工艺黄酒(机械化生产)；按使用的酒曲种类分为麦曲黄酒、红曲黄酒、小曲米酒；按酒的颜色分为老白酒、黑酒、竹叶青、元红酒、红酒等；按酿造特点分为沉缸酒、封缸酒、加饭酒、老熬酒、踏饭酒、淋饭酒、善酿酒等；按所用的原料分为糯米黄酒、粳米黄酒、籼米黄酒、玉米黄酒、粟米黄酒、黍米黄酒，或统分为稻米黄酒和非稻米黄酒两大类。

黄酒生产的酿造过程是边糖化边发酵的双边发酵形式。淀粉质原料通过浸汁、蒸煮，使淀粉呈溶解糊化状态。经过糊化的淀粉容易被曲霉中的糖化酶作用，分解为可发酵性糖，继而在酵母菌的作用下，把可发酵性糖转化为酒精，并产生有机酸，同时通过对蛋白质、脂肪等物质的分解，产生氨基酸、高级醇、酯类等物质。总之，黄酒是在多菌种共同作用下酿制而成的，成分丰富、复杂，形成了独有的风味特色。

黄酒生产的工艺流程：浸糯米→蒸饭→淋饭→摊冷→加酒药(菌种)→发酵(缸中 5～7 d)→装坛→低温发酵→压榨→煮酒(煎酒、灭菌)→装坛泥封→堆置陈化(后熟)→出厂。

4. 葡萄酒　我国生产葡萄酒已有 2 000 多年的历史。史料记载，西汉汉武帝派遣张骞出使西域(今新疆一带)，不仅引种了西域的葡萄品种，而且引进了酿酒技术，促进了当时中原地区葡萄酿酒技术的发展。我国第一个近代新型葡萄酒厂是 1892 年由华侨实业家张弼士在山东烟台开办的张裕酿酒公司。

葡萄酒是葡萄汁发酵而成的低度酒精饮料，其酿造原理是利用葡萄皮自带的酵母或人工接种的酵母菌，将葡萄汁中的葡萄糖、果糖发酵，生成酒精、二氧化碳，同时生成副产物高级醇、脂肪酸、挥发酸、酯类等，并将葡萄原料中所有与葡萄酒质量相关的成分带到发酵的原料酒中去，再经陈酿澄清，使酒质达到清澈透明、色泽美观、滋味醇和、具有独特的芳香。由于葡萄赋予葡萄酒以丰富的糖分，较丰富的矿质元素，尤其是钾、锌、硒等，对调节人体生理平衡、增强免疫系统都有很好的作用。葡萄酒中含维生素 B、氨基酸、丰富的有机酸、多酚类物质、单宁物质等，因此具有其他酒所没有的保健作用。葡萄酒的基本酿造工艺简单，原料来源丰富，既可由大型工厂大规模生产，又可小量酿造，较易实现加工过程。葡萄酒的品种繁多，按酒色分为白葡萄酒.红葡萄酒；按酒中糖分分为干葡萄酒(含糖量$<4\%$)和甜葡萄酒(含糖量$>4\%$)；按加工方法分为天然葡萄酒和加强葡萄酒；按酒中 CO_2 含量分为静酒和起泡酒。

(1) 干白葡萄酒酿造工艺流程：成熟的绿色葡萄(或红皮绿肉或白肉葡萄)→分选→除梗破碎→榨汁→加二氧化硫→静置澄清→分离清汁→调整成分→发酵→分离酒泥→贮存→换桶→密闭贮存→下胶→过滤→干白葡萄酒。

二氧化硫为杀菌防腐剂和防氧化剂，对葡萄汁还有一定的护色和澄清作用。葡萄破碎后要及时添加二氧化硫，抑制和杀死随葡萄破碎带入汁中的杂菌，使葡萄酒酵母正常发酵。根据原料质量、温度确定其用量，一次性加入。一般 100 L 葡萄汁(浆)加入偏重亚硫酸钾 25 g，或 6%的亚硫酸 80～150 ml，或每升果汁中加入 150 mg 二氧化硫。

我国大多数地区葡萄的含糖量在 12%～20%，发酵后生成 7%～11.7%的酒精。因酒精含量低，需提高酒精含量，其方法有二：一是在葡萄汁发酵期补加白砂糖，使发酵后生成所需浓度的酒精；二是在发酵结束后补加酒精，提高酒精含量。实际生产上，每生成 1%酒需要 1.7 度糖(1.7%)。

酿制葡萄酒要求果汁含酸量在 0.8～1.2 g/100 ml 为宜，这样有利于酵母的繁殖和发酵，且适宜的酸度有利于形成酒的良好风味和色泽。如果酸度低，酒的口味淡薄，酒体瘦弱，不耐贮存。果汁的酸度如果低于 0.5 g/100 ml，可补加柠檬酸或与酸度高的葡萄品种混合发酵，使其酸度达到要求。

发酵过程中，一般温度为 14～18℃。如果温度过高，不但容易发生氧化现象，使低沸点芳香物质挥发，而且容易感染醋酸菌、乳酸菌等杂菌，使挥发酸升高，所以温度控制是白葡萄酒发酵的重要工作。低温发酵的时间较长，8～13 d 为一个周期。整个发酵过程分 3 步：首先是起发酵，随着酵母生长繁殖，发酵温度逐渐上升，液面有气泡冒出，果汁由清变浑。当发酵进入旺盛期，酵母迅速大量繁殖，发酵速度加快，糖耗加快，产生大量 CO_2，液体像沸腾一样，汁液温度升高。经一段时间后进入发酵后期，此时酵母逐渐衰老死亡，糖也趋于耗尽，放热减少。当发酵液面只有少量气泡，液面较平静，温度下降，残糖小于 5 g/L 时，表明主发酵基本完成。

主发酵结束时，在发酵瓶底沉淀有果肉纤维和酵母等，常把这些沉淀物称为酒脚。为了防止酒脚与澄清原酒长时间接触而产生酒脚味，发酵结束 15～20 d 后即行分离酒脚，即进行第一次换桶。在分离酒脚后，按品种并桶，把相同的酒合并入一个桶中，即用同品种、同类型的酒添至桶容积的90%～95%，同时调整游离SO_2达到60～70 mg/kg，以防杂菌污染引起挥发酸升高。添完后再封闭，进行后发酵，约1个月左右。当残糖降到2 g/L时，表示后发酵结束。

发酵刚结束的葡萄酒，口味粗糙、酸涩，发酵味重，稳定性很差，所以，新酿成的葡萄酒需要经过一段时间的贮存陈酿，使酒质逐渐成熟。葡萄酒成分较复杂，且易受外界环境因素的影响而变质，特别是新酿成的酒。

后发酵结束后，进行第二次换桶，大约5个月后进行第三次换桶。每次换桶尽量使容器满载酒液。在贮酒过程中，由于气温降低，酒的体积缩小，又由于酒液蒸发、容器渗漏等，常造成贮酒容器不满，而上部有空隙会造成酒液氧化，影响白葡萄酒的外观和风味。为了防止氧化及有害微生物（酒花菌、醋酸菌等）的侵入使酒变质，应及时添满，保持容器满贮。添桶时，容器酒液表面应添加一层脱臭酒精或白兰地，以隔绝空气、防止杂菌污染。每次换桶后都应密封贮存。葡萄酒酿成后，在陈酿期间经多次换容器及较长时间的贮存，酒液一般可达到澄清透明。若仍未达到要求或原酒因受杂菌污染而使酒液浑浊等，为提高酒的质量，生产上常采用下胶处理。下胶材料有：鸡蛋清、蛋白片（粉）、明胶或单宁等。贮存约1年，可调配甜酒饮用，也可继续贮存陈酿。

（2）红葡萄酒酿造工艺流程：成熟的红葡萄→分选→去梗破碎→加二氧化硫→发酵→压榨→调整酒精含量→后发酵→换桶→贮存→换桶→贮存陈酿→下胶→过滤→干红葡萄酒→成品酒调配→过滤→装瓶杀菌。

干红葡萄酒的酿造工艺与干白葡萄酒的酿造工艺相似，不同的是，葡萄破碎后不压榨，将皮肉汁混合发酵，以浸提果皮上的色素。

干红葡萄酒发酵温度一般不超过28℃，甜红葡萄酒发酵温度一般不超过30℃。

压榨后的皮渣也可进行蒸馏制取白兰地。葡萄经发酵蒸馏而得到的是原白兰地，原白兰地必须经过橡木桶的长期陈酿调配勾兑才能成为成品的白兰地。原白兰地在木桶中贮存前是无色的。贮存过程中最本质的变化是木桶中单宁、色素、酚类物质的抽出及这些物质被空气氧化成过氧化物而部分沉淀。

（五）醋

醋是至少含有4%乙酸以及少量酯类、糖类、乙醇和盐的水溶液，它通常以米酒、麦芽汁或苹果酒为原料生产。市售的醋中，除了白醋是由化学合成的食品级醋酸勾兑的外，其他的则是由醋酸杆菌（*Acetobacter*）在好氧条件下发酵，将固体发酵产生的酒精氧化为醋酸而生产出来的。由于使用的微生物菌种或曲种的差异，在葡萄糖发酵过程中会产生乳酸或其他有机酸，因而使醋有不同的风味。在生产诸如酱油和番茄酱之类的液态食品时，醋常被用作酸味剂和调味剂。

1. 食醋的种类

（1）按原料不同可分为：以高粱、碎米、大米等粮谷为原料的米醋；以白酒等蒸馏酒、果酒、酒精等原料氧化而成的酒醋；由饴糖、糖渣、甜菜废丝及废糖蜜等酿制而成的糖醋；以食用级冰醋酸兑制而得的醋酸醋。

（2）按发酵工艺可分为固态发酵醋和液态发酵醋。固态发酵醋又分大曲醋和小曲醋，大曲醋的代表是山西陈醋，以大麦、小麦、豌豆做原料；小曲醋的代表是镇江香醋，以米、小麦做原料。液态发酵由酒精再生产醋。

制醋原料按照工艺要求一般可分为4大类：主料、辅料、填充料、添加剂。主料多以含淀粉质的粮食为主，如大米、糯米、高粱、小麦等。辅料一般采用细谷糠、麸皮或豆粕。填充料常用的有谷壳、稻壳、玉米秸、高粱壳等，其主要作用是疏松醋醅，以利于醋酸菌好氧发酵。添加剂如食盐、蔗糖、芝麻、生姜等，可增进食醋的色泽和风味，改善食醋的体态。

2. 山西老陈醋　酿制工艺：大麦、小麦、豌豆、高粱→磨碎→浸泡（50%冷水）12 h→蒸熟（1.5～2 h）→第二次加水（70～80℃热水,20 min)→冷却(25～26℃)→加大曲混匀(62.5%)→第三次加水→糖化和酒精发酵16 d成黄色醅→醋酸发酵(添加麸皮、粗谷糠73%),转浅缸→成熟醅(添加5%的食盐,有利于调味,抑制醋酸菌的过度氧化)、8～9 d→1/2醋酸淋醋煮沸→浸泡(12 h)→50%淋醋[50%醋醅先加香料,用80℃文火加热熏醅→浸泡(10 h)→再淋醋]→新醋→晒露(日晒夜露,三伏一冬)→纱布过滤(去除悬浮物)→装瓶。

3. 镇江香醋 现用的工艺:糯米→浸泡→沥干→蒸熟→冷却→拌酒药和麦曲搭窝(利于品温均匀及通气)→低温糖化(26～28℃)和酒精发酵→制醅→露底(换缸)→成熟→加食盐→陈酿(20～30 d)→淋醋→配制→澄清→煎煮(灭菌)→装瓶。

为了扩大原料同微生物酶的接触面积,使有效成分被充分利用,在大多数情况下,应先将粮食原料粉碎,然后再进行蒸煮、糖化,采用酶法液化;通风回流制醋工艺中是用水磨法粉碎原料。粉碎后的原料进行润水,加水量视原料种类而定。高粱润料用水量为50%左右,润料时间约为1 h。用大米为原料则采用浸泡的方法,浸泡时间夏季为6～8 h、冬季为10～12 h,浸泡后捞出沥干。食醋原料的蒸料可在常压及加压(0.01 MPa)条件下进行灭菌,一般30 min即可达蒸料要求。淀粉质原料制食醋,可分为3个发酵过程:糖化、酒精发酵和醋酸发酵。把淀粉转变为发酵性糖,其所用催化剂称作糖化剂。糖化剂包括以下6大类:大曲、小曲、麸曲、红曲、液体曲和淀粉酶制剂。固体发酵制醋中,麸曲是使用最多的糖化剂,菌种以黑曲霉为主。

（六）酱油

酱油生产以大豆为主要原料,其他有麦麸、小麦、玉米等,将上述原料经粉碎制成固体培养基,在好氧条件下,利用产生蛋白酶的霉菌,如黑曲霉进行发酵。微生物在生长过程中会产生大量的蛋白酶,将培养基中的蛋白质水解成小分子的肽和氨基酸,然后淋洗、调制成酱油产品。酱油营养成分丰富,含有可溶性蛋白质、多肽、氨基酸,还含有丰富的维生素、磷脂、有机酸以及钙、磷、铁等无机盐。

1. 分类　按原料不同可分为：由粮食原料经制曲、发酵而成的一般酱油；以小杂鱼、虾为原料，经盐腌发酵而成的鱼露；利用蛋白质为原料，由食用级的稀盐酸水解而制成的化学酱油。按色泽分为浓色酱油和淡色酱油。按形态不同可分为液态酱油、固态酱油及粉末酱油等。

2. 生产酱油的基本工艺流程　原料(豆粕、麸皮、麦片)→浸泡(如大豆浸泡则皮无皱纹、内无白心)→蒸煮(0.1 MPa 蒸 15 min，熟烂、表面发黏)→冷却→接种种曲→通风制曲→成曲拌入盐水→入池发酵→浸出淋油→生酱油→加热→调配→澄清→质检→成品。

豆粕作为酱油生产原料比大豆经济合算，它的全氮含量为大豆的 1.2 倍，由于在脱脂处理时破坏了大豆的细胞组织，脱脂大豆很容易吸水，酶容易渗透进去，酶作用速度加快，因此原料利用率高，酿造周期可以缩短。麸皮质地疏松，表面积大，并含有多种维生素及无机盐，适宜米曲霉生长和产酶，有利于制曲，也有利于酱醅淋油。但过多添加麸皮则无助于提高酱油品质，麸皮中含有20%左右的戊聚糖，不能被酵母发酵，不利于改善酱油风味和甜味，而且五碳糖形成的色素呈乌黑，光泽没有六碳糖好。食盐是酱油生产不可缺少的主要原料之一，它在生产过程和成品贮存中起到抑制杂菌、防止酱油变质的作用，并使酱油具有适当的咸味，与氨基酸共同给予酱油鲜味。盐水加入量应以使酱醅含水量在 52%～55%，食盐含量在 6%～7%为宜。盐水浓度过高，对酶的抑制增强，发酵周期被延长，同时也使酱醅发酵中必要的耐盐性乳酸菌和酵母的生长受到抑制，结果影响酱油的风味。盐水浓度过低，则对杂菌的抑制作用减弱，结果生酸菌和腐败菌容易生长，造成发酵不能顺利进行。

蒸料的目的是为了使原料中蛋白质达到适度变性，成为酶易作用的状态；使原料中淀粉充分糊化，以利于糖化；杀灭原料中的杂菌，减少制曲时的污染。淋油是将罐底的液汁泵至顶部回淋于酱醪上，以供氧、排 CO_2，并起搅拌作用，有利于酵母菌的繁殖、酒精发酵和需微量氧的乳酸菌的发酵。3～4 个月酱醪即可成熟，生酱油经 85～90℃热交换器灭菌后，再泵入罐澄清，然后将上清液用 15 000 r/min高速离心机分离去固体，罐装后再次进行 60℃巴氏灭菌。

虾子酱油生产是将本色酱油在锅内煮沸除泡沫，再添加其他辅料，继续加热至虾肉全部溶解、虾壳上浮后，出锅、冷却、装瓶。

（七）酱

酱起源于我国商周时期。目前，酱类有咸味型的大豆酱和蚕豆酱、甜味型的面酱及豆瓣酱等。制酱的制曲、发酵机理及工艺基本上同酱油生产。但酱油是从成熟的酱醅或酱醪中提取汁液作为成品的，而酱类则是直接利用酱醅或经研磨、调制后成为产品的。酱的制作以大豆和少量面粉为原料，蒸煮后在空气中自然发酵。发酵过程主要是能够产生蛋白酶、脂肪酶和淀粉酶的霉菌，将大豆中的蛋白质、脂肪、淀粉分解，产生出氨基酸、多肽、甘油、脂肪酸等多种物质。这些物质使酱具有独特的酱香味。

表 4-4 面酱质量指标

感官指标	色泽	呈黄褐色或红褐色，有光泽
	香气	具有甜面酱香，无其他不良气味
	滋味	味甜而鲜，咸淡适口；无酸、苦、焦煳、霉味等异味
	体态	黏稠适度，无霉花、无杂质
理化指标（单位：g/100 g）	水分	50 以下
	氯化物	7 以上
	还原糖	20 以上
	氨基酸态氮	0.3 以上
	总酸（以乳酸计）	2 以下
卫生指标	铵盐（以氮计）	不超过氨基酸态氮的 27%
	砷（以砷计）	不超过 0.5×10^{-6}
	铅（以铅计）	不超过 1×10^{-6}
	苯甲酸及其钠盐含量	不超过 0.1%
	大肠杆菌群	不超过 30 个/100 g
	致病菌	不得检出

(八) 酸奶

发酵乳制品是仅次于酒类的发酵产品，产量约占世界发酵产品总量的20%。牛奶在厌氧条件下，由乳酸菌发酵，将乳糖分解，并进一步发酵产生乳酸和其他有机酸，以及一些芳香物质和维生素等；同时蛋白质也部分水解。因此，酸奶营养丰富、易消化，少含乳糖，是适合于乳糖不适应者的优良食品。

1. 酸奶的定义　酸奶是一种发酵奶制品，是利用乳酸菌发酵乳制成的一种乳制饮料，因含有乳酸菌的菌体及其代谢产物，对肠道内致病菌有一定抑制作用；其风味独特，对人体有营养及保健作用。

酸奶的基本成分是乳和微生物，世界粮农组织/世界卫生组织(FAO/WHO)对酸奶的定义是：酸奶系指乳与乳制品（杀菌乳或浓缩乳）在保加利亚乳杆菌（*L. bulgaricus*）和嗜热链球菌（*S. thermophilus*）的作用下，乳酸发酵得到的凝固乳制品，可任意添加乳粉、脱脂乳粉、乳清粉等。在最终产品中必须大量存在这些微生物。

2. 酸奶的类型　酸奶通常分为两种类型：

(1) 凝固型酸奶：在添加生产发酵剂后立即进行包装，并在包装容器中发酵而成。

(2) 搅拌型酸奶：在发酵罐中接种生产发酵剂，凝固后，再经搅拌入杯或其他容器内。

3. 酸奶的营养价值　酸奶中乳酸菌的作用非常重要，从鲜奶到酸奶，由发酵菌所引起的变化有如下5种：

(1) 乳糖含量减少；

(2) 产生相当数量的乳酸，对钙的吸收有良好的促进作用；

(3) 改变了维生素含量；

(4) 发酵副产物使酸奶具有风味；

(5) 增加了活菌含量及细菌产生的酶类。

4. 酸奶的功效

(1) 营养作用：牛乳经乳酸菌发酵可使乳蛋白发生一定程度的降解，变成微细的凝乳粒，可溶性氮增加，甚至成为肽或游离氨基酸，易于消化吸收。

（2）可缓解乳糖不耐症：牛乳含有大量乳糖，它是乳制品中的主要碳水化合物，但是世界上约70%的人对鲜奶中的乳糖过敏，这是由于他们缺乏将乳糖水解为葡萄糖和半乳糖的内源性乳糖分解酶，不能对牛乳中的乳糖加以分解，乳糖就保留在肠道中而被细菌发酵成短链有机酸（如丁酸、乳酸）和气体（如CH_4、H_2），从而在进食鲜奶后出现腹泻、腹鸣、腹痛、肠道痉挛、消化不良等胃肠道症状。牛乳经发酵后，近1/3的乳糖转化成乳酸和其他物质，降低了乳糖含量，从而缓解了乳糖不耐症（lactose intolerance）。

（3）可以降低胆固醇：酸奶中含有3-羟-3-甲基戊二酸和乳酸，常饮酸奶可明显降低胆固醇，从而可预防老年人心血管疾病。

（4）对便秘和细菌性腹泻有预防作用：人体肠道内的细菌分有害菌与有益菌两种，正常机体中有益菌占有优势，即肠道菌群平衡状态。经常饮用酸奶可维持这种平衡状态，这种功能称为整肠作用。另外，进入肠道中活的乳酸菌大量增殖产生乳酸、醋酸等有机酸，可增加肠蠕动，刺激胃液分泌，并抑制肠内有害病菌，可使便秘得到改善。

（5）能抑制癌细胞：饮用酸奶对小白鼠体内的巨噬细胞有激活作用，能抑制癌细胞增殖。

（6）美容作用：常饮酸奶能够润肤、明目、固齿、健发。酸奶中含有丰富的钙，有益于牙齿、骨骼；酸奶中还有一定的维生素，其中维生素A和维生素B_2都有益于眼睛；酸奶中丰富的氨基酸，有益于头发；由于酸奶能改善消化功能，防止便秘，抑制有害物质如酚、吲哚及胺类化合物在肠道内产生和积累，因此能防止细胞老化，使皮肤白皙而健美。

5. 酸奶菌种分离纯化用的培养基配方

（1）MRS培养基（g/L）：眎胨10，牛肉膏10，酵母粉5，葡萄糖20，吐温-80 1，柠檬酸铵2，硫酸镁0.1，硫酸锰0.05，乙酸钠5，磷酸氢二钠2，琼脂15，pH 6.5。

（2）PDA培养基：一级、二级摇瓶培养基为PDA液体综合培养基，其成分主要是 20% 马铃薯、2% 蔗糖、1% KH_2PO_4、1% $(NH_4)_2SO_4$ 等。

6. 制作工艺　所使用的容器、工具等必须消毒灭菌后使用，可在沸水中煮沸 5 min 进行高温消毒，或用 1/1 000 浓度高锰酸钾浸泡 5 min 进行化学消毒。制作者以 75% 酒精擦手消毒；凡能煮沸者必须煮沸消毒。鲜牛奶、砂糖等必须煮沸后使用。

制作过程如下：

(1) 原料：鲜奶(或奶粉∶水＝1∶8，或奶粉∶水∶糖＝1∶8∶0.1，制成混合液)。

(2) 灭菌：牛奶置沸水中煮沸 5 min(或 85～90℃ 维持 30 min)，以防糊底带来异味。

(3) 冷却：自来水冷却或自然冷却到 45℃，以不烫手为宜。

(4) 接种、发酵：将购买来的酸奶接入已冷却的牛奶(按 5% 的发酵剂接种)中，搅拌均匀后，分装封盖(每瓶 130～150 ml)，于恒温(42～45℃)发酵至凝固，pH 值低于 4.5，需要 2.5～4 h(时间以凝固状态程度而定)。

(5) 后熟(后发酵)：将已发酵凝固好的酸奶(即发酵乳)放入冰箱中冷藏过夜(12～24 h)即为成品。

(6) 成品检查：凝乳结实均匀，无气泡，表面光滑，酸味悦人。

(九) 酸马奶

酸马奶(koumiss)是由鲜马奶经乳酸菌和酵母菌等微生物自然发酵制成的酸性低酒精含量乳饮品。在传统的蒙医学中，它可与蒙药结合用于结核病、胃肠道疾病以及心血管疾病的治疗，是具有蒙古族特色的保健饮品。现代医学也证实了酸马奶具有降血压、抑制结核菌生长的疗效。酸马奶中的嗜热乳杆菌和酵母菌在其发酵过程中起着至关重要的作用，与它的许多生物活性和医疗保健作用密切相关。它们不仅能抵抗发酵过程中有害菌的污染，而且在代谢过程中能产生抗菌物质并促进维生素 B_1、B_2 和 B_{12} 的合成。

(十) 醪糟(酒酿)

甜酒酿的制作是一个微生物学发酵过程。甜酒药中包含糖化菌和酵母菌，糖化菌如根霉(*Rhizopus*)、毛霉(*Mucor*)在生长时会产生大量的淀粉酶，在一定条件下能水解淀粉成葡萄糖，然后酵母菌利用单糖在厌氧条件下进行发酵产生酒精。甜酒酿就是在糖化菌和酵母菌的共同作用下酿制出的食品。由于使用的根霉菌种不同，可以生产不同酒精度、不同甜度和不同香味的醪糟。

甜酒酿的一般制作过程如下：

(1) 浸米与洗米：将米在水中浸泡 12～24 h 后用自来水冲洗。浸米的目的是使米中的淀粉粒子吸水膨胀，便于蒸煮糊化。

(2) 隔水蒸煮：将洗净沥干水的米在高压锅中隔水蒸煮 10～20 min，要求达到熟而不糊，外硬内软，内无白心，疏松易散，透而不烂，均匀一致。

(3) 淋饭降温：用冷开水淋洗糯米饭降温至发酵微生物生长繁殖的温度，同时增加米饭含水量，并使熟饭表面光滑，易于拌入酒药，利于糖化发酵菌的繁殖。

(4) 拌酒药搭窝：将冷却至 35℃左右的米饭，按量拌入酒药，装入瓦罐内，并在罐内搭成喇叭形凹窝，上面再洒上一些酒药。用薄膜食品袋套住密封，薄膜袋内留有一定量的空气。

(5) 保温保湿培养：25℃培养 36～40 h，即可食用。

(十一) 面包发酵

现在生产的面包均是利用活性干酵母(面包酵母)经活化后，与面粉混合发酵(发酵产生 CO_2 使面团疏松膨胀发孔)，再加入各种添加剂，经烤制而成的。面粉发酵后淀粉结构发生改变，变得易于消化、营养便于吸收。

(十二) 馒头

以前，做馒头的面粉是经自然发酵后蒸制的，如果连续使用面团发酵，经几代发酵，微生物会因生长优势而单一化。发酵的菌种一般多为乳酸菌，因为发酵产酸，在蒸制前要用碱中和酸，制得的馒头才松软适口、带有特殊香味。现在，大批量生产是采用干酵母发酵，不产酸，所以不需要再用碱中和即可蒸制。

（十三）腐乳

腐乳又名豆腐乳，是我国著名的一种发酵食品，早在1 500多年前就有记载。腐乳是大豆制品经多种微生物及其产生的酶，将蛋白质分解为胨、多肽和氨基酸类物质以及一些有机酸、有机醇和酯类而制成的具有特殊色香味的豆制品。涉及的微生物主要是毛霉（*Mucor*）中的腐乳毛霉（*M. sufu*）、鲁氏毛霉（*M. rouxianus*）、五通桥毛霉（*M. wutungkial*）、总状毛霉（*M. recemosus*）、华根霉（*Rhizopus chinensis*）等，另外也有利用微球菌（*Micrococcus*）或枯草芽孢杆菌（*Bacillus subtilis*）酿造的。

1. 分类　按色泽分为白腐乳（糟豆腐，简称糟方，因上盖白色糯米酒糟、产品色白而微带黄色而得名）、红腐乳（简称红方，因生产过程中使用红曲，产品呈红色而得名）、别味腐乳（因添加其他辅料而得名）、青腐乳（又名臭豆腐，简称青方，因产品呈青灰色而得名）。按生产工艺类型分类，分为传统低温法酿制腐乳（利用在秋末至次年春季适于毛霉生长的季节生产。豆腐制坯后，在低温下自然培养7～15 d）、高温法酿制腐乳（利用可在35～37℃的较高温度下生长的根霉菌生产。在25～30℃下培养，前发酵期仅为2～3 d）、利用细菌纯种酿制腐乳（豆腐坯先用盐腌制48 h，使盐分达6.5%。再接入嗜盐性小球菌，以抑制其他菌的生长，装坛前含水量降为约45%，再添加辅料后熟）。

2. 腐乳生产的一般工艺流程　腐乳的酿制中主要应抓好制豆腐坯、培菌、腌制和配料四个环节。

大豆→浸泡→加水磨浆→煮浆（使蛋白质充分变性、以利于点卤凝固，同时破坏原料中酶的活性，以提高大豆蛋白质的消化率，利于人体吸收，并杀死微生物，增加豆香味，除去杂味）→点浆（用烧石膏、盐卤 $MgCl_2$、葡萄糖内酯将豆浆的pH调整至蛋白质的等电点，使蛋白质从溶胶状态变为凝固状态的豆腐脑）→豆腐→切坯→豆腐坯→人工接种（27～28℃发酵7 d）→毛坯（待腐乳长满白色菌丝后凉花，冷却，使菌丝老化，增加酶的作用，散发发酵的霉气）→加入辅料（豆腐上喷一层盐水、压坯）→装坛→后发酵→3～6个月后即成品。

表 4-5　腐乳的质量指标

质量指标		红腐乳	白腐乳	青腐乳
感官指标		表面红色或枣红色，内部呈杏黄色，具有红腐乳特殊之香气	乳黄色，具有白腐乳特有的香气	豆青色，具有青腐乳特殊之香气
理化指标	水分(%)	<67.00	<67.00	<70.00
	总酸(以乳酸计，%)	<1.30	<1.30	<1.30
	氨基酸态氮(以氮计，%)	>0.50	>0.60	>0.70
	食盐(以氯化钠计，%)	>8.00	>8.00	>12.00
	还原糖(以葡萄糖计，%)	>2.00	>0.15	—
	水溶性无盐固形物(%)	>10.00	>7.00	>8.00
	蛋白质(%)	>12.00	>11.00	>11.00
	添加剂	按添加剂标准执行		
卫生指标	砷(以砷计，mg/kg)	≤0.5		
	铅(以铅计，mg/kg)	≤1.0		
	黄曲霉毒素 B_1 (μg/kg)	≤5		
	大肠杆菌群近似值(个/100 g)	<10		
	致病菌	不得检出		
共同指标		滋味鲜美、咸淡适口、质地细腻、无异味，块形整齐、均匀，无杂质		

（十四）泡酸菜

泡酸菜是世界三大名酱腌菜之一，在我国有悠久的历史。早在 1 400 年前，后魏贾思勰撰著的《齐民要求》一书就记载有泡酸菜的制作方法。

泡酸菜的制作过程属于自然发酵，不需要接种乳酸菌。在高盐(2.25%～8%)、缺氧(不透气)、7.5℃的环境下，乳酸菌的生长占优势，产生大量的乳酸，抑制了其他菌的生长。乳酸不仅使成品具有酸味，且可与发酵过程中产生的醇类物质发生酯化反应，产生乳酸乙酯等，使成品具有香味；同时，发酵过程中部分蛋白质分解产生氨基酸，使成品具有鲜味。泡酸菜不仅是佐餐佳品，而且是保健食品，深受人们的喜爱。

凡质地脆嫩、肉质肥厚而不易软化的新鲜蔬菜，均可作泡菜原料，如：萝卜、白菜等。

生产流程：冲盐卤(8 kg 盐/100 kg 水)→选菜(清水洗净)→泡制(菜入坛至满，稍留空隙，封盖勿漏气，坛口水槽内盛入冷开水)→发酵 10 d(可加菜续泡，加盐调咸，加酒调酸，严防生水入坛)。

(十五) 酸豆奶

大豆经热烫、浸泡、磨浆等前期处理，制得豆浆。豆浆中加入奶粉、蔗糖或乳糖等辅料，经均质、杀菌后，冷却到适宜温度，接种乳酸菌进行发酵。发酵结束后放入 4℃的冷库中冷却并进行后发酵，即得酸豆奶。

(十六) 花生乳酸发酵酸奶

花生经烘炒、去皮、浸泡后磨浆，过滤除渣得花生奶。花生奶中加入牛奶、蔗糖等辅料，搅拌均匀，均质杀菌后降温，接种乳酸菌灌装发酵，然后进行低温后熟，即得产品。用于花生乳酸发酵酸奶生产的乳酸菌与发酵酸豆乳相同。

(十七) 氨基酸

氨基酸是食品工业不可缺少的鲜味剂、甜味剂和添加剂，能提高食品营养价值和蛋白质利用率，增加风味。每年全球用于食品生产的氨基酸超过 160 万吨，仅日本就有 20 亿美元的市场份额。我国工业生产味精(monosodium glutamate)使用的菌种主要是经过诱变育种得到的营养缺陷型的北京谷氨酸棒状杆菌(*Corynebacterium glutamicum*)，生成 α-酮戊二酸，在 NH_4^+ 存在的条件下由谷氨酸脱氨酶催化生成 L-谷氨酸。赖氨酸是由黄色短杆菌(*Brevibacterium flavum*)发酵生产的氨基酸，是饲料的添加剂，有利于蛋白质的合理和高效利用。

(十八) 维生素 C

维生素 C 又称抗坏血酸(ascorbic acid)，能参与人体内多种代谢过程，使组织产生胶原质，影响毛细血管的通透性及血浆的凝固，刺激人体造血功能，增强机体的免疫力。维生素C由弱氧化醋杆菌（*A. subaxydans*）、黑色醋杆菌（*A. melanogenum*）、胶醋杆菌（*A. xylinum*）等将山梨醇转化成山梨糖，再由双黄假单胞菌氧化为α-酮基-L-古龙酸，再在碱性溶液中转化为烯醇化合物，加入酸后即转化为L-抗坏血酸。每年维生素C的产量大约有4万吨。

（十九）有机酸

柠檬酸被广泛用于果汁饮料、糖果点心、果酱、果脯等食品有关的工业生产中。食品中添加柠檬酸，可以增加香味，防止氧化和褐变，还可以防腐。每年采用糖蜜作为原料，以真菌黑曲霉（*Aspergillus niger*）发酵生产的柠檬酸超过10万吨。发酵可以采用浅盘静止表面液体培养或大规模生物反应器深层液体培养。乳酸可以通过发酵生产（40%），也可以通过化学合成（60%），它被大量用作酸化剂。各种果汁、啤酒和饮料中均需使用柠檬酸或乳酸作为酸味剂调节口味、口感；其他有机酸（organic acid）还有葡萄糖酸和衣康酸。

（二十）天然色素

食用色素是食品工业中不可缺少的添加剂，分人工合成色素和天然色素。天然色素与人工合成色素相比，有无毒、安全性高、色泽自然鲜艳，具有很高的营养价值和药理功能等优越性，日益受到人们的重视和青睐。天然色素现在主要是从植物、动物材料和微生物细胞中获取。因动植物材料的生长繁殖受季节、气候、产地等因素的影响，从中提取的色素价格昂贵，应用受到局限，而利用微生物资源生产天然色素，克服了以动植物为原料生产天然色素的诸多缺点，并且易于工业化，因此，采用微生物生产天然色素将逐渐成为天然色素来源的主流。

现在已有许多种类的微生物被发现可以产生天然色素，如需氧光合作用的原核生物、不需氧的向光性细菌、不产孢子真菌和酵母、非致病性和植物病原体细菌、耐盐的淡水藻类等。这说明产天然色素的微生物资源是非常丰富的。用微生物规模化生产天然色素主要通过化学手段有效刺激色素的生物合成，促进生物体内天然色素的积累。许多微生物已经被报道能产生天然色素，但是只有一小部分实现了工业化。目前杜氏盐藻类(dunalidlla)是β-胡萝卜素(β-carotene)最闻名的微生物资源，同时生产虾青素(astaxanthin)的雨生红球藻(*Haematococcus pluvialis*)和法夫酵母(*Phaffia rhodoyma*)也是目前仅有的具有大规模工业生产酮类胡萝卜素的微生物系统。三孢布拉霉(*Blakeslea trisora*)已经被俄罗斯用于工业生产β-胡萝卜素多年。改进天然色素的生物合成效率可以增加其产量。不同的培养环境和培养基添加物可以提高微藻、真菌、细菌中的细胞生物量和色素产量。培养基为微生物的生长和积累代谢产物提供了碳源和氮源等营养物质，它们是色素物质的结构组成成分，培养基成分还影响色素的合成方向的不同。许多物理因素，如光照，对微生物生产天然色素也有一定的影响。有两种光照诱导理论：一种是通过光照刺激微生物生长来提高色素的产量，另一种是通过增加色素生物合成酶的酶活力，增加色素细胞积累量来提高色素的产量。如产β-类胡萝卜素的杜氏盐藻类，就需要高强度的光照以及盐抑制剂和营养抑制剂合成类胡萝卜素。温度可以改变色素的生物合成途径，会影响色素生产的酶浓度，研究还发现，红曲霉生长过程中增强通气对色素的形成是有利的，不同添加物对微生物生产天然色素有影响。目前许多学者已研究证实，在微生物培养体系中添加有机物质可以影响色素的合成，如乙醇、甲醇、异丙醇、乙烯、乙二醇、萜烯、β-紫罗酮、异烟肼、铵盐、生物碱、抗菌素、甲基庚烯酮、嘧啶、咪唑、脱落酸、青霉素、氯霉素等；无机盐和金属离子对微生物的色素生物合成也有影响，特别是金属阳离子，如K^+、Mg^{2+}、Na^+、Ca^{2+}、Fe^{2+}、Co^{2+}、Cu^{2+}、Ba^{2+}、Mn^{2+}等，甚至镧、铈、铷等重金属离子。红曲霉(*Monascus*)是重要的用于传统食品加工的微生物，在中国及东南亚地区已有上千年的历史；红曲霉的发酵产物红曲是天然安全的色素和防腐剂，在酿酒、食品、食用色素、中药等方面得到广泛应用。红曲色素是红曲霉的次生代谢产物，由黄色及红色等多种色素组成，由红曲色素的化学结构推测其可能属于聚酮类化合物，红曲色素稳定性好，是具有防腐、保健、药用功用的主要成分。糖果、饼干、果冻等添加了红曲色素，可调节色泽。

三、应用微生物的酶

大多数重要的工业用酶都能由微生物生产，表 4－6 显示了一些工业用酶的世界年产量。

表 4－6　一些工业用酶的世界年产量

酶	纯酶产量/吨	酶	纯酶产量/吨
芽孢杆菌蛋白酶	550	微生物凝乳酶	25
淀粉葡萄糖苷酶	350	真菌淀粉酶	20
芽孢杆菌淀粉酶	350	果胶酶	20
葡萄糖异构酶	60	真菌蛋白酶	15

脂肪酶(Lipase)是一类重要的水解酶，在食品、皮革、医药和洗涤剂等许多工业领域中均有广泛应用。近年来，非水相酶学的研究又进一步拓展了脂肪酶的应用领域，利用脂肪酶在有机相催化的各种反应可以合成许多高价值产品。特别是在油脂化工和有机合成工业中，酶催化的反应具有条件温和、耗能低、原料要求低、成品质量高等优点，尤其是 1,3-专一脂肪酶，可用于特殊脂肪酸、单双甘油酯的合成及立体选择性化学合成和拆分，具有巨大应用潜力。在各种来源的脂肪酶中，以细菌脂肪酶在有机相中催化的反应类型多、反应活性及稳定性最高，其中假单胞菌属(*Pseudomonas*)菌株所产脂肪酶尤为显著。近 20 年来，深入研究和应用于工业生产的微生物脂肪酶种类不断增加，目前已遍及细菌、酵母及霉菌各大类中，并借助于遗传工程提高了脂肪酶的产量。微生物脂肪酶种类多，与动植物脂肪酶相比，具有广泛的作用 pH、作用温度范围以及对底物的专一性类型，又由于进行了工业化生产和获得高纯度制剂，再加上微生物脂肪酶在酶理论研究及实际应用中的重要性，它在研究和应用上的进展相当迅速。目前在脂肪酶中，只有微生物来源的酶经提纯得到结晶。产生脂肪酶的微生物种类

很多,已报道的有青霉、黑曲霉、白地霉、毛霉、巢子须霉、荧光假单胞菌等,所产生的脂肪酶相继获得结晶制品。无根根霉、圆柱形假丝酵母、耶尔氏球拟酵母、黏质色杆菌等也得到高度提纯,并对它们的理化性质开展了进一步的研究。德氏根瘤、柱形假丝酵母等微生物的脂肪酶制剂已供应市场,在前苏联,曾从蓖麻籽中提取出脂肪酶制剂。

我国在 20 世纪 60 年代就开展微生物脂肪酶的研究,并在 1969 年试制成解脂假丝酵母脂肪酶制剂供应市场,地霉脂肪酶也已使用于油脂水解。对碱性脂肪酶的菌种筛选、生产工艺、理化特性进行了研究,不久将应用于工业生产中。微生物脂肪酶被用来从动物和植物中富集多不饱和脂肪酸,而多不饱和脂肪酸作为生物药物和营养成分起着越来越重要的作用。如游离的多不饱和脂肪酸和它们的单双甘油酯被用来生产各种药物,包括胆固醇、消炎和溶解血酸等药。

食品加工业中应用的酶大部分来自特定的微生物,这些酶中 60%属于蛋白质水解酶类,10%属于糖水解酶类,3%属于脂肪水解酶类。例如蛋白酶类已在阿斯巴甜(aspartame)蛋白糖的生产中发挥了作用;胆固醇降解酶用于分解食品中的胆固醇;葡萄糖异构酶大量地应用于高果糖浆的生产。

表 4-7 食品加工业中的主要用酶

工业	酶
酿造	α-淀粉酶,β-淀粉酶,蛋白酶,木聚糖酶,木瓜蛋白酶,淀粉转糖苷酶
奶制品	动物/微生物凝乳酶,乳糖酶,脂酶,溶菌酶
面包	α-淀粉酶,木聚糖酶,蛋白酶,磷酸酯酶 A 和 D,脂肪氧化酶
果蔬加工	果胶酯酶,多聚半乳糖醛酸酶,果胶水解酶,半纤维素酶
淀粉和糖	α-淀粉酶,β-淀粉酶,淀粉葡萄糖苷酶,木聚糖酶,异构酶,支链淀粉酶,寡聚淀粉酶,纤维素酶

第二节　微生物与食品腐败变质

食品安全绿皮书《中国食品安全报告(2007)》中指出，当前我国食品安全的形式依然严峻，其中微生物污染和化学性食物中毒是影响我国食品安全的最主要因素。据世界卫生组织估计，在全世界每年数以亿计的食源性疾病患者中，70%是由于食用了各种致病性微生物污染的食品和饮水造成的。绿皮书还指出，2000—2002年，中国疾病预防控制中心营养与食品安全所对全国部分省市的生肉、熟肉、乳和乳制品、水产品、蔬菜中的致病菌污染状况的监测结果表明，微生物性食物中毒仍居首位，占39.62%；化学性食物中毒占38.56%；动植物性和原因不明的食物中毒均占10%左右。在微生物污染中，细菌性污染是涉及面最广、影响最大、问题最多的一种污染。在食品的加工、储存、运输和销售过程中，原料受到环境污染、杀菌不彻底、储运方法不当以及不注意卫生操作等是造成细菌和致病菌超标的主要原因。

一、食品变败

食品变败(food spoilage)是指食品在以微生物为主的各种因素作用下，食品的成分被分解、破坏、失去或降低食用价值的一切变化。

(一) 食品变败的类型

1. 腐败(spoilage)　食品的蛋白质成分在厌氧条件下被微生物分解，产生以氨基酸、胺、氨、硫化氢和恶臭为主的变化。

2. 酸败(rancidity)　食品的脂肪成分被微生物分解成脂肪酸和甘油的变化。

3. 发酵(fermentation)　食品的碳水化合物成分被微生物分解成酸、醇和气体的变化。

(二) 食品腐败变质的原因

影响食品腐败变质的原因很多，有物理因素、化学因素和生物因素，其中微生物污染所引起的食品腐败变质是最为重要和普遍的。一般认为是以食品本身的组成和性质为基础，微生物作用为主，外环境（温、湿度，光照，氧气）的影响，三者互为条件、互相影响、综合作用的结果。微生物作用是引起食品腐败变质的重要原因，包括起主要作用的细菌、次要作用的霉菌、再次为酵母。微生物所含的酶有两种，即细胞外酶和细胞内酶。细胞外酶将食物中多糖、蛋白质分解为简单物质，被细胞吸收。细胞内酶将吸收的简单物质进行分解，产生代谢物，使食品具有不良的气味及味道，使食品发生变质。

（三）食品腐败变质的结果

食品腐败变质实际上是食品中蛋白质、脂肪、碳水化合物等理化变化过程，其变质程度受食品品种、菌种等影响。食品腐败变质的结果带有使人们难以接受的感官性状，营养成分分解，营养价值严重降低，甚至有致病作用。

1. 食品中蛋白质的分解及鉴定指标　主要鉴定指标：一般从感官、物理、化学和微生物等几方面确定适宜指标。蛋白质食品仍以感官指标最为敏感。与腐败变质符合率最高的化学指标有：

(1) 挥发性盐基总氮（total volatile basic nitrogen，TVBN）亦称挥发性碱性总氮，系指食品（肉、鱼等）样品水浸液在弱碱性条件下能与水蒸气一起蒸馏出来的总氮量，以此鉴定鱼、肉的新鲜程度。

(2) 二甲胺与三甲胺：这是鱼肉类腐败的特征性含量显著增多的产物，是季铵类含氮物经微生物还原产生的。适用于鱼虾等水产品的鉴定。

(3) K 值（K value）：是判断食品鲜度早期变化的酶分解产物指标，特别适用于鱼类早期的鲜度变化。

在实际的工作中，主要测定 TVBN 和结合感官指标进行判断。

2. 食品中脂肪的酸败及鉴定指标　食品中脂肪的酸败的影响因素有脂肪酸的饱和度、紫外线、空气（氧）、水分、食品中天然抗氧化物、动植物组织中的酶、金属离子（Cu^{2+}、Fe^{2+}、Ni^{2+}）等，均促进脂肪氧化，促使其酸败。

油脂的酸败主要是自动（身）氧化过程，其次是加水分解。油脂自身氧化过程分三个阶段：①起始阶段；②自由基传播阶段；

③终结反应阶段。

油脂自身氧化过程的主要产物是过氧化物、羰基化合物（低分子）以及羧酸、脂肪酸聚合物、缩合物等。鱼、肉脂肪变黄，在鉴定油脂酸变中较为实用。

脂肪加水水解作用产生游离脂肪酸、甘油及不完全分解的甘油一酯、甘油二酯等，感官上油脂呈哈喇味。鉴定指标为：①过氧化物值上升（早期指标），酸度（酸价）升高；②羰基价反应阳性，有特殊刺激性气味；③其他：碘价、比重、折光指数、皂化值、凝固点等指标。

3. 碳水化合物的分解　食品中碳水化合物的分解是在各种酶和其他多种因素的作用下醇解或经酸发酵，最后生成醛、酮、醇、羧酸或产生 CO_2、水，最终指标是酸度增高，还产生一些特殊气味。

（四）部分食品腐败类型和引起腐败的微生物

表 4-8　部分食品腐败类型和引起腐败的微生物

食品名称	腐败类型	引起腐败的微生物
面包	发霉，产生黏液	黑根霉，青霉属，黑曲霉，枯草芽孢杆菌
糖浆	产生黏液，发酵呈粉红色，发霉	产气肠杆菌，酵母属，接合酵母属，玫瑰色微球菌，曲霉属，青霉属
新鲜水果和蔬菜	软腐、灰色霉菌腐烂、黑色霉菌腐烂	根霉属，欧文氏杆菌属，葡萄孢属，黑曲霉，假单胞菌属
泡菜、酸菜	表面出现白膜	红酵母属
新鲜肉	腐败变黑	产碱菌属，梭菌属，普通变形菌，荧光假单胞菌，腐败假单胞菌
	发霉	曲霉属、根霉属、青霉属
	变酸、变绿色、变黏	假单胞菌属，微球菌属，乳杆菌属，明串珠菌属
鱼	变色腐败	假单胞菌属、产碱菌属、黄杆菌属、腐败桑瓦拉菌
蛋	绿色腐败、褪色腐败、黑色腐败	荧光假单胞菌、假单胞菌属、产碱菌属、变形菌属
家禽	变黏、有气味	假单胞菌属、产碱菌属
浓缩橘汁	失去风味	乳杆菌属、明串珠菌属、醋杆菌属

（五）食品中分离到的病毒

表 4－9　食品中分离到的病毒

食品名称	病毒
鸡蛋	禽白血病病毒、鸡新城疫病毒、传染性支气管病毒、呼肠孤病毒
鸡块	脊髓灰质炎 1 型病毒
市售鸡	马立克病毒
猪肉	脊髓灰质炎 1 型病毒、乙型脑炎病毒
鱼	脊髓灰质炎 1、2、3 型病毒
奶	巨细胞病毒、单纯疱疹病毒、副流感 3 型病毒、呼吸道合胞病毒
牛肉	口蹄疫病毒、疯牛病毒
贝类	甲肝病毒

二、食品微生物腐败变质的危害

（一）食物中毒

微生物毒素是一类由微生物产生的有机毒物，当它们被其他生物吸收并进入体内之后，会破坏敏感宿主组织和干扰宿主的正常生理功能。微生物产生的毒素化学结构和化学组分十分复杂，并且具有抗原性质。微生物产生的毒素粗略地分为细菌毒素、真菌毒素和藻类毒素。细菌毒素可以分为内毒素和外毒素。某些细菌在生长和代谢过程中，能产生一些有毒物质，并把这些有毒物质释放到周围环境中去，这些毒素称为外毒素。能产生外毒素的大多数细菌为革兰阳性细菌，其化学本质为蛋白质，对热和某些化学物质极为敏感。外毒素的功能是能特异地破坏机体细胞的某些成分或抑制细胞的某些代谢功能。外毒素是所有已知有毒物质中毒性最大的物质。某些外毒素的产生菌和所导致的疾病如表 4－10 所示。

表 4-10 某些外毒素和它们引起的疾病

产生菌	生境	毒素	所致疾病
炭疽杆菌	土壤	复合型	炭疽
肉毒杆菌	土壤	神经毒素	肉毒
金黄色葡萄球菌	人皮肤	肠毒素	呕吐
白喉杆菌	人类	白喉毒素	白喉
霍乱弧菌	人胃肠道	肠毒素	霍乱
破伤风梭菌	土壤	神经毒素	破伤风
痢疾志贺氏菌	人胃肠道	神经毒素、肠毒素	痢疾
鼠疫耶尔森氏菌	鼠、蚤	鼠疫毒素	鼠疫

1. 细菌性食物中毒　食品的细菌污染是指非致病性细菌对食品的污染，是用以衡量食品污染程度、间接估测食品变质可能性及评估食品卫生质量的重要指标，是食品卫生中最常见的有害因素之一。

(1) 食品细菌污染的来源

①原料污染(采集及加工前的污染)；

②食品生产、储存、运输、销售等过程中的污染(不卫生的操作及管理)；

③从业人员的污染(不执行卫生制度)；

④烹调加工过程中的污染(生熟食品交叉污染)，等等。

(2) 研究食品细菌的目的

①食品细菌是评价食品卫生质量的重要指标；

②食品细菌是研究食品腐败变质的原因、过程和控制方法的重要对象；

③食品细菌往往与食品的感官性状及相对致病性有关。

(3) 评价食品卫生质量的细菌污染指标与食品卫生意义

①菌落总数：系指单位(g，mL，cm^2)食品在严格规定的条件下(样品处理、培养基制作、pH 值、培养温度、时间及计数方法等)使适合这些条件的每个活菌细胞必须而且只能生成一个肉眼可见的菌落，其结果称为该食品的细菌菌落总数，以菌落形成单位(colony forming unit,CFU)表示。此可作为食品被污染程度(标志)指标,即清洁状态的指标,借以控制食品污染的允许程度,起到监督食品的清洁状态的作用;也用来预测食品耐存放程度或期限,即可作为评定食品腐败变质程度和新鲜度的指标,以提出食品腐败变质的界限值。

②大肠菌群:大肠菌群(coliform group)系指一群在 35~37℃ 24 h 能发酵乳糖,产酸、产气,需氧和兼性厌氧的革兰阴性、无芽孢杆菌。以肠杆菌科的埃希氏菌属(*Escherichia*)为主,因其有独特的生化反应,可与本属其他菌相区别,故称典型大肠杆菌。其直接或间接来自人与温血动物粪便。如果食品中能检出大肠菌群,说明该食品曾经受到粪便污染。若是典型大肠菌群,则说明粪便近期污染;若是其他属,则说明可能为粪便的陈旧污染。因此可作为肠道致病菌污染食品的指示菌。食品中大肠菌群系以每 100 ml (100 g)检样内大肠菌群最近似数表示(maximum probale number,MPN)。

我国现行的食品卫生标准已在很多食品中将菌落总数和大肠菌群作为微生物的常规指标。除此之外还有致病菌,特别是直接入口的食品不得检出致病菌。

(4) 细菌性食物中毒常见菌

①沙门氏菌(*Salmanella*):我国冻/鲜禽肉和蛋类污染中沙门氏菌的状况较为严重。所有温血动物和许多冷血动物是沙门氏菌的宿主或潜在的宿主,这些带菌动物是动物性食品中沙门氏菌的主要来源。已发现含沙门氏菌的动物有猪、鸡、鸭、鹅、鸽、狗、猫、兔、黄牛、水牛、绵羊、山羊、象、骆驼、马、狐狸、袋鼠、海鸥等等。好发季节为夏秋季,但全年可发生,中毒菌量为 10^8 个/g 食物以上。

②副溶血性弧菌(*V. parahemolyticus*):副溶血性弧菌主要污染虾、蟹、贝类等海产品或腌菜、凉拌菜等盐渍食品。中毒菌量为 10^7~10^9 个/g,致病力不强,繁殖快。好发季节为夏秋季与海产品上市旺季。

③葡萄球菌(*Staphylococcus*):葡萄球菌广泛存在于自然界,如空气、土壤及各类物品上。金黄色葡萄球菌易在肉类、剩米饭、

糯米糕、鱼类、乳类、奶及奶制品、含奶冷食和罐头等食品中生长繁殖产生肠毒素。肠毒素作用于迷走神经的内脏分支而致呕吐；作用于肠道使水分的分泌与吸收失去平衡而致腹泻。可溶性蛋白肠毒素有A、B、C、D、E、F六种抗原型，以A型毒力为最强。中毒需一定的细菌数量和毒素。肠毒素耐热，一般烹调不破坏，218～248℃时30 min才破坏。

④大肠埃希氏菌(*Escherichia coli*)：是条件性致病菌，普通大肠埃希氏菌是人或动物肠道中的正常菌群，它的检出标志食品或水源被粪便污染，是水和食品卫生细菌学检测的常用指示菌。大肠杆菌0157∶H7的暴发常常与肉制品、乳制品、新鲜蔬菜和发酵香肠、酸奶、蛋黄酱和果汁等有关。

⑤肉毒梭菌(*C. botulinum*)：国外肉毒梭菌主要多在火腿、香肠、罐头食品中生长繁殖；我国主要见于植物性食品(家庭自制的发酵食品，如豆浆、面酱、臭豆腐等)。食物未经彻底消毒，并存放在缺氧环境中，残留芽孢能迅速繁殖并产生外毒素(肉毒毒素)，引起食物中毒。肉毒毒素高温、碱性、日光下可被破坏，但在酸性条件下稳定。毒素作用于中枢神经系统，抑制乙酰胆碱的释放，引起肌肉麻痹。好发季节为冬春季。

⑥蜡样芽孢杆菌(*Bacillus cereus*)：蜡样芽孢杆菌在奶类制品、肉类制品、蔬菜、米饭、甜点心、调味品、凉拌菜中易生长繁殖，能够产生下痢性毒素、肠毒素、溶血素、呕吐毒素及肠管坏死毒素等。中毒菌量为10^6～10^8个/g，常将含菌量达到1.8×10^7个/ml(g)作为食物中毒指标之一。中毒症状为呕吐型和腹泻型。

⑦变形杆菌属(*Proteus*)：污染的食品在28℃放置时间较久可使变形杆菌大量繁殖。变形杆菌主要污染动物性食品，其次为豆制品、凉拌菜等。变形杆菌中毒以急性胃肠炎为主，腹痛严重。好发季节为夏秋季。

2. 真菌性食物中毒　人畜食用了被真菌毒素污染的粮食、食品和饲料后发生的食物中毒，称为真菌毒素食物中毒或真菌性食物中毒。从广义上讲，凡是霉菌的代谢产物能造成霉菌中毒症的均称为霉菌毒素。从狭义上讲,这种毒素一定要在食品中发生,也就是说在饲料和食品中的霉菌所产生的能直接影响人和动物健康的代谢产物称为霉菌毒素。

真菌毒素(mycotoxin)是真菌产生的有毒次级代谢产物,目前已知有 200 多种不同的真菌毒素。研究较为集中在十几种对人类危害较大的真菌毒素上,它们一般同时具有毒性强和污染频率高的特点,其中包括黄曲霉毒素,主要是黄曲霉毒素 B_1 和 M_1(aflatoxins,AFB_1、AFM_1)、赭曲霉毒素 A(ochratoxin A,OTA)、付马菌素(fumonisins,F)、展青霉素(patulin,PTL)、玉米赤霉烯酮(zearalenone,ZEN)、串珠镰刀菌素(moniliformin,MF)、脱氧雪腐镰刀菌烯醇(deoxynivalenol,DON)、橘霉素(citrinin,CIT)、单端孢霉烯族毒素(trichothecins,TS)等。由于真菌的寄生和真菌毒素的产生,可严重影响农作物的产量,降低农产品和饲料的品质,造成巨大的经济损失。据悉,全世界每年由于霉变、污染真菌毒素引起的农产品和工业原料的损失达数百亿美元。近年来,随着生活质量的提高,无公害食品的普及,为保障公众健康,加强粮食及其制品中的真菌毒素的监测已经成为国内外学者研究的热点。

(1) 真菌毒素的致病机理:真菌毒素具有致畸、致癌和致突变性等特性,对人类危害大,污染范围广。目前小部分真菌毒素的毒理作用已经被阐明,但大部分真菌毒素的作用机制还不明了。食品中几种常见真菌毒素的致病机理大致如下:①黄曲霉毒素 B_1(aflatoxin B_1,AFB_1):有致癌性,可抑制 DNA、RNA 的合成,也是细胞毒,还可破坏凝血机制,破坏某些酶类等,从而产生症状或致癌;②赭曲霉毒素 A(ochratoxin A,OTA):可抑制 ATP 酶、琥珀酸脱氢酶以及细胞色素 C 氧化酶,从而对羟化过程产生作用;③单端孢霉烯族毒素(trichothecins,TS):主要是抑制蛋白质、RNA、DNA 等大分子物质的合成,破坏细胞膜和酶类的功能,对造血系统和免疫系统有较强的毒作用;④玉米赤霉烯酮(zearalenone,Zea 或 ZEN):具有雌激素样作用,产生生殖系统毒性、免疫毒性、肝毒性;⑤付马菌素(fumonisins,F):作用机制不甚明了,但与某些癌症的发生密切相关；⑥串珠镰刀菌素(moniliformin,MF)：主要通过抑制丙酮酸脱氢酶、谷胱甘肽过氧化物酶等发生作用；⑦橘霉素(citrinin,CIT)：在线粒体内聚集且干扰电子传递系统，导致DNA合成受到抑制，并进一步使RNA和蛋白质合成受到抑制，肝糖原下降，胆固醇和三酰甘油合成受阻。常见产毒真菌有曲霉属(*Aspergillus*)、青霉属(*Penicillium*)、镰刀菌属(*Fusarium*)、交链孢霉属(*Alternaria*)。

(2) 真菌毒素的致病特点：对热稳定；通过污染食品中毒；中毒以损害实质器官为主；没有传染性和免疫性；有明显的季节性和地区性。

(3) 霉菌的发育和产毒条件：大多数霉菌在20～28℃的环境均能生长，但是最适宜温度为25～30℃，小于10℃和大于30℃时霉菌生长减弱，0℃时几乎不能生长，但个别霉菌能耐受高温和低温。不同的基质对霉菌的生长和产毒有一定的影响，主要是因为基质本身的条件不同(所含的营养成分及其他成分不同)，所以出现的霉菌菌种不同，如花生、玉米易被黄曲霉及其毒素污染，大米易被青霉菌污染，小麦、玉米易被镰刀菌及其毒素污染。

(二) 传播人畜共患病

感染了人畜共患病原菌，如吃了患炭疽病死亡的肉类后，炭疽病原菌进入体内，便可引起炭疽病，引起腹痛、呕吐、血便。如病原菌进入血液，则易形成全身败血症。牛、猪的布鲁氏杆菌也会引起人患病。如人误食了含有布鲁氏杆菌的内脏器官或乳汁可得病，出现全身关节疼痛无力，呈现波浪热。结核杆菌(*Mycobecterium tuberculosis*)是又一种人畜共患病病原菌，牛易患此结核病，在病牛乳中往往有结核杆菌，消毒如果不彻底，人食用后极易感染。

三、各类食品中的微生物

(一) 肉类微生物

1. 肉类受污染过程

(1) 宰前微生物感染：平常生活中感染沙门氏菌、结核杆菌、炭疽杆菌、金黄色葡萄球菌、溶血性链球菌等。

(2) 宰后微生物污染:宰杀过程中污染沙门氏菌等会引起食物中毒、肠道传染病、人畜共患病。

2. 微生物引起肉类变质的感观变化

(1) 发黏:肉类腐败变质,先是由于乳酸菌、酵母菌和其他一些革兰阴性细菌在肉类表面上生长,微生物繁殖后形成菌苔而发黏,可拉长成丝状,有较强的臭味。出现发黏时,细菌数或酵母数一般达到 10^7个/cm^2。

(2) 变色:肌红蛋白与蛋白质分解产生的 H_2S 形成硫化氢血红蛋白,变成暗绿色;也会由于各种微生物生长而产生不同的色素。正常鲜肉的肉红色是由肌红素的颜色所形成的。

(3) 变味:蛋白质分解产生臭味(H_2S),脂肪酸酸败产生臭味,糖分解酸败味等形成各种异味,如哈喇味、酸味、泥土味和恶臭味等。

(4) 霉斑:霉菌生长形成各种霉斑。

(二) 蛋微生物

蛋微生物的来源及污染途径:

(1) 产蛋生殖器内污染:细菌侵入卵巢,卵黄形成时易感染沙门氏菌、类白喉杆菌、微球菌等。

(2) 禽蛋产后污染:蛋表面污染后侵入内部,导致腐败、霉变等。

污染鲜蛋的微生物有禽病病原菌、其他腐生性细菌和霉菌等。它们使鲜蛋成为散黄蛋,并进一步分解产生 H_2S、氨、粪臭素等,蛋液成灰绿色、恶臭,或黏附于蛋壳、蛋膜上。

(三) 乳微生物

1. 乳微生物来源及污染途径　鲜乳中的污染微生物主要来源于乳房内的污染微生物和环境中的微生物,主要有乳酸细菌、胨化细菌、脂肪分解细菌、酪酸细菌、产气细菌、产碱细菌以及酵母和霉菌。它们在鲜乳中的生长有一定的顺序性,可以分为抑制期、乳酸链球菌期、乳酸杆菌期、真菌期和胨化细菌期，pH 值也是先下降再逐步回升，见图 4-5。

2. 细菌的种类与引起的变质

(1) 产酸变质：由于细菌分解乳中的乳糖产生大量乳酸等产物，奶 pH 因而发生变化而变酸、乳蛋白发生凝固的一种变质现象。

(2) 产气变质：大肠菌群分解乳糖形成乳酸或醋酸，并进一步分解有机酸产生二氧化碳和氢气，使乳类发生产气变质。

(3) 胨化变质：细菌产生蛋白质酶，能使乳液经乳酸菌作用而产酸或由于细菌的凝乳酶作用而发生蛋白质凝固消化，而成为可溶性状态。

(4) 黏稠化变质：表面黏稠化和奶液全部黏稠化。

(5) 脂肪变质：脂肪分解，由芳香味变为油漆臭。

(6) 变色：正常乳呈白色、淡黄色，而微生物污染后乳可呈现不同颜色。

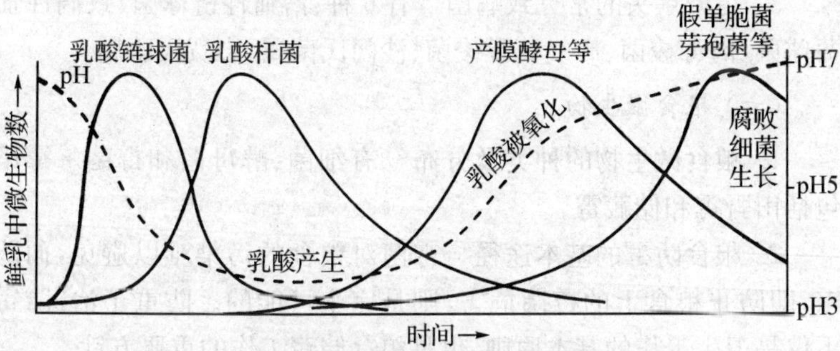

图 4-5　鲜奶变质过程中的微生物种群变化

(四) 鱼贝类微生物

1. 鱼类微生物

(1) 来源：水(海水、淡水)；食饵；加工、运输、储藏过程中的二次污染。

(2) 分布：皮肤、鳃、肠道中含有微生物。

2. 贝类微生物　贝类对微生物具有浓缩功能，贝类吸水时病原体同水或食物一起吸入后，水排出体外，微生物被浓缩。

新鲜鱼类变质后组织疏松，无光泽，由于组织分解产生吲哚、硫醇、氨、硫化氢、粪臭素等，常有难闻恶臭。腌鱼由于嗜盐细菌的生长而出现橙色。

（五）罐头食品中的微生物

1. 罐头微生物的来源和途径　罐藏食品由于加热杀菌不彻底、密封不良、冷却不充分等，导致外界微生物进入。

2. 罐头微生物的种类及分布　一般以嗜热性芽孢杆菌为主。它们所引起的罐头腐败变质有三种：一是罐头外观正常，但内部pH值可下降0.1～0.3，称为平酸变质；二是嗜热性厌氧菌腐败，产气、产酸并可使罐头胀裂；三是产生硫化氢，腐败食品。如罐头中未杀灭的是厌氧性梭状芽孢杆菌，则可能会进行丁酸发酵，并产生H_2和CO_2。不产芽孢细菌的污染主要是由于罐头漏罐所引起的，它们使罐头内食品发生浑浊、沉淀、风味改变和产气胀罐。

3. 污染罐头的常见致病菌　有6种：溶血性链球菌、致病性葡萄球菌、肉毒梭菌、产气荚膜梭菌、沙门氏菌属、志贺氏菌属。

（六）粮食微生物

1. 粮食微生物的种类及分布　有细菌、酵母菌和霉菌。霉菌包括田野霉和储藏霉。

2. 粮食防霉的基本途径　霉菌对粮食的污染难以避免，而防霉，即防止粮食上的霉菌危害，则是完全可能的。防重于治，防霉不仅是卫生工作的基本原则，也是粮食储藏工作的重要方针。

（1）提高粮食质量，增强抗霉能力：切实保证粮食的干燥、纯净、完整、无虫、无病，增强粮食的抗霉能力是防霉的基础。

（2）改善储粮环境，防止霉菌扩大污染：保持粮仓、器材、仓库环境的清洁卫生，不同质的粮食分开储存，能够有效地防止微生物的传播感染。

3. 控制生态条件限菌防霉

（1）控制湿度和水分——干燥防霉：粮仓内的相对湿度要保持在65%～70%以下，使粮食保持在与此湿度相平衡的安全水分界限之内。谷类粮食水分要在13%～15%以下，豆类水分应在12%～14%以下，油类水分需在8%～10%以下。

(2) 控制温度——低温防霉：可以利用自然低温，在适当时机进行粮食冷冻或冷风降温，而后隔热密闭保管。也可人工制冷，进行低温冷冻储藏。一般所说“低温储藏”的温度界限在10～15℃，相平衡的相对湿度为70%～75%，基本上可以做到防霉。

(3) 控制粮堆气体成分——缺氧防霉：实践证明，通过生物脱氧或机械脱氧，使粮堆氧气浓度控制在2%以下或二氧化碳浓度增加到40%～50%以上，对粮食微生物特别是多种储藏真菌具有抑制作用。

(4) 化学药剂处理——化学防霉：到目前为止，许多用于粮食上的杀菌剂和抑菌剂都不是很理想的，但一些杀虫熏蒸剂，都有较强的杀菌力。例如，现在多用的磷化氢，就有很好的防霉效果。由于化学药剂对粮食品质和使用安全都有一定的副作用，一般不宜多采用。

(七) 蔬菜、水果微生物

1. 微生物引起新鲜果蔬的变质

(1) 水果与蔬菜的物质组成特点：以碳水化合物和水为主，水分含量高。

(2) 污染来源和途径：植物开花期侵入；生长过程中受侵害；生长环境中受污染。

(3) 腐败变质：首先霉菌在果蔬表皮或污染物上生长繁殖，然后侵入果蔬组织，先分解细胞壁中的纤维素，进一步分解其中的果胶、蛋白质、有机酸、淀粉、糖类等，使其变成简单物质。在外观上表现为出现深色斑点、组织变松、变软、凹陷，渐成液浆状，并出现酸味、芳香味、酒味等。

2. 微生物引起果汁的变质　果汁中主要发生的是乳酸菌以果汁中的糖分、柠檬酸、苹果酸等有机酸为发酵基质的乳酸发酵和最常见的酵母菌引起的酒精发酵。在浓缩果汁中，一般性细菌难以忍受高浓度的糖分。果汁中最常见的霉菌是青霉，其次是曲霉。

果汁变质后会呈现浑浊，产生酒精和有机酸变化，结果原有风味被破坏或产生一些令人不愉快的异味。

第三节　食品贮藏中的微生物控制

一、食品贮藏中微生物污染的预防与控制

1. 食品微生物污染的预防　许多食品如水果、蔬菜、鱼、肉、禽蛋等，内部一般不常含有微生物，但其外表往往带有各种各样的微生物，在某些条件下其数量相当巨大。作为预防措施，首先是对某些食品原料所带有的泥土和污物进行清洗，以减少或去除大部分所带的微生物。干燥、降温等措施可使环境不适于微生物的生长繁殖，也有效。在加工、运输、贮藏过程中，环境、设备、辅料和工作人员等各个环节，都应注意防止微生物对食品的污染。无菌密封包装是食品加工后防止微生物再次污染的有效方法。

2. 减少和去除食品中已有的微生物　减少和去除食品中已有的微生物的方法很多，如过滤、离心、沉淀、洗涤、加热、灭菌、加入防腐剂、辐射等等。这些方法可以根据食品的不同性质而加以选择应用，但应注意选择的方法应以不损害食品的营养、风味、表观性状、内在质地和食用价值为原则(过滤、灭菌、辐射等)。

3. 控制食品中残留微生物的生长繁殖　经过加工处理的食品仍有可能残留一些微生物。控制食品中残留微生物的生长繁殖就可以延长食品的贮藏日期，并保证食品的食用安全。控制的方法有低温法、干燥法、厌氧法、防腐剂法等。

二、防止和减少食品微生物污染腐败的主要保藏方法

1. 低温保藏　冷藏、冷冻(降低酶活性)时仍有微生物生长。冷藏是预冷后的食品在稍高于冰点温度(0℃)中进行贮藏的方法，其温度一般为－2～15℃，最常用温度为4～8℃。冷冻分两种即缓

冻(缓慢降温)和速冻。缓冻是指 3～72 h 内使食品温度降至所需温度(－5～－2℃),令其缓慢冻结,食物中大部分水可冻成冰晶。而速冻则是指 30 min 内食品温度迅速降至－20℃左右完全冻结,结冰率近 100%(－18℃结冰率大于 98%)。

(1) 冷藏、冷冻对食品微生物及化学过程的影响

①低温可降低或停止食品中微生物的增殖速度;②低温可减弱食品内一般化学反应速度;③降温可使食品中酶活力显著下降,保持食品的新鲜度。

(2) 冷冻工艺对食品质量的影响

①冰晶对食品的影响:冷冻工艺可有两种,即缓慢冷冻和急速冻结。

a. 缓慢冷冻:缓慢冷冻的工艺对食品质量会有不良影响。

b. 急速冻结:加速降温过程,以最短的时间通过冰晶生成带,在 30 min 内食品迅速冻结,食品内部结构不会发生损伤和破溃。

c. 冰冻食品的融解过程:最好的方法是缓解,急融会使食品体积突然增大,融解的水分来不及被食品的细胞吸收,使细胞不能恢复到原来的物理状态,导致自由水分增多,汁液外溢,降低了食品的质量。

②对蛋白质的影响:食品的降温过程对蛋白质会发生变性的影响,其影响程度与降温速度和最后温度有关。速度越慢,温度越低,变性越严重。

(3) 冷藏冷冻的卫生要求

①对不耐藏食品选择适宜的低温范围:TTT(time-temperature-tolerance)。

②冷藏冷冻原料与工艺卫生要求

a. 原料应尽量保持新鲜、干净、质优;

b. 用冷水、冰制冷时,一定要符合饮用水标准;

c. 各种类型的冷藏设备必须有可靠的控制装置,保证制冷温度,防止冷媒外溢;

d. 冷藏车船、冷库要防鼠、防霉、除臭,及时除霜;

e. 防冻藏食品的干缩,也防结露现象。结露是指因温度骤变而在食品表层发生凝结水,从而造成局部水分增加、污染、霉变等。

2. 加热杀菌技术　常用的方法有高温灭菌、巴氏消毒(常压杀菌)、超高温处理和一般煮沸法等。

(1) 高温灭菌法:这里指高压蒸汽灭菌,一般采用的温度为112~121℃,蒸汽压力为103~206 kPa,灭菌时间为20~30 min。可使繁殖细菌和芽孢被杀灭,起到长期保藏食品的目的。罐头类食品一般采用这种方法。

(2) 巴氏消毒法:这种方法只能杀灭繁殖型微生物,不能杀芽孢,所以说是一种不完全灭菌的加热方法。其具体方法有两种:

①低温长时间消毒法(low temperature long time,LTLT):温度范围为62~68℃,30 min,主要适用于不宜用高温灭菌的物体,可用较低的温度进行消毒,如啤酒、牛奶、干酪、果汁、蛋品、蜂蜜、糖浆等食品。

②高温短时消毒法(high temperature short time,HTST):也叫高温瞬间消毒,温度为71.7℃,时间为15 s。

两种灭菌效果相同。

(3) 超高温消毒法(ultra high temperature process,UHT):温度120~150℃,时间1~3 s。优点是不仅能杀灭大量细菌,而且部分细菌芽孢也能杀灭,还能保证食品质量。多用于牛奶消毒。

(4) 微波加热灭菌(microwave heating):高频电磁波,波长1 mm到1 m。不同的食品可采用不同的微波频率来达到消毒的目的。近年来,微波技术作为一种新型的加热技术,广泛用于食品的解冻、干燥、焙烤、灭酶以及杀菌等,尤其是利用微波对食品进行杀菌具有更大的优势。与基于缓慢热传递的传统杀菌相比,微波加热可以在更短的时间内达到所需的处理温度,这一点对固体和半固体食品而言更为显著。因此,微波加热可以实现高温短时杀菌而对食品中的热敏性物质破坏降低,可以降低食品中微生物的数量,从而延长食品的保质期。目前,已经报道能够为微波杀灭的细菌包括大肠杆菌(*Escherichia coli*)、金黄色葡萄球菌(*Staphylo-*

coccus aureus)、沙门氏菌(*Salmonella listeria*)、蜡状芽孢杆菌(*Bacillus cereus*)、空肠弯曲菌(*Campylobacter jejuni*)、粪链球菌(*Streptococcus faecalis*)、产气荚膜梭菌(*Clostridium perfringens*)、小肠结肠炎耶尔森氏菌(*Yersinia enterocolitica*)、腐败假单胞菌(*Pseudomonas putrefaciens*)等。

(5) 微生物耐热性的大小表示法:在食品工业中,微生物耐热性的大小常用几种数值来表示。

①热力致死时间(thermal death time, TDT):指在特定的条件和特定的温度下,杀死一定数量的微生物所需时间,该时间即为热力致死时间。不同的微生物热力致死时间不同。

②D 值:D 值(decimal time reduction value,或 decimal reduction time)指在一定温度和条件下,活菌数减少一个对数周期所需的时间,即细菌死亡 90%所需的时间。或者说该菌在该温度条件下 90%递减时所需的时间(min)即为 D 值。

③Z 值:一个对数周期的加热时间(10～100 min)所对应的加热温度变化值称为 Z 值。或者说,在加热致死曲线中,时间降低一个对数周期(缩短 90/100 加热时间)所需要升高的温度(℃),这个升高的温度称之为 Z 值。

④F 值:一定数量的细菌在某一温度下完全杀死所需的时间为 F 值,以 min 来表示。在右下角注明温度,常以 Fr 表示,以此用于杀菌程度的评价。

(6) 高温工艺对食品质量的影响

①对蛋白质的影响

a. 易被蛋白酶催化水解,从而利于吸收;

b. 含氮浸出物(游离氨基酸、嘌呤、嘧啶等)增加,从而增加了食品的感官性状(香味、美味);

c. 加热温度高于 190℃会使得蛋白质食物中的色氨酸、谷氨酸发生裂解,产生杂环胺类化合物。近来的研究表明,此类化合物对啮齿类动物均具有不同程度的致癌性,活化后具有致突变性。

②对碳水化合物的影响

a. 淀粉的α化：即糊化，淀粉的热处理α化程度是高温工艺关注的问题之一。

b. 淀粉的老化(aging)：即回生，亦称淀粉变硬变脆现象。常见米、面的熟食品如米饭、馒头、面包冷后或放后变硬，经加热后又复原，在一定条件下，老化和糊化。淀粉老化与食品中水分、pH 值、盐类及结构有关。

c. 褐变：食品褐变有酶促褐变和非酶促褐变两种。酶促褐变是在多酚氧化酶作用下，使食品中酚类物质氧化产生红棕色物质的现象(酚类变为醌类)，如苹果、梨及某些蔬菜(土豆、茄子)中含有儿茶酚、咖啡酸、绿原酸等多酚类物质，易氧化，使颜色发生变化。非酶促褐变系指食品中糖、醛、酮的羰基与氨基酸、蛋白质发生反应，产生褐变，又称为美拉德反应(maillard reaction)或羰氨反应(aminocarbonyl reaction)，这种反应可使食品的颜色变深(棕色)，如炼乳、果汁制品、脱水水果、酱油等出现棕色物质。食品褐变既可增强食品的风味，又可恶化食品的颜色，所以在工业上可根据食品加工的目的决定是否利用羰氨反应，或向食品中加入一些物质以阻止褐变，如 $NaCl$、$CaCl_2$、硫脲、巯基化合物(半胱氨酸)。

油脂易发生氧化，产生过氧化物，使油脂理化性质发生变化，不仅具有一定的毒性，而且还会破坏食品中的其他成分，影响食品的营养价值。

3. 辐射后贮藏　将食品经过 X 射线、β 射线、γ 射线、电子射线照射后再贮藏。射线穿透力强，不产生热，不破坏食品的营养成分以及食、香、味等，无需添加剂，无残留物，甚至可以改善和提高食品品质，经济有效，可以大批量连续进行。

4. 干燥贮藏　微生物的生长需要适宜的水分，如许多细菌实际上生存于表面水膜之中。因此将食品进行干燥，减少食品中水的可供性，提高食品渗透压，使微生物难以生长繁殖，是古今都使用的有效方法。

5. 提高渗透压防腐　利用发酵产酸防腐，盐、糖、蜜等腌渍法防腐。

6. 加入化学防腐剂保藏　在食品贮藏前，加入某些一定剂量的可抑制或杀死微生物的化学药剂，可使食品的保藏期延长。常用的防腐剂有：用于抑制酸性果汁饮料等食品中的酵母菌和霉菌的苯甲酸及其钠盐；用于抑制糕点、干果、果酱等食品中的酵母菌和霉菌的山梨酸及其钾盐和钠盐、丙酸及其钙盐或钠盐、脱氢乙酸及其钠盐等。在使用这些化学防腐剂时必须注意剂量问题，不能过量，因过量的防腐剂对人体有害。

第四节　微生物饲料

一、微生物饲料的种类

微生物饲料制剂包括单细胞蛋白饲料、菌体蛋白饲料、饲用酶制剂、真菌饲料添加剂、维生素类添加剂、抗生素类制剂、氨基酸类、活体微生物类、发酵饲料等。其混配在饲料中可起到帮助消化、促进生长以及提高畜禽自身免疫力、防病治病的作用。微生物饲料制剂由于可工厂化生产，效率高，且有利于环境保护，因而日益受到人们的重视。许多微生物除了可作饲料添加剂，还可经微生物发酵工程来生产大量饲料用粮，实现人畜分粮，从而缓解资源紧张的矛盾。

有些微生物如曲霉、木霉、酵母菌、龟裂链霉菌等，都是家畜重要的微生物饲料，它们中有的可以将稻秆、树叶、青草等粗饲料转化为营养价值较高的饲料，如木霉；某些微生物细胞如酵母，本身具有丰富的营养，大量培养后就可直接作为家畜的精料；有些微生物产生的抗菌素能够对雏畜产生防病和刺激生长的作用，如龟裂链霉菌产生的土霉素；另外，如青草、多汁饲料等通过微生物的发酵作用，还可延长保藏时间。这样以粗代精、由粗提精，并且调节了饲料供应上的忙、淡季节，为畜牧业的发展提供了饲料的保证。

微生物饲料使用比较普遍的有：发酵饲料、青贮饲料、饲用酵母、抗菌素饲料，另外还有微生物活菌制剂和饲用酶制剂等几类。

1. 发酵饲料　利用人工接种微生物或饲料本身存在的微生物，将青饲料、粗饲料以及少量的精饲料或其他废弃物质，在一定温度、湿度和通气条件下，将家畜难以消化吸收的粗饲料经微生物的糖化、发酵作用，成为味甜、酸、香，质地熟软，适口性好，家畜爱吃并且易于消化吸收的饲料。如利用植物秸秆、壳类、木屑、糠渣、畜禽粪便等发酵成饲料。

2. 饲用酵母和细菌饲料　酵母细胞营养丰富，易于培养，可作为精料补充饲料中的蛋白质营养。近代石油微生物发展，大量石油酵母的利用又为饲料酵母开辟了一条新的途径。

光合细菌(photo synthetic bacteria，PSB)是最早作为饲料蛋白技术开发的菌体，自 1931 年 Van Niel 为光合细菌的研究奠定了基础之后，各国学者相继对 PSB 生产技术进一步做了研究。光合细菌营养丰富，含粗蛋白 65％以上。利用工业废渣、废液培育光合细菌既可改善生态环境，回收的菌体又可作为蛋白饲料资源有效地加以利用。最近科学家研究发现，有一种吃石油的细菌，吃完石油之后，就产生奶粉似的“石油蛋白”，100 g 这样的石油蛋白中含有 42％的蛋白质、3 g 核酸和一些维生素。这种石油蛋白可以用作畜禽饲料，也可直接加工成人类食品，是人类和动物未来的一种新型的食物和饲料资源。

3. 抗菌素饲料　抗菌素饲料又叫畜用抗菌素。家畜、家禽的饲料中适量加入抗菌素(粗制品)，既能防治家畜、家禽的传染病，又可促进幼畜、雏禽的生长发育。目前，应用最多的有土霉素、金霉素和四环素等。其主要来源一是利用抗菌素工业发酵的下脚——药渣，由工业发酵的残渣和大量菌丝体经过焙干、粉碎制成；二是进行土法生产，例如利用米饭培养龟裂链霉菌生产饲用土霉素。

4. 青贮饲料　将用作饲料的青绿植物密封贮藏，通过微生物发酵，将可溶性碳水化合物转化生成乳酸、乙酸等有机酸，使青贮料的 pH 值降低，从而抑制腐败菌生长，获得能够长期保存、保持作物鲜嫩多汁和丰富营养的越冬饲料。一方面能进一步提高饲料的营养价值,同时可以保证长期不腐败变质,使青料、多汁饲料常年供应不断。反刍动物的贮藏饲料分为干草料和青贮料。干草料的营养价值偏低,不宜广泛推广。青贮料因其鲜嫩多汁、味酸香、易于牲畜采食等特点,成为现代畜牧业养殖反刍动物的主要饲料来源。欧洲国家如荷兰、德国、丹麦饲喂反刍动物的饲料90%以上为青贮饲料。

5. 微生物活菌制剂　是一种通过直接饲喂来改善畜禽肠道微生物菌群平衡,而对动物肠道施加有利影响的活微生物饲料添加剂,它具有促生长、除疾病、除臭气等功效。

6. 饲用酶制剂饲料　是通过微生物活细胞所分泌的具有特殊能力的生物催化剂,将植物细胞壁破坏,增强动物对植物细胞内营养物质的吸收;消除饲料中抗营养因子,并补充内源酶的不足;促进内源酶的分泌;促使生物化学反应,使饲料中难以消化吸收的大分子营养物质分解为小分子,易于吸收,从而提高饲料的利用效率。

二、青贮饲料的生产过程

(一)青贮饲料的发酵过程

植物表面附生有大量的微生物类群,不同作物附生的微生物类群不同。青贮饲料的微生物除植物自身附生的微生物及其休眠孢子外,还有来自于土壤、作物收割、切割过程中的污染类群。青贮发酵是一个复杂的微生物群落和生物质转化过程,根据微生物种类及代谢活性的变化,一般将青贮过程分为4个阶段。

1. 有氧呼吸阶段　在青贮初期,因作物形状.切割长度的差异,使得青贮窖内作物间残留少量空气,空气促使植物细胞继续进行有氧呼吸和酶的代谢活动。同时,植物表面附生或污染的好氧和兼性好氧性细菌、酵母菌和霉菌竞争性利用氧气和作物表面的营养成分,快速生长繁殖。随着各种代谢活动的进行,青贮窖内氧气逐渐消耗,最后变成厌氧环境,植物细胞呼吸作用和好氧微生物的代谢活动由此受到限制而终止。该阶段一般需经历几个小时。

2. 发酵阶段或酸化阶段　各种厌氧及兼性厌氧微生物包括乳酸菌、肠球菌、梭菌和酵母菌通过竞争性利用植物表面的可溶性碳水化合物(主要是糖类)和其他营养物质而生长。对于管理好的青贮料,厌氧菌群中乳酸菌生长迅速,并很快成为优势菌群,产生大量乳酸和乙酸,导致 pH 值迅速降低,抑制梭菌、酵母菌等腐败微生物的生长。此阶段乳酸菌的生长状况直接决定着青贮饲料的质量,是青贮发酵的关键。该阶段所需要的时间因青贮作物不同而有差异,一般经历几天或几个月。

3. 稳定阶段或储存阶段　这一阶段存活的微生物种类很少,主要是产酸性和耐酸性很强的乳酸菌,如布氏乳杆菌(*Lactobacillus buchneri*)在低 pH 值下仍能存活。酵母菌因缺氧而处于不活跃状态。厌氧性杆菌、梭菌受 pH 值抑制则以孢子形式处于休眠状态,该阶段可维持几个月或一年,直到开窖饲喂为止。除微生物类群发生变化外,饲料作物的营养成分也发生了改变,可溶性碳水化合物被利用,有些植物性蛋白被植物酶或微生物蛋白酶分解成肽、氨基酸、胺和氨。植物蛋白的分解导致青贮饲料营养成分降低,因此通常将氨的生成量作为植物蛋白降解的指标。

4. 饲喂阶段或有氧腐败阶段　青贮饲料与空气接触后,促使好氧腐败微生物生长,它们氧化利用青贮饲料中的乳酸、醋酸,导致青贮饲料 pH 值升高,促使霉菌生长,最终导致饲料发生霉变。

青贮发酵是一个复杂的微生物生理学变化过程,每个阶段都与特定的微生物代谢活动有关。在青贮初期,大量好氧微生物如肠杆菌、好氧芽孢杆菌、酵母菌大量增殖,最后被生长快、产酸多、耐酸性强的乳杆菌代替。肠杆菌的多少是衡量青贮饲料酸化程度的指标,也是判断青贮饲料好坏的依据。在青贮发酵阶段,乳杆菌占优势,对于高质量的青贮料乳杆菌数量能很快达到每克鲜料 10^9 cfu或 10^{11} cfu。稳定阶段青贮饲料的 pH 值是判断微生物生理类群的可靠依据。理论上,一般认为优质的青贮饲料乳酸菌应是主要代谢类群,而劣质青贮饲料中梭状芽孢杆菌的数量更多。

(二) 青贮发酵饲料的质量指标

作为一种高质量的青贮发酵饲料,一般应满足以下质量指标:

(1) 乳酸迅速形成,pH 值快速降低;

(2) 青贮饲料的最终 pH 值要低于 4.2 以下;

(3) 在总酸含量中,乳酸含量不低于 65%～70%。

青贮饲料一般需要经过 40～50 d 的厌氧发酵后才可饲用。

(三) 青贮饲料的质量鉴定指标

1. 颜色　一般优良的青贮饲料颜色接近青贮前作物的颜色,以黄绿色和黄褐色为佳。温度越低,青贮饲料越接近原色。

2. 气味　带有酸香味,略有醇香味。若有霉味则表示压得不实。

3. 质地　结构松散,质地柔软而润湿。

三、微贮饲料

微贮饲料就是在农作物秸秆等饲料中人为地加入一定量微生物高效接种剂,将其密封在容器(如水泥青贮窖、土窖)中贮藏,经过一段时间发酵后,农作物秸秆变得味酸香、质地柔软,成为食草动物喜爱的秸秆饲料。微贮实质是在厌氧环境条件下,利用微生物将秸秆的纤维素物质转化为单糖,单糖经乳酸菌的转化生成乳酸、乙酸和挥发性脂肪酸,使贮料 pH 值降低,从而抑制丁酸菌、腐败菌等有害微生物的生长繁殖,在降解纤维素和半纤维素的同时,生成菌体蛋白。微贮的原理与瘤胃微生物的作用相似,因此微贮饲料质量的优劣取决于添加微生物的种类和菌株的活力。微贮饲料制作成本低、无毒无害,与农业不争化肥不争农时,充分利用秸秆草料饲喂草食家畜,具有适口性好、采食量高、消化率高、效益好、便于推广应用等特点。微贮饲料发酵技术是在研究青贮饲料技术及食草家畜反刍瘤胃消化特点的基础上发展起来的一门新型生物技术。

秸秆含水量的简单检查方法:抓取秸秆,双手扭拧,若有水往下滴,则含水量在 80%以上;若无水滴,手上有明显的水分,含水量约为60%；手上有水分，含水量为50%～55%；感到手上潮湿，含水量为40%～45%；手上不潮湿，含水量在40%以下。

第五节 食品安全

食品安全已成为当今影响广泛而深远的全球性和社会性热点问题。一方面，随着人类科学技术和物质文明的进步与发展，使得今天的人们过着比过去任何时代都富有的生活。“国以民为本，民以食为天，食以安为先”，这15个字精辟地总结了人与食物之间的关系，并道出了食品安全的极端重要性。1995年通过的《中华人民共和国食品卫生法》第六条规定：“食品应当无毒、无害，符合应当有的营养需求，具有相应的色、香、味等感官性状。”简单地说，食品应具有安全、营养和食欲三个基本要素，其中安全则是消费者选择食品的首要标准。1993年，英国C. E. Fisher研究并列出了现代食品安全问题的六大类别：环境污染物、自然毒素、微生物致病、人为加入食物链的有害物质、营养失控、其他不确定的饮食风险。其中前四类问题都直接或间接与环境相关，而且环境污染物还被单列一类，可见环境污染因素已经成为威胁食品安全的主要原因之一。当物理、化学和生物因素进入大气、水体和土壤，其数量、浓度和持续时间超过了环境的自净能力，以至于破坏生态平衡，影响人体健康，就会造成环境污染。随着人类对环境与资源不适当或过度的开发和利用，使得地球资源、自然系统和种群所面临的危机逐步升级，更使得环境污染问题凸显出来。环境污染可以使环境中的物质组成发生改变，而且环境污染物可通过大气、水体、土壤和食物链等多种途径对人体产生影响，从而造成人体对生存的不适应，甚至产生由环境污染而引起的食品安全问题。食品作为环境中物质、能量交换的产物，其生产、加工、贮存、分配和制作都是在一个开放的系统中完成的，因此在食品的整个生命周期链中，都可能出现因环境污染因素而导致的食品不安全情况。

一、食品污染

（一）食品污染的概念

所谓食品污染就是指食品从原料的种植、生长到收获、捕捞、屠宰、加工、贮存、运输、销售、烹调直到食用的整个过程的各个环节中，混进了对人体健康有害或有毒的物质，造成食品安全性、营养性和感官性状发生改变的过程。食用受污染的食品会对人体健康造成不同程度的危害。

（二）食品污染的分类

食品污染物大致可分为：①食物中存在的天然毒物；②环境污染物；③滥用食品添加剂；④食品加工、贮存、运输及烹调过程中产生的有害物质或工具、用具中的污染物。

根据污染物的性质，食品污染可分为三个方面：①生物性污染：微生物及其毒素，主要是细菌及细菌毒素，霉菌及霉菌毒素等；病毒对食品的污染也正引起重视；寄生虫及其虫卵通过病人病畜的粪便或经过环境中转化，最后通过污染食品造成危害；②化学性污染：来源复杂、种类繁多，危害最严重的是化学农药、有害金属、多环芳烃类，滥用食品添加剂、植物生长促进剂等也是食品化学污染的因素；③放射性污染：主要来源于开采、冶炼、国防、生产及生活排放等。食品可以吸附或吸收外来的放射线核素。以上三类污染中以化学性污染占主要地位。

环境中污染物进入食品有如下途径（图4－6）：

- 食品污染的途径
  - 化学性污染
    - 环境污染
      - 大气污染
      - 水体污染
      - 土壤污染
    - 食物链的生物浓缩
    - 食品加工、贮存中的污染
  - 生物性污染
    - 有机微生物污染
    - 昆虫污染
  - 放射性污染
  - 植物自身污染

图4－6　食品受污染的途径

食品污染造成的危害，可以归结为：①影响食品的感官性状；②造成急性食物中毒；③引起机体的慢性危害；④对人类的致畸、致突变和致癌作用。

农业和农村经济的健康发展是国民经济持续、稳定和协调发展的根本保证。我国农业正受到耕地减少、水资源不足、农业生态环境日益恶化的严重威胁。保证21世纪我国16亿人口的食物安全，任务非常艰巨。加入WTO，既给我国农业发展带来了机遇，也使农产品进出口贸易面临严峻的挑战。

(三) 食品污染状况

我国每年因食物和水源污染造成的腹泻案例不少于1.2亿人次，每年食物中毒报告例数在2万～4万人，但专家估计这一数字不到实际发生数的1/10，也就是说我国每年食物中毒为20万～40万人。食品安全的中心问题是污染问题。许多不安全因素贯穿于食品供应的全过程，特别是工业化的发展带来的环境污染问题，新技术、新材料、新原料的使用，致使食品受污染的因素日趋多样化和复杂化，一些老的污染物问题尚没有得到很好的控制，又出现了不少新的污染物。据世界卫生组织估计，全世界每年数以亿计的食源性疾病患者中，70%是由于各种致病性微生物污染的食品和饮用水引起的。2000—2002年中国疾病预防控制中心营养与食品安全所对全国部分省市的生肉、熟肉、乳和乳制品、水产品、蔬菜中的致病菌污染状况进行了连续的主动监测，结果表明，微生物性食物中毒居首位，占39.32%；化学性食物中毒占38.56%；动植物性和原因不明的食物中毒均在10%左右，食品污染危害猛似虎。

(四) 食品安全

食品安全是指食品中不应含有可能损害或威胁人体健康的有毒、有害物质或因素，从而导致消费者急性或慢性毒害或感染疾病，或产生危及消费者及其后代健康的隐患。为确保食品安全性和适应性，在食物链的所有阶段必须采取的一切条件和措施即为食品卫生。2000年5月第53届世界卫生大会的决议在WHO

(World Health Organization)的历史上首次将食品安全列入全球公共卫生的重点领域,并于2002年提出WHO全球食品安全战略计划。我国在基本解决食物量的安全的同时,食物质的安全越来越引起全社会的关注。很多疾病发病率的快速增长都和食品安全有很大的关系。人类肿瘤的发生85%～90%为环境因素所致。通过食物链的富集,人类从食品中摄取了种类繁多且浓度高于环境浓度的有毒、有害物质,如现在肠癌、宫颈癌、卵巢癌的发病率呈现出了快速增长的趋势。由于近年来食品问题越来越突出,如今男性的精子浓度比40年前下降了将近一半,从5×10^7～5×10^8个/ml降到现在的3×10^7个/ml。畜禽肉长期因兽药残留问题、茶叶由于农药残留问题、鸭肉因禽流感病毒的问题、酱油由于氯丙醇污染问题等等影响出口。在我国1 200条河流中,850条江河受到不同程度的污染,130多个湖泊和近海区域都不同程度地存在富营养化问题,在工业污染物中尤以持久性有机污染物(POPs)和重金属污染最为严重。化肥、农药、兽药、生长调节剂等农用化学品的大量使用,用于“催熟”水果等的植物生长调节剂可能具有雌激素样活性(称为内分泌干扰效应),可造成食物源头的污染。激素和生长促进剂等引起人们对养殖动物产品的畏惧;而抗微生物制剂的使用已经使人们对食品中广泛存在的细菌耐药性产生了畏惧;新技术、新工艺、新资源食品的安全性问题;食品发酵工业中使用新的菌种;使用辐照技术来防腐;转基因食品安全性的不确定性;保健食品中不少传统药用成分并未经过系统的毒理学评价。同时,防范犯罪分子利用食品进行犯罪或恐怖活动的重要性也越来越突出。

(五) 有毒重金属对食品的污染

重金属是指密度在5×10^3 kg/m^{3}以上的金属,如金(Au)、银(Ag)、汞(Hg)、铜(Cu)、铅(Pb)、镉(Cd)、铬(Cr)等。有些重金属通过食物进入人体,干扰人体正常的生理功能,危害人体健康,被称为有毒重金属。这类金属元素主要有汞(Hg)、镉(Cd)、铬(Cr)、铅(Pb)、砷(As)、锌(Zn)、锡(Sn)等,其中,砷本属于非金属元素,但根据其化学性质，又鉴于其毒性，一般将其列在有毒重金属元素中。根据这些重金属元素对人类的危害不同，又将它们区分为中等毒性元素（Cu、Sn、Zn 等）和强毒性元素（Hg、As、Cd、Pb、Cr 等）。

食品中的有毒重金属元素，一部分来自于农作物对重金属元素的富集，另一部分则来自于食品生产加工、贮藏运输过程中出现的污染。未经处理的工业废水、废气、废渣的排放，是汞、镉、铅、砷等重金属元素及其化合物对食品造成污染的主要渠道。大气中的重金属主要来源于能源、运输、冶金和建筑材料生产所产生的气体和粉尘。除汞以外，重金属基本上是以气溶胶的形态进入大气，通过自然沉降和降水进入土壤。农作物通过根系从土壤中吸收并富集重金属，也可通过叶片从大气中吸收气态或尘态铅、汞等重金属元素。据研究，蔬菜中 Pb 含量过高与汽车尾气中 Pb 污染有很大的关系。作物中积累的重金属可通过食物链进入人体而给人们健康带来潜在危害。农业上施用的农药和化肥是造成食品污染的另一种渠道。磷肥含有镉，其施用面广而且量大，可造成土壤、作物和食品的严重污染。长期使用含 Pb、Cd、Cu、Zn 的农药、化肥，如磷矿粉、波尔多液、代森锰锌等，也将导致土壤中重金属元素的积累。有机汞农药含苯基汞和烷氧基汞，在体内易分解成无机汞化合物。目前我国已禁止生产、进口和使用有机汞农药，除拌种常用的醋酸苯汞、氯化乙基汞外，各国都已禁止使用有机汞农药。但民间剩余的农药仍有间断使用的，应引起重视。在食品加工过程中使用的机械、管道等与食品摩擦接触，会造成微量的金属元素掺入食品中，引起污染。贮藏食品的大多数金属容器含有重金属元素，在一定条件下也可污染食品。另外，重金属元素还会随部分食用药物进入人体，产生危害。当前，国际上进口中药材和中成药的国家对中药材和中成药中重金属的含量检测提出了严格要求。

重金属元素可通过食物链经生物浓缩，浓度提高千万倍，最后进入人体造成危害。进入人体的重金属要经过一段时间的积累才显示出毒性，往往不易被人们所察觉，所以具有很大的潜在危害性。

1. 铅 铅在自然界分布甚广，是工业生产中的一种重要原料。自工业革命以来，全世界铅的产量逐年增加。工业用铅可分为金属铅和含铅化合物两大类，进入环境的铅主要是含铅化合物。含铅排放物除小部分可以回收利用外，其余均通过各种途径进入环境，造成污染和危害。铅在生活中的应用也十分广泛，如彩釉陶瓷、印有彩色画面的图书、塑料制品、搪瓷、马口铁包装食品的焊锡、汽油中的抗爆剂等都含有铅。铅及其化合物侵入人体的途径主要是呼吸道，其次是消化道，完整的皮肤不能吸收。铅通常以蒸气、烟尘及粉尘形态进入，一般地说，吸入的铅70%～75%仍随呼气排出，仅25%～30%吸收入体内。铅通过消化道进入人体主要的途径来自在作业场所进食和饮水。对目前国内蔬菜中重金属污染的资料进行研究分析表明，蔬菜中的Pb污染问题非常突出。我国食品中重金属污染主要是铅污染，通过膳食计算，我国各年龄段铅的摄入量偏高，特别是儿童已经达到PTWI(每周耐受摄入量，provisional tolerable weekly intake)的105.6%～109.7%。

2. 砷 砷在自然界分布很广，动、植物机体中都含有微量的砷。农田用水的污染和含砷农药的广泛使用，是农作物受砷污染的主要来源。据报道，海水含砷为2～30 ng/kg，而工业城市毗邻的沿海水域可达140～1 000 ng/kg。砷在我国大部分地区的蔬菜中的检出率近100%。粮食、水果、蔬菜、肉、乳、蛋、鱼类及其制品、茶叶等食品均有检出，有的超过食品安全卫生标准。

3. 汞 汞极易由环境中的污染物通过各种途径对食品造成污染，直接影响人们的饮食安全，危害人体的健康。汞是蓄积作用较强的元素，主要在动物体内蓄积。湖泊、沼泽中的水生植物、水产品易蓄积大量的汞。自20世纪50年代后期农业上使用含汞杀螨剂以来，汞对土壤、自然水系、大气的污染日益严重。工厂排放含汞的废水是水体污染汞的主要来源。我国生活饮用水水质卫生标准规定汞不得超过0.001 mg/L。

4. 镉 镉是最常见的污染食品和饮料的重金属元素。镉可通过环境污染、生物浓缩和含镉化肥的使用而致食品污染。我国水稻、蔬菜等农作物中镉的检出率较高，超标现象严重。成都地区蔬菜样品检测结果表明，Pb 和 Cd 是该地区蔬菜中的主要污染元素，它们的超标率分别为 22％和 29.4％，Hg 和 As 的检出率均为 100％。

5. 锡　锡与有机烃基结合而形成的有机金属化合物称为有机锡。有机锡早期曾用作抗菌剂、农业杀虫剂、除草剂。后来有机锡化合物作为高效防污剂而广泛应用于防除海洋污损生物，有助于提高船舶航速。防污损涂料中常用的有机锡化合物为三丁基锡(简称 TBT)和三苯基锡(简称 TPT)，其中 TBT 是迄今为止人类引入海洋环境中的有机或无机污染物中分布广泛、毒性最强的化合物之一。有机锡化合物对环境，尤其对海洋生态环境的污染越来越严重。有机锡对贝类和鱼类有致畸作用，还影响海洋生物的神经传递系统，造成神经错乱。

在以上这几种有毒重金属中，铅对人体的危害最大，其次是砷和汞。铅对人体各系统均有毒害作用，主要引起神经系统、造血系统和血管方面的病变。神经系统方面的病变，早期可出现高级神经功能障碍，晚期则可造成器质性脑病及神经麻痹。对造血系统，主要是铅干扰血红素的合成而造成贫血。铅对儿童的生长发育影响极大，幼儿大脑对铅污染更为敏感，严重影响儿童的智力发育和行为。儿童血液中铅的含量超过 0.6 μg/ml 时，就会出现智能发育障碍和行为异常。我国食品重金属残留限量国家标准规定铅含量最高(豆类)为 0.8 μg/ml，鲜乳为 0.05 μg/ml。研究表明，皮蛋中含铅量较高，易于超标。砷在环境中由于受到化学作用和微生物作用，大都以无机砷和烷基砷的形态存在。不同形态的砷，其毒性相差很大。三价砷化合物的毒性大于五价砷化合物，砷化氢和三氧化二砷(俗称砒霜)毒性最大。口服三氧化二砷 5～50 mg 即可中毒，60～100 mg即可致死。长期接触砷，会引起细胞中毒，有时会诱发恶性肿瘤，特别无机砷是皮肤癌与肺癌的致癌物质。砷还能透过胎盘损害胎儿。我国食品重金属残留限量国家标准规定，砷含量最高(粮食)为 0.7 mg/kg，鲜乳为 0.2 μg/ml。汞通过食物链的传递而在人体蓄积,蓄积于体内最多的部位为骨髓、肾、肝、脑、肺、心等。汞对人体的神经系统、肾、肝脏等可产生不可逆的损害。汞对组织有腐蚀作用,可与蛋白质结合,形成疏松的蛋白化合物。汞元素在世界的某些地方已成为大众健康的公害。汞在我国蔬菜中的检出率较高,应引起足够重视。我国现行食品卫生标准和无公害食品规定的最低限量为0.01 mg/kg。镉进入体内可损害血管,导致组织缺血,引起多系统损伤;镉还可干扰铜、钴、锌等微量元素的代谢,阻碍肠道吸收铁,并能抑制血红蛋白的合成,还能抑制肺泡巨噬细胞的氧化磷酸化的代谢过程,从而引起肺、肾、肝损害。镉是人体非必需且有毒元素,可能具有致癌、致畸和致突变作用,特别是20世纪60年代研究人员提出了镉污染与日本"痛痛病"的因果关系后,环境镉污染与公众健康的关系日益受到人们的关注。我国食品重金属残留限量国家标准规定的镉含量:水果为0.03 mg/kg,蔬菜、禽蛋为0.05 mg/kg。人类若长期摄取有机锡,有毒物质将在人体内积累,达到一定浓度就会表现出慢性毒性效应。日本从20世纪60年代后期开始,在近海渔业和海水养殖中使用有机锡防污涂料,到80年代就发现了污染问题。人们一旦大量食用了被污染过的鱼虾、贝类,就会发生行走功能障碍和肝脏方面的疾病。

总的来说,控制重金属对食品的污染,首先要从源头上把关,严格控制工业"三废"和城市生活垃圾对农业环境的污染。其次,加快推行标准化生产,加强农产品质量安全关键控制技术的研究与推广,加大无公害农产品生产技术标准和规范的实施力度。第三,加强食品安全监督与检验,强化质量管理,完善食品安全检验检测体系。另外,还要加强食品安全教育,提高公众环保意识,加强群众监督,共同保护自然生态环境,维护人体健康。

二、转基因微生物食品

转基因食品(genetically modified food)是指利用转基因技术将获得的外源基因导入动物、植物和微生物,并将其加工生产的食品。第一代转基因食品是以增加农作物抗性和耐贮藏性的转基因植物源食品，其主要特征是转入抗除草剂基因、抗虫基因、延迟成熟基因等，以增加农作物的抗逆性和耐贮藏性。第二代转基因食品是以改善食品品质和增加食品营养为特征。第三代转基因食品是以增加食品中的功能因子和免疫功能为主要特征。

微生物是转基因最常用的转化材料，所以转基因微生物比较容易培育，应用也最广泛。例如，生产奶酪的凝乳酶，以往只能从杀死的小牛的胃中才能取出，现在利用转基因微生物已能够使凝乳酶在体外大量产生，避免了小牛的无辜死亡，也降低了生产成本。21 世纪是生物技术的时代，利用现代工程技术手段，由微生物的某种特定功能开发系列健康食品原料成为发展趋势之一。

转基因产品是否有害，虽然目前没有完全定论，但从目前的技术来看，转基因产品可能会给人类带来一定的危害，主要表现在：①标记基因的传递，如转基因食品中的抗生素抗性基因进入人和动物的肠道，可以影响肠道细菌的抗药性和抗生素的疗效；②抗昆虫农作物体内的蛋白酶活性抑制剂和残留的抗昆虫内毒素，可能对人体健康有害；③插入病毒外壳蛋白基因的抗病毒转基因农作物可能对人体产生危害；④转基因生物会给自然生态系统带来浩劫，损害人体健康；⑤随着基因改造的抗除草剂农作物的推广，可能导致除草剂的用量增加，从而导致除草剂在食品中残留加大；⑥引起过敏，异性蛋白的不良影响会导致过敏体质的儿童或成人过敏；⑦促使食品中的有害成分，如棉酚、龙葵素、组胺等增加；⑧世代相传杂交有可能产生超级杂草；⑨通过基因交流可使野生近缘种变为杂草；⑩可能产生新的病毒或新的病害；⑪对植物多样性形成威胁；⑫转入毒蛋白基因的植物，如果毒蛋白在花粉中表达，则可能引起蜜蜂等传粉昆虫和植物群落的崩溃，甚至危及人类及其他动物的健康和栖居环境；⑬如果转基因不育品种的不育基因在种植地大肆传播，将会导致当地的农业崩溃；⑭如果用于制造食品的植物通过基因改良成为药用植物，那么通过异花授粉将会使其他植物产生药性，从而污染人类的食品源。

三、饲料的安全性

1. 饲料的安全控制是食用动物产品安全控制的关键环节之一。当前，我国畜牧、水产养殖业的规模不断扩大，肉蛋奶的供应量也不断提高。但与此同时，动物产品安全的问题也非常突出，主要表现在动物疫病病原体的污染以及抗生素残留、激素残留、微生物毒素残留、化学污染物残留等，这些问题既直接威胁着消费者的健康和产品的国内外贸易，也影响我国畜牧水产养殖业、饲料工业的国际形象。重视并科学地解决这些问题，是我国畜牧水产养殖业、饲料工业实现可持续发展的必由之路。食用动物产品安全的控制是一个系统工程，涉及动物源、饲养场的养殖过程与环境、疾病、饲料原料与产品生产、动物运输、屠宰、冷藏、加工、流通过程的完整食品生产链的安全控制，其中任何一个环节出现问题，都会造成食用动物产品的不安全。如商品鸡、猪本身有疾病传染，动物屠宰点使用病死的动物做原料，动物尸体注水，在某些饲养厂中饲养者在饲料中私自添加、滥用各种抗生素、激素、镇静剂等，饲料厂中原料质量控制不当，使用了微生物毒素超标的原料，或生产中发生药物添加剂的交叉污染，养鱼户为防治鱼病，违规超量使用抗生素或禁用药物等，都会引发不安全事件。

2. 饲料安全既关系到动物源食品的安全，也影响到环境和生态安全。饲料的卫生质量对动物源食品的安全有直接的影响，主要表现在以下几方面：①饲料原料中微生物毒素超过国家标准限量，导致饲料产品的微生物毒素超标，对饲养动物和食品造成危害。近年来，我国饲料原料中黄曲霉毒素、玉米赤霉烯酮、呕吐毒素等检出率较高，特别是玉米赤霉烯酮的污染，给畜禽养殖业造成了很大危害。②饲料原料中致病菌如沙门氏菌、大肠杆菌等超标，导致饲料产品致病菌超标，对饲养动物和食品造成了危害。这类污染主要发生于动物性饲料原料中，如肉骨粉、肉粉、蹄脚粉等。③饲料原料中含有动物致病病毒，如禽流感、口蹄疫、疯牛病病毒等，对饲养动物和食品造成危害。这类污染同上也主要发生于动物性饲料原料中。④饲料原料中化学杀虫剂、除草剂等农药超标，造成饲料产品农药超标，对饲养动物和食品造成危害。这类污染主要发生于植物性饲料原料中。⑤饲料原料中重金属含量超标，如铅、砷、汞等超标，对饲养动物和食品造成危害。在矿物饲料原料中易发生重金属含量超标。⑥饲料加工中控制不当发生药物交叉污染，使某种动物饲料中含有的特殊药物意外地混到另一种动物饲料中，对饲养动物和食品造成危害。⑦饲料厂违法使用国家明令禁止使用的抗生素、激素等药物或超标准过量使用药物，对饲养动物和食品造成危害，最终使消费者产生抗药性和危及人体健康。如某些饲料企业在饲料中违法使用“瘦肉精”、氯霉素、激素等。⑧饲料中含有抗营养因子或致过敏蛋白质，对饲养动物造成危害等。⑨转基因饲料的安全问题目前尚无最终答案，但已大量应用于动物饲料中，其潜在的风险可能仍然存在。

饲料的质量问题除了对动物源食品的安全有直接的影响外，还对生态环境造成影响，主要表现在：①饲料中化学污染物从动物体内作为粪便排出，会对土壤、地表水、地下水造成污染。②饲料中过量滥用高铜、高锌等添加剂，这些元素的吸收利用率很低，大量排到环境中会造成土壤、地表水、地下水污染，从而危害我们的生存环境。③饲料中营养不平衡或某些营养物含量过高，导致营养物不能被利用而从粪便中排出，环境受到污染，其中氮和磷的污染是国内存在的较严重问题。许多发达国家制订有氮和磷的排泄标准，并强制执行，而我国在这方面还有较大差距。

3. 饲料安全的概念　我国国家标准《饲料工业通用术语》中对饲料作了如下定义：“能提供饲养动物所需养分，保证健康，促进生长和生产，且在合理使用下不发生有害作用的可饲物质”。可见，在饲料的定义中就包含了对安全的要求。世界卫生组织对食品安全的定义为：“食品安全是指确保食品消费对人类健康没有直接或潜在的不良影响的措施与活动”。

从安全饲料的广义定义看，它又可称为生态饲料。所谓生态饲料是指具有最佳的营养物利用率和最佳的动物生产性能，且能最大限度地注重饲料对饲养动物、生产者、动物食品消费者和环境的安全性，促进生态和谐的饲料。对安全饲料或生态饲料而言，又可分为清洁饲料、无公害饲料、绿色饲料和有机饲料 4 类。

(1) 清洁饲料：是指采用卫生指标合格的饲料原料和国家允许使用的饲料添加剂目录规定的添加剂，并按规定剂量和方法使用，执行饲料厂良好生产规范标准生产的、质量符合现行国家饲料卫生标准的饲料。目前大多数饲料企业执行现行国家标准生产的产品属此类，它是安全饲料或生态饲料中的最低级产品。

(2) 无公害饲料：是指采用符合国家无公害饲料原料标准的饲料原料和国家批准使用的饲料添加剂，严格按国家规定使用抗生素等药物添加剂，经科学配制、加工而成的饲料产品，生产全过程及产品质量经有关专门机构认证，获得产品认证证书并允许使用无公害产品标志。目前，我国尚未制订无公害饲料的产品标准，在实际生产中可以参照无公害畜产品、水产品的生产规范要求来制订企业的无公害饲料产品标准。从无公害畜产品、水产品的生产标准看，无公害饲料中对各种危害饲料安全质量的指标比现行饲料标准更多，要求更严格。如要求严格按规范使用抗生素等药物，产品中不能发生交叉污染，但未对转基因饲料作出明确规定。它是生态饲料中的低级产品。

(3) 绿色饲料(A 级绿色饲料)：目前我国尚未制定绿色饲料的国家标准和行业标准。根据绿色食品的定义可给出绿色饲料的定义，绿色饲料是遵循可持续发展原则，按照特定的产品标准，由绿色生产体系生产的无污染的安全、优质、营养型饲料。要生产绿色饲料，必须首先使用经批准使用的具有绿色产品标志的饲料原料和饲料添加剂；其次要对生产全过程实施监控，整个生产体系要经过认证达到绿色饲料产品的生产要求，产品经检测认证达到绿色饲料标准要求，并允许在产品上使用绿色饲料产品标志。

(4) 有机饲料(AA 级绿色饲料)：目前我国尚未制定有机饲料的国家标准和行业标准。所谓有机饲料应是由有机生产体系采用有机饲料原料按照有机饲料相关标准进行加工生产的饲料产品，在产品中不得使用化学合成的药物、生长促进剂及其他化学合成添加剂，不准使用由基因工程技术获得的产品，如转基因大豆粕、棉籽粕等，产品质量经检验符合相关标准的规定，并经认证允许在产品包装上使用绿色产品的标志。

第五章　微生物药物与保健品

药物和保健品是人类战胜疾病和提高生活质量的重要物质资源。随着人口的急剧增长、环境的恶化和人类无知地滥用药物，病原微生物的抗药性空前提高，原本有效的药物急剧变得低效甚至无效，也无药可替。另一些原已基本消灭的疾病近年又卷土重来。人类面对的疾病威胁、疾病种类都在日益增多，对许多疾病甚至一无所知，且无药可治。因此利用微生物及其产物提高人类的生存质量，减少疾病，开发微生物药物资源，用于各种疾病的治疗，对于推动人类社会的文明进步具有重大意义。

目前，国内外都在利用现代生物技术尤其是微生物技术，或对已知的各种药物进行改造，以提高疗效或适应更为广泛的疾病治疗，或开发新的药物和保健品，扩大药物资源。到 2020 年，利用生物技术研制的新药可能将达到 3 000 种左右，全球生物技术市场将达到 30 000 亿美元。我国在生产技术上与国外相比还存在一定差距，生物产业基本上还处于跟踪研究和仿制阶段，我国包括生物制药在内的医药企业，新品开发经费投入过少，而在国外，科研开发费用要占到销售总额的 10% 以上，有的国际跨国巨头已经达到 30%。

第一节　微生物制药研究进展

在自然界几乎是无处不有、无所不在的微生物，具有产生各种各样不寻常的化学结构和不寻常的生物学活性化合物的无限潜力，这些化合物在医药上的应用是微生物资源开发利用的一个重要方面。

一、药用微生物资源开发利用的历史

（一）微生物之间的拮抗现象

一种微生物的生长如果造成周围其他微生物生长的抑制，这种现象就叫做“拮抗”。1874 年，W. Roberts 发现某种霉菌能抑制细菌的生长，这是世界上最早报道的拮抗现象。1899 年，R. Emmerich 报道应用假单胞菌的培养液治愈了皮肤感染症，这是首次利用拮抗现象治疗感染症的实例。

（二）第一个实用抗生素——青霉素的发现

1928 年，英国学者 Alexander Fleming(1881—1955)在研究葡萄球菌的变异时发现青霉素（点青霉 *Penicillium notatum*）的培养液中存在着一种称为“青霉素”的抗菌物质（当时抗菌磺胺药物正盛行，未受重视）。至 1941 年（1938 年，H. W. Florey 和 E. B. Chain 合作将其成功应用在二战中细菌性感染疾病的治疗方面）在美国开发成功，标志着抗生素时代的开创，推动了发酵工业快速发展，并使人们认识到微生物在其生命活动中能够产生拮抗物质，尤其是使当时不被重视的放线菌研究兴旺起来，逐渐形成了一个学科。青霉素的发现和使用是人类制药历史上具有划时代意义的里程碑。

（三）链霉素的发现与新抗生素开发的活跃期

美国著名土壤微生物学家 Selman A. Waksman（瓦科斯曼，1952 年获诺贝尔医学生理学奖）继青霉素应用于治疗之后，第一个将从鸡咽喉的放线菌中发现的链霉素（streptomycin）作为抗菌药品应用于结核病治疗，取得了令人振奋的效果。他根据自己的研究工作，提出了一整套较为系统的从微生物中寻找抗生素的方法，为以后有目的地从微生物中筛选抗生素创造了条件。接着，人们从放线菌中陆续发现了金霉素（chlorotetracycline）、土霉素（oxytetracycline）（治疗当时流行的斑疹伤寒和赤痢有效）、四环素（tetracycline）等四环类抗生素；卡那霉素（kanamycin）、庆大霉素（gentamicin）、新霉素（neomycin）、妥布霉素（tobramycin）、小诺霉素（micronomicin）等氨基糖苷类抗生素和红霉素（erythromycin）、吉他霉素(kitasamysin)、螺旋霉素(spiramycin)、麦迪加霉素(medecamycin)等大环内酯类抗生素;利福霉素(rifamycin)等安莎类抗生素和制霉菌素(nystatin)、两性霉素 B(amphotericin B)等多烯类抗真菌抗生素。临床常见的传染病似乎都能医治,从而形成了抗生素的黄金时代,奠定了现代抗生素制药工业发展的基础。至 1959 年底,已发现的和临床实用化的抗生素分别达到 1 000 多种和 40 余种,目前临床上应用的大多数抗生素都是在这一时期发现的。迄今人们已发现了约 6 000 种具有抗生素活性的天然物质,估计今后每年还会有 100~200 种新的抗生素被发现。全世界每年抗生素的产量超过 10 万吨,产值约 100 亿美元。

(四) 半合成抗生素的发展

半合成抗生素(semi-synthsis antibiotics)是指用化学或生物化学方法,改变天然抗生素的化学结构,或引入特定的功能基团获得具有各种优越性能的新抗生素或其衍生物的总称。此类抗生素具有扩大抗生谱(青霉素抗菌谱窄)、增强抗菌活力、改善药物代谢动力学、耐酸、耐酶(青霉素水解酶)、抑制耐药菌、可口服、高效、长效等新特性。

自 20 世纪 60 年代起,寻找新抗生素变得越来越困难了,已有的抗生素也由于日益增加的耐药性问题和不断显现的副作用而困扰医药界,通过对原有的抗生素进行改造来获得具有更好临床效果的衍生物成为新的研究方向。1959 年,英国科学家 Beecham 等利用大肠杆菌裂解酶裂解青霉素 G 发现了青霉素母核 6-氨基青霉烷酸(6-APA),从 6-APA 出发合成了 3 万多种化合物。但是,真正将半合成抗生素推向发展黄金阶段的是半合成头孢菌素(cephalosporins)类抗生素的出现,主要是因为头孢菌素母核可供化学修饰的部位比青霉素母核要多得多,并且对 β-内酰胺酶也更加稳定。1960 年,研究者获得了头孢菌素 C 的母核 7-氨基头孢烯酸(7-ACA)。青霉素是由带酰基的侧链和 6-氨基青霉烷酸(6-amino penicillanic acid, 6-APA)母核构成;头孢菌素是由 α-氨基已二酸侧链和 7-氨基头孢霉烷酸(7-amino cephalosporanic acid,7-ACA)母核构成,如图 5-1。

除了半合成青霉素和头孢菌素外,20 世纪 70 年代又先后发现

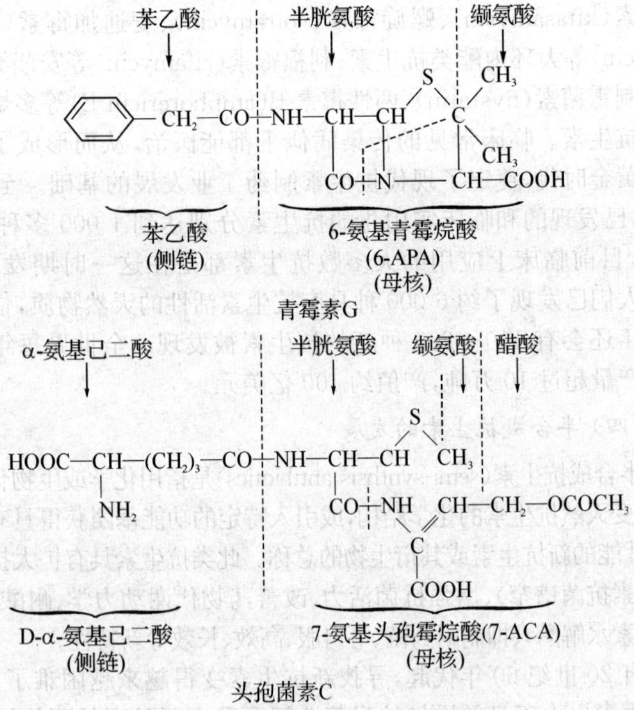

图 5-1 青霉素与头孢菌素的结构

了头霉素(cephamycin)、碳青霉烯(carbapenems)等微生物产生的新的含 β-内酰胺环抗生素(β-lactams antibiotics)及其相应的半合成产品。除此之外，半合成卡那霉素、半合成四环素等也有了长足的发展，特别是近年来所开发的半合成红霉素，以其更好的药效和特性成为抗生素中最引人注目的一个领域。据统计，现在半合成抗生素总数已近 10 万种。

(五) 微生物药物应用范围的扩大

1942 年，Waksman 将由微生物在其生命活动过程中产生的、能够在低微浓度下选择性地抑制其他微生物生长的化学物质称为抗生素(antibiotics)。

1950 年开始从微生物代谢产物中寻找具有除抗菌作用外的其他生理活性物质，抗肿瘤抗生素、抗虫抗生素、抗病毒抗生素和农用抗生素等的筛选工作蓬勃开展。抗肿瘤抗生素柔红霉素(daunomycin)、丝裂霉素 C(mitomycin C)、博莱霉素(bleomycin)等,抗虫抗生素盐霉素(salinomysin)、莫能菌素(monecin)、阿弗米丁等,农用抗生素春雷霉素(kasugamycin)、有效霉素(validamycin)、井冈霉素(jinggangmycin)等,抗病毒抗生素阿糖腺苷(vidarabine)、偏端霉素 A(distamycin A)等,都是具有应用价值的天然抗生素。微生物药物的新时代是以酶抑制剂的研究为开端,目前已拓展到免疫调节剂、受体拮抗剂、抗氧化剂等多种生理活性物质的筛选和开发研究。免疫调节剂、受体拮抗剂(antagonists)、抗氧化剂、具有显著降血脂作用的胆固醇生物合成抑制剂等多种生理活性物质,也被称为广义抗生素。

(六) 微生物药物的发展概况

1. 非抗生素类生物活性化合物的数量持续增加,使药用微生物的应用范围不断扩展。

2. 抗微生物活性化合物的作用靶由细菌扩大到其他微生物,如真菌、病毒、原虫及寄生蠕虫等。

3. 发现的药用微生物种类不断扩大。扩大微生物的来源也是一条寻找新微生物药物的有效途径。目前已从海洋微生物和一些生长在极端环境中的微生物的代谢产物中发现了很多具有生理活性的物质。20 世纪 90 年代,又发现一类稀有细菌——黏细菌(myxobacteria),能产生各种药理活性物质特别是环氧噻酮类(epothilones)抗癌活性物质,对这类细菌的研究也开始盛行起来。

4. 重组 DNA 技术的应用使筛选模型更加多彩,药用微生物的来源更加丰富。

(1) 通过基因克隆方法构建基因工程菌,使其产生新的抗生素衍生物或杂合抗生素或有价值的抗生素中间体,或提高现有抗生素的产量,或在多组分代谢产物中选择性地产生所需要的有效组分。

(2) 用基因重组方法构建新的微生物或动、植物细胞,使其表达与疾病相关的酶或受体蛋白质,用于建立新生物活性物质的筛选模型,或用来研究生物活性物质的作用机制。

5. 抗生素及其半合成衍生物不断发现新的生物学活性,开发新的应用。

二、药用微生物的来源

药用微生物主要来源于土壤，一部分来源于江河湖海（水中或水面下泥土中），或寄生于动植物体表或与动植物共生。特定的自然环境往往适宜特定的微生物生长，而特定的微生物有时对应产生特定的抗生素或药理活性物质。因此，对各种微生物生长的自然生态环境进行研究，有助于找到新的药用微生物。

积极寻找具有医药品生产价值的微生物是开发新药的重要途径。在某些情况下，一些微生物产生特异的抗生素，反过来，一些抗生素也由特异的微生物产生。例如芽孢杆菌属（*Bacillus*）细菌产生的抗生素差不多毫无例外地是多肽类抗生素，而大环内酯和多烯大环类抗生素几乎无一不是由放线菌中的链霉菌属（*Streptomyces*）或小单胞菌属（*Micromonospora*）产生。但在多数情况下，一类微生物可以产生多种抗生素，一种抗生素也可以由多种微生物产生。

第二节　微生物药物的研究与开发

一、微生物药物研究的一般程序

（1）采集不同生态系统的土壤样品或其他可用于微生物分离的天然物质样品。

（2）以各种方法对采集到的土样等进行处理，并以各种分离培养基进行分离培养，尽可能多地分离各种不同属、种的微生物菌株。

（3）对分离得到的微生物用多种精心设计的培养基进行摇瓶培养，然后用酒精或丙酮对全发酵液进行萃取。

（4）采用各种精心设计的筛选模型对萃取培养液中存在的代谢产物进行初步筛选。

（5）对初筛有良好活性的微生物菌株的代谢产物进行提取。进行活性物质的提取时，首先必须确定活性物质在发酵滤液中还是在菌体中。如果活性物质在滤液中，可根据对其溶解性和极性的研究结果，分别采用溶剂萃取法、离子交换树脂交换法、大孔树脂吸附法或层析法。倘若活性物质在菌体中，通常先用可与水混溶的溶剂溶出，再用溶剂萃取法或吸附法或层析法进行提取。

(6) 提取的活性代谢产物经过二次筛选确认其活性后，进行理化性质的研究，排除已知物质。可进行早期鉴别或排重，通过与已知化合物比较层析谱、生物活性谱、显色反应、拮抗物质及其他基本理化和生物学性质来实现。

(7) 使用精制的活性代谢产物进行全面的物理、化学、生物学、生物化学性质以及稳定性和化学结构的研究，确认有开发前途的新物质后申请专利。

(8) 对产生新活性物质的菌株进行有效的保存，同时进行自然分离筛选和培养条件的研究，以期提高活性代谢产物的产率。

(9) 用小至中型发酵罐对新活性物质产生菌进行扩大培养，从中提取、精制获得一定数量的活性物质，用于临床前动物药效学、毒理学、药动学、药代学等各项药理研究。

(10) 对活性物质进行制剂研究，确定能发挥最大药效、产生最小毒副作用的剂型。

(11) 总结理化性质、临床前药理及制剂研究数据，向政府药政管理部门申报临床，开展Ⅰ～Ⅲ期临床试验，考察人体内药动学和药代学及其安全性和有效性，同时进行生产工艺的优化研究。

(12) 总结临床试验数据，向政府药政管理部门报批新药生产许可。

(13) 获得新药批准文号后进行试生产，同时考察临床副作用，即进行第Ⅳ期临床试验。

(14) 总结第Ⅳ期临床试验数据，报批正式生产，进行市场开发。

按照以上(2)～(5) 的程序，从微生物的分离、培养、筛选到提取、精制和化学结构的确定，至少需要 1 年的时间，随后进行的动物药效学、毒理学、药物代谢动力学等临床药理研究，需要 2～3 年时间，以后的临床试验及报批，又需 3～6 年。因此，开发一个新药，总共至少需要 8～10 年时间。一般情况下，筛选 10 万株微生物可获得 5～50 个新化合物，但不能保证这些新化合物有任何一个能通过药理和临床评价，成为新的药物。

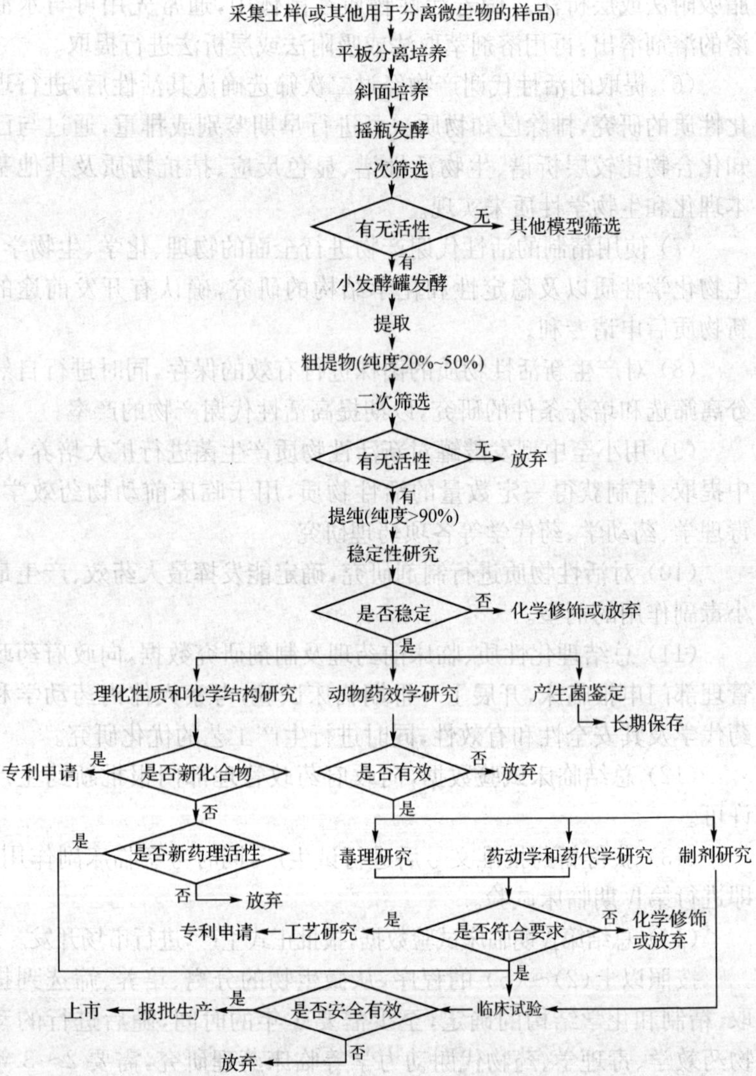

图 5-2　微生物药物的研究开发程序

二、微生物药物的筛选

筛选就是应用精心设计的各种模型，在浩如烟海的成千上万个微生物代谢产物中，将所需要的药理活性物质鉴别出来。一个好的筛选模型，要求能够简单、快速、灵敏、特异地检出所需要的活性物质，同时可以有效地排除已知化合物。所有的模型都必须满足能够进行高通量筛选的要求，也就是说要适合于大规模筛选等，包括整体动物模型、动物组织模型、动物细胞模型、生物化学模型、化学模型、微生物学模型等。

1. β-内酰胺抗生素的筛选　β-内酰胺抗生素是化学结构中含有β-内酰胺(β-lactam)环并具有抗细菌活性的一类天然和合成化合物的总称。由于这类抗生素特异性地抑制细菌细胞壁的生物合成，从而对无细胞壁构造的哺乳动物细胞几乎没有毒性，加上通过侧链的化学改造可以获得活性更高、或抗菌谱更广、或药动学性质更好、或对耐药菌有效的一系列衍生物，使人们对这一抗生素产生特殊的兴趣，迄今一直作为抗菌化疗的主力军发挥着重要作用。

2. 其他抗细菌抗生素的筛选　β-内酰胺抗生素容易发生过敏反应，使一些过敏体质的人不能使用；另一方面，对某些病原菌如分枝杆菌(mycobacterium)、支原体(mycopbasma)等的作用不强或者无效，而且细菌还容易对它们产生耐药性。因此有必要对其他类型的新抗生素也进行筛选研究，如氨基糖苷抗生素、大环内酯抗生素、安沙抗生素、糖肽类抗生素等。

3. 新的抗细菌药物筛选靶　固醇和萜是生物细胞的重要构成成分。许多微生物、藻类细胞和植物叶绿体中存在着一种完全不同的生物合成途径，称为非甲羟戊酸途径。这一途径在除某些葡萄球菌、链球菌和肠球菌以外的几乎所有病原细菌中都存在，并对它们的生长至关重要，而动物中不存在，因此它是一个绝好的筛选高效、无毒抗生素的作用靶子。

4. 抗真菌抗生素的筛选　1939年，A. E. Oxford等发现了第一个抗真菌抗生素——灰黄霉素(griseofulvin)，它作用于真菌菌丝尖端的细胞壁，使其变形直至萎缩。以后相继发现了制霉菌素(nystatin)、两性霉素 B(amphotericin B)、匹马菌素(pimaricin)等多烯类抗真菌抗生素，它们能与真菌细胞质膜中的固醇成分结合，从而破坏膜的功能，使细胞内的 K^+ 和氨基酸流出，造成细胞死亡。但是现有的这些抗生素大多毒性较大(如肾毒性)和(或)生物利用度低，因此筛选新的高效、低毒抗真菌抗生素已成为一项严峻而紧迫的任务。

另外还有抗病毒抗生素的筛选、抗癌抗生素的筛选、抗寄生虫抗生素的筛选、免疫调节剂的筛选、抗高血脂和高血糖物质的筛选、其他药理活性物质的筛选等等。

三、微生物药物的安全性与有效性评价

(一) 临床前评价

1. 体外生物学活性　如对细菌、病毒、癌细胞、原虫、酶、受体等的活性和作用机制，以及 pH、血清、组织培养液等对活性的影响。

2. 产成品的稳定性　原料药粉及制剂都要在规定的时间内考察对酸碱度、温度、湿度和光照的稳定性，以确定它的保存方法和保存期。

3. 急性毒性　以不同剂量和不同给药途径对纯系小鼠或大鼠给药，在 7～14 d 内观察并计算出使 50%实验动物死亡的给药剂量，即 LD_{50}。

4. 亚急性毒性和长期毒性　以选定的临床给药途径和剂量对纯系大鼠、家兔和狗连续给药 1 个月(亚急性毒性)或 3～6 个月(长期毒性)，观察给药期间实验动物的神态、摄食、活动等一般状态以及体重、摄食量、血和尿的各项化验指标、心电图、血压、呼吸等的变化及停药后的恢复情况，分析药物对心、肝、肾、肺和造血功能的影响。

5. 三致和特殊毒性　对实验动物细胞、脏器和组织有无致癌和致突变作用，对给药后的雌性动物生育的后代有无致畸形作用。

特殊毒性包括抗原性、听觉毒性、成瘾性等。

6. 实验治疗　与有确切疗效的阳性对照药物比较治疗效果。

7. 一般药理和药物代谢动力学　观测不同途径给药后血药浓度的变化，血药浓度高峰、达峰时间及高峰维持时间，与血浆蛋白的结合，在各脏器和组织中的分布及代谢，代谢产物及其生物学活性，排泄途径和速度等。

（二）临床评价和副作用考察

临床试验一般分三期进行：

Ⅰ期临床试验——着重考察在安全用药剂量下，药物在健康应试者体内的吸收、分布、代谢、排泄等药动学和药代学性质。

Ⅱ期临床试验——重点考察药物对主要适应证病例进行治疗的安全性和有效性，并研究最适给药方法和剂量，必要时可设安慰剂对照。

Ⅲ期临床试验——以同类有确切疗效的药物为阳性对照，随机分配，但病人和医生均不知情的所谓“双盲”试验，可排除人为的干扰和心理作用。

1. 化疗指数　是评价一种药物安全性和有效性的综合指标。

化疗指数＝药物最小有效剂量/药物最大耐受剂量

化疗指数越低，药物的安全性和有效性就越好。

2. 对临床使用的微生物药物的一般要求

（1）化疗指数至少在0.3以下；

（2）对特定的病原有选择性作用；

（3）在体内容易和病原接触，且不易被血液、脓液、组织浸液、坏死组织等破坏；

（4）用于全身给药时要求吸收确切，排泄较慢；

（5）病原不易产生抗药性；

（6）无致癌、致畸和其他重大毒性反应；

（7）副反应不影响治疗，而且是可逆的，停药后能恢复正常；

（8）长期给药在体内不积蓄，也无成瘾性。

四、新药的开发与上市

通过动物试验后Ⅰ期临床淘汰率为30%、Ⅱ期临床淘汰率达67%、Ⅲ期临床淘汰率达70%。在美国,发现或合成化合物、寻找具有体外活性的化合物,大约10^5个中能进入动物实验的只有250个,进入临床试验的仅有5个,最终成为上市药品的可能只有1个。

表5-1 新药的开发与上市过程

试验人数	期间	目的	成功通过本期试验比例/%
第一期20～100人	数月	安全	70
第二期数百人以上	数月至2年	短期安全、药效	33
第三期数百至数千人	1～4年	安全、药效、剂量	25～30

五、药物在体内的基本过程

药物是指对机体产生某种生理生化影响,并在疾病诊断、预防和治疗方面有一定效果的物质。理论上讲,凡能影响机体器官生理功能或细胞代谢活动的物质都属药物。药物代谢动力学是研究药物在体内的浓度随时间发生变化规律的学科,简称药代动力学或药动学。

1. 药物在体内的基本过程

(1) 吸收:指药物从用药部位进入血液循环的过程。药物吸收的快慢或难易受药物理化性质、浓度、给药方式等因素影响。

(2) 分布:指药物从全身循环转运到各器官、组织的过程。

(3) 生物转化:药物在体内经化学变化生成更有利于排泄的代谢产物的过程。主要生物转化器官为肝脏。

(4) 排泄:药物的原形或代谢产物通过各种途径从体内排出的过程。

2. 药物作用的量效关系

(1) 量效关系:指定量分析与阐明药剂量和药物效应之间的变化规律。

(2) 类型

①无效量：药物剂量过小，不产生任何效应。

②最小有效量(阈剂量)：能引起药物效应的最小药物剂量。

③半数有效剂量(ED_{50})：对 50%个体有效的药剂量。

④极量：出现最大药物效应的药剂量。

⑤最小中毒剂量：使生物机体出现中毒的最低剂量。

⑥致死量：使生物出现死亡的最低剂量。

⑦半致死量(LD_{50})：使 50%个体死亡的药物剂量。

(3) 治疗指数：指的是 LD_{50} 和 ED_{50} 的比值，其数值越大，安全性越高。

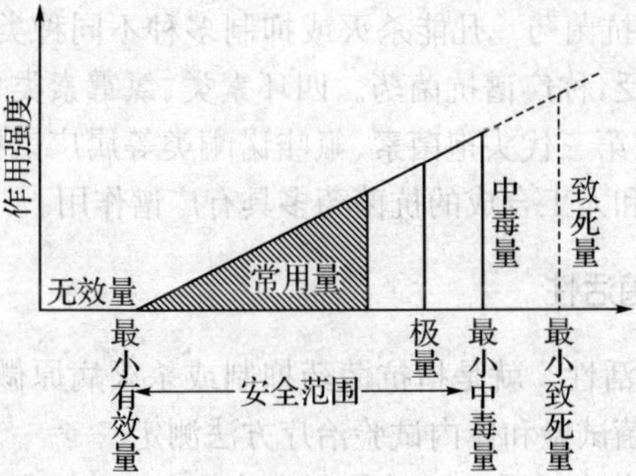

图 5-3　剂量与药物作用关系示意图

第三节　抗生素

一、抗生素的来源

抗生素原称抗菌素，是细菌、真菌、放线菌等微生物的次级代谢产物。主要从微生物的培养液中提取，能杀死或抑制其他病原微生物。目前人们在生物体内发现的 6 000 多种抗生素中，约 60%来自放线菌。抗生素除从微生物的培养液中提取之外，随着化学合成的发展，现已有不少品种能够人工合成和半合成。头孢菌素类是在天然提取物的基础上加入不同的活性基团得到的。

二、抗菌谱

抗菌谱是指药物抑制或杀灭病原微生物的范围。抗菌谱是兽医临床选药的基础。根据引起发病的病原微生物的种类及敏感药物的不同，可选用不同抗菌作用的抗菌药物。

抗菌药的抗菌谱分为窄谱抗菌药和广谱抗菌药。

1. 窄谱抗菌药　凡仅作用于单一菌种或某属细菌的药物称窄谱抗菌药。例如，青霉素主要对革兰阳性细菌有作用；链霉素主要作用于革兰阴性细菌。

2. 广谱抗菌药　凡能杀灭或抑制多种不同种类的细菌，抗菌谱的范围广泛，称广谱抗菌药。四环素类、氯霉素类、庆大霉素、广谱青霉素类、第三代头孢菌素、氟喹诺酮类等属广谱抗菌药。半合成的抗生素和人工合成的抗菌药多具有广谱作用。

三、抗菌活性

1. 抗菌活性　就是指抗菌药抑制或杀灭病原微生物的能力。可用体外抑菌试验和体内试验治疗方法测定。

2. 最小抑菌浓度　能够抑制培养基内细菌生长的最低浓度称为最小抑菌浓度(MIC)。体外抑菌试验对临床用药具有重要的参考意义。

3. 最小杀菌浓度　能够杀灭(使活菌总数减少99%或99.5%以上)培养基内细菌生长的最低浓度称为最小杀菌浓度(MBC)。抗菌药的抑菌作用和杀菌作用是相对的，有些抗菌药在低浓度时呈抑菌作用，而高浓度呈杀菌作用。

4. 抑菌药　临床上所指的抑菌药是指仅能抑制病原菌的生长繁殖，而无杀灭作用的药物。如磺胺类、四环素类、氯霉素等。

5. 杀菌药　是指具有杀灭病原菌作用的药物。如青霉素类、氨基糖苷类、氟喹诺酮类等。

四、抗生素的分类

1. 根据抗生素的生物来源分类

(1) 放线菌产生的抗生素:如链霉素、四环素、红霉素等。

(2) 真菌产生的抗生素:如青霉素、头孢霉素等。

(3) 细菌产生的抗生素:如多黏菌素等。

(4) 植物或动物的抗生素:如被子植物蒜中制得的蒜素,从动物脏器中制得的鱼素等。

2. 按抗菌谱和应用分类

(1) 主要作用于革兰阳性菌的抗生素:如青霉素类、头孢菌素类、大环内酯类、林可胺类、新生霉素、杆菌肽等。

(2) 主要作用于革兰阴性菌的抗生素:如氨基糖苷类、多黏菌素类等。

(3) 广谱抗生素:即对革兰阳性菌和革兰阴性菌等均有作用的抗生素,包括四环素类及氯霉素类等,它们可控制立克次氏体(rickettsia)、衣原体(chlamydia)和支原体(mycoplasma)之类互不相关的微生物。

(4) 抗真菌抗生素:灰黄霉素、制霉菌素及两性霉素 B 等。

(5) 抗寄生虫的抗生素:莫能菌素、盐霉素、马杜霉素、拉沙里菌素、伊维菌素、潮霉素 B、越霉素 A 等。

(6) 抗肿瘤的抗生素:如丝裂霉素 C、正定霉素、博来霉素、光辉霉素等。

(7) 促生长抗生素:如黄霉素、维吉尼霉素等。

3. 根据化学结构分类

(1) β-内酰胺类:如青霉素类(青霉素、氨苄西林、阿莫西林、苯唑西林等)、头孢菌素类等(头孢唑啉、头孢氨苄、头孢西丁、头孢噻呋等)。近年来发展了非典型 β-内酰胺类,如碳青霉烯类(亚胺培南)、单环 β-内酰胺类(氨曲南)、β-内酰胺酶抑制剂(克拉维酸和舒巴坦)及氧头孢烯类(拉氧头孢)等。

(2) 氨基糖苷类:如链霉素、卡那霉素、庆大霉素、阿米卡星、新霉素、大观霉素、安普霉素、潮霉素、越霉素 A 等。

(3) 四环素类:如土霉素、四环素、金霉素、多西环素、美他环素、米诺环素等。

(4) 氯霉素类:如氯霉素、甲砜霉素、氟苯尼考等。

(5) 大环内酯类:如红霉素、泰乐菌素、替米考星、吉他霉素、螺旋霉素、竹桃霉素等。

(6) 林可胺类:如林可霉素、克林霉素等。

(7) 多肽类:如杆菌肽、多黏菌素 B、黏菌素、维吉尼霉素、硫肽菌素等。

(8) 多烯类:如制霉菌素、两性霉素 B 等。

(9) 含磷多糖类:如黄霉素、大碳霉素、喹北霉素等,主要用作饲料添加剂。

(10) 抗寄生虫药:如大环内酯类的阿维菌素类抗生素和聚醚类(离子载体类)抗生素,如莫能菌素等,均属抗寄生虫药。

4. 根据抗生素的作用机制分类

(1) 抑制细胞壁合成的抗生素:如头孢霉素、青霉素等。

(2) 影响细胞膜功能的抗生素:如多烯类抗生素等。

(3) 抑制病原菌蛋白质合成的抗生素:如四环素等。

(4) 抑制核酸合成的抗生素:如丝裂霉素 C 等。

(5) 抑制生物能作用的抗生素:如抗霉素等。

5. 根据抗生素的生物合成途径分类

(1) 氨基酸、肽类衍生物:如头孢霉素、青霉素等。

(2) 糖类衍生物:如链霉素等。

(3) 以乙酸、丙酸为单位的衍生物:如红霉素等。

表 5-2 一些具有重要经济价值的抗生素

抗生素化合物	生产的微生物	效用
放线菌素 D	链霉菌 *Stripumnyces* sp.	抗肿瘤
天冬酰胺酶	欧文氏菌 *Erunnia* sp.	抗白血病
杆菌肽	枯草杆菌 *Bacillus* sp.	抗细菌
博来霉素	链霉菌 *Streptomyces* sp.	抗癌
头孢菌素	念珠菌 *Acremonium* sp.	抗细菌
氯霉素	假头状孢子头 *Cephalorporium* sp.	抗细菌
逍诺霉素	链霉菌 *Streptomyces* sp.	抗原生动物
烟曲霉素	曲霉菌 *Aspergillus* sp.	抗阿米巴虫病
灰黄霉素	青霉 *Penicillium* sp.	抗真菌
丝裂霉素 C	链霉菌 *Streptumyces* sp.	抗肿瘤
游霉素	链霉菌 *Streplomyces* sp.	食品防腐保存
尼生素	链霉菌 *Streplomyces* sp.	食品防腐保存
青霉素 G	青霉 *Penicillium* sp.	抗细菌
利福霉素	诺卡氏菌 *Nocardia* sp.	抗肺结核
链霉素	链霉菌 *Streptomyces* sp.	抗细菌

五、抗生素的作用机理

抗生素主要通过影响病原微生物的结构和干扰其代谢过程产生作用。

(一) 抑制细菌细胞壁的合成

1. 细胞壁的组成及功能　大多数细菌细胞(如革兰阳性菌)的胞浆膜(细胞膜,如同鸡蛋壳内的膜)外有一层坚韧的细胞壁(如同鸡蛋壳),主要由黏肽组成,具有维持细胞形状及保持菌体内渗透压的功能。

2. 作用机制　一些抗革兰阳性菌的抗生素,如青霉素类、头孢菌素类、万古霉素、杆菌肽和环丝氨酸等,能分别抑制黏肽合成过程中的不同环节。这些抗生素均可使细菌细胞壁缺损,菌体内的高渗透压使细胞外面的水分不断地渗入菌体内,引起菌体膨胀变形,并且激活了自溶酶,使细菌裂解而死亡。

3. 应用范围

(1) 抑制细菌细胞壁合成的抗生素对革兰阳性菌的作用强(因革兰阳性菌的细胞壁主要成分为黏肽,占胞壁重量的65%～95%;菌体胞浆内的渗透压高,达20～30 Pa)。

(2) 对革兰阴性菌的作用弱(因革兰阴性菌细胞壁的主要成分是磷脂,黏肽仅1%～10%;菌体胞浆内的渗透压低,达5～10 Pa)。

(3) 主要影响正在繁殖的细菌细胞,这类抗生素称为繁殖期杀菌剂。

(二) 增加细菌细胞膜的通透性

1. 细胞膜的组成与功能　位于细胞壁内侧的细胞膜主要是由类脂质与蛋白质分子构成的半透膜,它的功能在于维持渗透屏障、运输营养物质和排泄菌体内的废物,并参与细胞壁的合成等。

2. 作用机制　当细胞膜损伤时,通透性将增加,导致菌体内细胞质中的重要营养物质如核酸、氨基酸、酶、磷酸、电解质等外漏而死亡,产生杀菌作用。

3. 应用　属于这种作用方式而呈现抗菌作用的抗生素有多肽类(如多黏菌素B和硫黏菌素)及多烯类(如两性霉素B、制霉菌素等)。

(1) 多黏菌素类:化学结构中含有带正电的游离氨基,与革兰阴性菌胞浆膜上磷脂带负电的磷酸根结合,使细胞膜受损。

(2) 两性霉素B及制霉菌素:可与真菌细胞膜上的类固醇结合,使细胞膜受损;而细菌细胞膜不含类固醇,故对细菌无效。动物细胞的细胞膜上含有少量类固醇,长期或大剂量使用两性霉素B可出现溶血性贫血。

(三) 抑制细菌蛋白质的合成

1. 细菌蛋白质合成　细菌蛋白质合成场所在胞浆的核糖体上。蛋白质的合成过程分三个阶段,即起始阶段、延长阶段和终止阶段。

2. 作用机制　许多抗生素均可影响细菌蛋白质的合成,但作用部位及作用阶段不完全相同。有的与核蛋白体的不同部位结合,阻断蛋白质的合成,从而产生抑菌或杀菌作用。有的抗生素对细菌蛋白质合成的三个阶段都有作用，如氨基糖苷类；有的仅作用于延长阶段，如林可胺类。

3. 对动物细胞蛋白质的影响 细菌细胞与哺乳动物细胞合成蛋白质的过程基本相同。两者最大的区别在于核糖体的结构及蛋白质、DNA 的组成不同，所以，抗生素对动物细胞的蛋白质合成影响较小，也是抗生素对动物机体毒性小的主要原因。

（四）抑制细菌核酸的合成

1. 核酸的功能 核酸包括脱氧核糖核酸（DNA）和核糖核酸（RNA），核酸具有调控蛋白质合成的功能。

2. 作用机制

（1）新生霉素：主要影响 DNA 聚合酶的作用，从而影响 DNA 合成（主要作用于革兰阳性菌）。

（2）灰黄霉素：阻止鸟嘌呤进入 DNA 分子中，从而阻碍 DNA 的合成。

（3）利福平：与 DNA 依赖的 RNA 聚合酶（转录酶）的亚单位结合，从而抑制 mRNA 的转录（广谱抗生素，尤其对结核杆菌作用强）。

（4）抗肿瘤的抗生素：丝裂霉素 C（mitomycin C）、放线菌素（actinomycin）等可抑制或阻碍细菌细胞 DNA 或 RNA 的合成。

六、细菌的耐药性

据世界卫生组织（world health organization，WHO）统计，世界有 5 000 万人携带耐药菌。在美国，1995 年有 90％的金黄色葡萄球菌对青霉素和其他 β-内酰胺类抗生素耐药。1989－1993 年，万古霉素耐药性肠球菌增长了近 20 倍。由于万古霉素是极少数能治疗多重耐药性金黄色葡萄球菌的抗生素之一，细菌对万古霉素的耐药将使得治疗由这些微生物导致的疾病面临挑战。对肺炎链球菌导致的小儿肺炎的治疗，1941 年用青霉素 1 万 U/d 即可康复，目前用量增加为 2 400 万 U/d，也难以避免部分患儿死亡。耐药性的产生不仅使疾病的治疗面临严重的威胁，在某种程度上也造成经济上的严重损失。细菌的耐药性首先来自那些能使药物失活的基因突变,如编码细菌β-内酰胺酶基因的单个碱基改变可以使耗费1亿美元所研究开发出来的药物变得分文不值。在过去的半个世纪,抗感染药物在治疗方面取得了成就,但巨大的药物选择压力也选择了微生物的耐药性特征,使得微生物对药物产生了快速的适应进化。这种适应进化的后果对我们当前的细菌性感染治疗是一个严重的威胁,也对今后抗感染药物的研究开发和使用管理提出了挑战。1992年美国疾病控制中心(CDC)的资料表明,有14 000例住院患者因耐药菌株的感染得不到控制而死亡,在英国每年死于耐药菌株的感染者超过5 000人,仿佛人类又回到了没有抗生素的时代,即后抗生素时代的到来似乎已不可避免。至今在临床上已有200多种的抗生素用于人类的抗感染治疗,在青霉素问世开始的20年间(1935—1955年),抗生素的使用及水源卫生的改善,使人类平均寿命增加了8年。但几乎与抗生素的使用相伴随,细菌的耐药现象也随之出现了。细菌很容易获得耐药性,其原因是在自然界中很多细菌(包括不同菌种)均携带相同的编码耐药的基因。滥用抗生素不仅给病人造成经济上的浪费,而且其不良反应会对病人的身心造成损害,更为重要的是细菌的耐药菌株增多,而导致治疗失败。选药不当、疗程、剂量、用药方式不当,是导致抗生素治疗失败的原因。因此,必须重视合理应用抗生素。

1. 耐药性的概念　耐药性(drug resistance)又名抗药性,是指病原体或肿瘤细胞对反复应用的化学治疗药物敏感性降低或消失的现象。

(1) 天然耐药性:属细菌的遗传特征,是不可改变的。例如:绿脓杆菌对大多数抗生素不敏感,极少数金黄色葡萄球菌亦具有天然耐药性。

(2) 获得耐药性:即一般所指的耐药性,是指病原菌在多次接触化疗药后,产生了结构、生理及生化功能的改变,而形成具有抗药性的变异菌株,它们对药物的敏感性下降甚至消失。

(3) 交叉耐药性:某种病原菌对一种药物产生耐药性后,往往对同一类的药物也具有耐药性，这种现象称为交叉耐药性。有完全交叉耐药性及部分交叉耐药性之分。

①完全交叉耐药性：是双向的，如多杀性巴氏杆菌对磺胺嘧啶产生耐药性后，对其他磺胺类药均产生耐药性。

②部分交叉耐药性：是单向的，如氨基糖苷类之间，对链霉素耐药的细菌，对庆大霉素、卡那霉素、新霉素仍然敏感；而对庆大霉素、卡那霉素、新霉素耐药的细菌，对链霉素也耐药。

2. 细菌产生耐药性的机理

(1) 产生酶使药物失活：主要有水解酶和钝化酶两种，它们能使青霉素或头孢菌素断裂而使药物失效。

①钝化酶：作用于氨基糖苷类的氨基及氯霉素的羟基，使其乙酰化而失效。如乙酰化酶、磷酸化酶、核苷化酶将相应的化学基团结合到药物分子上使药物失活。

②磷酸转移酶及核苷转移酶：作用于羟基，使磷酰化及腺酰化而失去抗菌活性。

(2) 改变膜的通透性：细菌生物膜是指由附着于惰性或者活性实体表面的细菌细胞和包裹着细菌的水合性基质所组成的结构性细菌群落。它是细菌生长过程中为适应生存环境而在固体表面生长的一种与游走态细胞相对应的存在形式。只要条件允许，绝大多数细菌都可以形成生物膜。一旦形成了生物膜，细菌就具有极强的耐药性，在医疗、食品、工业、军事等诸多领域给人类社会带来严重的危害，造成巨大的经济损失。因此，细菌生物膜已成为全球关注的重大难题，也是目前科学界研究的前沿和热点。细菌生物膜广泛存在于含水和潮湿的各种表面上，包括自来水管道、工业管道、通风设备、医疗器械甚至病理状态下的人体组织器官。据专家估计，几乎所有的细菌在一定的条件下都可以形成生物膜。生物膜中细菌的代谢活动除了能够腐蚀管道和金属表面外，更可导致动植物及人类疾病发生。由于细菌在生物膜状态有着比游走态高出千百倍的抗药性，使得生物膜在临床更易引发难治性慢性感染，严重威胁人类健康。一些革兰阴性菌对四环素类及氨基糖苷类产生耐药性，是由于耐药菌所带的质粒诱导下产生三种新的蛋白，阻塞了外膜亲水性通道，药物不能进入而形成耐药性。革兰阴性菌及绿脓杆菌细胞外膜亲水通道功能的改变也会使细菌对某些广谱青霉素和第三代头孢菌素产生耐药性。

图 5-4　细菌生物膜形成图示

①黏附期：浮游细菌黏附于物体表面；②种植期：细菌分裂繁殖，分泌胞外基质，形成微菌落；③生长期：数菌落互相融合发育，形成生物膜；④成熟期：发育为成熟生物膜；⑤播散期：细菌从生物膜释放出来，形成新的生物膜。

虽然科学家们早在几个世纪以前就知道细菌可以在固体表面形成一层膜状结构，但对于细菌生物膜或者说生物膜组织概念的形成及相关研究也只是在近 30 年来才有了重大的突破。从近十年来所检索到的细菌生物膜相关文献及专利数量的大幅提高可以看出，现在对细菌生物膜的关注程度更是达到了前所未有的高度，并仍有上升趋势。

细菌生物膜是细菌自身分泌的胞外多糖与菌体粘连而成的结构群体。生物膜赋予了细菌许多新的生物学性状，它通过黏附、定量、抗吞噬和对环境的高耐受性而凸现其在医学中的重要意义。因其对常用抗菌素都不敏感，故寻找控制细菌生物膜的有效措施已成为当务之急。研究表明，噬菌体能产生多糖水解酶，降解细菌胞外多糖，从而有可能成为破坏细菌生物膜的“酶学消毒剂”。

(3) 作用靶位结构的改变：耐药菌药物作用点的结构或位置发生变化，使药物与细菌不能结合而丧失抗菌效能。例如，β-内酰胺类抗生素的作用靶位是青霉素结合蛋白，β-内酰胺类抗生素耐药菌株体内的青霉素结合蛋白的质和量发生改变，导致与药物的结合能力下降；链霉素耐药菌株，主要是细菌核蛋白体上的链霉素受体发生构型改变，使药物不能与菌体结合而失效。

(4) 改变代谢途径

①增强与药物的竞争力：磺胺药通过与对氨基苯甲酸竞争二氢蝶酸合成酶而产生抑菌作用。金黄色葡萄球菌多次接触磺胺药后，其自身的对氨基苯甲酸产量增加，可高达原敏感菌产量的20～100倍。对氨基苯甲酸与磺胺药竞争二氢蝶酸合成酶，使磺胺药的作用下降甚至消失。

②增强药物的排泄：对四环素类耐药的细菌在细胞膜上可产生"四环素泵"，把菌体内的药物泵出细胞外；对喹诺酮类耐药的细菌细胞膜上亦存在外排系统，能将药物从菌体内排出。

七、抗生素的效价

效价是评价抗生素效能的标准，也是衡量抗生素活性成分含量的尺度。每种抗生素的效价与重量之间有特定转换关系。我们在使用抗生素时，应当知道每种抗生素的效价与重量的换算关系。以下是常用抗生素的重量单位与国际单位变换：

青霉素钠——1 mg等于1 667 IU；青霉素钾——1 mg等于155 IU；多黏菌素B游离碱——1 mg为10 000 IU；制霉菌素——1 mg为3 700 IU。其他抗生素多是1 mg为1 000 IU，如100万IU的链霉素粉针，相当于1 g的纯链霉素碱；25万IU的土霉素片，相当于250 mg的纯土霉素碱。

八、抗生素生产的工艺流程

常见流程为：菌种→孢子制备→种子制备→发酵→发酵液预处理→提取及精制→成品包装。

以下以青霉素生产工艺为例简要说明：

1. 菌种　常用菌种为产黄青霉。

2. 发酵工艺　砂土管→斜面母瓶 $\xrightarrow[25℃,6\sim7\ d]{孢子培养}$ 大米孢子 $\xrightarrow[25℃,6\sim7\ d]{孢子培养}$ 种子罐 $\xrightarrow[25℃,40\sim45\ h,1:2.0\ V\cdot V^{-1}\cdot min^{-1}]{种子培养}$ 繁殖液 $\xrightarrow[25℃,13\sim15\ h,1:1.5V\cdot V^{-1}\cdot min^{-1}]{种子培养(菌丝浓度40\%,残糖\leqslant1\%)}$ 发酵罐 $\xrightarrow[25℃,6\sim7\ d,1:1V\cdot V^{-1}\cdot min^{-1}]{发酵}$ 放罐 $\xrightarrow{冷却15℃}$ 提取。

3. 青霉素发酵生产培养基

(1) 碳源：目前普遍采用淀粉经酶水解的葡萄糖糖化液进行流加。

(2) 氮源：可选用玉米浆、花生饼粉、精制棉籽饼粉或麸子粉，并补加无机氮源。

(3) 前体：为生物合成含有苄基的青霉素 G，需在发酵液中加入前体苯乙酸或苯乙酰胺，由于它们对青霉菌有一定毒性，故一次加入量不能大于 0.1%，并采用多次加入方式。

(4) 无机盐：包括硫、磷、钙、镁、钾等盐类，铁离子对青霉菌有毒害作用，应严格控制发酵液中铁含量，使其在 30 μg/ml 以下。

4. 发酵培养控制

(1) 青霉素产生菌生长发育：可分为 6 个阶段：Ⅰ期、Ⅱ期、Ⅲ期、Ⅳ期、Ⅴ期、Ⅵ期。Ⅰ～Ⅳ期初称菌丝生长期，产生青霉素较少，而菌丝浓度增加很多；Ⅲ期适于作发酵用种子；Ⅳ～Ⅴ期称青霉素分泌期，此时菌丝生长趋势逐渐减弱，大量产生青霉素；在Ⅳ期末、Ⅴ期初即应放罐；Ⅵ期即菌丝自溶期，菌体开始自溶。整个发酵过程中，应缩短菌丝生长繁殖期，尽量延长青霉素分泌期，避免出现菌丝自溶期，并在菌丝自溶期出现前停止发酵，及时放罐。

(2) 加糖控制：一般在残糖将至 0.6%、pH 上升时开始加糖。

(3) 补氮及加前体：加硫酸铵、氨水或尿素，使发酵液氮源控制在 0.01%～0.05%。补前体以使发酵液中残余苯乙酰胺浓度为 0.05%～0.08%。

(4) pH 控制：加酸或碱自动控制 pH，一般为 6.4～6.6。

(5) 温度控制：采用分阶段变温培养，青霉菌生长期的最适温度高于分泌期，发酵前期罐温高于后期。一般前期 25～26℃，后期 23℃，以减少后期发酵液中青霉素的降解破坏。

(6) 通气和搅拌：抗生素深层培养需要通气与搅拌，通气比一般为 1∶(0.8～1)($V \cdot V^{-1} \cdot min^{-1}$，单位培养液体积在单位时间内通入的空气量)。

(7) 泡沫和消泡：可用天然油脂如豆油、玉米油或用化学合成消泡剂"泡敌"(环氧丙烯环氧乙烯聚醚类)来消泡，控制其用量并少量多次加入。

5. 过滤　宜采用鼓式真空过滤器，过滤前加去乳化剂并降温。

6. 提炼　采用溶媒萃取法，醋酸丁酯(BA)作溶媒剂。将发酵滤液酸化至 pH 等于 2，加 1/3 体积的醋酸丁酯(BA)，混合后以碟片式离心机分离，得一次 BA 萃取液。然后以 $NaHCO_3$ 在 pH 为 6.8～7.1 条件下将青霉素从 BA 中萃取到缓冲液中。再调节 pH 至 2.0，将青霉素从缓冲液再次转到 BA 中，方法同上，得二次 BA 萃取液。

7. 脱色　在二次 BA 萃取液中加活性炭进行脱色和过滤。

8. 结晶　将二次 BA 萃取液以 NaOH 溶液萃取，调 pH 至 6.4～6.8，得青霉素钠盐水浓缩液。之后加 3～4 倍体积的丁醇，进行真空蒸馏，将水与丁醇共沸物蒸出，则青霉素钠盐结晶析出，过滤，将晶体洗涤干燥即得成品。

九、如何正确地联合用药

为了防止或延缓细菌对抗生素产生耐药性，在使用抗生素时，要严格掌握适应证，并严格控制剂量，不滥用或超剂量使用。一般情况下尽可能使用一种抗生素，不随便应用两种以上抗生素；有抗药菌株出现时应选用其他较为敏感的抗生素。一般抗生素其作用性质分为 4 类，第一类为繁殖期杀菌药，如青霉素、头孢菌素类；第二类为静止期杀菌药，如氨基糖苷类、多黏菌素类；第三类为速效抑菌药，如大环内酯类、四环素类、氯霉素等；第四类为慢效抑菌药，如磺胺类。联合用药有以下目的：增强疗效，减少不良反应，延缓或减少耐药性产生，扩大抗菌谱。

十、抗生素后效应

抗生素后效应（postantibiotic effect，PAE）是指细菌等微生物短暂接触抗菌药物后，虽然血清药物浓度降低至最低抑菌浓度以下或消失后，但对微生物的抑制作用依然持续一定时间。

第四节 微生物多糖

多糖是一种天然大分子化合物，来源于动物、植物及微生物，在海藻、真菌及高等植物中尤为丰富。它是由醛糖和（或）酮糖通过糖苷键连接成的聚合物，作为有机体必不可少的成分，同维持生命体机能密切相关，具有多种多样的生物学功能。近些年，对多糖的研究逐步活跃起来，其中，一些分子量在几千以上、具有很强生物学活性的多糖研究日益受到重视。它们的生理活性、化学结构以及构效关系成为多糖研究的前沿课题，并取得了很大的进展。

根据多糖在微生物细胞内的位置，可分为胞内多糖、胞壁多糖和胞外多糖。其中胞外多糖是由微生物大量产生的多糖，易与菌体分离，可通过深层发酵实现工业化生产，从而受到广泛关注。一般微生物多糖是以淀粉水解为碳源发酵生产，也可直接利用可溶性淀粉经微生物酶作用制得。

据 D. E. Eveleigh 统计，已经发现 49 属 76 种微生物产生胞外多糖，但真正有应用价值并已进行或接近工业化生产的仅十几种。近几年，随着对微生物多糖研究的深入，世界上微生物多糖产量的年增长量均在 10%以上，而一些新型多糖年增长量在 30%以上。到目前为止，已大量投产的微生物多糖主要有黄原胶（xanthan gum，酸性胞外杂多糖，五糖重复单元，食品添加剂）、结冷胶（gellan gum）、右旋糖酐（dextran，血浆代用品）、小核菌葡聚糖（scleeroglucan)、短梗霉多糖(pollulan)、热凝多糖(curdlan)等。近年来又兴起对一些新型微生物多糖如海藻糖(trehalose)、透明质酸(hyaluronic)、壳聚糖(chitasan)等的研究。微生物多糖具有植物多糖不具备的优良性质,它们生产周期短,不受季节、地域和病虫害条件的限制,具有较强的市场竞争力和广阔的发展前景。微生物多糖有着独特的药物疗效和理化特性,使其成为新药物的重要来源,并被作为稳定剂、胶凝剂、增稠剂、成膜剂、乳化剂、悬浮剂和润滑剂等广泛应用于石油、化工、食品和制药等各个行业。据估计,全世界微生物多糖年加工产值可达 50 亿～100 亿美元。

一、真菌多糖

真菌多糖分结构多糖和活性多糖。真菌细胞壁中往往含有一种称为几丁质的物质,这是一类聚氨基葡萄糖,属于结构多糖。另一类多糖是由真菌菌丝体产生的一类次生代谢产物,一般认为是真菌贮存能量的载体之一。由于其具有某些独特的生理功能,因而这一类多糖也称为活性多糖。活性多糖可分为纯多糖(由单糖构成)和杂多糖(多糖链和肽链或酯连接)两种。

真菌多糖的研究始于 20 世纪 50 年代,而真菌多糖作为广谱免疫促进剂引起人们极大兴趣则是在 20 世纪 60 年代后。研究表明,多糖不但能治疗机体因免疫系统受到严重损伤而出现的癌症和多种免疫缺损疾病,还能诱导干扰素的产生,而且多糖作为药物,对体细胞的毒性极小。治疗肿瘤时,它不像一般化疗药物那样直接杀死生长着的肿瘤细胞而是促进细胞和体液产生免疫,如激活巨噬细胞、T 细胞和 B 细胞来加强抗体生成及激活补体等,以达到抑制和消灭肿瘤细胞的效果。如猴头菌多糖能够改善胃功能和对十二指肠溃疡有疗效;银耳多糖可改善免疫功能,升高白细胞;猪苓多糖能够增强细胞免疫功能;灵芝多糖有治疗神经衰弱和延缓衰老的作用,增强免疫功能等;香菇多糖是 T 细胞激活剂,抗肿瘤药物;黑木耳具有润肺和消化纤维素的功用。食用菌多糖被称为“生物应答效应物”(biological response modifier,BRM),是一种能够增强人体免疫功能的生物活性物质，对于遗传性的疾病具有一定的治疗效果。食用菌多糖可分为四类：杂多糖、甘露聚糖、葡聚糖、糖蛋白和多糖肽。多糖的组成和分子量因食用菌种类而不同，其有效成分的作用及营养价值也不同。

食用菌所含的生物活性化合物归纳如下：

1. 抗生素　现知很多食用菌都能产生抗生素，供开发利用的前途十分广阔。已知食用菌产生的抗生素有60多种，它们能抑制多种革兰阳性细菌、革兰阴性细菌、分枝杆菌、噬菌体和丝状真菌等。例如蜜环菌（*Armillaria mellea*）甲素（$C_{12}H_{10}O_5$）和乙素（$C_9H_{10}N_2O_3$），是假蜜环菌的一种代谢产物，具有消炎、退黄疸和降低谷氨酸转氨酶(GPT)的作用，对胆囊炎、急慢性和迁延性肝炎都有一定疗效。现已用假蜜环菌生产了"亮菌片"和"亮菌糖浆"等药物。水粉蕈素（又称杯伞菌素或雷蘑素，nebularin）是烟云杯伞（*Clitocybe nebularis*）产生的一种抗生素，为含氮杂环类（嘌呤类）化合物。它能强烈抑制分枝杆菌和噬菌体的增生。马勃素（又称马勃酸，gemmatein）是大秃马勃菌(*Calvatia gigantea*)产生的一种抗生素，对金黄色葡萄球菌、炭疽杆菌、伤寒沙门氏杆菌等都有一定的拮抗活性。

2. 抗肿瘤活性物质　近年来，抗肿瘤药物的研究和筛选工作发现食用菌具抑肿瘤作用，其机理主要是食用菌含有的一些代谢产物如多糖、多肽类或糖类的化合物等，有抗肿瘤活性。这些有抗肿瘤活性的物质，多数是从食用菌的子实体浸出液中提取出来的，有一些是从深层发酵的菌丝体中得到的。食用菌所含的多糖种类很多，且多糖毒性小，对小白鼠肉瘤S-180等均有较强的抑制作用。

3. 干扰素诱导物　食用菌代谢产物中存在干扰素诱导物，是从常吃香菇的人能抵抗感冒病毒有这一事实得到启示的。香菇中提取出来的双链RNA是一种干扰素的诱导剂，有抑制病毒增殖和抗癌作用。双链RNA不仅在香菇的子实体内存在，也存在于菌丝体、孢子中，而且还存在于金针菇、牛肝菌、摩尔根环柄菇、美味绿褶菌、美味牛肝菌、野蘑菇中。这些食用菌的提取液中有抑制流感病毒增殖的活性成分。虽然不同的食用菌所产生的作用相似，但也有一些差异，如双孢蘑菇中的双链 RNA 比较耐热，加热后还有相当的抗病毒能力；而香菇中的双链 RNA 则不耐热，加热后易失效，所以强调低温提取。此外，双链 RNA 对植物病毒也有灭活作用。据报道，对烟草、黄瓜花叶病毒的抑制率竟达 80%和 95%以上，甚至食用菌的深层发酵液及固体培养物的水浸出液对植物病毒，如对烟草花叶病毒有阻抑效果。

表 5-3　几种食用菌的抑瘤效果

食用菌名称	抑瘤率/%
双孢蘑菇	12.7
香菇	80.7
金针菇	81.1
平菇	75.3
灰白平菇	72.3
滑菇	86.3
松菇	91.8
黑木耳	42.6

表 5-4　几种食用菌的抗肿瘤物质

食用菌名称	抗肿瘤物质
双孢蘑菇	蘑菇多糖
香菇	香菇多糖
草菇	草菇毒心蛋白
金针菇	朴菇素(碱性蛋白)
珍珠菇	珍珠菇多糖(β-葡聚糖)
平菇	平菇多糖、酸性多糖
蜜环菌	多肽葡萄糖
猴头菌	猴头菌多糖和多肽物质
银耳	酸性异多糖(α-甘露聚糖)
黑木耳	β-葡聚糖
茯苓	茯苓多糖、羧甲基茯苓多糖
猪苓	猪苓多糖(β-葡聚糖)
灰树花	灰树花多糖(β-葡聚糖)

4. 降低胆固醇物质　多数食用菌都有降低血压、防止动脉粥样硬化等作用，这是由于在食用菌的代谢产物中普遍存在着降低胆固醇的有效成分。如蘑菇子实体中含有酪氨酸酶；香菇中含香菇素；草菇和金针菇中含毒心蛋白；长根菇中分离出来的长根素（长根菇酮）均具有降低血压的作用；平菇中微量的牛磺酸对脂类吸收、胆固醇溶解起着重要的作用；黑木耳所含的腺苷对动脉粥样硬化的发生具有预防作用；银耳的酸性异多糖等都可用于治疗高血压、高血脂症。

二、其他多糖

（一）短梗霉多糖

短梗霉多糖（pullulan）中文亦译为普鲁兰多糖、普聚多糖或茁霉多糖。它是出芽短梗霉（*Aureobasidium pullulans*）菌体分泌的一种黏性多糖。短梗霉多糖具有极佳的成膜性、成纤维性、阻氧性、可塑性、黏结性及易自然降解等独特的理化和生物学特性，无毒无害，对人体无任何副作用，因此被广泛用于医药制造、食品包装、水果和海产品保鲜、化妆品工业、烟草制造工业和农业种子保护以及工业废水处理等众多领域，是一种有极大开发价值和前景的多功能新型生物制品。

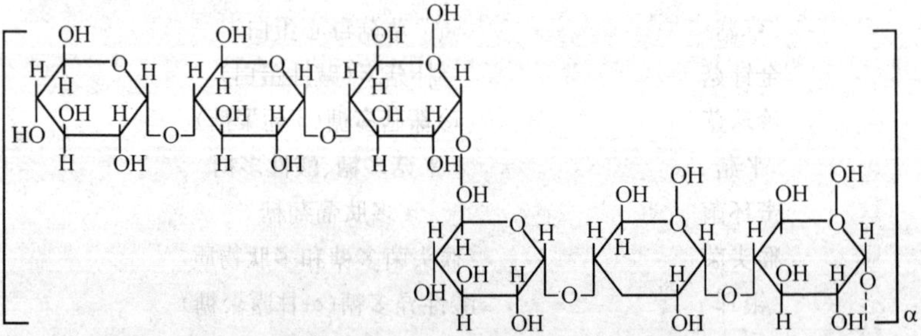

图 5-5　短梗霉多糖的分子结构

多糖的结构单元为 α-1,4-麦芽三糖。短梗霉多糖是葡萄糖按 α-1,4-糖苷键结合成麦芽三糖，两端再以 α-1,6-糖苷键同另外的麦芽三糖结合，如此反复连接而成高分子多糖。聚合度为100～5 000，其分子量因产生菌种和发酵条件的不同而有较大的变化，形成的中性大分子聚合物分子量一般在10^4～10^6的范围内。短梗霉多糖是无色、无味、无臭的高分子物质，非晶体的白色粉末，是非离子性、非还原性多糖；极易溶于水，水溶液呈中性，不溶于油脂、醇类、丙酮、醚和氯仿等有机溶剂；可与水溶性高分子如羧甲基纤维素、海藻酸钠和淀粉等互溶。但其经酯化或醚化，理化性质将随之改变，根据置换度不同，可分别溶于水和丙酮、氯仿、乙醇及乙酸乙酯等有机溶剂。短梗霉属真菌生长在植物材料及土壤中，经常能和酵母一起分离到。因为这类真菌与酵母关系密切，一般通称为"类酵母真菌"。由于其遗传上的不稳定性，形成许多变种，菌落最初黏稠，白色，很快转变为淡绿色，最终为黑色。菌落质地由黏稠状到坚硬和革状，菌落边缘呈明显的根状。无性繁殖方式多样，主要表现为类似于酵母菌的多边芽殖形式到形成明显的真菌丝，常具有节孢子、厚垣孢子、芽分生孢子，幼龄营养细胞椭圆形至柠檬形。出芽短梗霉在其生活史中具有酵母样和真菌菌丝体两种形态，这两种形态的形成受培养基成分、培养条件等各种因素的影响。在众多因素中，菌株的可变性则是最重要的因素。目前出芽短梗霉菌种的选育，主要解决短梗霉发酵中的两个问题：一是降低短梗霉菌在发酵过程中黑色素的产率；二是对形态呈酵母样的出芽短梗霉进行选育，因为出芽短梗霉在发酵过程中只有形态呈酵母样时，才能分泌大量的短梗霉多糖。

（二）海藻糖

海藻糖（α-D-glucopyranosyl-α-D-glucopyranoside）是一种稳定的非还原性双糖，由两个吡喃环葡萄糖分子与1，1-糖苷键连接而成。海藻糖最初是从生活在沙漠中的一种甲虫蛹里分离得到的，后来发现它广泛存在于低等植物、藻类、细菌、真菌、昆虫及无脊椎动物中，既是一种贮藏性糖类，又是应激代谢的重要产物。海藻糖不仅以游离糖形式存在，而且还作为各种糖脂的组成部分。

海藻糖是由特殊双糖分子构成的非还原性糖，性质非常稳定，能够在高温、高寒、干燥失水等恶劣的条件下在细胞表面形成特殊的保护膜,可有效地保护生物分子结构不被破坏,从而维持生命体的生命过程和生物特征。*Nature* 杂志在 2000 年 7 月出版的刊物中发表了评价海藻糖的专论,文中提到,"对许多生命体而言,海藻糖的有与无意味着生存或者死亡",而自然界中如蔗糖、葡萄糖等其他糖类均不具备这一功能。海藻糖对生命的保护有着深刻的意义,科学家们称之为"生命之糖",并预言其将在人类保健、美容及化妆品等很多领域有着非常广泛的用途。

海藻糖作为全天然、多功能的生物活性添加剂,具有极强的保湿作用和多方面的生理功效。因此,海藻糖及其硫酸衍生物可以作为化妆品的保湿剂、稳定剂和品质改良剂等,其脂肪酸衍生物还是优良的表面活性剂。20 世纪 90 年代后,海藻糖的生物学特性正被人们逐渐认识和利用,随着生物技术、化妆品技术的进步,海藻糖在皮肤的抗衰老、抗疲劳、补充能量、伤口修复、防晒、晒后修复中的应用将会产生突破性的进展。大量研究表明:当生物细胞处于饥饿、干燥、高温、高渗透压及有毒试剂等胁迫环境时,细胞浆内海藻糖迅速积累,对生物体膜、蛋白质发挥保护功效。最近报道海藻糖还能保护 DNA 防止射线引起的损伤。外源性的海藻糖,对生物体和生物大分子同样具有良好的非特异性保护作用。在海藻糖存在的条件下,对保存条件苛刻的基因工程酶类、各种病毒、疫苗、抗体和重组人蛋白的干燥及复水后的功能进行了研究,发现它们仍具有极好的稳定性和活性。随着对海藻糖生产技术与工艺的改进与创新,它将日益广泛地应用于食品、医药等许多领域内。在食品中,它可作为改善食品质量和风味的食品添加剂与甜味剂,如用于炒鸡蛋、果泥、活性干酵母等。最近英国推出利用海藻糖保存食品的新技术,已获得英国农业、渔业、粮食部门正式批准而使用。同时其应用还可扩展到奶粉、果汁饮料、冷冻浓缩果汁、蔬菜汁、风味调料等多方面。它能保持食品原有的色泽、风味、质地、营养成分等。在医学和保健品方面,海藻糖可干燥保存一些对温度等环境条件敏感的核酸、蛋白质类,还可作为活菌制剂的干燥保护剂,作为进行皮肤、器官活体保存的介质。总之,多功能的海藻糖通过微生物发酵法大量生产具有潜在的优势,通过进一步研究,必将会发现更多的应用途径。

(三) 透明质酸

透明质酸(haluronic acid,HA)又称玻璃酸,是一种酸性黏多糖,广泛存在于生物的结缔组织中。早期 HA 主要从人脐带和鸡冠中提取制备,现已发展到采用微生物发酵法制备透明质酸,为 HA 的来源又寻找了另一条途径。由于 HA 价格高、用途广,多年来对 HA 的研究一直备受学者们的关注。HA 以其独特的分子结构和理化性质,在有机体内显示多种重要的生理功能。HA 具有润滑关节,调节血管壁通透性,调节水、蛋白质、电解质的扩散及运转,促进创伤愈合等作用。20 世纪 90 年代初已有 HA 制剂作为新药上市,生产方法由提取法发展到微生物发酵法。在国外,日本对此研究较集中。日本资生堂首先开始工业化生产水平的 HA 发酵研究。目前 HA 的发酵水平已从 2～4 g/L 提高到 6～7 g/L,价格则下降了约 50%。HA 发酵所用菌种多是链球菌属中致病性较弱的 C 菌群,经紫外线照射或诱变剂处理的发酵产率较高的诱变菌种应用于生产中。发酵生产 HA 分两步:①由细菌经相应的生物反应过程生物合成 HA;②提取纯化 HA。一般工艺流程为:试管菌种接入三角瓶中 37℃摇瓶培养 12～18 h,接入已灭菌的种子罐,接种比例 1∶200,培养 12～18 h,镜检合格(菌体生长良好,无杂菌)接入发酵罐,接种比例 1∶10,发酵过程中检测各参数。发酵结束后,杀灭除去菌体,用乙醇、氯代十六烷基吡啶沉淀、超滤以分离纯化,有机溶剂沉淀,真空干燥得白色纤维状或粉末状终产品。此发酵过程的决定因素在于菌种、培养基及分离提纯工艺。据日本专利报道,用 NTG(N-甲基-N-硝基-N-亚硝基胍)两步诱变兽疫链球菌得 HA 酶缺陷型变异株 Y-921,其 HA 产率高达 6.7 g/L。工业化发酵生产 HA 给它的应用带来了广阔的发展前景,大量低廉的 HA 将在多领域得到广泛的应用。如 HA 具特殊的保水作用,被誉为"理想的天然保湿因子(natural moisturizing factor,NMF)",

它可改善皮肤营养代谢，使皮肤柔嫩、光滑、去皱，增加弹性，防止衰老，含 HA 的化妆品被国际上公认为“仿生化妆品”、“第四代化妆品”。HA 还具较强的黏度，用于临床医学，可促进组织再生重塑和伤口愈合。此外，HA 还具有生物黏附性、生物相溶性、生物降解性的特点，可作良好的药物载体，如透皮吸收剂；在皮肤外用药剂中作载体使用，能缓释药物并有利于药物的透皮能力，有利于皮肤对药物的吸收。如日本的一项专利“皮肤外用剂组成物”、我国山东某制药公司生产的滴眼液，都是利用 HA 这一特性的应用实例。

（四）黄原胶

黄原胶（xanthan gum）又名汉生胶、黄胶，是由野油菜黄单胞杆菌（*Xanthomonas campestris*）以碳水化合物为主要原料经发酵产生的一种作用广泛的微生物胞外多糖。1961 年它首先由美国公司投入工业化生产，1969 年美国食品与药物管理局（FDA）批准其作为食品添加剂，1981 年联合国粮农组织和世界卫生组织（FAO/WHO）所属食品添加剂专家委员会正式批准其作为食品添加剂。黄原胶是一种类白色或浅米黄色粉末，是目前国际上集增稠、悬浮、乳化、稳定于一体的性能最优越的生物胶。它具有独特的性质，如在极宽的剪切率和浓度范围内保持极高的假塑性；在热水和冷水中有良好溶解性；增黏性和悬浮力强，在低浓度下具有较高黏度；有很高的稳定性，耐酸碱、高盐环境；抗高温、低温冷冻；抗生物酶解；抗污染力强；可同多种物质（酸、碱、盐、表面活性剂、生物胶等）互配，具满意的兼溶性；有良好的分散作用、乳化稳定作用。世界上生产黄原胶的国家和地区有 10 余个。我国自 20 世纪 70 年代末起黄原胶工业也从无到有，迅速发展起来。目前黄原胶的生产主要以淀粉、淀粉水解糖浆为底物，由黄单胞杆菌发酵制得。黄原胶广泛应用于食品、医药、日化、石油等 20 余个行业，有 30～40 个品种。近 30 年来，对黄原胶的需求量年均增长 5.7%，它已成为世界上生产规模最大、用途较广的微生物多糖。

（五）结冷胶

结冷胶（gellan gum）是由伊乐藻假单胞杆菌（*Pseudomonas e-*

lodea)在中性条件下,以葡萄糖为碳源、以硝酸钠为氮源,在一些无机盐所组成的培养基中,进行有氧发酵而产生的细胞外多糖胶质。天然结冷胶为阴离子型线性多糖,具有平行的双螺旋结构。每一基本单元是由β-1,3-D-葡萄糖、β-1,4-D-葡萄糖酸和α-1,4-L-鼠李糖按2∶1∶1(摩尔比)组成。这些单体形成线形四糖聚体单位,并含有甘油酰基和乙酰基,相对分子质量为5×10^5 Da。结冷胶是近年来最有发展前景的微生物多糖之一。它于1978年由美国生产制造,1992年获FDA权威性认证,成为继黄原胶之后又一种在食品中应用的微生物胞外多糖。现在除美国外,还有其他十几个国家批准其作为食品添加剂。我国于1996年批准其作为食品增稠剂、稳定剂使用,可在各类食品中按正常生产需要量使用。结冷胶性能优良,如具良好的假塑性和流变性,其水溶液的黏度随剪切速率的增加而明显降低;在极低浓度下,不需加热或稍加热即可形成凝胶;与其他食品胶有较好的相溶性;具有极好的风味释放性,赋予食品优越的呈味性能;具有极好的热稳定性和耐酸、碱、酶性;硬度、弹性和脆性易调节。

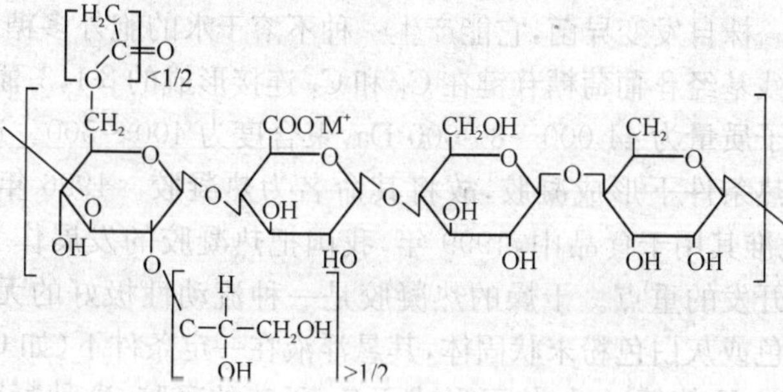

图 5-6 结冷胶的结构

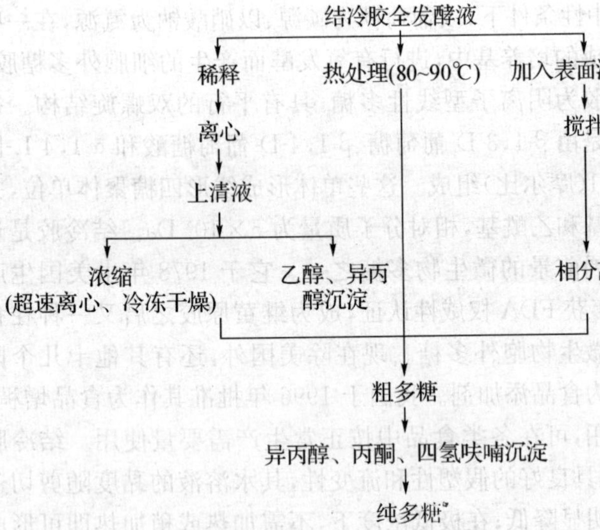

图 5－7　结冷胶的提取工艺

（六）热凝胶

热凝胶（curdlan）又称凝胶多糖、凝结多糖。1964 年从土壤中分离出一株自发变异菌，它能产生一种不溶于水的胞外多糖，由 D-葡萄糖残基经 β-葡萄糖苷键在 C_1 和 C_2 连接形成的 β-1，3-葡聚糖，相对分子质量为 44 000～80 000 Da，聚合度为 400～500。这种多糖在加热条件下形成凝胶，故将其命名为热凝胶。1996 年，美国 FDA 批准其用于食品中，1999 年，我国把热凝胶的发展作为食品添加剂开发的重点。干燥的热凝胶是一种流动性极好的无臭、无味的白色或灰白色粉末状固体，其悬浮液在一定条件下（如 Ca^{2+} 存在，特定 pH 值等）经加热可形成无色、无味的凝胶，这种凝胶不同于一般的胶凝剂，它在加热至不同温度时可形成性质完全不同的凝胶：低固定胶和高固定胶，形成的高固定胶结构结实并具高弹性。食品工业中主要用高固定胶。热凝胶具有抗冻融性，在冷冻后，经解冻处理凝胶强度变化不大；具有良好的抗脱水性；成胶的 pH 值范围大，它在 pH 3～9.5 加热都能形成高固定胶；还具良好的成膜性，持水性，它能将水分子包容在其独特的网络状结构中。

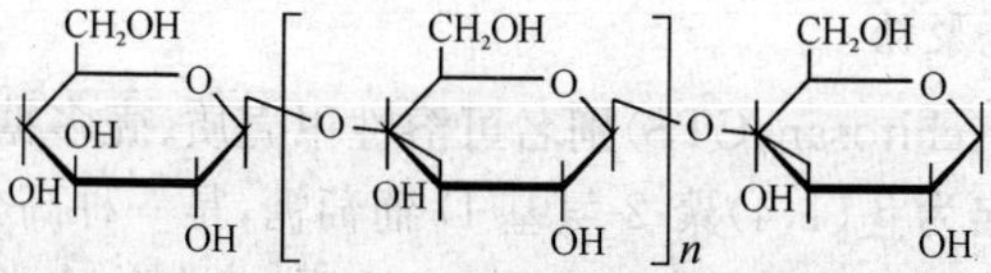

图 5-8 热凝胶的结构

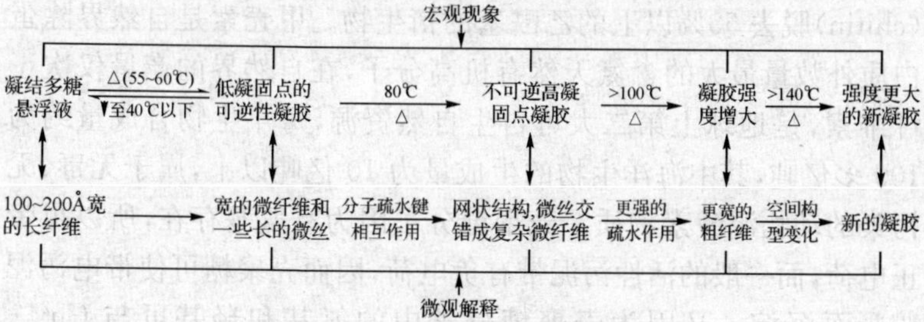

图 5-9 热凝胶的凝胶特性

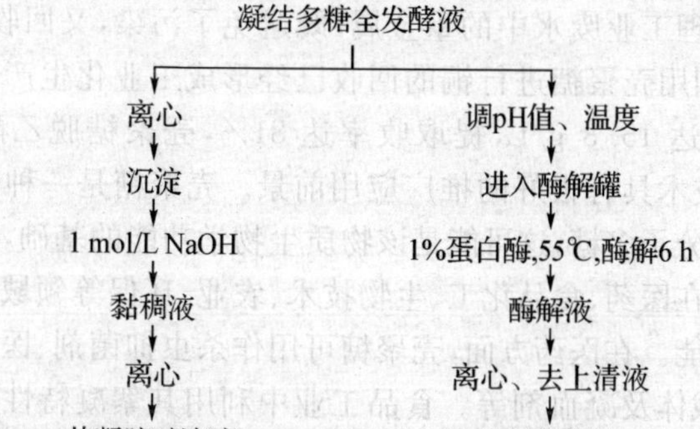

图 5-10 热凝胶的提取工艺

（七）壳聚糖

壳聚糖(chitosan,CTS)别名可溶性甲壳质、壳多糖、脱乙酰甲壳素等，学名为β-(1,4)聚-2-氨基-D-葡萄糖，是一种高分子阳离子多聚糖，呈白色或灰白色、无定形、半透明，略有珍珠光泽，在自然界中的含量十分丰富，最初是由节肢动物的外壳提取的，是甲壳素(chitin)脱去55%以上的乙酰基的衍生物。甲壳素是自然界除蛋白质外数量最大的含氮天然有机高分子，在自然界的产量仅次于纤维素，是地球上第二大可再生自然资源，每年生物合成量约为100多亿吨，其中海洋生物的生成量为10亿吨以上，属于无毒、无污染的动物源激素物质。壳聚糖分子因为有氨基存在，所以可带正电荷，而一般的活性污泥带有负电荷，因而壳聚糖可使带电污泥胶凝而沉淀。又因为壳聚糖分子中的氨基和羟基可与Cu^{2+}、Hg^{2+}、Ag^{+}、Au^{3+}等重金属离子形成稳定的螯合物而沉降，从而可有效地处理工业废水中的重金属，既避免了污染，又回收了资源。据报道，利用壳聚糖进行铜的回收已经形成工业化生产。壳聚糖发酵水平达15.3 g/L，提取收率达81%，壳聚糖脱乙酰度大于80%，此技术具有很好的推广应用前景。壳聚糖是一种带正电荷的天然高分子多糖，这可能是该物质生物学功能的基础，现已表明壳聚糖已在医药、食品化工、生物技术、农业、环保等领域有着良好的应用性能。在医药方面，壳聚糖可用作杀虫抑菌剂、医用纤维和膜、药物载体及凝血剂等。食品工业中利用其絮凝特性作液体处理剂，又以其无毒性及成膜性广泛用作食品添加剂和用于果蔬保鲜上。在溶液中壳聚糖与带负电荷的蛋白质、纤维素、果胶、悬浮微粒等有很强的凝聚作用，使引起浑浊的蛋白质、果胶等胶态颗粒被絮凝沉淀下来而达到澄清的目的。在生物技术方面，由于壳聚糖不存在残存单体，它可作为酶载体。此外，壳聚糖也可用于细胞微囊和冷冻保存细胞的载体。在农业方面被认为是一种新型植物生长调节剂、土壤改良剂、植物病害诱抗剂、种衣剂，可以用作生防农药，对抗病诱导、杀菌杀虫、抵御逆境、种子包衣、果蔬保鲜、农药增效、土壤改良、地膜降解、促进生长、提高产量、改善品质等具有重要的作用,已经在小麦、玉米、水稻、大豆、马铃薯、黄瓜、番茄、芹菜、青椒、白菜、香蕉、芒果、苹果、梨、草莓等多种作物上得到了验证,显示出了广阔的应用前景。很早以前国外就开始壳聚糖的开发及应用研究,日本对其研究较早。我国此项研究始于20世纪80年代,90年代开始活跃起来,现又成为热门课题之一。壳聚糖是甲壳素经脱乙酰化处理后的产物,是由N-乙酰氨基葡萄糖通过β-1,4-糖苷键连接起来的不分枝的链状高分子化合物,其理化性质主要取决于乙酰化率和聚合度。壳聚糖具有良好的生物相溶性、可生物降解性,无毒、无副作用,且其分子内含有—OH和—NH_2活性基团,易与多种有机物发生反应。壳聚糖制备方法以碱液法为最常用的方法,其工艺流程为:虾、蟹壳→用稀碱溶液更替浸泡→水洗→酸浸泡至无气泡产生→漂白→浓碱煮沸3～4 h→干燥→成品。目前工业生产壳聚糖以提取法为主,但由于真菌等微生物具有壳聚糖的潜在资源,近年来人们开始了其发酵法生产的研究。以黑曲霉为发酵菌株,将培养成熟的发酵液过滤、水洗、干燥,提取成品。

除了上述微生物多糖外,还有环糊精、右旋糖苷、D-核糖、小核菌葡聚糖等微生物多糖可通过微生物直接或间接利用淀粉发酵制得。这些多糖中部分已实现工业化大量生产并广泛应用,部分仍处于试验阶段,但都展示出诱人的发展前景。例如,D-核糖既可直接用于医药产品,又是维生素B_2的生产原料,只要合成方法稍加改进,其生产成本会明显低于现有任何生产方法,是一个很有前途的产品。

三、微生物多糖的生产

多糖广泛存在于动物细胞膜、植物和微生物的细胞壁中,是构成生命的四大基本物质之一,具有多种生物活性。多糖作为药物始于1943年,而20世纪50年代末对真菌多糖的抗癌效果的发现使人们开始了多糖的系列化研究,日本从60年代起开始担子菌多糖的药物活性研究,并开发出一些有名的药物。我国对多糖的研究开始于70年代，研究发展很快，形成了空前迅速发展的趋势。

酸碱提取易破坏多糖的立体结构及活性，多糖提取后，其中还含有许多杂质要除去，一般首先利用多糖难溶于有机溶剂的特性，用乙醇或丙酮进行反复沉淀洗涤，除去一部分醇溶性杂质，然后用三氯乙酸法脱游离蛋白质。小分子杂质的除去可以用透析法。

胞外多糖的生物合成可归纳为三个主要步骤：①底物摄取；②多糖在胞内合成；③合成的多糖从细胞内排出。

胞外多糖的生物合成过程如图5-11所示。

保存菌种⟶斜面菌种活化⟶摇瓶种子⟶

⟶一级种子扩大培养⟶二级种子扩大培养⟶发酵罐发酵⟶

↑ 无菌空气 ↑

⟶发酵液⟶提取⟶干燥⟶粉碎⟶包装⟶成品

图5-11　微生物胞外多糖的生物合成途径

第五节　微生物的其他药理活性

一、微生物免疫制剂

免疫防治(immunological prevention)是通过免疫方法使动物具有针对某种传染病的特异性抵抗力。机体获得特异性免疫力的途径有多种，主要分为天然获得性免疫和人工获得性免疫两大类型。人工获得性免疫又分为人工自动免疫和人工被动免疫两种。

(一) 人工自动免疫制剂

人工自动免疫制剂是专用于免疫预防的制剂，主要是各种疫苗。

1. 活苗　有强毒苗、弱毒苗和异源苗三种。虽然弱毒苗的毒力已经减弱，但仍保持原有的抗原性，并能在体内繁殖，因而较小的剂量即可诱导产生较强的免疫力。异源苗是具有共同保护性抗原的不同种病毒制备成的疫苗。

2. 死苗 病原微生物经理化方法灭活后，保留免疫原性，接种后使动物产生特异性抵抗力，这种疫苗称为死苗或灭活苗，优点是研制周期短，使用安全和易于保存，缺点是使用接种剂量较大，免疫期较短，需加入适当的佐剂以增强免疫效果。

3. 代谢产物和亚单位疫苗 细菌的代谢产物如毒素、酶等都可制成疫苗，破伤风毒素、白喉毒素、肉毒毒素经甲醛灭活后制成的类毒素，有很好的免疫原性，可做成主动免疫制剂。亚单位疫苗是将病毒的衣壳蛋白与核酸分开，除去核酸，用提纯的蛋白质衣壳制成的疫苗。如狂犬病等亚单位疫苗。

4. 生物技术疫苗

(1) 基因工程亚单位疫苗：用重组技术将编码原微生物的保护性抗原基因转入受体菌或细胞，使其在受体细胞中高效表达，分泌保护性抗原肽链后，提取保护性抗原肽链，加入佐剂制成基因工程亚单位疫苗。

(2) 合成肽疫苗：用人工合成的肽抗原与适当载体合作及配合而成的疫苗。如乙型肝炎表面抗原的各种合成类似物即可制成该种疫苗。

(3) 基因工程疫苗：包括基因缺失疫苗和活载体疫苗两类。基因缺失疫苗是指用基因工程技术将弱毒株毒力相关基因切除后构建的疫苗。该苗安全性好，免疫力坚实，免疫期长，诱导产生黏膜免疫力，是较理想的疫苗。活载体疫苗是用基因工程技术将保护性抗原目的基因转移到载体中使之表达的活疫苗。

(二) 人工被动免疫制剂

将免疫血清或自然发病康复后的动物血清人工输入未免疫的动物，使其获得对某种病原的抵抗力，这种免疫接种方法称为人工被动免疫。人工被动免疫制剂是专用于免疫治疗的免疫制剂，可分为特异性与非特异性免疫治疗剂两大类。

1. 特异性免疫治疗剂 能增强、促进和调节免疫功能的非特异性生物制品称为免疫调节剂。它在治疗免疫功能低下、某些继发性免疫缺陷症和某些恶性肿瘤等情况下，具有一定的作用，而对免疫功能正常的人一般不起作用。主要有转移因子、干扰素、胸腺素、卡介苗、小棒杆菌、杀伤性 T 细胞等。根据免疫调节物的作用可分为免疫增强剂和免疫抑制剂两类。免疫增强剂有溶链菌菌体、香菇多糖、云芝多糖 K、含蛋白质的多糖等,免疫抑制剂有环孢菌素 A、雷帕霉素等。在水产养殖中,微生物多糖是被广泛研究和应用的免疫增强剂。

2. 非特异性免疫治疗剂

(1) 抗毒素:用类毒素多次注射实验动物,待其产生大量特异性抗体后采血,分离血清,浓缩纯化后的制品即为抗毒素。常用的有肉毒抗毒素、白喉精致抗毒素等,主要用于细菌外毒素引起的疾病。

(2) 抗病毒血清:取免疫过的动物的血清制成的产品称为抗病毒血清。如抗狂犬病毒血清、抗乙型脑膜炎病毒血清等,主要用于某些病毒感染的早期或潜伏期。

(3) 免疫球蛋白制品:主要指血浆丙种球蛋白、胎盘球蛋白、单克隆抗体、免疫核糖核酸等。

二、微生物生产的酶抑制剂

一切生物生命活动的过程实质都是由酶催化的生物化学反应过程。一旦某种酶的基因表达或其催化活性发生变化,机体无疑就会显示出某种病变症状。利用微生物生产各种酶抑制剂来调整酶的表达量或酶的活性即可治疗某些疾病。

1. 与蛋白质代谢相关的酶抑制剂　包括:①内肽酶抑制剂,如由玫瑰链霉菌(*Stretomyces roseus*)生产的以纤维蛋白酶为靶酶的亮肽素(leupeptin)、由蜡状芽孢杆菌(*Bacillus cereus*)生产的以硫醇蛋白酶为靶酶的硫醇蛋白酶抑素(thiolstatin);②外肽酶抑制剂,如由放线菌生产的以氨肽酶 B 为靶酶的 α-aminoacyl arginines 等。

2. 与糖代谢相关的酶抑制剂　如由灰孢链霉菌(*S. griseosporeus*)生产的以 α-淀粉酶为靶酶的 haim Ⅰ和 haim Ⅱ。

3. 与脂质代谢相关的酶抑制剂　如由柠檬酸青霉(*Penicil-*

lum citrinum)生产的以 HMG-CoA 还原酶为靶酶的 compactin 等。

4. 其他酶抑制剂　如由棍孢链霉菌(*S. staurosporeus*)生产的以蛋白激酶 C 为靶酶的棍孢素(staurosporine),等等。

在临床上已有 8 种酶抑制剂用于治疗非淋巴性白血病、牙垢形成、高脂血症、糖尿病和成人 T 细胞白血病等。

三、微生物毒素的药物应用

许多细菌和真菌可以产生毒素。微生物毒素同样是人类的重要医药宝库,尤其是寻找新药的资源库。这些毒素可有如下作用:

1. 可直接用作药物　如肉毒毒素可用于治疗重症肌无力和功能性失明的眼睑及内斜视,并作美容品;利用白喉毒素的 A 链与多种癌症细胞抗体连接,研制出导向抗癌药物。

2. 以微生物毒素为模板,改造和设计抗病抗癌和治疗的新药。

3. 作为外毒素菌苗使用　大多数外毒素是蛋白质,注射进入人体和动物体后能产生相应的抗体,这些抗体可与毒素有效地结合,干扰毒素与其靶细胞的结合,抑制其转运。如肉毒毒素、白喉类毒素、炭疽毒素、金黄色葡萄球菌毒素、破伤风毒素等等。

4. 作为超抗原(SAg)使用　许多微生物毒素本身就是超抗原,是多克隆有丝分裂原,激活淋巴细胞增殖的能力比植物凝集素高 10~100 倍,具有刺激频率高等特点,可用于治疗自身免疫性疾病。

5. 从毒蘑菇毒素中寻找抗癌新药　毒蘑菇广泛生长于自然界,每年由于误食而死亡的人数相当多。但毒蘑菇毒素已显示出抗癌和延缓癌变进程的良好用途。

四、微生物保健制品

微生物保健制品的保健作用无疑应该肯定,但并不是万能的包治百病的。

1. 类型　根据微生物保健制品中微生物的利用状况,分为微生物产物制品和微生物菌体制品两大类。第一类主要是利用微生物产生的多糖、蛋白质、多肽、氨基酸、维生素等产物制成的产品，如猴头菇口服液、灵芝口服液、香菇口服液等。后一类制品含有活的菌体，如昂立1号、丽珠肠乐、整肠生等，也有死菌体制品，如冬虫夏草、灵芝孢子等，实际上也存在微生物的部分代谢产物。因此，在以活菌体为主的微生物保健制品中，存在着三类组分：一是微生物活菌体，二是微生物代谢产物，三是有助于活菌体存活的物质。微生物保健制品是否有效，依赖于制品的质量，即单位制剂中所含的活菌体数量及其生物活性，一般活菌体含量应在 10^8 个/ml（或g）以上。

保健食品的出现，是在人们解决了温饱问题后，对食品功能提出新的需求，也是人们追求生命质量的体现。我国的保健食品是在20世纪80年代中后期迅速发展，并且日益形成了一个新兴产业。古代"药食同源"的理论实际上就是保健食品的观点。

2. 基本特征　一是安全性，对人体不产生任何急性、亚急性或慢性危害；二是功能性，对特定人群具有一定的调节作用，但与药品有严格的区分，不能治疗疾病，不能取代药物对病人的治疗作用。

五、中药发酵

中药发酵的目的主要是为了改变药物原有性能，产生新的治疗作用（如淡豆豉、豆黄），或增强原有疗效（如半夏曲），扩大用药品种。中药发酵技术的典型特点就是生物转化。生物转化是指运用生物工程方法，通过微生物、植物、动物细胞及其酶体系，将一种外源化合物转化成另一种结构上相关的化合物。其实质上是应用生物体内的酶体系，催化外源物质进行结构改造的有机化学反应。发酵法是生物转化法中的一种重要方法。生物转化具有反应条件温和、高效、低毒、低残留等优点。利用微生物转化较之化学转化有以下优点：①反应定向，副反应少，产物较单一。因为微生物的酶不仅能识别特定基团的化学性质，而且可以识别基团的特定位置。②酶促反应条件温和。③利用微生物转化可能完成化学方法难以进行或不能进行的化学反应。生物转化一方面可以按照微生物中所含有的某种酶定向地转化某种药物向预先的方向发展，如已知某种微生物含有某种酶，而这种酶可使某种化合物的结构发生羟化或脱氢等反应，从而产生新的化合物。另一方面微生物也会形成丰富多样的次生代谢产物，它们中有些本身就是功效良好的药物；或以中药中的有效成分为前体，经微生物的代谢可以形成新的化合物，或微生物的次生代谢产物和中药中的成分发生反应形成新的化合物。微生物次生代谢产物可以和中药的有效成分发生复方、协同作用。微生物在中药的特殊环境中也有可能产生新的代谢反应，因为中药中的某些成分可能对微生物的生长和代谢有促进或抑制作用，从而改变微生物的代谢途径，进而形成新的成分。微生物的分解作用有可能将中药中的有毒物质进行分解，从而降低药物的毒副作用，如棉籽饼经微生物发酵后可以脱去有毒物质，从而可以用作牲畜饲料，也有可能经微生物的分解作用，使原来不易消化吸收的大分子物质经微生物的转化变成小分子后易于肠黏膜吸收，使血液中的有效成分迅速达到有效浓度。有些发酵用的微生物本身就是很好的药物，如双歧杆菌，它们本身就可产生对人体有保健作用的物质，再和某些药物作用后就可能达到良好的治疗作用。微生物容易诱变，可以根据需要，运用现代生物技术对微生物进行改造，使之更适合中药发酵的需要。生物转化规律还可指导新药的结构修饰，从而获得高效长效的下一代新药，例如从硝苯啶（又名心痛定，用于治疗高血压和防治心绞痛常用的一种二氢吡啶类钙拮抗剂）到络活喜（苯磺酸氨氯地平，世界处方量最大的高血压和心绞痛药物）的开发，就说明了生物转化研究与新药开发的重要关系。现代生物技术首先在微生物体中得到运用，也是基因工程等技术最成熟的领域。

六、基因工程与医药卫生

随着基因重组技术的面世，大量生产高纯度的诊疗蛋白质已成为可能。同样,重组人类蛋白可被用作机体的自身物质,用于合理的治疗而不致产生免疫排斥反应。

1. 基因工程药品——胰岛素　胰岛素(insulin)是治疗糖尿病的特效药。全世界有数百万人需要定期注射胰岛素来治疗糖尿病。原先临床上使用的胰岛素主要从猪、牛等家畜的胰腺中提取,每 100 kg 胰腺只能提取 4～5 g 胰岛素。用该方法生产的胰岛素产量低,价格昂贵,远不能满足社会需要。1979 年,科学家将动物体内的胰岛素基因与大肠杆菌 DNA 分子重组,并在大肠杆菌内实现了表达。1982 年,美国一家基因公司用基因工程方法生产的胰岛素投入市场,售价降低了 30%～50%。

2. 基因工程药品——干扰素　1957 年,两位英国研究者发现,机体内产生的某些抗病毒物质可使细胞通过抵御病原菌侵袭而抗病毒。大多数脊椎动物能产生这种称为干扰素(interferon)的抗病毒物质,许多动物病毒能诱导干扰素的体外合成并对干扰素敏感。干扰素是病毒侵入细胞后产生的一种糖蛋白,几乎能抵抗所有病毒引起的感染,是一种抗病毒的特效药。此外干扰素对治疗某些癌症和白血病也有一定疗效。传统的干扰素生产方法是从人血液中的白细胞内提取,每 300 L 血液只能提取出 1 mg 干扰素。1980—1982 年,科学家用基因工程方法在大肠杆菌及酵母菌细胞内获得了干扰素,是传统生产量的 12 万倍。1987 年上述干扰素大量投放市场。现有两种方法获得干扰素:一是通过贴壁生长的人类二倍体纤维原细胞生产;二是通过基因工程的方法,将纤维原细胞的干扰素基因插入到质粒上,再转导到细菌中表达,通过提取和纯化获得合成的干扰素。

3. 基因工程药品——生长激素　治疗侏儒症的唯一方法是向人体注射生长激素(somatotropin),但生长激素的获得很困难。以前,要获得生长激素,需解剖尸体,从大脑的底部摘取垂体,并从中提取生长激素。现可利用基因工程方法,将人的生长激素基因导入大肠杆菌中,使其生产生长激素。人们从 450 L 大肠杆菌培养液中提取的生长激素,相当于 6 万具尸体的全部产量。越来越多的证据表明，生长激素能促进人的肌肉形成，它已被一些运动员应用。定期使用这种生长激素也可改善老年人的生活质量，这是一个巨大的潜在市场。

1977 年，美国首先采用大肠杆菌生产了人类第一个基因工程药物——人生长激素释放抑制激素，开辟了药物生产的新纪元。该激素可抑制生长激素、胰岛素和胰高血糖素的分泌，用来治疗肢端肥大症和急性胰腺炎。如果用常规方法生产该激素，50 万头羊的下丘脑才能生产 5 mg，而用大肠杆菌生产，只需 9 L 细菌发酵液，其价格降至每克 300 美元。

4. 淋巴因子　淋巴因子(lymphokine)是由淋巴细胞(机体免疫系统的一部分)产生的一类蛋白质，是免疫反应的关键因素。淋巴因子似乎具有增强或恢复免疫系统抵抗传染性疾病或癌症的能力。诸如白细胞介素-2 之类的淋巴细胞因子具有很大的潜能，现正通过基因工程生产，将在市场中更易获得。

第六章　微生物能源

第一节　能源状况

石油是"工业的血液",也是现代社会生存和发展的物质基础。地球上的石油储备有限,目前大规模的石油开发,不仅使地球上的石油资源日益枯竭,而且在大量使用石油的同时也给环境造成了巨大的污染。因此,寻找一种绿色的可持续发展的能源成了世界各国的当务之急。在 21 世纪,世界能源系统将发生重大变革,20 世纪形成的以石油、天然气和煤炭等化石燃料为主体的世界能源系统,将在 21 世纪转换成以生物质能、太阳能、风能、海洋能、地热能、水力等可再生能源为主体的新的世界能源系统,其中生物质能、太阳能和风能等尤其引人注目。自 1973 年石油危机后,世界许多国家都加强了可再生能源的研究并制订了形形色色的研究计划。例如,日本的"新阳光计划",计划在 2010 年使日本的可再生能源占日本能源消费的3.1%。进入 21 世纪,现代社会的发展面临着化石资源短缺与环境污染两个严重的问题。一方面,化石资源不可再生,其储量有限,日趋耗尽,可开采石油储量仅可供人类使用大约 50 年,天然气可使用 75 年,煤炭可使用 200～300 年。石油短缺和价格上涨已经成为制约全球经济发展的因素之一。另一方面,化石资源的工业化利用和燃料的燃烧造成了严重的环境污染,二氧化碳、二氧化硫、煤灰等燃烧后的废气和固体废物大量进入环境,引起了全球变暖、气候变迁、灾害性气候频发等严重问题,使人类生存的环境质量下降,由此所造成的全球经济损失每年达数千亿美元之巨。严重的资源、能源与环境危机引起了全球性关注和思考,即人类如何减少或摆脱对化石资源的依赖。瑞典是欧洲重要的石油消费国,也提出了在精神上和技术上做好充分的准备,在2020年之前建立一个“无油的国家”。

有学者提出了所谓“后化石经济时代”的概念,即随着化石资源的枯竭,人类社会不得不进入后化石经济时代,最终也必然会进入无化石经济时代。在后化石经济时代,人类必须改变目前依赖于化石的高消耗、高污染的经济发展模式,寻求化石资源的替代,建立低消耗、高附加值的可持续的循环经济发展模式,这已经成为全球社会经济可持续发展的重大战略方向。在太阳能的驱动下,通过光合作用生物可以合成地球生态中最大量的可再生资源——生物质。全球每年光合作用产生的生物质可达950亿吨碳,远远高于目前世界每年化石资源消耗(65亿吨碳),同时吸收了CO_2,并放出大量氧气,这是构建地球和谐生态环境的基础。利用生物技术,以可再生资源生物质为原料,大规模生产人类所需要的能源、材料、化学品和医药等,将是人类新文明的物质基础。一个全球性的产业革命正在朝着以碳水化合物为基础的方向发展,这是可持续发展的一个重要趋势。

能源是支持人类社会发展的基础。在未来几十年内,我国能源生产必须实现巨大的增长才能支撑我国经济的可持续发展和人民生活水平的不断提高。针对我国人口众多和经济高速发展的特点,我国必然要建设成世界上最大规模的能源系统。然而,已查明的化石能源资源结构与我国未来能源生产的发展要求不相适应,从而使能源供应问题尤显突出。中国《国家中长期科学和技术发展规划纲要(2006—2020)》中,关于优先发展新能源部分指出:“要重点研究开发大型风力发电设备,沿海与陆地风电场和西部风能资源密集区建设技术与装备,高性价比太阳光伏电池及利用技术,太阳能热发电技术,太阳能建筑一体化技术,生物质能和地热能等开发利用技术”。国家发展和改革委员会能源局发布的能源工作思路是:坚持节约优先、立足国内、煤为基础、多元发展的能源方针,以节约能源资源、调整能源产业结构、有效抑制低水平重复建设为重点,加快发展可再生能源、清洁环保能源,支持热电联产、综合利用和多能互补技术发展，淘汰落后生产能力，降低能源资源消耗，促进能源产业升级。实行油气并举，加强国内油气勘探开发，扩大境外合作开发，增强石油战略储备能力，稳步发展石油替代产品。积极发展风能、太阳能、生物质能等可再生能源，继续扎实、稳妥、有效地推进我国能源发展。

近年来，中国的太阳能发电技术和太阳能电池产能都已经进入世界前列。2004 年，中国光伏电池和组件制造跻身世界五强，电池产量排名第五，组件产量排名第四，已成为仅次于德、日、美的第四大光伏电池制造国。中国有着良好的太阳能利用条件，每年陆地接受的太阳辐射能相当于 2.4 万亿吨标准煤。中国对太阳能的开发利用已颇具规模，截至 2005 年，太阳能热水器的使用量已超过 7 000 万 m^2，接近世界使用量的 50%，稳居世界第一。

中国的风能资源同样十分丰富，储量约为 32 亿 kW，可开发利用的风能约 10 亿 kW，可开发的装机容量约 2.53 亿 kW，风能资源居世界首位。近年来，中国风电更是以 50%左右的速度增长。按照规划，到 2020 年中国将建 MW 级的风电机组 2 万～3 万台。

海洋波浪能是一种取之不尽、用之不竭的无污染、可再生能源。尽管波能发电成本较高，需要进一步完善，但对于边远岛屿来说，可节省电力传输等投资费用。目前，美、英、印度等国家已建成几十座波能发电站，且均运行良好。

美国的“能源自立”计划是要以新的方式为美国住宅、办公室和汽车提供能源。美国将增建零排放燃煤电厂；开发革命性的太阳能和风能技术；加大对洁净与安全核能建设的投资；加强混合动力汽车、电力汽车和以氢气为动力的防污染汽车的研究；资助乙醇生产先进方法的进一步研究，以期在 6 年内使乙醇燃料变得实用而有竞争力。

俄罗斯是石油储藏大国之一，天然气探明储量世界第一。近年来世界原油等能源价格高涨让俄罗斯经济受益匪浅。尽管如此，俄罗斯依然强调能源多元化是俄罗斯能源发展新战略。据统计，每年俄罗斯上空的风力可发电 500 万亿 kW·h，是俄罗斯现有发电能力的 60 倍。即使只把能有效利用的风力利用起来，每年的发电量也将达 2 600 亿 kW·h。目前，俄与丹麦签署合作协议，为更好地利用俄罗斯的风能资源，双方将在加里宁格勒州的大陆架上建立装机容量为 50 MW 的风力发电站，这是俄首次在海上修建风力发电站，将安装 25 个风电机组，单机容量为 2 MW，高于海平面60 m。而当地位于陆上的 21 个同样的风电机组只能提供 5.1 MW的电力。这一举措开启了俄罗斯大陆架资源利用的新途径。

在能源利用上，身为“环保急先锋”的瑞典人走在了所有大国的前面。瑞典政府 2006 年 2 月 7 日宣布，计划用 15 年时间成为全球首个完全不依靠石油的国家，而且还不需要增建核电厂。过去 10 年中，瑞典已将所有取暖热源转换为依靠地热和废热。目前瑞典南岸正在建设一个巨大的风力电站，将在 2009 年投入发电。据欧盟统计，2003 年瑞典消耗能源的 23%来自可再生能源，这几乎是欧盟平均水平(6%)的 4 倍。据瑞典自己的统计数据，该国当年只有 32%的能源来自石油，这与 1970 年的 77%形成巨大反差。此外，约 1/3 的能源由核电站提供，剩余的则主要是煤和天然气能源。2005 年 12 月，瑞典议会通过一项法律，强制要求每个加油站至少提供一种可再生能源。瑞典人均使用生物乙醇燃料的数字也远远超过其他任何一个欧盟国家，为了减少污染，瑞典国内加油站出售的每升汽油中都已掺入了 5%的生物乙醇。

日本和印度在各自海域发现了大量的“可燃冰”矿藏，已在大张旗鼓地展开研究、开发和利用。石油专家和化学家早就知道，“可燃冰”是甲烷水化合物，它是在低温高压下自然形成的，是一种很稳定的水的结晶物，其中的甲烷即家用天然气。据估计，这些化合物约有 10 亿吨，相当于地球上所有开采和未开采的石油、煤气和煤的总量的 2 倍。90%以上的“可燃冰”都储藏在浅海大陆架下(100～500 m 深处)。1 cm^3的“可燃冰”能释放出 164 cm^3燃气，用一根火柴靠近“小冰块”就可看到它燃起火来。专家认为“可燃冰”是地球未来能源的宝库，但也有专家认为它是潜在的气候变化隐患,能引起不可控制的气候变暖现象。2006 年 1 月,日本经济产业省首次进行了"可燃冰"成本的模拟核算。结果显示,从国际市场原油价格走势看,"可燃冰"的价格竞争力将大于原油,考虑到今后原油价格还会上涨,"可燃冰"的开发将具备商业操作性。据报道说,日本计划在加拿大开展"可燃冰"的采掘试验,预计将在 10 年内正式进行"可燃冰"的开采。

2005 年 6 月上旬,在冰岛召开了"为实现氢能社会和尖端贮氢技术"交流会上,除挪威、瑞典等北欧 5 国参加外,俄、美、日等国也派人参加了会议。会上除冰岛介绍了实现氢能社会的政策外,各国还介绍了有关贮氢材料、燃料电池、地热利用及氢的生产和利用技术的最新开发成果。冰岛的能源供应中,水力和地热占总量的 70%;电力供应中,水电占 83%。地热主供取暖和热水,且历史悠久,1900 年起即有地热水供洗衣、取暖的记录。冰岛一部分在北极圈内,设想若无地热人们的生活将举步维艰。

根据国际上通行的能源预测,石油在未来 40 年左右将步入枯竭,随着经济的迅速发展,能源问题正随着一次性能源(如石油、天然气、煤)的加速耗竭而日益突出,我国对石油进口依赖愈来愈大,势必影响到我国的能源安全,所以我国研究开发石油的替代品无疑更加紧迫。国际能源机构的有关研究表明,秸秆是很好的清洁可再生能源,平均含硫量只有 0.38%,而煤的平均含硫量约达 1%。据专家估算,我国目前每年废弃的农作物秸秆约有 1 亿吨,折合标准煤 5 000 万吨,预计到 2020 年全国每年秸秆废弃量将达 2 亿吨以上。因此,加快开发利用生物质能源显得迫在眉睫。利用生物技术将可利用的廉价有机物甚至有机废物转化为清洁燃料,替代"石油"等矿物燃料,将是世界性的实施环境可持续发展的长期战略。故研究微生物资源与能源的关系,发展和使用微生物能源十分重要!

第二节 微生物能源

一、能源性微生物目前应用的概况和利用前景

1. 甲烷产生菌所产生的能源是当前已获大量实际应用的一种微生物能源。我国现在正用人畜粪便、农副产品下脚料、酒糟废液和其他工业生产中的废液等生产甲烷，用于照明、燃烧等，其使用价值是相当可观的。

2. 乙醇产生菌生产的能源性物质，目前主要用于燃料和替代汽车等运输工具所使用的汽车用油（如汽油和柴油）。

3. 氢气产生菌生产的能源物质氢气，目前主要应用于燃料电池方面。由于许多自养性和异养性微生物产氢的机制和条件还在研究过程中，所以该类微生物能源的使用尚处于试验阶段。

4. 生物燃料是以生物质为原料生产的燃料。大部分生物燃料的理化性质与柴油接近。生物燃料包括醇燃料（甲醇、乙醇）、沼气、可食用及不可食用的植物油，以及经醇化处理的植物油脂、由能源植物生产加工的燃料（如桉树油、黑皂油等）、动物油脂及废油脂经处理后的燃料等。

其实利用乙醇和生物柴油等生物燃料制品在很早之前就已经被用作车辆的燃料。1900 年，内燃机的发明人德国人狄塞尔在法国巴黎的世界博览会上就展出了一台以花生油为燃料的发动机。盛产甘蔗的巴西率先制造适应燃烧纯酒精的汽车。后来，由于石油的价格日益下滑，糖价上涨，生物燃料也就难以引起人们的兴趣，几乎被人遗忘。到了 20 世纪末，石油的枯竭及其燃烧后对环境带来的破坏使社会面临巨大的威胁，所以生物燃料又重新受到人们的重视。在 1993 年，美国农业部就已经把农产品原料生产生物燃料列为重点发展对象，认为发展生物燃料除对环境有利外，还可开拓农产品市场，提高农民收入，降低农业生产成本，增强国家能源安全。

二、能源性微生物的主要种类

1. 甲烷产生菌类 甲烷杆菌属(*Methanobacterium*)、甲烷八叠菌属(*Methanosarcina*)、甲烷球菌属(*Methanoccus*)等。

2. 乙醇产生菌类 酵母菌属(*Saccharomyces*)、裂殖酵母菌属(*Schizosaccharomyces*)、假丝酵母菌属(*Candida*)、曲霉属(*Aspengillus*)等。

3. 氢气产生菌类 在生命活动中能形成分子氢的微生物有两个主要类群:一是固氮微生物,尤其是具有固氮作用的光合微生物,包括藻类和光合细菌在内。目前研究较多的主要有颤藻属(*Oscillatorio*)、红螺菌属(*Rhodospirillum*)、红假单胞菌属(*Rhodopseudomonas*)、红微菌属(*Rhodomicrobium*)、蓝细菌类(*Cyanobacteria*)等。二是严格厌氧和兼性厌氧的发酵性产氢细菌,如梭状芽孢杆菌属(*Clostridium*)、柠檬酸细菌属(*Citrobacter*)、埃希菌属(*Escherichia*)、志贺菌属(*Shigella*)、褐球固氮菌(*Azotobacter chroococcum*)等。

三、能源性微生物产生能源的机理

1. 甲烷产生菌的作用机理 甲烷产生菌的作用机理是沼气发酵。在沼气发酵过程中,由发酵性细菌、产氢产乙酸菌、好氧产乙酸菌、嗜氢产甲烷菌、嗜乙酸产甲烷菌等五大类微生物参加沼气发酵。

主要过程分三个阶段:

第一阶段是复杂有机物如纤维素、蛋白质、脂肪等在由发酵性细菌群所分泌的胞外酶,如纤维素酶、淀粉酶、蛋白酶和脂肪酶等作用下,降解至其基本结构单位物质(如单糖、氨基酸、甘油和脂肪等小分子化合物)的液化阶段。

第二阶段是将第一阶段中产生的简单有机物经微生物作用转化生成乙酸的产酸阶段。这个阶段是三种细菌群体的联合作用,先由发酵性细菌将液化阶段产生的小分子化合物吸收进细胞内,并将其分解为乙酸、丁酸、氢和二氧化碳等,再由产氢乙酸菌把发酵性细菌产生的丙酸、丁酸转化为甲烷菌可利用的乙酸、氢和二氧化碳。另外，还有耗氧产乙酸菌群，这种细菌群体利用氧和二氧化碳生产乙酸，还能代谢糖类产生乙酸，它们能转变多种有机物为乙酸。

液化阶段和产酸阶段是一个连续过程，统称不产甲烷阶段。在这个过程中，不产甲烷的细菌种类繁多，数量巨大，它们主要的作用是为产甲烷菌提供营养和为产甲烷菌创造适宜的厌氧条件，消除部分毒物。

第三阶段是在甲烷产生菌的作用下将乙酸转化为甲烷的阶段：

$$CH_3COOH \xrightarrow{\text{甲烷细菌}} CH_4 + CO_2$$

在此阶段中，产甲烷细菌群可以分为嗜氢产甲烷菌和嗜乙酸产甲烷菌两大类群。已研究过的就有 70 多种产甲烷菌，它们利用以上不产甲烷的三种菌群所分解转化的甲酸、乙酸、氢和二氧化碳小分子化合物等生成甲烷。

产甲烷菌有如下特点：①产甲烷菌生长非常缓慢，如甲烷八叠球菌在乙酸上生长时其倍增时间为 1～2 d；②严格厌氧，对氧气和氧化剂非常敏感，在有空气的条件下就不能生存或死亡；③只能利用少数简单的化合物作为营养；④它们要求中性偏碱和适宜温度环境条件；⑤代谢活动主要终产物是甲烷和二氧化碳为主要成分的沼气。

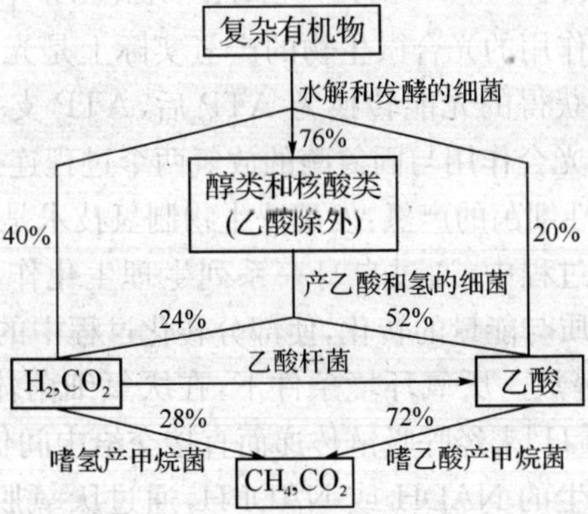

图 6-1　沼气发酵中食物链和能量分配图(数值表示该反应的能量分配百分数)

2. 乙醇产生菌的作用机理　乙醇产生菌的作用机理是酒精发酵作用，即把葡萄糖酵解生成乙醇。微生物酵解葡萄糖的途径是EMP、HMP和ED途径。

EMP途径是：

$$C_6H_{12}O_6 \xrightarrow{\text{酵解}} 2CH_3COCOOH + 2NADH_2 + 4ATP \xrightarrow{\text{脱氢酶}}$$

$$CH_3CHOHCOOH + NAD \xrightarrow{\text{酵解}} CH_3CHO + NADH_2 \xrightarrow{\text{还原酶}} CH_3CH_2OH$$

HMP途径是：

$$C_6H_{12}O_6 \xrightarrow{\text{酵解}} CH_3OCHOHCHOHCHO + 2NADPH_2 \xrightarrow{\text{酵解}}$$

$$CH_3CHOHCOOH + NAD \longrightarrow CH_3CHO \xrightarrow{\text{还原酶}} CH_3CH_2OH$$

ED途径是：

$$C_6H_{12}O_6 \xrightarrow{NADP \curvearrowright NADPH_2}$$

$$CH_3OCHOHCHOHCHOHCHOHCOOH \xrightarrow{H_2O} CH_3COCOOH \xrightarrow[\text{脱氢}]{\text{酵解}}$$

$$CH_3CHOHCOOH \xrightarrow{\text{酵解}} CH_3CHO \xrightarrow{\text{还原酶}} CH_3CH_2OH$$

3. 产氢机理

(1) 固氮微生物和光合微生物的产氢：在具有固氮作用的微生物中，在有N_2等底物存在时，固氮酶进行N_2的还原反应：

$$N_2 + 12ATP + 8e^- + 8H^+ \rightarrow 2NH_3 + 12(ADP + Pi) + H_2$$

具有固氮作用的光合微生物的产氢实际上是光合微生物将光合作用过程中获得的光能转换为ATP后，ATP支持固氮酶的放氢，由ATP将光合作用与固氮酶的放氢两个过程连接起来。

(2) 发酵性细菌的产氢：发酵法生物制氢技术是利用发酵性产氢细菌在发酵过程中，通过自身一系列生理生化作用以及与有机环境之间的物质与能量的转化，使部分转化过程中的H^+接受电子而转化为H_2释放。厌氧环境条件下，在厌氧细菌体内，底物脱氢后产生的还原[H]未经呼吸链传递而直接交给中间代谢产物接受，在此过程中产生的NADH或NADPH，通过厌氧脱氢酶脱去氢，氧化成NAD^+或$NADP^+$，并产生氢气。

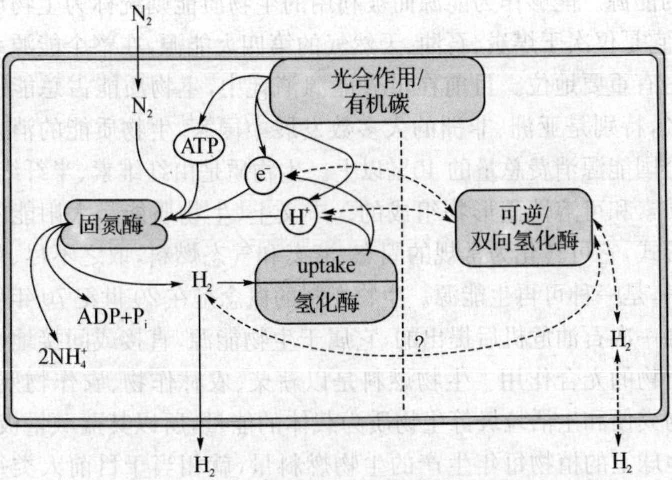

图 6-2　固氮微生物和光合微生物制氢机理

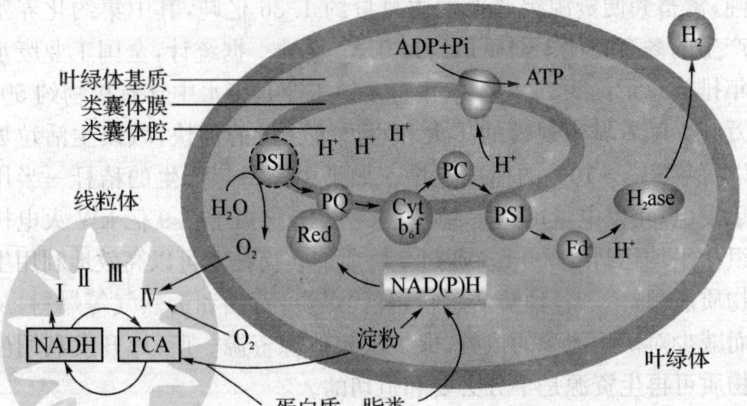

图 6-3　发酵性细菌的产氢机理

四、生物质能

生物质能指的是利用自然界的可再生或可循环的生物有机质,包括所有植物及其残体、动物粪便、各种生物有机废弃物转化成的能源。能够作为能源而被利用的生物质能则统称为生物质能源，它是仅次于煤炭、石油、天然气的第四大能源，在整个能源系统中占有重要地位。目前在世界能源消耗中，生物质能占总能耗的14%，特别是亚洲、非洲的大多数发展中国家，生物质能的消费量占全国能源消费总量的40%以上。生物质是由纤维素、半纤维素、木质素和可溶性固形物组成的。广义上，生物质能是太阳能的一种形式，它可转化为常规的固态、液态和气态燃料，取之不尽、用之不竭，是一种可再生能源。生物燃料的概念是在20世纪70年代爆发第一次石油危机后提出的，它属于生物能源，直接或间接地来源于植物的光合作用。生物燃料是以薪柴、农林作物、农作物残渣、动物粪便和生活垃圾等生物质为载体的能量，所以其蕴藏量极大，仅地球上的植物每年生产的生物燃料量，就相当于目前人类每年消耗矿物能的20倍。2001年，我国仅农作物秸秆资源量就达7亿吨；禽畜粪便资源年产干物质总量约1.36亿吨，其中集约化养殖产生的禽畜粪便干物质量约为0.37亿吨。据统计，全国工业废水年排放总量约为222亿吨(不含乡镇工业)，废水中含有机物约500万吨。随着城市规模的扩大和小城镇建设的加快，城镇生活垃圾以每年8%～10%的速度递增。如果中国每年产生的秸秆一半用于发电，年发电量可达4 500亿kW·h，相当于0.9亿kW火电机组年平均运行5 000 h。通过生物质能转换技术可以高效地利用生物质能源，生产各种清洁燃料，替代煤炭、石油和天然气等燃料，从而减少对矿物能源的依赖，保护国家能源资源。所以，开发利用生物质可再生资源是十分必要和迫切的。

生物质能具有以下特点：

(1) 贮量丰富和可再生性，保证能源的永续利用；

(2) 环保性，在生物质能源利用过程中显著降低了CO_2排放，对减少温室效应有积极意义，在利用转化过程中还可以减少硫化物、氮化物和粉尘等的排放；

(3) 生物质能源具有普遍性、易取性，生产过程较为简单；

(4) 在可再生能源中，生物质是唯一可以储存与运输的能源；

(5) 生物质具有分布分散、能量密度小、热值低和成分复杂等缺点。

表 6-1　生物质的成分含量(%)

物质	生物质成分含量		
	纤维素	半纤维素	木质素
农业生产废弃物	38	32	17
城市固体垃圾	45	9	10
硬木	50	23	22
杂草	45	30	15

表 6-2　生物质糖化后的成分含量(%)

成分	麦秸	玉米秸秆	硬木
六碳糖	37	42	55
五碳糖	25	22	19
木质素	16	18	22
灰分	10	11	2
可溶性固形物	12	7	2

生物质能源的开发与利用是把各种生物质原料通过不同途径转化为高附加值的生物质能源、生物材料、石油产品替代品及副产品等环境友好产品的全过程。近年来,高产的能源作物作为现代生物质能资源已引起广泛关注,如甜高粱、甘薯、木薯、芭蕉芋、巨藻等,通过燃烧、热化学法、生化法、化学法和物理化学法等,可转化为二次能源,分别成为热力或电力、固体燃料(木炭或成型燃料)、液体燃料(生物柴油、甲醇、乙醇和植物油等)和气体燃料(氢气、生物质燃气和沼气等)。当前,生物质能源的开发与利用主要包括生物质发电,制甲醇、燃料乙醇、二甲醚和生物柴油等方面。近年来,生物质能源的发展在生物柴油以及燃料乙醇的开发与利用方面所占的比重越来越大。目前,生物燃料已实现规模化生产和应用。2005 年,全世界生物燃料乙醇的总产量约为 3 000 万吨,据估计,到 2010 年,我国生产生物燃油约为 600 万吨;到 2020 年,

年生产生物燃油将达到1 900万吨，其中生物乙醇1 000万吨，生物柴油900万吨。

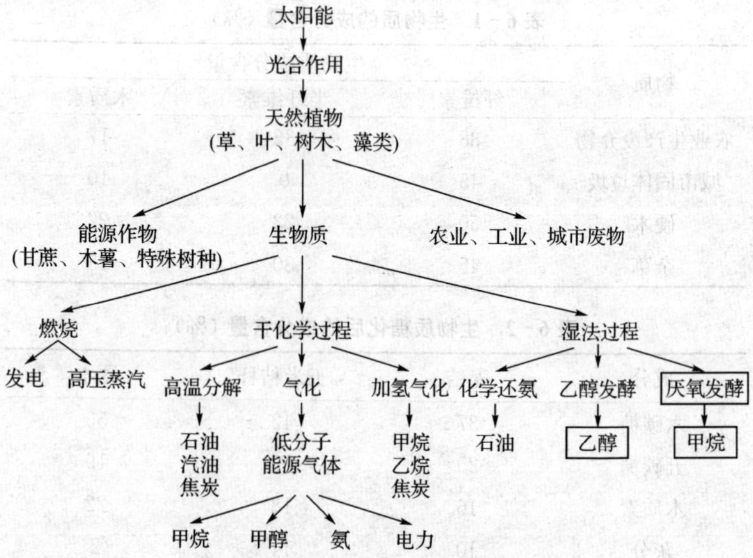

图6-4 生物质转化为能量的途径

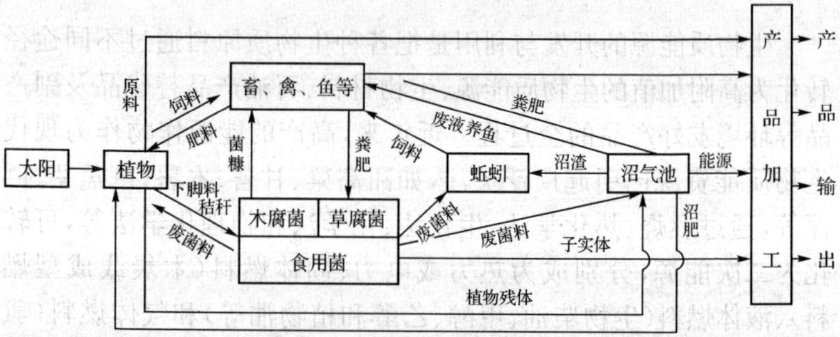

图6-5 农业生态系统模式图

（一）沼气发酵

沼气发酵是由多种细菌参与完成的，它们在沼气池中进行新陈代谢和生长繁殖的过程中，需要一定的生活条件，只有用人工为其创造适宜的生产条件，才能使大量的微生物迅速繁殖，加快沼气池内的有机物分解。另一方面，控制沼气池内发酵过程的正常运行，也需要一定的条件。因此，只有满足微生物的生长条件和沼气池正常运行的条件，才能获得产气率大、有机沼肥多的效果。所以沼气发酵启动时要有足够数量含优良沼气菌种的接种物，这是制取沼气的重要条件。在农村，普遍存在粪坑底污泥、下水污泥、沼气发酵的渣水、沼气污泥、豆制品作坊下水沟中的污泥，这些含有大量沼气发酵细菌的污泥称为接种物。沼气发酵加入接种物的操作过程称为接种，新建沼气池头一次装料时如果不加入足够数量含有沼气细菌的接种物，常常很难产气或产气率不高，甲烷含量低无法燃烧。另外，加入适量的接种物可以避免沼气池发酵初期产酸过多而导致发酵受阻。沼气发酵原料是产生沼气的物质基础，又是沼气发酵细菌赖以生存的养料源，因为沼气细菌在沼气池内正常生长繁殖过程中，必须从发酵原料里吸取充足的营养物质，如水分、碳素、氮素、无机盐类和生长素等，用于生命活动，成倍繁殖细菌和产生沼气。有机物中的碳水化合物如秸秆中的纤维素和淀粉是细菌的碳素营养，有机物中的有机氮如畜粪尿中的含氮物质是细菌的氮素营养，当有机物被细菌分解时，一部分有机物的碳素和氮素被同化成菌体细胞以及组成其他新生物质，另一部分有机物则被产酸细菌分解为简单有机物，后经甲烷菌的作用产生甲烷。因此，沼气发酵时，原料不仅需要充足，而且需要适当搭配。只有保持一定的碳、氮比例，才不会因缺碳素或缺氮素营养而影响沼气的产生和细菌的正常繁殖。

沼气池中的料液在发酵过程中需要保持一定的浓度才能正常产气运行，如果发酵料液中含水量过少，发酵原料过多，发酵液的浓度过大，就容易造成有机酸的大量积累，结果使发酵受到阻碍；如果水太多，发酵液的浓度过稀，有机物含量少，产气量就小。农村沼气池一般采用6%～10%的发酵料液浓度较适宜，在这个范围内，沼气的初始启动浓度要低一些，便于启动。夏季和初秋池温高，原料分解快，浓度可适当低一些；冬季、初春池温低、原料分解慢，发酵料液浓度保持在10%为宜。沼气发酵细菌最适宜的pH

为6.8～7.5;pH在6.4以下或7.6以上都对产气有抑制作用。如果pH在5.5以下,就是料液酸化的标志,其产甲烷菌的活动完全受到抑制。如沼气初始启动时,投料浓度过高,接种物中的产甲烷菌数量又不足,或者在沼气池内一次加入大量的鸡粪、薯渣造成发酵料液浓度过高,都会因产酸与产甲烷的速度失调而引起挥发酸(乙酸、丙酸、丁酸)的积累导致pH下降。这是造成沼气池启动失败或运行失常的主要原因。在沼气发酵过程中,pH变化规律一般是:在发酵初期,由于产酸细菌的迅速活动产生大量的有机酸,使pH下降。但随着发酵继续进行,一方面氨化细菌产生的氨中和了一部分有机酸,这样的循环继续下去使沼气池内的pH值一直保持在7.0～7.5,另一方面甲烷菌群利用有机酸转化成甲烷,这样使pH又恢复到正常值,使发酵正常运行。所以,沼气池内的料液发酵时,只有保持一定的浓度、接种物和适宜的温度,才能正常发酵。沼气发酵中起主要作用的是厌氧分解菌和产甲烷菌。它们怕氧,在空气中暴露几秒钟就会死亡,就是说空气中的氧气对它们有毒害致死的作用。因此,严格的厌氧环境是沼气发酵的最主要条件之一。沼气池内发酵液的温度也是生产沼气的重要条件。这是因为在最适宜的温度范围内温度越高,沼气细菌的生长、繁殖越快、产沼气就多。如果温度不适宜,沼气细菌生长发育慢、产气就少或不产气。一般来说,沼气细菌在8～60℃范围内都能进行发酵。人们把沼气发酵划分为三个发酵区,即常温发酵区(10～26℃)、中温发酵区(28～38℃,最适温度为35℃)、高温发酵区46～60℃。农村的沼气发酵,因为条件的限制,一般都采用常温发酵,可在沼气池中加装太阳能增效装置,当发酵温度低时,可打开太阳能热水器的池内加温阀,将热水引入池内的管状散热器中,为发酵料液补充温度,尤其在冬季,太阳能增效装置对于沼料发酵和产气率将起到很大作用。

我国是世界上沼气利用开展得最好的国家,沼气技术相当成熟,目前已进入商业化应用阶段。主要类型有农村家用沼气池、大中型沼气工程和生活污水净化沼气池等。沼气不仅可以解决农村生活用能,还可以当成一种农业生产资料,降低生产成本,保护和改善生态环境，提高农产品的质量，增加农民经济收益，实现农村经济的可持续发展。

1. 沼液促进种养业的发展　沼液中不仅含有多种微量元素，还含有丰富的氨基酸，作为畜禽饲料添加剂，有较全面的养分。其中的氨基酸可促进猪的正常生长发育，微量元素对增加猪的食欲、加快猪的生长起着重要作用。沼液作为有机肥，可以直接施于水稻、无公害蔬菜、果树、花卉等农作物，叶面长期喷施沼液，可增强光合作用，调节作物生长代谢，补充营养，有利于花芽的形成和分化，保花保果，使果实增重快、光泽变好、成熟一致、品质好。此外，沼液中还含有脯氨酸、亚麻酸、亚油酸、黄腐酸等物质，能极大地提高果树抗冻性。沼液经过充分发酵，其中富含多种作物所需的营养物质（氮、磷、钾），因而极宜作根外施肥，其效果比化肥好，作物生长季节都能进行，特别是当农作物以及果树等进入花期、孕穗期、灌浆期、果实膨大期，喷施效果明显。沼液既可单施，也可与化肥、农药、生长剂等混合施。实践证明，沼液防治病虫害，无污染、无残毒、无抗药性，因而被称为“生物农药”。

2. 沼肥改良土壤营养结构　在广大农村，由于无机化肥、农药的大面积的长期使用，不仅造成了地表面的水源污染，而且土壤板结日益严重，导致了土地生产能力和农产品质量的下降。据分析，沼渣中有机质的含量为2%～50%，腐殖酸为10%～20%，半纤维素为25%～34%，纤维素为13%～17%，木质素为11%～15%，全氮为0.8%～2.0%，全磷为0.4%～1.2%，全钾为0.6%～2.0%，所以用沼渣作基肥对土壤进行长年施用，可以增加土壤的空隙度，提高土壤的透气和透水能力，提高土壤中全氮、全磷含量，使土壤保水保肥能力增强。

3. 沼气建设的生态环保效益　近年来沼气生产和污水处理耦合的研究成为新的研究热点。由于沼气生产和污水处理耦合，可以同时获得能源生产和环境治理（水资源再生）的双重效益，从而使新型沼气生产技术具有更加美好的应用前景。如通过种植水葫芦治理污水，同时充分利用太阳能的光合作用吸收二氧化碳进一步净化空气。水葫芦生长迅速，在适宜的温度下其倍增周期为7 d左右，其碳氮比为(25～30，：1)，是一种理想的沼气原料，与动物排泄物混合可以进行厌氧发酵生产沼气。这样不仅有效地治理了污水，同时又合理地利用了水葫芦和动物排泄物等，使之变废为宝，一举两得。一般认为，沼气重要的研究方向有高效消化产酸菌群的驯化与选育，高效产甲烷菌群的驯化与选育，厌氧微生物菌群的代谢调控以及太阳能强化的高效二级甲烷中温厌氧发酵装置的设计与制备。

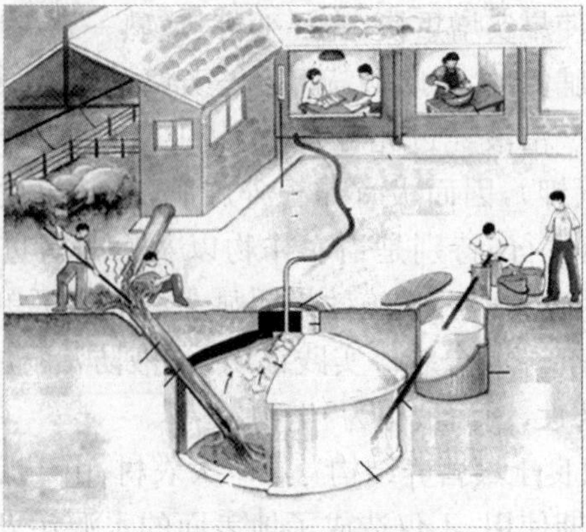

图 6-6　沼气的发酵利用

（二）乙醇的发酵生产

1. 乙醇生产的常用原料　生物质生产乙醇(俗称酒精)始于1898 年，在德国产生。中国是农业大国，生物质能资源十分丰富，主要为淀粉类、糖类和纤维素类生物质。淀粉和糖类原料是我国乙醇生产常用的原料，陈化粮是目前我国生产乙醇燃料的主要淀粉类原料；纤维素类生物质则是我国农村的传统能源。中国有丰富的生物质资源，主要包括农作物秸秆和薪柴。从表 6-1 中可以看出，纤维素和半纤维素占生物质干重的 2/3～3/4。纤维素是葡萄糖的聚合物，由于其结晶结构，很难被降解。半纤维素由六碳糖(葡萄糖、半乳糖、甘露糖)、五碳糖(阿拉伯糖、木糖)等几种不同的糖组成。半纤维素比较容易降解成单糖。木质素是比较复杂的物质,它起胶质的作用,将纤维素和半纤维素连接在一起。木质素经常被用作酒精厂的能源,为其提供生产动力。从表6-2中可以看出,麦秸、玉米秸秆和硬木在酒精生产中作为生物质糖化后的成分含量中,麦秸中含有37%的葡萄糖和21%的木糖,总糖含量与玉米秸秆的相当。相比之下,硬木中含有较高的糖分和较低的灰分,是理想的酒精生产原料。目前虽然淀粉质原料很容易从农业生产中得到,并且淀粉生产酒精的技术也十分成熟,但是利用成本更低的生物质为生产酒精的原料是重要的研究方向,这些原料可来自软、硬木,杂草,农业生产废弃物,旧报纸,城市固体废物等。利用生物质转化为酒精的关键问题包括将纤维素、半纤维素与结构复杂的木质素分离;将碳水化合物的聚合体(纤维素和半纤维素)分解成可发酵性糖;将混合的己糖和戊糖转化为乙醇。以乙醇作为石油的代用能源,其关键是降低酒精的生产成本。

2. 生物质生产酒精的工艺过程　生物质生产乙醇的工艺过程包括预处理、水解和发酵。

(1) 预处理纤维素和半纤维素,去除阻碍糖化和发酵的物质,使其更容易被降解和发酵。

(2) 用酸或酶水解聚合物成单糖。

(3) 用酒精发酵菌发酵六碳糖和五碳糖成酒精,分离和浓缩发酵产物。

水解生产可分为两步进行,即二步发酵法。第一步先经纤维素酶或半纤维素酶的水解,在较低的温度下,主要得到半纤维素的水解产物五碳糖,在较高的温度下,得到纤维素的水解产物葡萄糖,将两种糖液混合,用生石灰中和多余的酸后用于发酵酒精。第二步用另外一类微生物(如酵母菌)发酵产生乙醇等物质。二步发酵法是先由微生物(多数为丝状真菌、嗜热厌氧细菌在生长速度和纤维素代谢速度上比其他菌株快,同时它所产生的纤维素酶的稳定性也有很大的提高)在纤维性材料上产生纤维素酶和半纤维素酶,然后进行酶解纤维素、半纤维素产生糖,再由酵母菌发酵产生乙醇(即产酶、酶解、发酵三个步骤)。上面所指的三个步骤所需要的条件各不相同(如温度),整个过程经历的时间较长,需要两种微生物的作用,在工艺上较复杂。另外还可经过一步即可将纤维性物质转化为乙醇,其中又分为有两种微生物参与的同时糖化发酵和仅用一个菌株的直接发酵法两种。利用两株菌的同时糖化发酵法与两步法相比,可消除酶解时产物对酶解作用的抑制,缩短了发酵时间,但仍需两种微生物的分别作用。直接发酵法是仅利用一种微生物产生的纤维素酶和半纤维素酶酶解产生的糖仍由同一株菌来完成发酵的过程,此方法工艺简单,历时短,对纤维性材料的生物法全利用有很大的实际意义。由于纤维素的组成成分复杂、稳定,存在许多物理和化学的屏障作用,使酶制剂难以与纤维素接触,从而不能完成酶促反应,纤维素的生物降解难于迅速进行,纤维素酶水解得率低,仅为10%~20%。

植物纤维原料在酶水解前必须经过预处理,已研究的预处理方法包括:化学法、物理法、生物法以及以上几种方法的联合作用。

(1) 物理法:包括切断、研磨、射线处理等方法,需要较多能量,预处理成本高,而且水解得率低。

(2) 化学法:酸或碱水解处理、有机溶剂处理。不利因素是处理后的原料在产酶或酶解前需用酸或碱中和,产酶时间较长。

(3) 生物法:以微生物直接作用于物料,或通过酶处理分解木质素。以白腐菌为代表的产木质素酶的真菌用于生物制浆已取得很大进展。木质素酶、木糖酶和纤维素酶也用于破坏纤维的高级结构和降低其结晶度,但关键在于纤维素酶的成本。通过预处理,使纤维素与木质素、半纤维素等分离开。纤维素内部氢键打开,结晶纤维素成为无定型纤维素,进一步打断部分β-1,4-糖苷键,降低聚合度,以便酶制剂可以与纤维素接触。半纤维素被水解成木糖、阿拉伯糖等单糖。预处理后有的纤维素的酶法降解速率甚至可以与淀粉水解相比。纤维素是一种直链多糖,多个分子平行紧密排列成丝状不溶性微小纤维。在工业上,纤维素经酸解或酶解预处理后,释放出的葡萄糖可进入乙醇发酵途径。以秸秆为原料生产燃料乙醇的工艺中,纤维素酶的生产是其中的技术难题之一。目前提倡固体发酵，但固体发酵不可能像液体发酵那样随着规模的扩大而大幅度下降成本。从长远发展角度来看，应选用液体发酵技术。通过改善纤维素的酶解工艺，采用纤维素含量高的原料(与预处理有关)，发酵法生产乙醇的成本将会大大降低。

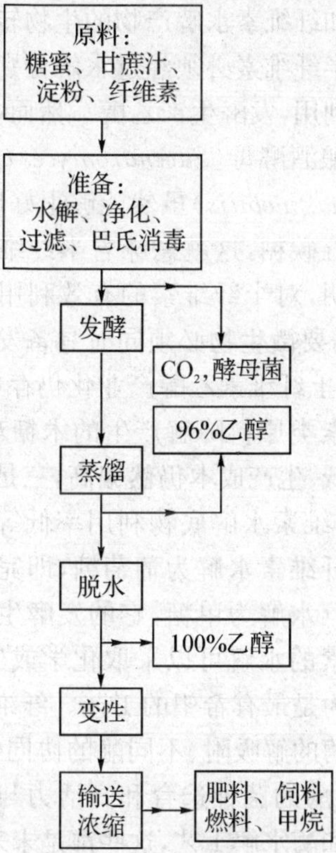

图 6－7　乙醇生产流程

利用生物质可再生资源转化生产燃料乙醇已经成为研究的热点。巴西以甘蔗作为原料，每年生产 125 亿 L 燃料乙醇；美国每年生产超过 50 亿 L 的燃料乙醇。目前我国乙醇年产量列世界第三，发酵法生产乙醇占绝对优势，80%左右的乙醇用淀粉质原料，10%的乙醇用废糖蜜生产，以纤维素原料生产的乙醇约占 2%。燃料乙醇的重要研究方向为：开发利用纤维素、菊芋、木薯、玉米等多种原料生产乙醇工艺，重点开发秸秆或木质纤维类生物质替代粮食资源生产燃料乙醇的工艺，开展农作物秸秆预处理技术、纤维水解酶的固态发酵技术、同步水解发酵法技术、半纤维混合糖液的分离和综合利用技术等。但由于纤维素的组成和结构非常复杂，使得在纤维素的生物降解和纤维素水解产物的生物转化上都还存在着一些问题。纤维素和半纤维素必须经过水解分别形成六碳糖和五碳糖后才能被微生物利用，发酵生产乙醇。然而，传统上用于乙醇发酵生产的微生物如酿酒酵母（*Saccharomyces cerevisiae*）和运动发酵单胞菌（*Zymomonas mobilis*）虽然能够很好地利用六碳糖（葡萄糖），但均不能代谢五碳糖，这就意味着半纤维素不能被有效地利用。大量的研究表明，对半纤维素的有效利用能够降低乙醇生产成本的 25%，这就需要微生物必须同时具备发酵六碳糖和五碳糖的能力。目前，国际上纤维素乙醇产业化仍存在三大技术瓶颈：一是秸秆等木质纤维素类原料降解产生的木糖难以发酵生成乙醇，二是纤维素酶活力低、生产成本仍然偏高，三是原料要进行复杂的预处理，微生物对纤维素水解底物利用率低等。以纤维素物料生产乙醇的关键是把纤维素水解为葡萄糖，即完成纤维素物料的糖化过程。纤维素一旦水解为单糖，它的发酵生产乙醇的过程与淀粉发酵无异。纤维素的水解可以采取化学或生物的方法，生物的方法即酶水解被认为是最有希望的工艺。纤维素酶水解工艺中几个关键的问题包括酶的解吸附、不同酶的协同作用、酶的产物抑制的消除、高产纤维素酶的菌种选育和高活力与热稳定性酶的生产及改进预处理技术和酶水解工艺，这些都是未来的研究重点。

（三）微生物制氢

氢能源以其燃烧值高、清洁无污染、适用范围广等诸多优点，成为新世纪最理想的能源。氢气不仅是最清洁的能源，同时可利用氢气进行重油与煤加氢制得油品，而且其在燃料电池上具有重要用途。目前国内氢气需求量巨大，约为 8.50 Mt/a。与电解水、光电子转化制氢等技术相比，生物质气化制氢是生产氢气最快、最经济的方法。通过热化学方式将生物质转化为高品位的气体燃气或合成气，其中氢气含量最高可达70%，然后通过变压吸附分离纯化得到高纯度氢气。1 kg生物质理论上可产生165 g氢气。生物质气化是所有生物质热化学加工中开发最早、最接近生产规模的技术，可替代煤炭气化制氢。制氢的方法包括热化学分解法、电解水和生物制氢。生物制氢技术可利用农业废料、城市垃圾、工业有机废水、废料和其他生物质制取氢气，其反应条件温和，具有废物利用、节省能量消耗、净化环境和生态平衡的重要意义。可进行生物制氢的微生物包括光合细菌、藻类和发酵细菌等。光合细菌和藻类都利用光能产氢，它们的特点是以小分子有机物为电子供体和还原剂，光能利用率低，并且光合反应器的成本和技术要求高，不利于应用和推广。而发酵细菌通过分解有机物，将其中的能量转化为氢能。与光合产氢相比，发酵产氢的优点是不需要光照，甚至有些细菌可以分解纤维素类、淀粉等大分子物质产氢，有可能实现废物的资源化和减少环境污染。大量微型藻增殖过程中充分利用CO_2，在光照条件下合成有机物，将太阳能储存起来，其藻体生物量称得上是个巨大的“储能库”。正因为各种藻类表现特定的功能，既是“储能库”，又是“供能库”，从中可获取所需要的洁净能源。因此，利用CO_2制造生物能源特别是氢能，将是21世纪大有希望而较为理想的能源供应。人们已经从土壤、沉积物、厌氧反应器、白蚁等处分离到了多个利用淀粉、木聚糖、几丁质及微晶纤维素产氢的菌株，其中主要是厌氧的梭菌，并对其产氢特性进行了研究。生物制氢可以分为5种方法：利用藻类或者青蓝菌的生物光解水法；有机化合物的光合细菌光分解法；有机化合物的发酵制氢；光合细菌和发酵细菌的耦合法制氢；酶催化法制氢。其中微型绿藻是索取氢能的最廉价途径。另外充分利用有机垃圾或有机废水为原料也可生产氢能源。厌氧发酵制氢是一种新兴的生物制氢技术，它利用可再生的厌氧发酵微生物作为反应主体，利用包括工农业废弃物在内的多种有机物作为基质产生H_2，耗能少，成本低廉，有巨大的应用前景和发展潜力。但是，现有的厌氧发酵制氢研究均只是在实验室里进行的，厌氧污泥培养周期长、产气量稳定性差、基质利用率较低、发酵产氢微生物不易获得和培养等问题仍尚未解决。

生物产氢未来研究有如下方向：

(1) 厌氧产氢的影响因素：厌氧产氢的影响因素不仅仅限于温度、pH值、有机物浓度及反应器等，还有其他方面的影响因素，如常量元素、微量元素、某些抑制剂和促进剂，以及混合接触、氧化还原电位等的影响。

(2) 厌氧产氢污泥驯化及不同基质的产氢潜能：目前厌氧产氢污泥的驯化时间长，并且需要严格控制实验条件，且没有确定的驯化参数，厌氧产氢污泥量少，不能满足工程上对厌氧产氢污泥的需求量。

(3) 厌氧产氢技术的工业化应用：如要实施大规模工业化生产，必须研制厌氧产氢控制系统，评估工程投资、运行费用与产氢效率的关系，以及实验室反应器模型放大到工程实践中的偏差等。

由于废水及农业生产废弃的生物质如谷壳、秸秆、玉米秆、甘蔗渣等的厌氧发酵产氢具有广阔的应用前景，既可以给人类带来清洁能源，又能实现废弃物资源化和环境保护，是一项集环境效益、社会效益和经济效益于一体的新型环保产业，是值得提倡的研究与开发方向。将来的研究重点将是如何方便快速地从自然界获得产氢效率高的混合微生物群以及优化混合培养技术。

(四) 生物炼制

"生物炼制"概念衍生自石油炼制，如同人们从石油中炼制出汽油、柴油等燃料及各种衍生物，生物炼制同样要打破过去粮食、油料等作物只生产单一产品的旧观念。"生物炼制"不仅能够变"废"为"宝"，而且提供了生物质能源利用的新途径，符合循环经济理念，这一具有战略意义的研究课题在欧美等地颇受重视。生物经济需要构建可再生生物质资源的新型工业模式，即以生物炼制替代化石资源炼制，形成新的生产方式。生物炼制是开拓创新型技术，即采用多联产技术，实现生物质的高效综合利用，是生产能源、材料与化工产品的新型工业模式。工业生物技术是生物炼制的核心技术，是人类生物技术发展史上继医药生物技术、农业生物技术之后的第三次浪潮，其发展将解决人类社会目前面临的资源、能源与环境等诸多重要问题。世界经合组织(OECD)指出:"工业生物技术是工业可持续发展最有希望的技术"。工业生物技术的中心任务是利用可再生的生物质资源为原料生产生物能源(bio-energy)和生物基产品(bio-based products)。它不仅仅是未来取代石油等化石资源的主要物质生产方式,也是真正实现循环经济、减排 CO_2 的最重要途径,并促进能源农业和能源林业的大规模发展,将有效地绿化荒山荒地,大大改善生态环境。有人预测,到 2020 年,50%的有机化学品和材料将产自植物,化学工业将在生物技术革命中改组。按照这一思路,在不远的将来,人们将利用玉米秸秆等生物质原料生产出包括燃料、精细化学品、大宗化学品、汽车轮胎、药品、饲料、塑料等在内的多种产品。

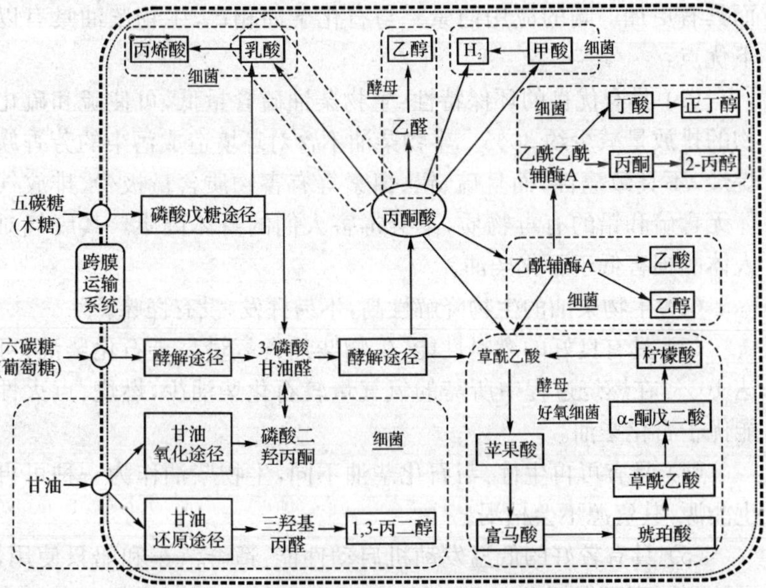

图 6-8　微生物细胞工厂的生物炼制示意图

（五）生物柴油

1. 生物柴油的概念　生物柴油是清洁的可再生能源，是以大豆和油菜子等油料作物、油棕和黄连木等油料林木果实、工程微藻等油料水生植物以及动物油脂、废餐饮油等各种油脂为原料，经过转脂化加工处理后生产出的一种液体燃料，是优质石化柴油的代用品。生物柴油对环境友好，无需对现有柴油发动机进行任何改造即可使用，且对发动机有保护作用。目前世界上生物柴油产业发展迅速，美国、加拿大、巴西、日本、澳大利亚、印度等国都在积极发展这项产业。欧盟国家主要以油菜为原料，2001 年生物柴油产量已超过百万吨。

2. 生物柴油的优点　生物柴油不受当地自然条件的影响，因而具有更加广阔的应用前景。与石化柴油相比，生物柴油具有以下优点：

（1）具有优良的环保特性：生物柴油硫含量低，可使硫和硫化物的排放量减少约 30%。生物柴油不含对环境造成污染的芳香族烷烃，不具致癌性，而且硫、铅、卤素等有害物质含量极少，排放气体无含硫和铅的有毒物质，不会毒害人们的身体健康。其废气对人体的损害低于石化柴油。

（2）生物柴油的生物降解性高，不易挥发，没有怪味。

（3）具有良好的燃料性能：生物柴油含氧量高于石化柴油，可达 10%，在燃烧过程中所需的氧气量较石化柴油少，燃烧、点火性能优于石化柴油。

（4）具有可再生性：与石化柴油不同，生物柴油作为一种可再生能源，其资源不会枯竭。

（5）具有较好的低温发动机启动性能：适合汽车和船只使用，可达到国家环保标准。

（6）具有较好的润滑性能：生物柴油比石化柴油具有相对较高的运动黏度，这使得生物柴油在不影响燃油雾化的情况下，更容易在汽缸内壁形成一层油膜，从而提高运动机件的润滑性，降低机件磨损，延长使用寿命。

(7) 具有较好的安全性能:生物柴油由于闪点高,不属于危险品。

(8) 生物柴油既可单独作为燃料,也可以作为矿物柴油的添加剂,使矿物柴油燃烧完全。

3. 生物柴油的制备　生物柴油的制备方法可以分为物理法和化学法。物理制备方法包括掺和法和微乳法,化学制备方法包括热裂解法和酯交换法。掺和法是将植物油与矿物柴油按一定的比例混合后作为发动机燃料使用。20 世纪 80 年代初,在柴油中掺和了 20%的植物油作为燃烧室发动机燃料获得成功。1983 年 Adams C 等将脱胶的大豆油与 2 号柴油分别以 1∶1 和 1∶2 的比例混合,在直接喷射涡轮发动机上进行 600 h 的试验。当两种油品以 1∶1混合时,会出现润滑油变浑以及凝胶化现象,而 1∶2 的比例不会出现该现象,可用于农用机械的替代燃料。但是直接使用植物油或植物油与石化柴油混合使用,其结果不令人满意。植物油的高黏度、所含的酸性组分、游离脂肪酸以及在贮存和燃烧过程中因氧化和聚合而形成的凝胶、碳沉积和润滑油黏度增大等都是不可避免的严重问题。微乳法由于生物柴油的高黏度限制了它的广泛应用,因此,将动植物油与溶剂混合制成微乳状液也是解决动植物油高黏度的办法之一。微乳状液是一种透明的、热力学稳定的胶体分散系。它是由两种不互溶的液体与离子或非离子的两性分子混合而形成的直径在 1～150 nm 的胶质平衡体系。1982 年 Georing 等用乙醇水溶液与大豆油制成微乳状液,这种微乳状液除了十六烷值较低之外,其他性质均与 2 号柴油相似。目前,生物柴油的生产方法主要有酸催化、碱催化、酶催化和超临界甲酯化等工艺,其中碱催化工艺为最广泛使用的生产方法。工业生产生物柴油主要是应用酯交换化学法生产,大部分工厂所使用的酯交换工艺为传统的两步法——反应和提纯,即用动物油脂和植物油脂与甲醇或乙醇等低碳醇在酸、碱性催化剂催化下进行转酯化反应,生成相应的脂肪酸甲酯或乙酯,再经洗涤干燥即得生物柴油。其化学成分是长链脂肪酸的单一烷基酯。生物柴油的碳链长度为 14～18

个，与普通矿物柴油平均15个碳链相近，其他物理性能也比较接近，可以替代矿物柴油作为燃料供发动机使用。但化学法合成生物柴油有以下缺点：工艺复杂，醇必须过量，后续工艺必须有相应的醇回收装置；能耗高；色泽深，酯化产物难于回收，成本高；运动黏度高，雾化能力低，低温启动性差等。为解决上述问题，人们开始研究用生物酶法合成，即用动物油脂和低碳醇通过脂肪酶进行转酯化反应，制备相应的脂肪酸甲酯及乙酯。酶法合成生物柴油具有条件温和、醇用量小、无污染排放的优点。专家认为，我国未来10年中生物柴油产业发展可分为三个阶段：在近期阶段，主要使用现有的各种废油和含油生物资源为原料；在中期阶段，应用大规模种植的农林作物为原料；在远期阶段，应以大规模种植的高产油原料作物为原料。目前，生物柴油的重要研究方向为研发适应不同原料特点的低成本生物柴油生产工艺，使得生物柴油生产成本可以与石化柴油相竞争。生物柴油的众多生产方法中一个值得关注的问题是如何利用以低值废弃植物油脚为原料，通过生物炼制生产生物柴油，同时联产高附加值植物甾醇、单体酸、二聚酸及异硬脂酸等油脂化工产品。通过植物油脚料炼制生产生物柴油联产高值油脂化工产品，可以大大降低生物柴油的生产成本，提高生物柴油的竞争力，可加速实现生物柴油的产业化进程。

（六）生物质发电

生物质直接燃烧发电简称生物质发电，是目前世界上仅次于风力发电的可再生能源发电技术。我国生物质能发电燃料主要来源于植物，地球上植物的光合作用每年生产大约 2.2×10^{11} 吨干生物质，相当于全球能源消费总量的10倍左右。一般来说，可作能源开发利用的生物质能资源是纤维素类废弃物和有机废水，包括农业生产副产物（如秸秆、玉米芯、稻壳等）、原木采伐及木材加工剩余物（如枝叶、树皮、锯末、树叶等）、农副产品加工的废弃物和废水、人畜粪便、城镇有机垃圾与污水、水生植物等。将生物质能发电与太阳能发电相结合，形成新型的生物质能与太阳能联合发电系统。太阳能与风能具有随机性及不稳定性等缺点，必须从科学技术层面发展利用这些不稳态资源的技术,这是对后化石经济时代工业技术的新的挑战。建立生物质气化与抛物面槽式太阳热联合发电系统,在太阳能充足时,以太阳能发电为主、生物质气化发电为辅;在太阳能不充足时,以生物质气化发电为主、太阳能发电为辅。该系统避免了单一太阳能发电系统的发电不稳定性,减少电力储存、调峰所需的装备,具有非常良好的应用前景。

(七) 生物质生产化工原料

世界上合成高分子材料的年产量已经超过 114 亿吨,主要为石油化工材料。与石油化工材料相比,生物材料具有可再生、可生物降解、应用前景广阔的突出优点,但实现商业化还需要在价格上形成竞争力。

1. 乙烯 乙烯是重要的化工生产原料,生产 1 吨乙烯需要 3 吨石油。我国乙烯需求量巨大,2005 年达到 19 百万吨,预计 2010 年将达到26 百万吨,2020 年将突破 40 百万吨。由于石油资源有限,发展利用生物质替代石油生产乙烯的方法势在必行。生物法制备乙烯的关键在于新型高效催化技术与低浓度乙醇直接脱水制备乙烯的工艺及装备。目前生物法乙烯的生产成本与石化工艺基本持平,而能耗可降低 20%。有关生物法乙烯制备的重要研究方向为:耐高浓度的高产乙醇菌种的选育技术,微生物乙醇代谢工程技术,低成本的乙醇发酵工艺,新型高效乙醇脱水催化剂的设计与制备,一锅法生物乙烯制备工艺等等。

2. 乳酸和聚乳酸 乳酸是一种重要的 C_3 化合物。1 mol 葡萄糖经发酵可生成2 mol 乳酸,理论上 1 吨糖可生产 1.01 吨乳酸,实际转化率可以达到 90%~95%。由乳酸脱水可制备丙烯酸或聚合生成聚乳酸。丙烯酸及其衍生物、聚合物在油田化学品、涂料、黏合剂、纺织等行业中具有广泛的应用,是重要的大宗化学品,国内需求量达 500 kt/a。利用乳酸为原料,经催化脱水可制备丙烯酸,收率可达 50%~60%。聚乳酸是性能优异的功能纤维和热塑性材料,可以用来做包装材料和纺织材料。据估计,2020 年全世界聚乳酸的需求量将达到 11.50~23 百万吨。根据美国 Cargill Dow 公司的预测，当聚乳酸的生产成本降低到每吨1万元以下时，则聚乳酸材料可以和石油基高分子材料竞争。目前，乳酸和聚乳酸的重要研究方向为高产乳酸菌种的选育技术、微生物乳酸代谢工程技术、乳酸的高效提取技术、聚乳酸的二步法聚合工艺及催化剂、聚乳酸一步法聚合工艺、聚乳酸材料的改性技术等。

3. 丁二酸　丁二酸是一种重要的C_4化合物，其传统生产方法采用的是从丁烷经顺丁烯二酸酐通过电解生产。开发生物合成丁二酸的方法具有非常重要的意义，其生产成本将大大降低，从而打开大宗化学品的市场，市场总量将由目前的18千吨扩展至4 000千吨，每年将在世界范围内节约1.034×10^{16} J左右的能量。利用生物法进行丁二酸的生产，还具有一个重要特征——吸收并固定CO_2，用于菌株的代谢，通过厌氧发酵，低能耗、高收率地制备丁二酸。这是丁二酸生产有别于传统有机酸生产的一个重要优势，而且可将发酵生产丁二酸与另一大宗发酵产品乙醇的生产过程进行耦合，可将发酵生产乙醇产生的CO_2加以利用，减少温室气体的排放，在减少碳损失的同时生产出丁二酸、乙醇与二乙基丁二酸三种产品。丁二酸衍生的产品很多，仅丁二醇、四氢呋喃、γ-丁内酯等的国内市场需求每年就超过200亿元。利用丁二醇更可进一步制备生物可降解塑料——聚丁二酸丁二醇酯。丁二酸的重要研究方向为高产丁二酸菌种选育技术、微生物丁二酸代谢工程技术、厌氧规模发酵及反应器技术、丁二酸的高效提取技术、新型反应分离耦合技术等。

4. 二甲醚　二甲醚是21世纪的超清洁燃料，其重要性已逐渐被人们所认识。生物质化学转化生产燃料二甲醚具有非常广阔的前景，国内外对此的研究与开发才刚刚起步，未来30年生物质转化二甲醚是我国能源技术赶超世界先进水平、实现跨越式发展的最有前途的领域。

目前已成功实现商业化的有 Cargill Dow 公司的聚乳酸工厂和 DuPont 公司由1,3-丙二醇生产苯二甲酸丙二酯(PTT)的生产技术。这两项成果标志着用生物原料生产的生物材料已经开始具备市场竞争优势(前者能耗降低 30%～50%,后者降低 25%)。采用1,3-丙二醇与对苯二甲酸进行缩聚,制造的聚酯(PTT)纤维材料具有良好的抗腐蚀性,又具有聚己二酰己二胺(尼龙 66)的弹性,更容易印染,被认为是一种优质的高分子纤维材料。预计,2020 年全世界 PTT 的需求量可达 1 百万吨。聚羟基烷酸、聚谷氨酸等生物材料也是目前被广泛关注的研究热点。

五、微生物燃料电池

随着人类的进步与发展,对能源的需求愈加强烈。为了解决能源短缺的问题,人类在积极寻求新型能源方式。在能源的寻求过程中,科学家把眼光投向了微生物,利用微生物产生电能。

(一) 微生物燃料电池的概念

微生物燃料电池(microbiological fuel cells,MFC)是利用微生物整体为催化剂催化燃料转化为电能的装置,是微生物技术与电池技术相结合的产物。在 MFC 这个系统中,产电微生物(electricigens) 是核心要素,因此产电微生物的生理生化特性、生态特性及电子传递特征的研究,对于深入理解现代 MFC 的产电机制及优化产电模型有重要的理论和实践意义。近年来,相继有多种微生物菌株被发现有电化学活性,大大拓展了微生物燃料电池的应用领域,如直接制造生物传感器、处理废水产电等。微生物燃料电池的研究与应用对缓解当前的能源危机有重大意义,其发展潜力很大。

微生物燃料电池并非刚刚出现的一项技术。1911 年英国植物学家 Potter 首次发现了细菌的培养液能够产生电流,他用铂作电极,用酵母和大肠杆菌进行试验,成功制造出了世界第一个微生物燃料电池,宣布利用微生物可以产生电流,生物燃料电池研究由此开始。1984 年,美国科学家设计出一种用于太空飞船的细菌电池,其电极的活性物来自宇航员的尿液和活细菌,但当时的细菌电池发电效率较低。到了 20 世纪 80 年代末,细菌发电取得重要进展,英国化学家让细菌在电池组里分解分子以释放电子并向阳极运动产生电能,他们在糖液中添加某些诸如染料之类的芳香族化合物作为稀释液,来提高生物系统输送电子的能力。而在细菌发电期间,还需往电池里不断充气,并搅拌细菌培养液和氧化物的混和物。人们正在构想建立细菌发电站,且随着技术的发展,完全可用诸如锯末、秸秆、落叶等废有机物的水解物来代替糖液。

随着微生物燃料电池的发展,它在很多方面都有很好的应用前景。首先,微生物燃料电池的能量转化效率非常高,可以发展出价廉、长效的电能系统。其次,微生物燃料电池利用废液、废物作燃料,不仅产生了电能,而且也净化了环境。再次,微生物电池成为新型的人体起搏器,比如可以人的体液为燃料,做成体内填埋型的驱动电源。另外,从转化能量的微生物电池可以发展到应用转换信息的微生物电池,作为介体微生物传感器。

微生物电池除了在理论上具有很高的能量转化效率之外,还有其他燃料电池不具备的若干特点:

(1) 燃料来源多样化:可以利用一般燃料电池所不能利用的多种有机、无机物质作为燃料,甚至可利用光合作用或直接利用污水等作为原料。

(2) 操作条件温和:一般是在常温、常压、接近中性的环境中工作,这使得电池维护成本低,安全性强。

(3) 无污染,可实现零排放:微生物燃料电池的唯一产物是水。

(4) 无需能量输入:微生物本身就是能量转化工厂,能把地球上廉价的燃料能源转化为电能,为人类提供能源。

(5) 能量利用的高效性:微生物燃料电池是将来热电联用系统的重要组成部分,使能源利用率大大提高。

(6) 生物相容性:利用人体内葡萄糖和氧为原料的生物燃料电池可以直接植入人体,作为心脏起搏器等人造器官的电源。

(二) 微生物燃料电池的分类和原理

按电子转移方式的不同,微生物燃料电池又可分为直接微生物燃料电池和间接微生物燃料电池。直接微生物燃料电池是指燃料直接在电极上被氧化,电子不通过介体直接由燃料转移到电极。间接微生物燃料电池的燃料不在电极上氧化,而是在别处氧化后,电子通过某种途径传递到电极上来。

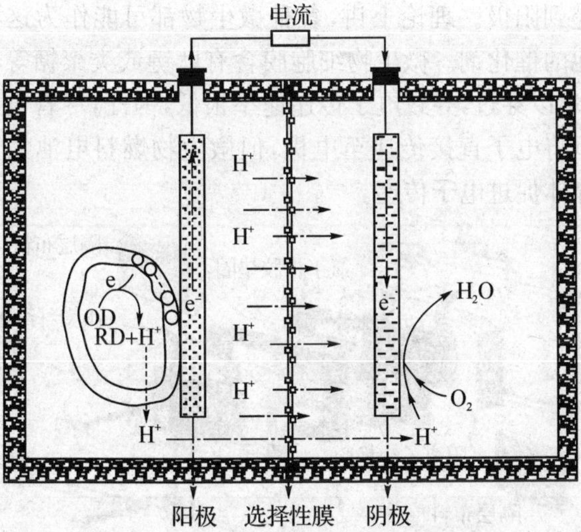

图 6-9 微生物燃料电池的工作原理

常见的装置由两个槽组成,分别为阳极槽和阴极槽。阳极槽保持厌氧,阴极槽保持有氧。阳极放在阳极槽中,接受电子;阴极放在阴极槽中,传递电子到末端电子受体氧气。阳极和阴极之间有外接电线连接,中间还串联一个电阻器或其他电子设备。在阳极槽和阴极槽之间还装有一个阳离子半透膜,H^+ 可以自由通过,而氧气不能自由通过。最近,Logan 设计的电池装置是一个圆柱形的有机玻璃密闭槽,是单一反应槽,里面装有一条阳极石墨棒,它们围绕着 8 根阴极棒。密闭槽中间以质子交换膜间隔,密闭槽外部以铜线和可调电阻组成闭合电路用作检测电子流. 现代的 MFC 是基于微生物的厌氧呼吸为基础,即以阴极为唯一电子受体的电子传递过程。

图 6-10 为微生物电池的结构示意图,燃料在阳极室内,通过微生物的代谢被氧化,电子被阳性电极接受后通过外电路到达阴性电极,微生物在氧化底物过程中产生的质子通过阳离子交换膜到达阴极,氧化物在催化剂的作用下在阴极室内被还原。微生物

电池以葡萄糖或蔗糖为燃料，利用介体从细胞代谢过程中接受电子并传递到阳极。理论上讲，各种微生物都可能作为这种微生物燃料电池的催化剂。微生物细胞膜含有肽键或类聚糖等不导电物质，电子难以穿过，导致电子传递速率很低，因此，尽管电池中的微生物可以将电子直接传递至电极，但微生物燃料电池大多需要氧化还原介体促进电子传递。

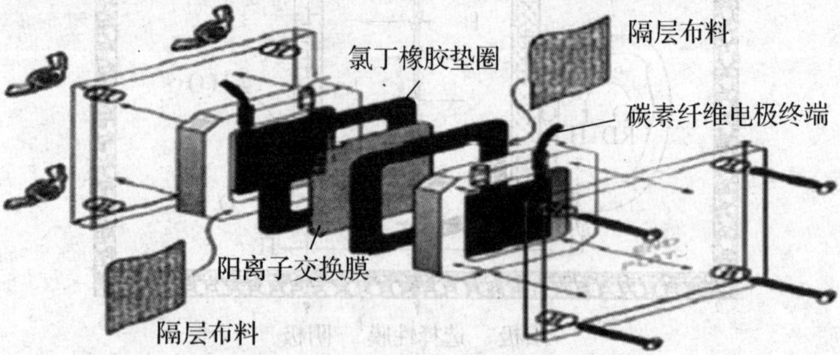

图 6－10　微生物电池结构示意图

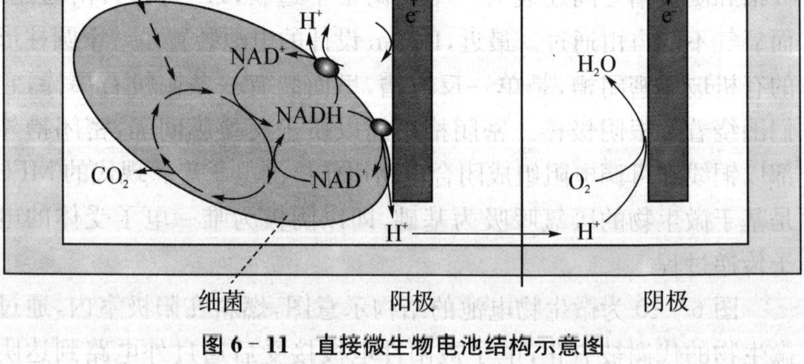

图 6－11　直接微生物电池结构示意图

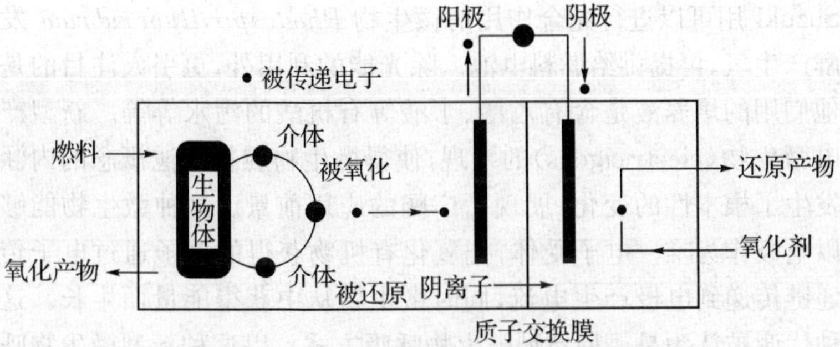

图 6-12　间接生物燃料电池工作原理

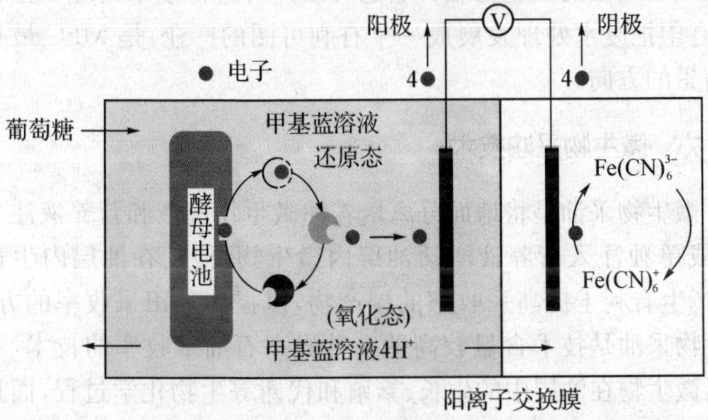

图 6-13　吃肉机器人所用的微生物燃料电池的基本工作原理

基于微生物燃料电池(MFC)技术的吃肉机器人(gastrobot)其基本原理如图 6-13 所示,它所依靠的正是典型的微生物燃料电池技术,可将食物的能源转化为电流,通过分解葡萄糖等有机物质作为能源驱动力。它主要包括以下几个必要部件:生物催化剂,氧化还原反应的中介物,一个阳离子交换膜,电极,阴极氧化反应物(例如图中的铁氰化物 ferricyanide)等。

Tanaka 等研究人员将能够产生光合作用的藻类用于生物燃料电池,展示了燃料电池新种类的可行性,他们的电池使用的催化剂是蓝绿藻。通过试验前后细胞内糖原质量的变化,他们发现在无光照条件时,细胞内部糖原的质量在试验中减少了;同时还发现在有光照时,电池的输出电流比黑暗时有明显的增加。Karube 和

Suzuki 用可以进行光合作用的微生物 *Rhodospirillum rubrum* 发酵产生氢，再提供给燃料电池。除光能的利用外，更引人注目的是他们用的培养液是含有乙酸、丁酸等有机酸的污水等等。新型产电微生物(electricigens)的发现，使得微生物燃料电池概念的内涵发生了根本性的变化，展现了广阔的应用前景。这种微生物能够以电极作为唯一电子受体，把氧化有机物获得的电子通过电子传递链传递到电极产生电流，同时微生物从中获得能量而生长。这种代谢被认为是一种新型微生物呼吸方式。以这种新型微生物呼吸方式为基础的微生物燃料电池可以同时进行废水处理和生物发电，有望把废水处理发展成一个有利可图的产业，是 MFC 最有发展前景的方向。

六、微生物采油技术

微生物采油是将地面分离培养的微生物菌液和营养液注入油层，或单独注入营养液激活油层内微生物，使其在油层内生长繁殖，产生有利于提高采收率的副产物，以提高油田采收率的方法。微生物采油是技术含量较高的一种提高石油采收率的技术，不但包括微生物在油层中的生长、繁殖和代谢等生物化学过程，而且包括微生物菌体、微生物营养液、微生物代谢产物在油层中的运移，以及与岩石、油、气、水的相互作用引起的岩石、油、气、水物性的改变。

微生物强化采油技术就是将特殊的微生物体系、生物催化剂与营养物系统接种到生产井或注水井中，从而将其大量地植入含油区的孔隙介质中，并通过控制酶在含油层油水界面上的反应，改变原油的流动性，产生短链的分子与生物表面活性剂。它利用复杂的生物化学酶来加速普遍存在于原油中的直链烃的氧化还原反应，借助于共生微生物以及特殊的营养物，使兼性好氧的微生物与严格厌氧的微生物交替作用，最终通过酶的反复氧化还原将石蜡等重油组分转化为短链分子，从而使原油的性质，如低的原油体积系数、高的 API 等级、油水界面张力，岩石与原油的相互影响(润湿性)等得以改善。

微生物技术采收原油具有施工工艺简单、成本低、不污染环境、作用时间长等优点,提高原油采收率的机理很复杂,但可简单地概括为以下几点:

(1) 微生物可以降解石油中的重组分,通过对这类组分的降解及产物的产生来降低原油的黏度,从而增加其流动性。

(2) 微生物在油层中生长产生气体(N_2、CO_2、H_2、CH_4等),从而可以提高油层压力,使原油利于开采。

(3) 微生物可以生成生物表面活性剂(如糖脂、脂肽等),通过降低油水界面张力来提高水对原油的运移效率。

(4) 微生物菌体或其胞外聚合物(如黄原胶、葡聚糖等)可以选择或非选择性地封堵油层,增加驱油液的波及系数。

(5) 微生物在厌氧条件下产生溶剂(如酸、醇、酮等),通过溶剂与岩石或原油的反应而使原油利于开采。

鉴于以上的机理,如果利用能以原油为碳源生长的菌株来进行原油采收,既可以节约成本,菌体又可以长期在地下对原油起作用,能进一步提高原油采收的效率。

第七章 微生物生态环境保护剂

世界自然基金会和联合国环境规划署联合发表的《2000 年地球生态报告》显示，若按目前的资源消耗速度，地球的资源会很快耗尽。全球的生态系统正在向危险的临界值逼近。环境恶化导致的自然灾害造成了近 10 年中 6 080 亿美元的经济损失。矿物燃料的过分使用使气候变暖，北极冰盖减少 42%，继续变暖会导致水资源的极度缺乏。中国的资源环境问题更是不容乐观，主要资源的拥有量与人口数量不匹配。作为一个发展中国家，中国的发展成本总体高于世界水平，环境污染问题十分严重：一级标准城市只占 600 多个城市中的不到 1%；流行病的 80%是由于水污染传播；固体废弃物以每年 10%的速度增长，存储量已达 6.49 亿吨，占地 5.17 万公顷；化学工业排放的废水、废气和固体废物分别占全国工业排放总量的 22.5%、7.82%、5.93%。

环境微生物学是近几年新兴的一门学科，微生物可分解许多废弃的环境污染物，带给人类一个干净、舒适的生存环境。人类生产活动产生的环境污染物，目前已发现有致癌活性的达 1 100 多种，严重威胁着人类的健康。土壤和水中的微生物总是力图利用所遇到的任何有机物质作为能源和碳源，先将其酶解成简单分子，再吸收和利用。只要环境条件适合，自然界中所有的有机化合物或是无机金属都能被微生物降解、代谢或富集而去除(图 7－1)。对于已被污染的环境生态系统，微生物具有生物修复功能，可恢复环境本来的面貌。国际上已有的产品包括微生物除臭剂、空气清新剂、水除污剂、工厂污水除害剂、土壤改良剂、土壤中有害重金属降解剂、海面石油污染消除剂等。

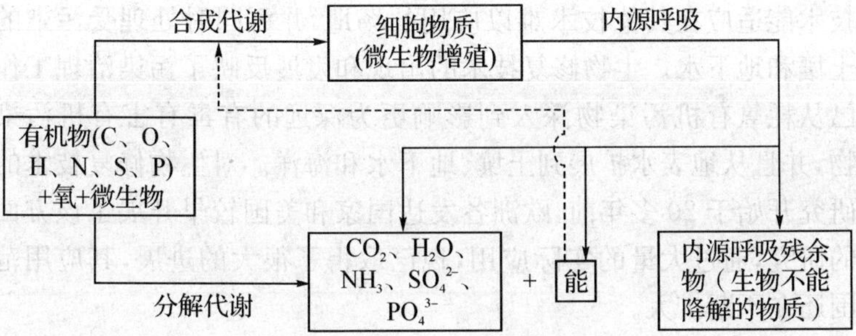

图 7-1 自然界中有机物的微生物降解

环境虽有一定的自净能力,但人类使用的农药量、重金属量、有毒有机物量远远超过了其承受范围,因此环境中降解微生物的作用成为世界研究的热点。微生物因其种类繁多且代谢多样性,在农药降解中表现出独特的优势,国内外对各种杀虫剂、苯氧乙酸类(phenoxyacetic herbicide)和均三氮苯类(striazine herbicide)除草剂的降解微生物的分离和农药的微生物降解代谢途径都已有详细的研究,获得了多株有机磷农药降解菌。我国对农药的微生物降解研究得较晚,但进展也比较快。尽管如此,通过人工筛选出的微生物往往存在降解谱窄、降解能力不强、对环境适应能力差等种种不足,因此人类通过遗传工程手段克隆相关降解基因,构建高效多功能基因工程菌和开发具有降解功能的酶制剂,去除环境中难降解的化合物或大幅度提高污染化学物的去除率成为科学家研究的新热点。环境宏基因组研究是将环境中的所有微生物的核酸提取出来并对其进行建库,从中寻找人们需要的基因及其产物,提高人们对资源的利用率。生物修复(bioremediation)是指利用微生物及其他生物将土壤、地下水或海洋中的危险性污染物现场降解成二氧化碳和水,或转化为无害物质的工程技术系统。可以用来作为生物修复的微生物分为三大类:①土著微生物;②外来微生物;③基因工程菌(gentic engineering microorgiuism,GBM)。生物修复技术是一种对污染物进行原位修复的新兴技术,具有费用省、环境影响小,并能最大限度地降低污染物浓度的特点,而且生物修复技术能适应在其他技术难以应用的场地，并可同时处理受污染的土壤和地下水。生物修复技术的出现和发展反映了污染治理工作已从耗氧有机污染物深入到影响更为深远的有毒有害有机污染物，并且从地表水扩展到土壤、地下水和海洋。对生物修复技术的研究开始于20多年前，欧洲各发达国家和美国较早开展了该方面的研究，通过大量的实际应用，现已取得了很大的进展，其应用范围还在不断扩大。

第一节　EM微生物技术

一、EM微生物的定义

EM是英文有效微生物菌群（effective microorganisms）的缩写，是由日本琉球大学比嘉照夫教授多年潜心研究开发出的高效生物技术产品。EM是由10属80多种微生物如酵母菌、放线菌、乳酸菌、固氮菌、纤维素分解菌等，经特殊方法培养而成的高效复合微生物菌群。其中几种代表性的微生物简述如下：

1. 光合细菌类　利用太阳能将土壤中的硫氢或碳氢化合物中的氢分离出来，变有害物质为无害物质，并和CO_2、氮等混合在一起合成糖类、氨基酸、维生素类、生物活性物质（激素）等，从而提高产品质量。

2. 醋酸杆菌　是氮素合成中具有代表性的微生物，它从光合作用微生物中摄取糖类、固定氮，然后将固定的氮部分存留于产品作为作物所需养分，部分再还给光合细菌，醋酸杆菌和光合细菌形成共生结构。

3. 放线菌　将光合细菌生成的氮素作为基质使放线菌数目增加。放线菌对有机物有很强的降解能力，部分高温放线菌能耐55～65℃的高温，放线菌能生成抗生素，可增强动植物对病害的抵抗力和免疫力。

4. 乳酸菌　摄取光合细菌生产的物质，分解在常温下不易分解的木质素和纤维素，使未腐烂的有机物发酵，转化成对植物有效的养分。

5. 酵母菌　可产生促进细菌分裂的生物活性物质，同时酵母菌还对促进其他有效微生物增殖的基质的生产起着重要的作用。

这些微生物依靠相互间协同作用，增殖关系形成一个组成复杂、结构稳定、功能广泛的具有多种多样细菌的微生物群落的生物菌群，迅速分解有机物，并代谢出抗氧化物质，抑制有害微生物的生长繁殖，因而在种植业、养殖业和环境保护领域都能得到广泛应用。

二、EM 微生物技术的应用

世界范围内 EM 技术应用越来越广，日本的 EM 技术推广应用机构已达 400 多个，美国、法国、英国、巴西等 60 多个国家也十分注重 EM 的推广。自 1992 年 EM 传到我国后，已广泛应用于种植业、养殖业和环境保护等方面，并经实践证实 EM 在促进动植物生长、防病治病、提高农畜产品产量及品质和改良土壤生态环境等诸多方面具有综合功能。

1. EM 技术应用于环境保护　EM 技术在环境保护方面应用体现在畜禽粪便除臭、污水处理、水体富营养化治理、生活垃圾处理等方面。EM 处理废水的机理是：EM 菌群中既有分解性细菌，又有合成性细菌，既有厌氧菌、兼性菌，又有好氧菌。作为多种细菌共存的一种生物体，激活后的 EM 通过驯化在污水中迅速生长繁殖，能快速分解污水中的有机物，同时依靠相互间共生增殖及协同作用，代谢出抗氧化物质，生成稳定而复杂的生态系统，并抑制有害微生物的生长繁殖，抑制含硫、氮等恶臭物质产生的臭味，激活水中具有净化水功能的原生动物、微生物及水生植物，通过这些生物的综合效应从而达到净化水体的目的。在污水池中投入 EM 间歇曝气，通过好氧菌和厌氧菌交替繁殖而达到减少污泥产量的功效。研究表明，EM 菌在控制水体 N、P 营养源、减轻水体富营养化方面十分有效。EM 用于治理富营养化湖泊，主要是通过 EM 微生物吸收水体 N、P 等营养成分而减轻水体藻类繁殖与发生。

2. EM 技术在养殖业方面的应用　根据畜禽品种、生育时期、圈舍大小的不同配制 EM 饲料、EM 活性液及 EM 喷洒液等来提高畜禽产量,改善畜禽品质,达到改善环境、防止疾病及增加产量等目的。其作用机理主要是通过使用 EM,在畜禽体内及禽畜居舍内形成一个以 EM 为主体的有效微生物生态系统,一方面 EM 菌剂内不仅含有较多优良蛋白质、氨基酸,还有丰富的维生素、胡萝卜素、抗病毒物质、动物生长促进因子等活性物质,对畜禽增产、增质、抗病起着十分重要的作用;另一方面由于微生物中大量存在硝化菌、反硝化菌及具有硝酸盐还原酶活性的陆生真菌,通过硝化、反硝化作用使氨态氮转化为 N_2 或通过真菌作用将氨态氮固定为微生物氮,从而达到除臭的目的。研究表明,EM 饲养畜禽不仅增加产量,明显增加畜禽的免疫力和抗病性,而且可以有效消除臭气,明显改善鸡、猪舍环境质量。实验证明,用 EM 液喂后鸡、猪舍内的氨气浓度可以下降 69.7%。

3. EM 技术研究展望　EM 生物技术在我国主要应用于种植和养殖业,EM 应用于环境保护方面还处于相对滞后阶段。为加快 EM 技术在我国的推广应用,需开展如下几方面工作:

(1) 开展 EM 生物技术机理研究:进一步研究 EM 在农业、养殖、环境保护等方面的作用机理,为 EM 技术开发和应用提供理论基础。

(2) 开展 EM 技术对环境中长期影响研究:继续研究 EM 在环境中的长期影响,残留 EM 的污水回用,对土壤、作物、地下水的影响。

(3) 拓宽 EM 应用领域:开发和建立 EM 污水处理、污水资源化、水体富营养化治理等领域的应用工艺流程和配套设施。研究 EM 在农业生态环境建设和在自然生态处理技术中的应用技术和方法。

(4) EM 系列产品质量保证体系研究:进一步研究 EM 质量保证体系,保证 EM 种纯、质优、效高,制定相应的标准。

第二节　利用微生物技术处理废水

水中的微生物在其活动过程中，能吸收和转化某些污染物质，并将大量的有机物分解成无机盐类、二氧化碳和水，从而使水体得到自净。污水生物处理主要是根据水体自净原理，利用微生物的催化作用和代谢活性，分解和转化污水中的污染物质。

污水处理工艺一般较为复杂，其主要包括 3 个阶段，即初级处理、二级处理和微生物消化，还备有采用化学沉淀的三级处理。初级处理的作用是去除粗大的颗粒和可溶性物质，让溶解性有机物质在曝气池中被微生物降解。二级处理需要输入许多能量以驱动机械曝气装置，搅拌整个系统，确保微生物与基质和空气接触。微生物增殖形成污泥，后者可从系统中排出，也可送入消化池（生物反应器），以缩小污泥体积，减少臭气和病原菌数量。污泥厌氧消化可产生甲烷（沼气），用作燃料。渗滤池（或称为滴滤池）是处理低浓度有机废水的重要装置之一。在这类系统中，废水会流经石块、沙砾、塑料薄片等介质表面，介质上附着的微生物可利用废水中的有机物进行生长，但微生物过量生长可能会造成系统堵塞以及微生物活性的降低。

在污水生物处理中，微生物的存在形式主要有两种，即生物膜和活性污泥。

一、应用生物膜处理废水

生物膜在废水处理中的形成过程主要是废水通过生物滤池中的滤料时，滤料截留了废水中的悬浮物质，并把废水中的胶体物质吸附在自己的表面，其中的有机物使微生物很快繁殖起来，这些微生物又进一步吸附了废水中呈悬浮、胶体和溶解状态的物质，填料表面逐渐形成了一层生物膜。这层生物膜主要由菌胶团细菌、真菌、丝状菌、原生动物、后生动物（藻类）、较高等动物（家蝇）组成。其主要特点是具有很大的比表面积，能够大量吸附水中的有机物，而且具有很强的降解有机物的能力。滤料表面的生物膜可分为厌氧层和好氧层,在好氧层表面是一层附着水层,这是由于生物膜的吸附作用形成的。因为附着水直接与微生物接触,其中有机物大多已为微生物所氧化,因此有机物的浓度较低。在附着水外部是流动水层,即进入生物滤池的待处理水,有机物浓度较高。

生物膜现已被广泛用于石油、印染、造纸、食品、医药、农药、化纤等工业废水的处理中。

二、应用活性污泥处理废水

活性污泥一般经过人工培养、驯化而获得。对含有有机物和细菌的污水,不断曝气,维持足够的溶解氧,经过一定时间后,就会产生絮状的污泥,在显微镜下观察可见到各种微生物,如细菌、霉菌、原生动物、后生动物。这种充满微生物的絮状泥粒称为活性污泥。活性污泥具有很强的吸附氧化有机物的能力。活性污泥法不仅适用于处理生活污水,而且在纺织、印染、炼油、木材防腐、焦化、石油化工、农药、绝缘材料、合成纤维、合成橡胶、造纸、炸药等许多工业废水处理中都取得了很好的净化效果。近年来,研究者又筛选出具有特殊分解能力的菌种,再进行投加处理,取得了很好的效果。

美国康乃尔大学研究人员找到一种叫乙烯脱卤球菌的具有脱除有机废水高氯乙烯、三氯乙烯所含氯的能力。日本石油公司开发了以 PVA(聚乙烯醇)凝胶作为载体,固定生物催化剂的生物处理含酚废水技术,装置能力为 800 m^3/d,将废水中酚浓度由 300～350 mg/L 降低到出水含酚 25 mg/L 以下。对重金属离子废水,通过分离筛选出特有的高效功能菌也取得了满意的效果。运用生物技术处理重金属废水,既可回收重金属,又可防止重金属进入食物链而危害人体。

活性污泥中存在大量的原生动物和部分微型后生动物,通过辨别认定其种属可以判别处理水质的优劣,因此将微型动物称为活性污泥系统中的指示生物。

1. 活性污泥中微生物类群的分类

(1) 原生动物:包括肉足虫、鞭毛虫和纤毛虫三类,捕食游离细菌。

①肉足虫:其细胞质可伸缩变动而形成伪足,作为运动和摄食的胞器,常见的有变形虫和表壳虫。

②鞭毛虫:具有一根或一根以上的鞭毛,鞭毛是其运动器官,常见的有滴虫、聚屋滴虫、眼虫、豆形虫和粗袋鞭虫等。

③纤毛虫:动物周身表面或部分表面具有纤毛,作为运动或摄食的工具,具有胞口、胞咽等吞噬和消化的器官,分固着型和游泳型两种。常见的游泳型有漫游虫、草履虫、管叶虫、斜管虫等;当处理水质良好时,常见的固着型有钟虫、盖纤虫、独缩虫、聚缩虫、吸管虫、累枝虫等。

原生动物出现的顺序反映了处理水质的好坏(这里的好坏是指有机物的去除),最初是肉足虫,继之是鞭毛虫和游泳型纤毛虫。

(2) 后生动物:主要指轮虫,在活性污泥系统中它是不经常出现的,而在出水水质较好或较稳定时出现,常见的有轮虫、红斑票贝体虫等。捕食菌胶团和原生动物的出现是水质稳定的标志,因而可以利用镜检生物相评价活性污泥质量与污水处理的质量。

(3) 菌胶团的作用:①对有机物具有很强的生物吸附能力和氧化分解能力;②去除毒物,为原生动物和微型后生动物提供良好的环境;③使原生动物和微型后生动物能够附着在其上;④指示作用。

水处理过程中能形成絮体的细菌具有产生纤维素胞外多聚物的能力。表面上的多聚物可以起着与离子交换树脂同样的作用,结合或释放出各种化合物,其中许多可以被微生物所利用。一旦固着在微生物附近的营养物质耗尽时,流过表面的液体带来的营养物即被吸附在多聚物上被微生物所利用。这样,固着的微生物不会因固定在一定位置上缺乏营养物而处于不利地位,而是比游离的微生物更为有利,因为游离的微生物运动到有利的环境要消耗能量。附着在表面的微生物可以比悬浮的微生物有更高的生长和代谢速率。

2. 培养活性污泥的注意事项

(1) 要保证废水中的营养物质:各种营养成分齐全,比例适宜。

(2) 污泥浓度:悬浮物是细菌附着的载体,进水悬浮物浓度太低则细菌无处附着,不能形成活性污泥,所以培菌初期进水悬浮物浓度要大一些。

(3) 适宜的温度:过低或过高的温度会使代谢速率缓慢、生长速率也缓慢,过高的温度对微生物有致死作用。

(4) 适宜的 pH 值:大多数细菌、原生动物的最适 pH 值为 6.5~7.5,在此环境中生长繁殖最好,它们对 pH 值的适应范围在 4~10。而活性污泥法处理废水的曝气系统中,作为活性污泥的主体,菌胶团细菌在6.5~8.5 的 pH 值条件下可产生较多黏性物质,形成良好的絮状物。

(5) 保证废水中要有适量的溶解氧(DO):①在呼吸作用中氧作为最终电子受体;②在甾醇类和不饱和脂肪酸的生物合成中需要氧,且只有溶于水的氧(称溶解氧)微生物才能利用。

3. 引起污泥膨胀的原因 污泥膨胀分为丝状菌膨胀和非丝状菌膨胀。非丝状菌膨胀主要发生在废水水温较低而污泥负荷太高的情况下,此时细菌吸附了大量有机物,来不及代谢,在胞外积贮大量高黏性的多糖物质,使得表面附着物大量增加,很难沉淀压缩,而当氮严重缺乏时,也有可产生膨胀现象。因为若缺氮,微生物便不能充分利用碳源合成细胞物质,过量的碳源将被转化为多糖类胞外贮存物,这种贮存物是高度亲水性化合物,易形成结合水,从而影响污泥的沉降性能,产生高黏性的污泥膨胀。非丝状菌污泥膨胀发生时其生化处理效能仍较高,出水也还比较清澈,污泥镜检也看不到丝状菌。非丝状菌膨胀发生情况较少,且危害并不十分严重,在这里就不着重讲述了。

丝状菌膨胀在日常实际工作中较为常见,成因也十分复杂。影响丝状菌污泥膨胀的因素有很多,但我们首先应该认识到的是活性污泥是一个混合培养系统,其中至少存在着 30 种可能引起污泥膨胀的丝状菌。而丝状菌在与活性胶团系统共生的关系中是不可缺少的一类重要微生物，它的存在对净化污水起着很好的作用，其对保持污泥的絮体结构、保持生化处理的净化效率，以及在沉淀中对悬浮物的过滤等都有很重要的意义。事实也证明在丝状菌与菌胶团细菌平衡时是不会产生污泥膨胀的，只有当丝状菌生长超过菌胶团细菌时，才会出现污泥膨胀现象。

(1) pH：一般认为 pH 偏低易引起丝状菌的大量繁殖。

(2) 溶解氧的浓度：微生物对有机物的降解过程实质上就是对氧的利用过程。溶解氧在活性污泥法的运行中是一个重要的控制参数，曝气池中 DO 浓度的高低直接影响着有机物的去除效率和活性污泥的生长。低 DO 浓度一直被认为是引起丝状菌污泥膨胀的主要因素之一。丝状菌由于具有较大的比表面积和较低的氧饱和常数，在低 DO 浓度下比絮状菌增殖得快，从而导致丝状菌污泥膨胀。

(3) 污泥负荷：污泥负荷(sludge loading)指曝气池内每千克活性污泥单位时间负担的五日生化需氧量千克数。其计量单位通常以 kg/(kg·d)表示。具有较高 KS(饱和常数，其值为 $\mu=\mu_{max}/2$ 时的基值浓度，单位 mg/L)和 μ_{max} 值(在饱和浓度中微生物的最大比增长速率，单位 d^{-1})的菌胶团在高基质浓度条件下占优势。同样认为低负荷对于丝状菌生长有利的理论还有表面积/容积(A/V)假说。这里的表面积和容积是指活性污泥中微生物的表面积与体积。该假说认为伸展于絮凝体之外的丝状菌的比表面积(A/V)要大大超过菌胶团细菌的比表面积。当微生物处于受基质限制和控制的状态时，比表面积大的丝状菌在取得底物方面要比菌胶团有利，结果在曝气池内丝状菌就变成了优势菌。

(4) 营养物浓度：当污水中 N、P 不足时，易引起污泥膨胀的发生。

介于活性污泥与生活滤池之间的生物膜法工艺为生物接触氧化法，在滤池内设置填料，池底曝气对污水进行充氧，并使池体内污水处于流动状态，有机物与污水中的填料充分接触，避免生物接触氧化池中存在污水与填料接触不均匀。

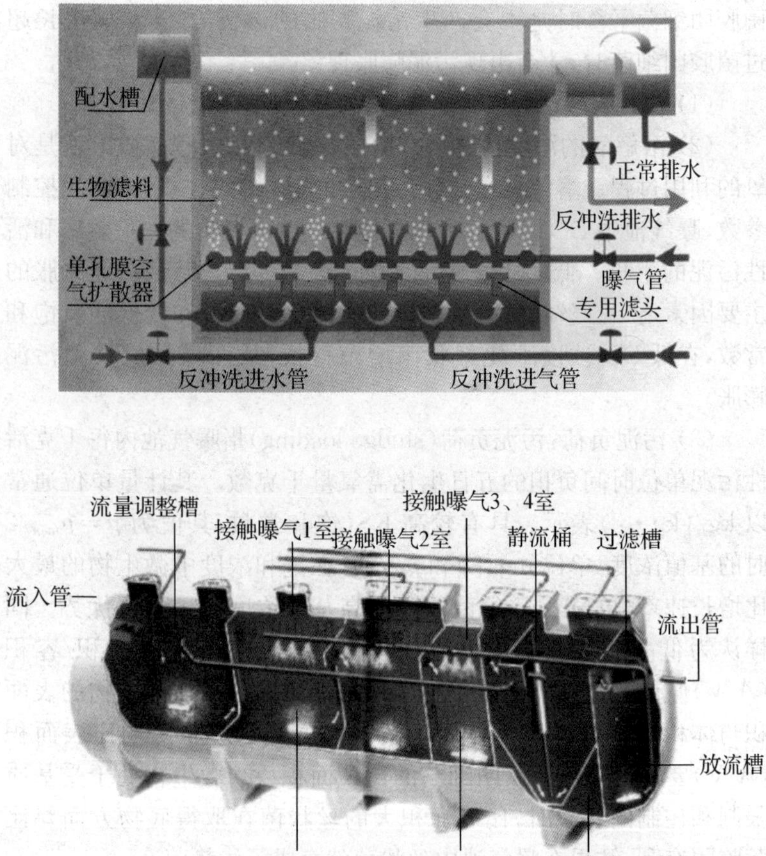
配水槽
生物滤料
单孔膜空
气扩散器
正常排水
反冲洗排水
曝气管
专用滤头
反冲洗进水管
反冲洗进气管
流量调整槽
接触曝气3、4室
接触曝气1室
接触曝气2室
静流桶
过滤槽
流入管
流出管
放流槽
膜组件
散气管
沉淀槽

图 7－2　曝气生物滤池

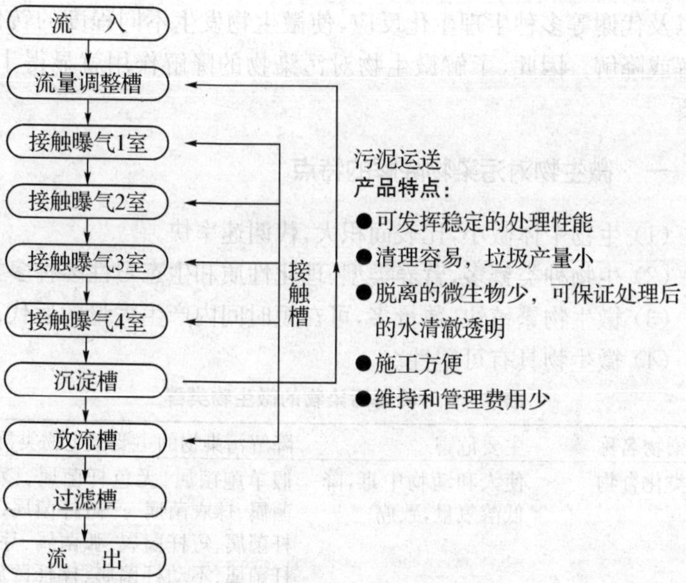

图7-3　活性污泥法处理废水

第三节　有机污染物的生物降解

有机污染物主要来自农药、石化、印染、制药、塑料橡胶等行业，包括酚类、卤代有机物、多环芳香族、硝基化合物、某些元素化合物（如有机磷、有机汞等）、硫醚、砜类、某些杂环化合物、含双键、三键或叔季碳原子碳架化合物等。这类有机物由于其较高的辛醇水分配系数，在水处理过程中大部分被转移到污泥当中，因此在城市污泥中普遍存在。这些有机污染物一般结构稳定，很难降解，而且容易在生物体内蓄积，通过食物链富集，具有“三致”（致癌、致畸、致突变）效应，严重影响了污泥的资源化利用。

在土壤和水中，生物的作用是物质降解的主要机制，微生物又在生物的降解中占首要地位，因此微生物对污染物的降解和转化是污染处理和净化的基础。微生物对环境中污染物质的生物降解主要是通过氧化反应、还原反应、水解反应、脱氨基反应、羟基化反应以及代谢等多种生理生化反应，使微生物发生不同程度的转化、分解或降解。因此，了解微生物对污染物的降解作用就显得十分必要。

一、微生物对污染物降解的特点

(1) 生物个体微小，比表面积大，代谢速率快。
(2) 生物种类繁多，营养类型、理化性质和生态习性多种多样。
(3) 微生物繁殖快，数量多，可在短时间内产生大量的后代。
(4) 微生物具有可塑性。

表 7-1　降解污染物的微生物类群

污染物名称	主要危害	降解污染物的主要微生物类群
烃类化合物	使人和动物中毒，降低溶氧量，致癌	假单胞菌属、无色杆菌属、微球菌属、球衣菌属、产碱杆菌属、肠杆菌属、短杆菌属、弧菌属、芽孢杆菌属、不动杆菌属、棒杆菌属、分枝杆菌属、黄杆菌属、节杆菌属、诺卡氏菌属、放线菌属、克雷伯氏菌属、莫拉氏菌属、假丝酵母属、红酵母属、掷孢酵母属、青霉属、小克银汉霉属、轮枝孢属、白僵菌属、被孢霉属、茎点霉属、红冬孢酵母属、某些藻类
氰类化合物	抑制细胞色素氧化酶，造成组织内窒息，水中含 0.05 mg/L 可使鱼死。对人剧毒	诺卡氏菌属、腐皮镰孢菌、绿色木霉、假单胞菌属、裂腈无色杆菌、黏乳产碱杆菌、珊瑚诺卡氏菌
多氯联苯	可使人和动物中毒	无色杆菌属、假单胞菌属、不动杆菌属、产碱杆菌属、节杆菌属、诺卡氏菌属、日本根霉
合成多聚物(主要是塑料类)	大分子不容易分解，对生物有毒性	假单胞菌属、节杆菌属、棒杆菌属、赛氏杆菌属

（续表 7-1）

污染物名称	主要危害	降解污染物的主要微生物类群
合成洗涤剂	难分解，对致癌物多环芳烃有增溶作用，其中增效剂聚磷酸盐可使水体富营养化	芽孢杆菌属等
化学农药	对人及动物有毒	假单胞菌属、枝动菌属、黄杆菌属、棒杆菌属、节杆菌属、聚生孢噬纤维菌属、诺卡氏菌属、绿色产色链霉菌属、黑曲霉、酵母、沙雷氏菌属、产气杆菌属、链霉菌属、黄单胞菌属、欧文氏菌属、无色杆菌属、根瘤土壤杆菌、巴氏梭菌、库特氏菌、绿色木霉
无机污染物（汞、铅、铜、锌、铬、镉、镍）	可使人及动物中毒、死亡	大肠杆菌、假单胞菌属

二、喹啉衍生物的降解

喹啉衍生物是化工、医药及农药生产中常用的溶剂和原料。近年来随着工业废水的排放，此类化合物已成为土壤、地表水及地下水中常见的污染物，已引起国内外学者的广泛关注。睾丸酮丛毛单胞菌（*Comamonas testosteroni*）可以利用 3-甲基喹啉（3-methylquinoline）作为唯一碳源和能源，并将其有效去除。

3-甲基喹啉的降解首先生成单羟基化合物、多羟基化合物，然后在苯环上发生开环反应进一步降解。另外，3 种双羟基化合物的出现，表明在单一菌种的作用下 3-甲基喹啉的连续羟基化的过程可能在不同的部位发生。这说明微生物对有机化合物的降解途径十分复杂。

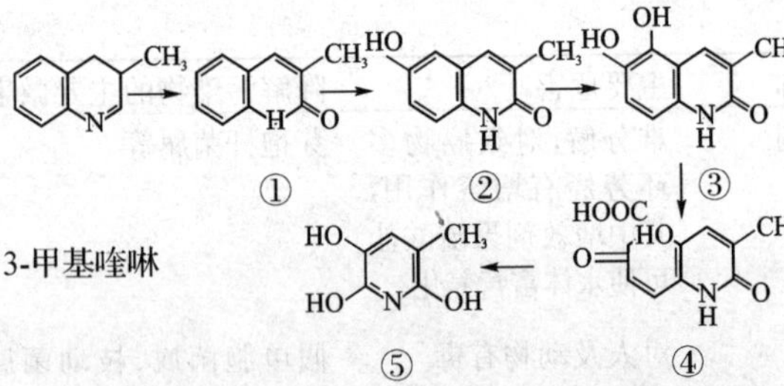

图 7-4 微生物降解 3-甲基喹啉的可能途径

①3-甲基-2(1H)喹诺酮；②3-甲基-6-羟基-2(1H)喹诺酮；③3-甲基-5,6-二羟基-2(1H)喹诺酮；④3-甲基-5-羟基-6-(3-羟基-3-丙氧基)-1H-2 吡啶酮；⑤3-甲基-2,5,6-三羟基吡啶

三、多环芳烃的降解

多环芳烃(polycyclic aromatic hydrocarbons，PAHs)是一类由2个或多个芳香环构成的化合物，是石油、煤炭等化石燃料燃烧过程及能源转化过程的副产物，多数 PAHs 具有致癌性和致突变性，目前已被许多国家列为优先控制的环境污染物，并受到广泛的关注。芘(pyrene)是 PAHs 的四环代表物，属难降解有机污染物，已被列入具有致癌性的 PAHs 之列，在环境中广泛存在，是检测多环芳烃污染的指示物。微生物降解被认为是 PAHs 在自然界中降解的主要途径，许多细菌、真菌及藻类都具有降解 PAHs 的能力。近年来分离到的 PAHs 降解菌主要有芽孢杆菌属(*Bacillus*)、分枝杆菌属(*Mycobacterium*)、假单胞菌属(*Pseudomonas*)、黄杆菌属(*Flavobacterium*)等细菌；真菌氧化芳香烃的能力是普遍的，其中研究得较多的为白腐真菌(white rot fungi)，其产生的木质素降解酶的底物特异性较低，可以催化多种 PAHs 的降解。多环芳烃很难降解或不降解，且被认为是一种致癌、致诱变物质。一般来说，多环芳烃随着苯环数量增加，其水溶性越低，脂溶性越强，环境滞留时间越长，毒性致癌性越强。

苯并[a]芘(benzo [a] pyrene)是一种具有五环结构的强致癌

性多环芳烃污染物，其来源有天然源和人为源。主要的天然源包括生物合成、森林草原火灾以及火山活动，主要的人为源包括各种矿物燃料、木材、纸以及其他含碳氢化合物的不完全燃烧。苯并[a]芘已被美国环保局列入优先控制的有毒有机污染物黑名单。微生物降解是沉积环境中多环芳烃去除最主要的途径。苯并[a]芘分子结构内苯环高度密集，辛醇水分配系数高，较难被微生物降解。目前，有关苯并[a]芘的降解作用的研究较少，对苯并[a]芘有降解作用的微生物主要有细菌类的分枝杆菌、鞘氨醇单胞菌、假单胞菌、拜叶林克氏菌和白腐真菌类的黄孢原毛平革菌等。国内苯并[a]芘的微生物降解作用的研究主要集中在真菌对苯并[a]芘的降解作用，而细菌对苯并[a]芘的降解作用研究较少。李培军等从石油污染土壤中分离、筛选出能降解苯并[a]芘的真菌和细菌（芽孢杆菌属和节细菌属细菌），在土壤苯并[a]芘浓度为 10 mg/kg 的条件下，培养 60 d，真菌对苯并[a]芘的降解率达 83%，细菌对苯并[a]芘的降解率达 73%。虽然真菌对苯并[a]芘的降解作用优于细菌，但由于细菌本身生理特性的多样性（好氧、厌氧和兼性好氧等）以及对植物的相对安全性（植物病害绝大部分是由病原真菌引起的），在多环芳烃污染土壤的微生物修复中比真菌更具优越性，更能适应不同环境（好氧、厌氧和兼性好氧等环境）。

四、苯胺的降解

苯胺(aniline)是农药、染料、塑料和医药工业的重要原料。苯胺属芳香族化合物，有毒难降解，对自然环境和人类健康都造成很大威胁。驯化筛选分解苯胺的高效专性菌种，是这类废水生物处理的重要环节。苯胺的生物降解在好氧条件下较易进行，其降解速度随菌种不同而存在差异。环境中的硝基芳香化合物和苯胺类农药的微生物转化也可形成苯胺。此外，在印染废水的生物脱色处理中也可能有苯胺的形成。生物降解是消除环境中苯胺的重要过程，国内外已分离到一些能降解苯胺、氯代苯胺或甲基苯胺的细菌。Bachofer 等人证明了在诺卡氏菌中苯胺通过加双氧酶反应形成邻苯二酚，进而通过邻苯二酚-1，2-加双氧酶或邻苯二酚-2，3-加双氧酶的作用开环，形成微生物可使用的碳源、能源化合物。

五、苯酚的降解

苯酚(phenol)是石油化工、炼油、造纸、塑料、纺织等工业废水中的主要污染物，它能进一步与水中的氯作用生成毒性更大的氯代酚。在水体中，5～25 mg/L 的苯酚即可对鱼类的生存构成威胁。美国环保署把苯酚列入优先污染物和 65 种有毒污染物名单，我国也把苯酚列入中国环境优先污染物黑名单之中。因此，含酚工业废水的治理在环保中具有重大的意义。清除工业废水中苯酚的方法包括微生物降解、萃取、活性炭吸附和化学氧化等方法。生物处理技术因投资小、处理效率高、运行成本低、二次污染少等优点而得到越来越广泛的应用。但是，目前生物处理技术只局限于处理低浓度的含酚废水，而高浓度含酚废水具有污染物浓度高、可生化性差等特点，制约了这一技术在实际中的应用。因此，如何开发高活力的菌种成为这一技术进一步推广和应用的关键所在。目前已分离、鉴定出许多微生物都能以苯酚为唯一碳源和能源，如乙酸钙不动杆菌(*Acinetobacter calcoaceticus*)、假单胞菌(*Pseudomonas* sp.)、根瘤菌(*Rhizobia*)、藻类、真养产碱菌(*Alcaligenes eutrophus*)、反硝化菌(denitrifying bacteria)。研究者 Annadurai 对 *Pseudomonas putida* 的苯酚降解能力进行了研究，结果表明该菌在最适条件下对 50 mg/L 的苯酚的降解率为 85%。Gonzalez 对另一株 *Pseudomonas putida* 的最大降酚能力进行报道，完全降解 1 000 mg/L 的苯酚需要 260 h，微生物对苯酚降解能力都局限于 0～1 000 mg/L，很少有苯酚降解能力超过 1 200 mg/L 的报道。

六、石油类污染物的微生物降解

随着经济的增长，各个国家对石油的需求日益增大，石油污染已经成为环境领域中的一个突出问题。与传统的或现代的物理、化学修复方法相比，石油污染的生物修复具有明显优势，具有很大的发展潜力。但我们也应看到生物修复的对象通常是多相的、非均质的复杂系统，涉及微生物学、生态学、工程学、水文学、化学等多学科，许多机理甚至到目前为止还不是很清楚，因此有必要加强该领域的研究。近年来，烃类污染物的生物降解已成为国际环境科学研究中的热点之一，在降解机制的分子生物学方面也开展了较多研究，如萘降解酶基因序列已经获得。国内目前这方面的报道主要集中在土壤或工业废水中降解微生物的筛选。

石油是链烷烃、环烷烃、芳香烃以及少量非烃化合物的复杂混合物。石油进入土壤，不仅阻碍植物根系的呼吸与营养吸收，造成植物死亡，还会导致石油的某些成分在粮食中形成积累，进入食物链，进而危及人类健康。海上大量溢油形成的油膜将导致海水缺氧，从而造成生态灾难。PAHs，即多环芳香烃，是石油中毒性最大的成分，具有强的疏水性和化学稳定性，会对海洋鱼类以及底栖生物并最终对人类造成严重威胁。单单依靠机械、化学等方法不能将油污彻底清除，而且伴随着二次污染。微生物在海水中油污的自然消除中起了重要作用。利用微生物的降解作用进行污染环境的生物修复是近年来进行的成功尝试。

石油污染土壤的生物修复是指利用微生物及其他生物，将存在于土壤中的有毒有害的石油污染物降解成二氧化碳和水或转化成无害物质的工程技术系统，它是传统的生物处理方法的延伸。在自然界中存在许多能够以石油或其化工产品为碳源和能源的微生物。海洋环境中能够降解石油的微生物有 200 多种，分属于 70 个属，其中细菌有 40 个属。从石油污染土壤生物处理系统中分离到的各类优势微生物均具有解脂酶活性，有解脂酶活性的菌株就有降解石油烃的能力。添加优势真菌，可以提高生物处理石油污染土壤的效果。细菌以革兰染色阴性杆菌为优势，其中以动胶菌属为主，其次是黄杆菌属。革兰染色阳性杆菌以芽孢杆菌为主。真菌以毛霉菌属、小克银汉菌属占优势，其次是镰刀菌属、青霉菌属、曲霉菌属，酵母最弱。放线菌以链霉菌属为优势。不同菌属的微生物对石油的降解能力也不同。如细菌 *Acinetobacter calcoaeti-*

cus 和 *Serratia marcescens* 可分别降解 $C_{22}\sim C_{30}$ 和 $C_{20}\sim C_{28}$ 的石油物质，而霉菌 *Candida tropicalis* 可以降解 $C_{12}\sim C_{32}$ 的石油物质。一种微生物通常只对特定的石油成分具有较强降解能力。因此，往往需要通过接种混合的微生物群落，以提高微生物的降解效果。

石油烃类的微生物降解是一个复杂的过程，它的降解效率受多方面因素的限制。微生物的种属、石油本身的物理状态和性质以及环境的因素都可以影响微生物对石油污染物的降解。石油的生物降解因其所含烃分子的类型和大小而异。相同条件下，微生物对不同类型石油烃的降解能力是不同的。环境中石油烃的微生物降解速率是由微生物种群的性质和影响降解的环境因素决定的。微生物对烷烃的分解特征为：直链烃比环烃容易氧化；直链烃比支链烃易氧化。各类石油烃被微生物降解的相对能力由大到小依次为：饱和烃、芳香烃、胶质和沥青。在饱和烃部分中，直链烷烃最容易被降解；在芳香烃部分中，二环和三环化合物较容易被降解，而含有 5 个或更多环的难于被微生物所降解；胶质和沥青则极难被微生物所降解。随着碳数的增大，氧化速度减慢，当碳数大于 18 时，分解逐渐困难。由 30 个碳组成的直链烃，需要一个月的时间降解，而由 37 个碳组成的则需要至少 200 d。

土壤遭受石油污染后，其石油的降解速度还受土壤水分、有效养分等因素的影响。降解过程可以由改变土壤理化条件（包括土壤 pH、温度、湿度、通气状况及添加营养）来完成。适宜的土壤水分、氮磷比，有利于加快土壤微生物对石油的降解。

微生物对石油烃类的降解实际是一种生物氧化作用，其主要代谢途径有如下几种：①将石油烃分解为 CO_2 和 H_2O；②将石油烃转化为微生物的生命物质，如蛋白质、氨基酸、脂类和多糖等；③将石油烃转化为其他物质，如各种醇、酚、醛、脂肪酸等。由于多数石油烃类化合物难溶于水，微生物对石油烃的代谢还需要依靠其细胞壁外表面的一种由糖脂组成的特殊吸收系统。该系统可以使石油烃类化合物充分乳化，然后被吸收和利用。

用于生物修复的微生物有土著微生物、外来微生物和基因工程菌。土著微生物的降解潜力巨大,但通常生长缓慢,代谢活性低。受污染物的影响,土著菌的数量有时会急剧下降。而且,一种微生物可代谢的烃类化合物范围有限,污染地区的土著微生物很可能无法降解复杂的石油烃混合物,因此有必要添加外来菌种来促进降解过程的进行。实验室研究表明,添加油降解菌确实提高了油的降解速率。实际应用中,如在1990年墨西哥湾和1991年得克萨斯海岸实施微生物接种后,生物修复处理获得了明显成功。但是,在受污染环境中接种外来微生物也存在多重压力,这是因为在海洋环境中,由于风、浪、洋流及微生物间的竞争和捕食作用都有可能影响添加细菌的处理效果。此外,在接种外来微生物的问题上也存在分歧。接入的降解菌必须经过详细的分类鉴定,以确定其中无人类及其他生物的致病菌。

基因工程菌是通过现代生物技术,将能降解多种污染物的降解基因转移到一种微生物的细胞。在海洋石油污染及其生物修复的过程中,人们获得了分解能力得到几十倍甚至是上百倍提高的菌种。如美国生物学家曾应用遗传工程创造出一种多质粒的超级菌,利用这种超级菌可在几小时内就把酵母菌需一年才能代谢完的原油降解完。然而,由于基因工程菌对环境的潜在影响仍无法评估,因此基因工程菌的利用受到了欧美国家的严格立法控制。随着海上石油开采业和运输业的发展,各种石油泄漏事故不断,石油污染今后仍然是海洋环境的一个严重问题。根据国家海洋局《1998年中国海洋环境年报》,1998年我国一半以上的近岸水体污染严重,海洋环境质量总体上仍呈继续恶化的趋势,其中油类仍为主要污染物之一。由于生物降解法具有其独特的优越性,利用海洋微生物降解烃类物质的能力来消除海上的石油污染已经越来越受到人们的重视。

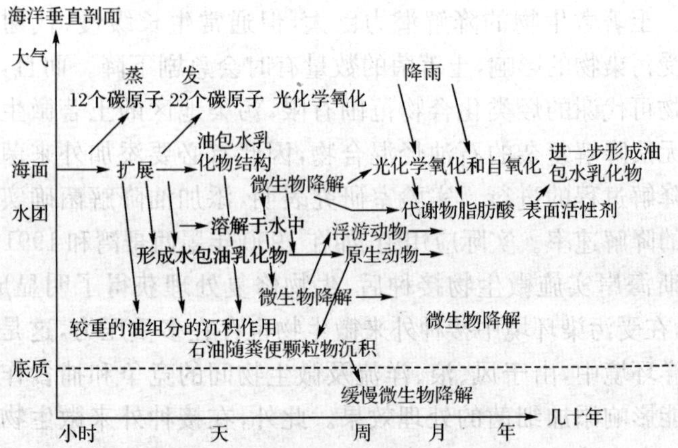

图 7-5 石油入海后变化示意图

七、化学农药的微生物降解

农药进入环境后可以通过各种途径进行降解,包括物理降解、化学降解和微生物降解。物理降解和化学降解主要包括光反应、热反应、氧化还原反应、电化学反应等,微生物降解主要包括多种酶促反应。与物理和化学降解方法相比,微生物降解具有反应条件温和、反应速度快和反应专一性强等特点。

(一) 可降解农药的微生物

土壤中的微生物包括细菌、真菌、放线菌和藻类等,它们中有一些具有农药降解的功能。细菌由于其生化上的多种适应能力和容易诱发突变菌株,从而在农药降解中占有主要地位。在土壤、污水及高温堆肥体系中,对农药分解起主要作用的是细菌类,这与农药类型、微生物降解农药的能力和环境条件等有关,如在高温堆肥体系当中,由于高温阶段体系内部温度较高(>50℃),存活的主要是耐高温细菌,而此阶段也是农药降解最快的时期。通过微生物的作用,把环境中的有机污染物转化为 CO_2 和 H_2O 等无毒无害或毒性较小的其他物质。通过许多科研工作者的努力,已经分离得到了大量可降解农药的微生物。在这些微生物中,往往一种微生物可降解多种农药,如细菌中较具代表性的假单胞菌属(*Pseudo-*

monas)可降解DDT、BHC等，真菌的代表属曲霉属(*Aspergillus*)则可降解DDT、BHC、艾氏剂等。同时，一种农药也可被多种微生物所降解，如可降解DDT的微生物就包括细菌中的假单胞菌属(*Pseudomonas*)、芽孢杆菌属(*Bacillus*)等，真菌中的青霉属(*Penicilium*)、根霉属(*Rhizopus*)、木霉属(*Trichoderma*)、镰刀菌属(*Fusarium*)等，放线菌中的诺卡氏菌(*Nocardia*)，藻类中的菱形藻属(*Nitzschia*)等。

表7-2　常见的可降解农药的微生物

农药名称	所属种类	降解微生物
对硫磷	有机磷类	假单胞菌属、芽孢杆菌属、黄杆菌属、黄单胞杆菌属、短杆菌属、根瘤菌属、青霉属、木霉属、小球绿藻属等
DDT	有机氯类	假单胞菌属、芽孢杆菌属、节细菌属、樟状杆菌属、五孢杆菌属、土杆菌属、微球菌属、黄单胞杆菌属、埃希氏杆菌属、链球菌属、梭状芽孢杆菌属、曲霉属、青霉属、根霉属、镰刀菌属、镰孢霉属、菱形藻属等
2,4-D	有机氯类	假单胞菌属、节细菌属、棒状杆菌属、无色杆菌属、黄杆菌属、枝动杆菌属、曲霉属、诺卡氏菌属等
狄氏剂	有机氯类	芽孢杆菌属、微球菌属、气杆菌属、曲霉属、青霉属、木霉属、诺卡氏菌属
敌百虫	有机磷类	曲霉属、镰孢霉属、青霉属、镰刀菌属
异狄氏剂	有机氯类	芽孢杆菌属、节细菌属、微球菌属、气杆菌属、曲霉属、木霉属
莠去津	三嗪类除草剂	曲霉属、青霉属、根霉属、木霉属、镰刀菌属、尖孢霉属
西维因	氨基甲酸酯类	假单胞菌属、无色杆菌属、曲霉属、青霉属、根霉属
马拉硫磷	有机磷类	假单胞菌属、节细菌属、黄杆菌属、根瘤菌属
毒杀酚	有机氯类	假单胞菌属、芽孢杆菌属
呋喃丹	氨基甲酸酯类	节细菌属、无色杆菌属
溴氰菌酯	拟除虫菊酯类	产碱菌属

(二) 农药的微生物降解机理

微生物类群不同,降解农药的机理、途径和过程就可能不同。微生物以两种方式降解农药,一种方式是微生物直接作用于农药,大多由酶促反应引起,以农药作为生长的唯一碳源和能源,有时还作为唯一的氮源,而使农药降解。具有这种能力的微生物很多,其中假单胞菌属、诺卡氏菌属及曲霉属中的一些种类最为突出。另一种方式是通过微生物的活动改变了化学和物理的环境而间接作用于农药,一般有矿化作用、共代谢作用、生物浓缩或累积作用和微生物对农药其他的间接作用。

1. 微生物酶促降解　微生物酶促反应降解的主要方式有氧化、还原、脱氢、合成等几种类型。当微生物降解农药是由微生物细胞内酶引起时,降解过程可以分为 3 个步骤:①将农药吸附于微生物细胞表面,这一过程是一个动态平衡,也是导致降解初期出现“迟滞期”的关键阶段。②农药穿透细胞膜进入膜内。当微生物数量恒定时,农药对细胞膜的穿透率决定了其穿透细胞膜的量,农药对细胞膜的穿透是降解的限速步骤。农药的这种穿透率与分子结构参数(主要是亲脂性参数和空间位阻参数)密切相关。③农药在细胞膜内通过与降解酶结合发生酶促反应,这是快速过程。

2. 共代谢作用　共代谢作用(协同氧化作用)是指微生物在有它可利用的唯一碳源存在时,对它原来不能利用的物质也能分解代谢的现象。也可定义为:只有在初级能源物质存在时才能进行的有机污染物的生物降解过程。通过共代谢作用,即微生物从其他化合物获得碳源和能源后才能使农药转化,甚至完全降解。例如,直肠梭菌降解六六六时,需要有蛋白胨之类的物质提供能量才能使六六六分解。共代谢作用对治理环境污染很重要,常可通过几种微生物的一系列共代谢反应,使一种农药全部降解。

(1) 共代谢的特点:在共代谢过程中,微生物既不能从基质的氧化代谢中获取足够能量,也不能从基质分子所含有的 C、N、P 或 S 中获得营养进行生物合成。

(2) 共代谢的原因:①缺少降解的酶系;②中间产物的抑制作用。

基质最初转化的产物抑制了在以后起矿化作用的酶系的活性或抑制该微生物的生长。例如:恶臭假单胞菌能共代谢氯苯形成3-氯儿茶酚,而它积累形成对细胞有毒害的环境,抑制了进一步降解的酶系,使降解停止。

能进行共代谢反应的微生物,细菌有:假单胞菌属、不动杆菌属、诺卡氏菌属、芽孢杆菌属、分枝杆菌属、甲基弯曲菌属和节杆菌属等;真菌有:青霉属和丝核菌属等。

细菌降解农药的本质是酶促反应,即化合物通过一定的方式进入细菌体内,然后在各种酶的作用下,经过一系列的生理生化反应,最终将农药完全降解或分解成分子量较小的无毒或毒性较小的化合物的过程。由于降解酶往往比产生该类酶的微生物菌体更能忍受异常环境条件,酶的降解效率远高于微生物本身,特别是对低浓度的农药,人们想利用降解酶作为净化农药污染的有效手段。但是,降解酶在土壤中容易受非生物变性、土壤吸附等作用而失活,难以长时间保持降解活性,而且酶在土壤中的移动性差,这都限制了降解酶在实际中的应用。现在许多试验已经证明,编码合成这些酶系的基因多数在质粒上,如2,4-D的生物降解,即由质粒携带的基因所控制。通过质粒上的基因与染色体上的基因的共同作用,在微生物体内把农药降解。因此,利用分子生物学技术可以人工构建"工程菌",以更好地实现人类利用微生物降解农药的愿望。

(三) 影响农药降解的因素

1. 微生物自身的影响　微生物的种类、代谢活性、适应性等都直接影响对农药的降解与转化。很多试验都已经证明,不同的微生物种类或同一种类的不同菌株,对同一有机底物或有毒金属的反应都不同。另外,微生物具有较强的适应和被驯化的能力,通过一定的适应过程,新的化合物能诱导微生物产生相应的酶系来降解它,或通过基因突变等建立新的酶系来降解它。

2. 农药结构的影响　农药化合物的分子量、空间结构、取代基的种类及数量等都影响到微生物对其降解的难易程度。一般情况下，高分子化合物比低分子量化合物难降解，聚合物、复合物更能抗生物降解；空间结构简单的比结构复杂的容易降解。但目前的环境污染物大多是人工合成的自然界中本身不存在的生物异源有机物质，其中一些对人类具有致畸、致突变和致癌作用，往往对微生物的降解表现出很强的抗性，其原因可能是这些化合物进入自然界的时间比较短，单一的微生物还未进化出降解此类化合物的代谢机制。尽管某些危险性化合物在自然界中可能会经自然形成的微生物群体的协同作用而缓慢降解，但这对微生物世界来说仍然是一个新的挑战。

3. 环境因素的影响　环境条件对微生物的生长和对农药的降解影响很大，如环境中的温度、pH、水分含量、有机质含量、含氧量及表面活性剂等的变化会直接影响到微生物对农药的降解。一般来说，在高温湿润、有机质含量丰富、pH 偏碱性的情况下，农药容易被降解。对于好氧微生物来说，在好氧条件下可以降解农药，而在厌氧条件下降解效果不好；而对于厌氧微生物来说，情况可能正好相反。也有研究指出，在好氧条件下，有的厌氧细菌也可以代谢一些化合物。

另外，农药的有效成分只是农药的一部分，其余还包括溶剂、乳化剂、增效剂、发泡剂等，实际上这些辅助成分的性质也会大大影响农药的性质以及环境中生物的活性等。

表 7-3　微生物降解有机磷农药的主要作用位点和酶的种类

作用位点	酶的种类	酶催化作用
P—O—烷基	水解酶	亲核进攻脱烷氧基,对硫磷、甲胺磷等有机磷农药的降解途径
P—O—芳基	水解酶	对硫磷降解的途径
$O=P—NH_2$	水解酶	甲胺磷水解的主要途径
—烷基	氧化酶	包括甲氧基、乙氧基等,有机磷农药降解去毒的重要途径
$—NO_2$	还原酶	将硝基还原成氨基
C—P	裂解酶	碳-磷键断裂,有机磷矿化的必经途径
—C—P—	磷酸变位酶	分子内重排产生磷酸酯和磷酸烯醇式丙酮酸
苯环	氧化酶	羟基化、苯环开环

（四）阿特拉津的降解

阿特拉津(atrazine)又叫莠去津,化学名称为 2-氯-4-乙氨基-6-异丙氨基-1,3,5-三嗪,是一种在全世界范围内广泛使用的三嗪类化学除草剂,它成本低,除草效果好,使用量大,半衰期长,极性大,可溶性较好,很容易进入地下水层,造成土壤和水体污染,对后茬作物产生药害。阿特拉津是选择性内吸传导型苗前、苗后除草剂,适用于玉米、高粱、果园和林地等,可防除一年生禾本科杂草和阔叶杂草,对某些多年生杂草也有一定的抑制作用。曾经大量使用阿特拉津的国家已在地表水和地下水中发现阿特拉津的残留,美国、欧盟和日本等均把它列入内分泌干扰剂化合物名单。美国 EPA(Enviromental Protetion Agency)规定饮用水中的阿特拉津不可超过 3 μg/L,欧盟规定为 0.1 μg/L。我国生产和使用阿特拉津的历史较短,但也有较大的污染事故发生,已于 1998 年制定阿特拉津在Ⅰ、Ⅱ类地表水中的标准,定为3 μg/L。阿特拉津在土壤中不易降解,土壤中残留的阿特拉津还具有淋溶性,易被雨水、灌溉水淋溶至较深土层,或是随地表径流进入河流、湖泊。近 10 年来,阿特拉津生物降解及原位修复得到了详尽研究,并获得较理想的应用效果,有关降解菌在环境中的行为及其对环境的影响也越来越受到关注。微生物降解是其生物降解法中最主要的手段,主要有3个途径:脱烷基(即脱乙基或脱异丙基过程)、水解(即脱氯,用羟基取代)羟基和开环。一些微生物如曲霉属(*Aspergillus*)、青霉属(*Pinicidlium*)等真菌和藻类对生态环境中的阿特拉津均有较强的降解能力。

第四节 木质素的降解

农业秸秆、畜禽粪便和城市生活垃圾等有机固体废物的主要成分为木质纤维素,它是一类地球上最大量可再生的能源物质,主要由纤维素、半纤维素和木质素构成,三者所占的比例分别是40%、20%～30%和20%～30%。由于纤维素结构复杂,又与木质素结合形成难以分解的"木质纤维素",而且它们在堆肥物料中常与一些更难分解的物质相复合,从而导致其难以被充分利用或难以被大多数微生物直接作为碳源物质而转化利用,从而阻碍了堆肥技术在处理有机固体废物领域的发展。所以,木质纤维素的分解利用对于解决未来的能源危机与环境问题意义重大。由于天然的纤维素分解菌活性低,降解速度慢,而纤维素的降解需要多种酶协同作用,所以充分利用自然界多种微生物的协同关系,人工筛选构建能够产生多种纤维素酶的高效稳定复合菌系,引起了人们的高度重视。

农作物秸秆是指玉米秆、高粱秆、稻草、麦秆、葵花秆以及花生壳、瓜子皮、玉米芯等农作物副产品。据联合国环境规划署报道,世界上种植的各种农作物,每年可提供各类秸秆约20亿吨,其中被利用的比例不足20%。一般情况下,作物秸秆中碳占绝大部分,主要粮食作物水稻、小麦、玉米等秸秆的含碳量约占40%以上,其次为钾、硅、氮、钙、镁、磷、硫等元素。秸秆中的有机成分以纤维素、半纤维素为主,其次为木质素、蛋白质、氨基酸等。

表 7-4　农作物秸秆的几种重要生物质的组成

种类	纤维素(%)	半纤维素(%)	木质素(%)
硬木	40	24	18
软木	45	25	25
玉米秸秆	41	24	17
麦秸秆	40	25	23
稻秸秆	35	25	12
甘蔗渣	40	24	25

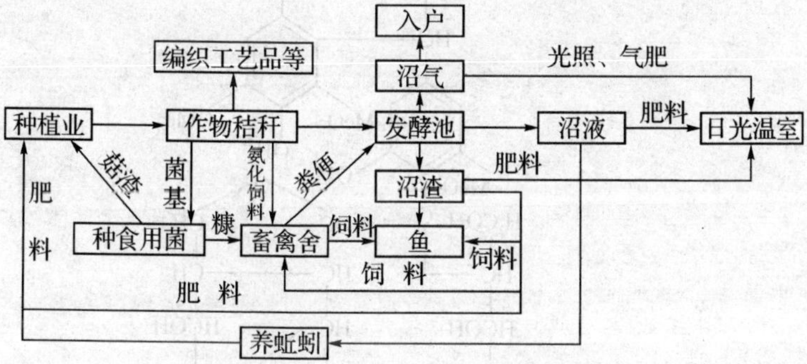

图 7-6　生态农业秸秆综合利用的模式系统

一、木质素的结构

木质素是由松伯醇(coniferyl alcohol)、芥子醇(sinapyl alcohol)、对-香豆醇(p-coumaryl alcohol)三种类型的苯丙烷单元通过醚键和碳碳键连接而成的聚酚类三维网状高分子芳香族化合物，由对羟基肉桂醇(phydroxycinnamyl alcohols)脱氢聚合而成，是木材水解工业和造纸工业的副产物，也是作物秸杆以及城市生活垃圾中一种较难降解的物质，可造成严重的环境污染。全世界陆生植物每年可产生 500 亿吨木质素，其中制浆造纸工业的蒸煮废液中产生的工业木质素有 3 000 万吨。

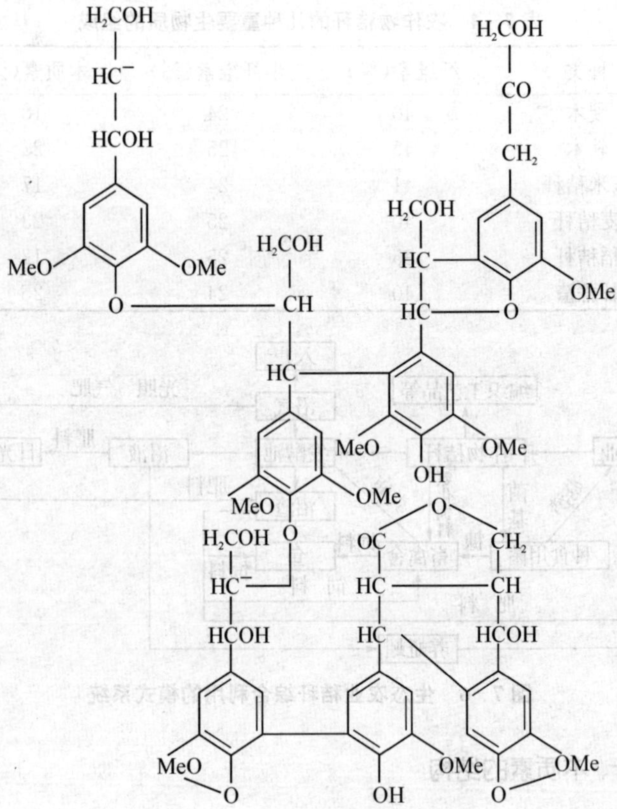

图 7－7 木质素的结构示意图

二、木质素的降解

木质素是一种有价值的潜在能源，它广泛地存在于各种种子植物中，与纤维素一起构成植物骨架的主要成分，是地球上仅次于纤维素的第二丰富的可再生资源，多数木本植物含有 30%左右的木质素，它具有各种生物学稳定的复杂键型而不易被微生物降解，如何提高这类作物资源的利用率已为人们所关注。传统的高温高压强碱法去除木质素既是工业制备纤维素材料的主要手段，又是造纸制浆时脱除植物纤维原料中的木质素的方法，但这不仅需要消耗大量的化学药品和能源，所产生的制浆废液还造成了严重的环境污染问题。木质素由于其结构复杂，分子大(相对分子质量大于 1.0×10^5)，溶解性差，没有任何规则的重复单元或易被水解的键，很难进入细胞内部供微生物吸收利用，但是自然界中还是存在着许多能够降解木质素的微生物。木质素完全降解是真菌、细菌及相应微生物群落共同作用的结果，其中真菌的降解研究最为广泛。

20 世纪 80 年代初，*Science* 首次报道白腐真菌(*Phanerochaete chrysosporium*)的降解作用，Tien 和 Glenn 两研究小组几乎同时从黄孢原毛平革菌的培养液中发现了木质素过氧化物酶，引起了环境学界的广泛关注。真菌根据腐朽类型分为：①白腐菌(white rot fungi)：是一类奇特的丝状真菌，属于担子菌纲，使木材呈白色腐朽的真菌；②褐腐菌：使木材呈褐色腐朽的真菌；③软腐菌。前两者属担子菌纲，软腐菌属半知菌类。白腐菌降解木质素的能力优于其降解纤维素的能力，这类菌首先使木材中的木质素发生降解而不产生色素；而后两者降解木质素的能力弱于其降解纤维素的能力，它们首先开始纤维素的降解，并分泌黄褐色的色素使木材黄褐变，而后才部分缓慢地降解木质素。白腐菌能够分泌胞外氧化酶降解木质素，因此被认为是最主要的木质素降解微生物。白腐菌菌丝体一般为多核，少有隔膜。通常担子菌的两性结合是以锁状联合方式形成新的双核细胞，白腐菌虽属担子菌纲却无锁状联合。多核的分生孢子常为异核，存在同宗配合和异宗配合两类交配系统，多数多孔菌、伞菌都属于此类型，《中国真菌志》中便记载了 46 属 137 种。目前，已研究的白腐菌有：黄孢原毛平革菌(*Phanerochaete chrysosporium*)、彩绒革盖菌(*Coliolus versicolor*)、变色栓菌(*Trametes versicolor*)、射脉菌(*Phlebia radiata*)、凤尾菇(*Pleurotus pulmonarius*)、朱红密孔菌(*Pycnoporus cinnabarinus*)等。其中研究得最多、也最重要的是黄孢原毛平革菌及其所产生的木质素过氧化物酶和锰过氧化物酶，该菌广泛分布于北美各地，在我国尚未发现。细菌降解木质素的能力较真菌差，但是由于细菌来源广泛、生长快速，易于大规模应用，而且在木质素的降解过程中，需要许多不同的微生物发挥不同的作用，如支链的改性、环开裂和解聚等，所以也是一个发展的方向。

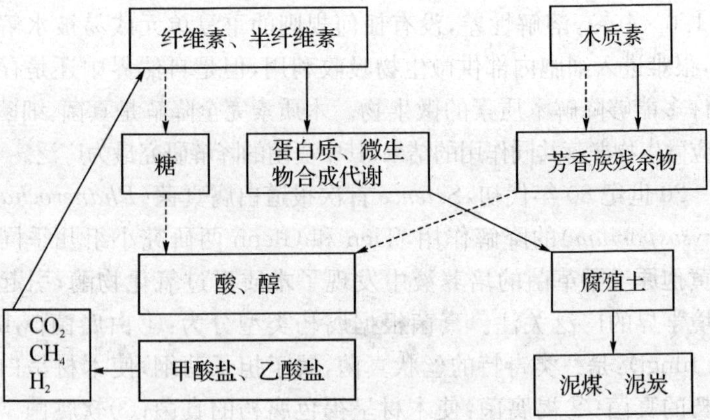

图 7-8 纤维素和木质素碳循环

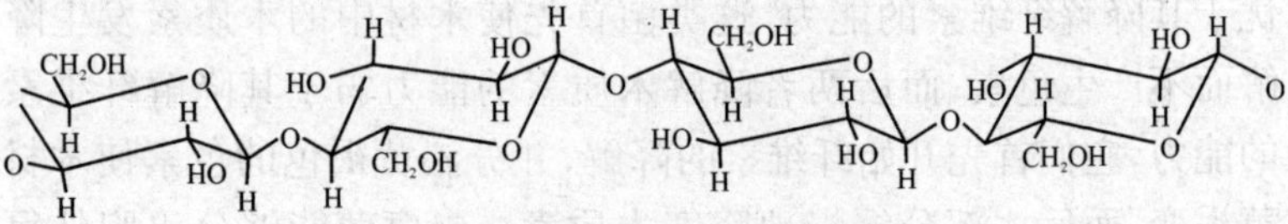

图 7-9 纤维素的结构示意图

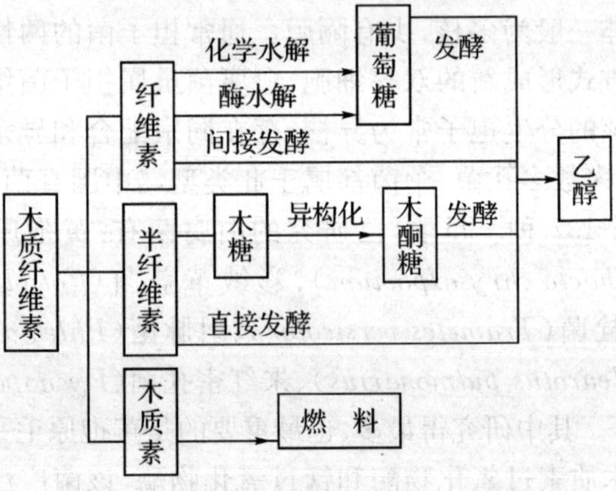

图 7-10 木质纤维素发酵生产乙醇过程

白腐菌对木质素的降解分两步进行：一是白腐菌利用菌丝体对木质素进行吸附；二是白腐菌利用分泌出的过氧化物酶对木质素进行催化氧化反应，从而降解木质素分子。白腐菌降解这类污染物的机理相当复杂，一般认为白腐菌降解木质素等环境污染物主要分为细胞内和细胞外两个过程，且白腐菌的降解活动只发生在次生代谢阶段，并在主要营养物质（碳、氮、硫）限制条件下，启动形成整个降解系统。其过程是首先在细胞内，白腐菌自身产生 H_2O_2 的氧化酶——细胞内葡萄糖氧化酶和细胞外乙二醛氧化酶。它们在分子氧的参与下氧化相应底物，激活过氧化物酶，从而启动酶的催化循环，对污染物降解起作用的木质素过氧化物酶（Lip）、锰过氧化物酶（Mnp）、漆酶（La）均在细胞内合成，分泌到细胞外，属细胞外酶，其中前两者均须以 H_2O_2 为底物，而漆酶以氧气作电子受体催化多酚化物，经四次单电子传递形成醌及自由基。故降解污染物时，白腐菌借助 H_2O_2 激活，先形成高度活性的自由基中间体，由酶触发启动一系列自由基链反应，特别是其产生的细胞外·OH 因具有超强的氧化能力，能攻击芳香化合物，产生正碳离子自由基，接着发生一系列反应，于是在对付难处理的环境污染物时仍能促使底物氧化，显示出高度的非特异性、无立体选择性，从而实现白腐菌对底物的细胞外氧化降解。木质素的分解是一个氧化过程，首先被细胞外酶分解成小分子物质，然后这些小分子物质被植物细胞所吸收，部分转化成石炭酸和苯醌，这些物质和氧化酶一起排放到环境中。降解后的产物多含有芳香族和脂肪族羟基基团。成熟堆肥中腐殖质主要是由木质素、多聚糖和含氮化合物所形成的腐殖酸，芳香结构较多，羟基较多，碳水化合物较少。

第五节　重金属污染的微生物处理

近年来由于工业的迅速发展，人类对重金属的开采、冶炼、加工及商业制造活动日益增多，造成不少重金属如铅、汞、镉、钴等进入大气、水、土壤环境，引起严重的环境污染。环境中的重金属具有长期性和非移动性等特性,对生物和人类产生了不利影响。

一、重金属污染的来源

重金属污染的来源主要来源于采矿和冶炼,化石燃料的燃烧,工业排放的废气、废水、废渣等。重金属随"三废"排放到环境中所造成的污染称为重金属污染。排放重金属的行业和企业就是重金属污染源。

目前已有的除去重金属的技术为:

(1) 场外修复方法:将土壤进行转移,再进行金属离子的去除。缺点是花费高,过程较复杂,设备及技术要求高。

(2) 生物修复:利用生物对环境中的污染物进行降解,花费较少,对技术及设备要求不高,因而愈来愈受到人们的关注。这主要指微生物修复技术,降低重金属的毒性,或积累在菌体内使之得到固定,但不能将重金属降解而去除。

(一) 水体中的重金属污染

1. 自然状态　水体中重金属的含量取决于土壤、岩石的相互作用,含量很低,无危害。

2. 人为因素　工业废水、未经适当处理的生活污水、污染土壤和废弃物堆置场受流水作用、富含重金属的大气沉降物的输入等。

3. 污染物排放源　集中在大、中城市。

4. 危害途径　直接饮水、食用被污水灌溉过的蔬菜粮食等。

水体重金属污染的传统处理方法包括:化学沉淀法、离子交换法、活性炭及硅胶吸附法、电化学法及膜分离法等。但对于较低浓度的重金属离子废水处理效果不明显,操作费用和原材料成本相对较高,且存在二次污染,对大面积水域更受限制。近年来,生物修复技术得到了广泛应用,取得了较理想的结果。而生物修复重金属污染国内外研究较少,有湿地水环境中采集的生物膜吸附铅、镉的特性,微生物吸附剂对重金属的吸附特性,氧化亚铁硫杆菌对污泥中重金属生物淋滤的效果等。其实微生物吸附重金属的材料来源广泛,包括细菌、病毒、真菌以及一些小型的原生动物等在内的一大类生物群体，它们个体微小，却与人类生活密切相关。生物吸附法在低浓度下处理重金属的效果更佳，有吸附容量大、速度快、选择性好等特点，有广阔的应用前景。

（二）土壤中的重金属污染

1. 自然状态　来源于母岩或生物物质，含量低，无危害。

2. 人为因素　金属矿床开发、城市化、固体废弃物堆积、农业生产施用化肥农药、污泥及污水灌溉等。

3. 威胁途径　淋溶作用进入水体、种植等农业活动，进而进入农作物。

重金属在水体中的迁移转化过程通常可概括为：

（1）溶解态和悬移态重金属在水流中的扩散迁移；

（2）沉积态重金属随地质的推移；

（3）溶解态重金属吸附于悬浮物和沉积物后向固相迁移；

（4）悬移态和沉积态重金属向间隙水溶出而重新进入水体的释放；

（5）悬移态重金属沉淀、絮凝、沉降；

（6）沉积态重金属再悬浮；

（7）生物过程即生物摄取、富集、微生物及生物甲基化等；

（8）水体中重金属通过水面向空气中迁移的气态。

二、重金属危害生物的主要特点

重金属危害生物有如下一些特点：

（1）毒性效应。

（2）转化为毒性更强的金属化合物。

（3）在介质间转移，对其他介质中的生物造成伤害。

（4）从不同器官进入生物，发生选择性和非选择性积累，造成相应的损害。

（5）经过食物链的逐级放大，在较高级的生物体内富集。

重金属经过一系列物理、化学变化后，以各种形式存在于土壤中。各种形态的相对含量直接影响重金属对土壤微生物、生物活性与作物的危害程度。土壤中重金属元素的存在形态分为可交换态、碳酸盐结合态、铁锰氧化物态、有机态与难溶态。一般来说，土壤中重金属的污染元素可溶态的含量较低，而难溶态的含量较高，但随着污染程度的增加，可溶态含量也很大。土壤中重金属存在形态与土壤的理化性质有关。了解土壤中重金属的形态特征，其主要目的在于掌握土壤中各种形态重金属含量与其有效态的贡献率。以各种化学状态或化学形态存在的重金属，在进入环境或生态系统后就会存留、积累和迁移，造成危害。如随废水排出的重金属，即使浓度小，也可在藻类和底泥中积累，被鱼和贝类的体表吸附，产生食物链浓缩，从而造成公害。如日本的水俣病，就是因为烧碱制造工业排放的废水中含有汞，再经生物作用变成有机汞后造成的；又如痛痛病，是由炼锌工业和镉电镀工业所排放的镉所致。汽车尾气排放的铅经大气扩散等过程进入环境，造成目前地表铅的浓度已有显著提高，致使现代人体内铅的吸收量比原始人增加了约100倍，损害了人体健康。汞中毒有一定的征兆，开始是走路不稳，面容痴呆，而后耳聋眼瞎，重者全身麻痹，最后精神失常，以至死亡。这是因为汞中毒是一种神经中毒，可以造成全身性的神经损害。

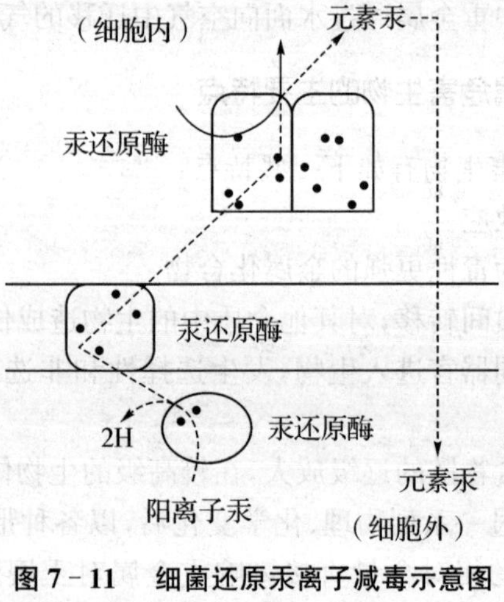

图 7－11　细菌还原汞离子减毒示意图

三、重金属污染的微生物修复机理

(一) 微生物菌体对重金属的吸附

微生物与重金属之间相互作用的研究已有数十年之久。在长期的理论研究和实际应用中人们发现,包括真菌在内的许多种微生物对一些金属均具有抗性,并已证明微生物在自然界对重金属的迁移转化起着重要的作用。因此,深入研究微生物对重金属的抗性,不仅能丰富微生物的生理学、生态学、生物化学及遗传学的理论,而且在应用生物技术治理工业废物污染、保护人类生存环境等方面也具有重要的意义。国外学者在 20 世纪 80 年代初就开始了微生物对重金属吸附的研究,大量研究结果表明,一些微生物如细菌、丝状真菌、酵母等对金属有很强的吸附能力。不同类型的真菌,对重金属的吸附表现出一定的差异。不同的菌丝体对重金属的吸附受 pH 的影响不同。

1. 丝状真菌对重金属的吸附　丝状真菌对重金属有很强的吸收能力,有资料表明,将含曲霉、毛霉、青霉以及根霉的丝状真菌菌丝培养物干燥、磨碎并经筛分,使其成为可贮存的生物体,用于处理含 Cd、Pb、Ni、Zn 的工业废水。在 pH 为 7 时,可以除去 98%的 Pb、97%的 Zn、92%的 Cd,以及 74%的 Ni。1 kg 毛霉和根霉粉末可净化(pH 7)含 10 mg/L 锌的废水 5 000 L。在铀的处理过程中,根霉菌(*R. arrhizus*)对铀的吸附量可高达 200 mg/g 干重;黄青霉不但对铀有较强的吸附能力,对铅的吸附能力也不差,而霉菌(*A. orchidis*)对铅也有良好的吸附性能,有望成为优良的吸附剂。

2. 酵母对重金属的吸附　国内有这方面的报道,李明春等人利用活性和非活性假丝酵母菌对铜、镉、镍的吸附能力进行研究,实验表明,30 min 时吸附量已达到总吸附量的 90%以上。李峰等人在对产朊假丝酵母对铜离子吸附机理研究中发现细胞壁是酵母吸附重金属离子的主要部位。细胞壁的蛋白酶酶解实验证明,对胰蛋白酶不敏感的细胞壁嵌合蛋白是铜离子吸附的主要位点。

3. 细菌对重金属的吸附　细菌对重金属有极强的抗性，可以与重金属之间发生反应，在低浓度下，重金属能促进细菌的发育和生长。Angela Vecchio 和 D. H. Nies 在研究细菌对重金属的吸附时发现，细菌的细胞膜和细胞壁上的各种阴离子基团如磷酸根、乙酸根和氨基酸与重金属发生交联，从而使得细菌能够吸附重金属。Angela Vecchio 在实验中发现 brevibacterium 菌体在吸附铜、铅和镉的时候，铅的存在可以抑制菌体对铜和镉的吸附。

4. 菌根

(1) 内生菌根真菌对重金属的修复的作用与机理：菌根(mycorrhizae)是自然界中非常普遍的现象，通常认为大多数生长在自然状态下的植物都能形成菌根。菌根真菌在活的植物根上发育，在从根部获取必需的碳水化合物和其他一些物质的同时，也为植物根系提供植物生长所需的营养和水。由于菌根表面菌丝体向土壤中的延伸，极大地增加了植物根系吸收的表面积，有的甚至可使根表面积增加 46 倍，这种作用增强了植物的吸收能力，在污染土壤修复中起着重要作用。菌根植物的根系首先通过根面上菌丝与根际圈内的重金属接触，从而对重金属产生吸收、屏障和螯合等直接作用。由于菌根真菌无法离体培养，人们通常只是从菌根植物与非菌根植物在受重金属污染后生理生态变化的对比中推测菌根真菌对重金属的修复作用。

(2) 外生菌根真菌对重金属的修复的作用与机理：外生菌根真菌对重金属的吸收作用也具有与内生菌根类似的情形，但对重金属的屏障作用因菌套的形成而较为明显，尽管这种保护机理尚不清楚，但一般认为是菌根的菌套及菌丝体本身对重金属起了物理阻碍作用，阻止了重金属向植物体内转移。Turnau 等研究表明，在玫瑰色须腹菌(*Rhizopogn roseolus*)和欧洲赤松(*Pinus sylvestris*)形成的菌根中，Cd 和 Al 富集在菌套中，且其浓度沿着哈氏网向根内伸入而降低。在欧洲云杉(*Picea abies*)与漆蜡蘑(*Laccariu laccata*)形成的菌根中，大多数 Cd 被菌根螯合在真菌的细胞壁上。而彩色豆马勃(*Pisolithus tinctorius*)真菌的细胞壁外层染色层是

Cd、Cu 和 Fe 富集的地方，且真菌修复 Cu、Zn 污染土壤的机理是外生菌丝细胞质的黏液与 Cu 和 Zn 的聚磷酸盐的耦合作用。Galli 等证实，在外生和内生菌根真菌中，重金属被束缚在细胞壁的组成成分中，如纤维素衍生物、黑色素及几丁质。此外，在少数外生菌根真菌中发现，重金属可以在真菌细胞内部积累，也可以发生由真菌新陈代谢物质所引起的细胞外的沉淀作用。因此，有必要对外生菌根真菌的这种保护作用进行深入研究，筛选出保护性真菌及特异性共生植物，以便作为废弃重金属矿区再绿化工程中的先锋植被种，这样不仅能对污染土壤起到修复作用，而且还利于环境的美化及水土保持。

（二）微生物对重金属的溶解

微生物对重金属的溶解主要通过各种代谢活动直接或间接进行。土壤微生物的代谢作用能产生多种低分子量的有机酸，真菌产生的有机酸大多为不挥发性酸。真菌可以通过分泌氨基酸、有机酸以及其他代谢产物溶解重金属及含重金属的产物。

（三）微生物对重金属的氧化还原

土壤中的一些重金属元素可以多种价态存在，它们呈高价离子化合物存在时溶解度通常较小，不易迁移，而以低价离子存在时则相反。微生物可以产生特殊的酶还原重金属元素，微生物的氧化作用能使重金属元素的活性降低，还可以通过对阴离子的氧化，释放与之结合的重金属离子。

（四）微生物对重金属-有机络合物的生物降解

重金属可与土壤有机质形成稳定的络合物，对重金属在土壤中的化学行为产生深刻的影响。

1. 重金属-有机物被微生物降解后，重金属则以氢氧化物或生物吸附的形式沉淀。

2. 镉由于毒性较大，形成的络合物不能被微生物降解。

3. 重金属离子与低分子量的有机物形成的复合物的生物稳定性主要取决于有机配体和微生物的种类、重金属对微生物的毒性，而与重金属-有机复合体的化学稳定性关系不大。

（五）菌根真菌对重金属的生物有效性的影响

菌根真菌与植物根系共生可促进植物对养分的吸收和植物生长。菌根真菌也能借助有机酸的分泌活化某些重金属离子。菌根真菌还能以其他形式如离子交换、分泌有机配体、激素等影响植物对重金属的吸收。

重金属污染的生物修复技术需要深入研究的有：

(1) 重金属对微生物降解的抑制效应及外来物质对微生物降解的促进效应；

(2) 通过遗传工程构建高效降解的微生物菌株，创造超积累型转基因物质；

(3) 重金属超常环境中植物、土壤、微生物、重金属之间的关系，以及正常环境中野生植物的根际微生物和土壤酶活性。

第六节 微生物絮凝剂

一、微生物絮凝剂的研究进展

絮凝剂是一种用途广泛的水处理制剂，可使水中不宜沉淀的固体悬浮颗粒凝聚沉淀。目前使用的絮凝剂可分为无机絮凝剂、有机絮凝剂和天然生物高分子絮凝剂。长期的实践证明，无机絮凝剂和有机絮凝剂都存在一些缺陷。20 世纪 60 年代开发的无机盐类絮凝剂（如硫酸铝、氯化铁等），其处理效果不理想；人们进而研制了高分子聚合无机盐型絮凝剂（如聚合氯化铝、聚合硫酸铝等），在水处理中收到了很好的效果，但在其使用过程中会对环境产生二次污染，尤其是铝离子。据研究，老年痴呆与现在广泛使用无机絮凝剂聚氯化铝（polyaluminium chloride，PAC）有关，从饮水中摄入体内的铝经过很短的时间即可大量积累于脑组织内，可能引起老年痴呆症。在这种情况下，具有用量少、絮凝速度快的有机高分子絮凝剂得到了较广泛应用，如聚丙烯酰胺（polyacrylamide,

PAM)，但其残留物不易被生物降解，且其单体具有强烈的神经毒性和“三致”效应(致畸、致突变、致癌)，造成二次污染，使其应用也大受限制。因此，研究和开发絮凝效果好、应用范围广、易生物降解、对环境安全、无二次污染的新型微生物絮凝剂就成为必然趋势。

微生物絮凝剂(microbial flocculant，MBF)是一类由微生物产生的具有絮凝功能的高分子有机物，主要有糖蛋白、黏多糖、纤维素和核酸等。从其来源看，属于天然生物高分子絮凝剂，因此它具有天然有机高分子絮凝剂的一切优点。具有分泌絮凝剂能力的微生物称为絮凝剂产生菌。自 1935 年美国科学家 Butterfield 从活性污泥中筛选到絮凝剂产生菌以来，人们对微生物代谢产物与微生物絮凝剂之间的关系进行了研究。1976 年 Nakamura 等人从霉菌、细菌、放线菌和酵母菌等 214 种菌株中筛选出 19 种具有絮凝能力的微生物。

二、微生物絮凝剂的絮凝机理

关于微生物絮凝剂的絮凝机理先后提出过许多假说，如黏质假说，Grabtree 的 PHB 酯合学说，离子键、氢键键桥学说，Friedman 的菌体外纤维素纤丝学说等。Grabtree 的 PHB 酯合学说是根据他的生枝冻胶菌积累聚羟基丁酸提出的，适用范围窄，只能解释部分 PHB 菌引起的絮凝。Friedman 发现部分引起絮凝的菌体外有纤丝，认为是由于胞外纤丝聚合形成絮凝物，因此提出了菌体外纤维素纤丝学说，但不能解释大部分絮凝现象，不能被人们普遍接受。目前最为普遍接受的是架桥絮凝机理，该学说可解释大多数微生物絮凝剂引起的絮凝现象，认为絮凝剂大分子借助离子键、氢键和范德华力，同时吸附多个胶体颗粒，在胶体间产生“架桥”现象，从而形成三维结构而沉淀下来。絮凝的形成是一个复杂过程，单一的某种机理并不能解释所有现象。

三、影响微生物絮凝剂絮凝能力的因素

微生物絮凝剂的絮凝活性直接关系到絮凝效果的好坏。影响絮凝作用的因素很多，除与被絮凝物质的理化性质有关外，诸如外界的环境因素（如 pH、反应体系的温度、离子种类和浓度）和絮凝剂本身的分子结构、分子量、投加剂量等，对微生物絮凝剂活性的表现均有影响。

1. 温度　温度对某些微生物絮凝剂的影响较大，主要是因为高温可使生物高分子变性，空间结构改变，某些活性基团不再与悬浮颗粒结合，因而表现出活性基团的活性下降。

2. pH　絮凝剂的絮凝能力受 pH 影响的原因是酸碱度的变化会改变生物聚合物的带电状态和中和电荷的能力以及被絮凝物质的颗粒表面性质（带电情况）。

3. 金属离子　有些微生物絮凝剂中含有的金属离子可以加强生物絮凝剂的架桥作用和中和作用，对微生物絮凝剂的絮凝活性有重要意义。即使对于不含有金属离子的微生物絮凝剂，添加一些金属离子也能够提高絮凝活性。容易受金属阳离子影响的多数是蛋白质型的微生物絮凝剂。

4. 絮凝剂的浓度　同其他絮凝剂一样，微生物絮凝剂的絮凝效率受其浓度的影响，在低浓度范围内，随絮凝剂浓度的提高，絮凝效率提高，但达到一定浓度后，再增加絮凝剂的浓度，絮凝效率反而下降。

四、微生物絮凝剂的应用

与有机高分子絮凝剂相比，微生物絮凝剂具有絮凝范围广、活性高、安全无毒、不污染环境等特点，而且作用条件粗放，具有广谱絮凝活性，可以广泛应用于活性污泥处理、有机废水处理、废水脱色等领域。

第八章　微生物病毒与人类健康

中国是世界上人口最多的国家之一，人口与健康研究水平是事关我国国策以及经济、社会可持续发展的重大战略问题。新中国成立以来，我国人口与健康研究领域取得了举世公认的成就。但是我国在该领域还面临着严峻的形势：人口基数大，患者众多；疾病谱较广，发展中国家与发达国家的疾病谱并存；步入老龄化社会，老年保健和老年病的问题日趋严重；现代化进程加快导致的社会心理压力加大，身心疾患激增。在重大疾病治疗措施与药物等方面面临着加入 WTO 所带来的严峻挑战。针对上述国家需求，人口与健康领域应以提高人口出生素质与防治严重危害我国人民健康的重大疾病（如 SARS 等严重传染病）为主攻方向。

“同人类争夺地球统治权的唯一竞争者就是病毒”，这是诺贝尔奖获得者莱尔德堡格说的一句有些让人诧异的话。瘟疫无国界，许多流行病都可以在一个星期之内横扫全球，而每一个地方也许都有专属的“地方病”。大部分的瘟疫都和气候的变化有关，许多古典的热带流行病正在沿着纬度向两极推进，并且沿着垂直方向往上攀爬。受到人类污染的海洋生物，除了大量死亡和自杀的之外，它们已经成为最可怕的病毒携带者，1991 年利马霍乱就是海藻对人类的报复。我们生活着的城市是病菌的天堂，可是表面的干净却掩盖了这一事实。与古代和近代不同，现代化的城市更经不起瘟疫的袭击，这主要是由我们的“都市生态”决定的。在疾病的世界，任何微小的、随机的、分子级的病菌基因改变所引起的传染病便可能是摧毁生命使社会陷入极大混乱的“龙卷风”。生态学家和环境保护主义者很久以来就在劝服我们，要以同样的方式看待自己与自然界的关系，甚至对动植物和人类之间无限复杂的关系网的最微小的触动都可能产生不可预见的甚或灾难性的后果。

生态学家和“绿色和平”战士警告我们，全球升温，臭氧层空洞以及河流、湖泊、海洋的污染，确实使北极熊、海豹、美丽的鸟类和许多其他野生动物受到严重威胁。但是经常被人忽略的是，环境的破坏已开始危及人类的健康，有些影响鲜明可见，比如刚刚泛滥于全球许多国家的几次霍乱。其他后果更加微妙和有害，例如人类抗病能力的逐渐丧失，全球升温将给人口稠密但对疾病毫无准备的富饶地区带来可怕的热带疾病等等。出于多种目的，人类一直在故意冒险地干预自然界，我们不仅会目睹直接可见的后果，例如物种的灭绝，而且我们也将承受更加不可捉摸的力量对我们生存与健康的威胁。

一、病毒

俄国学者 D. Ivanovsky(伊万诺夫斯基)1892 年在研究烟草花叶病时发现，烟草花叶病的感染因子能够通过细菌透不过的微孔滤器，病叶汁液的滤过液能感染健康烟草发生花叶病。人们把这种感染因子叫做滤过性病毒，或简称病毒。病毒是一类既具有化学大分子属性，又具有生物体基本特征；既具有细胞外的感染性颗粒形式，又具有细胞内的繁殖性基因形式的独特生物类群(超显微的、没有细胞结构的、专性活细胞内寄生的实体)，是广泛寄生在人、动物、植物、微生物细胞中的一类简单生物。

(一) 病毒的基本特征

病毒的基本特征是：①没有细胞结构，具有一般化学大分子的特征；②只含 DNA 或 RNA 一类核酸；③不以二分分裂法繁殖，只能在特定的寄主细胞内以核酸复制的方式增殖；④没有核糖体，不含与能量代谢有关的酶，在活体外没有生命特征；⑤病毒在寄主外存在时，只保留着在适宜条件下感染寄主的潜在能力；⑥它对温度很敏感，在 55～60℃，病毒悬液几分钟内就变性；⑦X 射线、γ 射线、紫外线照射都能使病毒变性失活，带封套的病毒容易被脂肪溶剂破坏，无封套的病毒对多种常用消毒剂的抗性较强；⑧病毒对甲醛敏感，常用甲醛来消毒污染了病毒的器具和空气。

（二）病毒的形状

在电子显微镜下观察到的病毒粒子一般为球状、棒杆状、蝌蚪状和线状等多种形态。人、动物和真菌的病毒大多呈球状（如腺病毒、蘑菇病毒），少数为枪弹状或砖状（如弹状病毒、痘病毒）；植物病毒和昆虫病毒则多数为线状和杆状（如烟草花叶病毒、家蚕核型多角体病毒），少数为球状（如花椰菜花叶病毒）。细菌病毒称噬菌体（bacteriophage），部分呈蝌蚪状（T_2、T_4、λ 噬菌体等），部分为线状（fd、M13 等）或球状（MS2、ΦX174 等）。

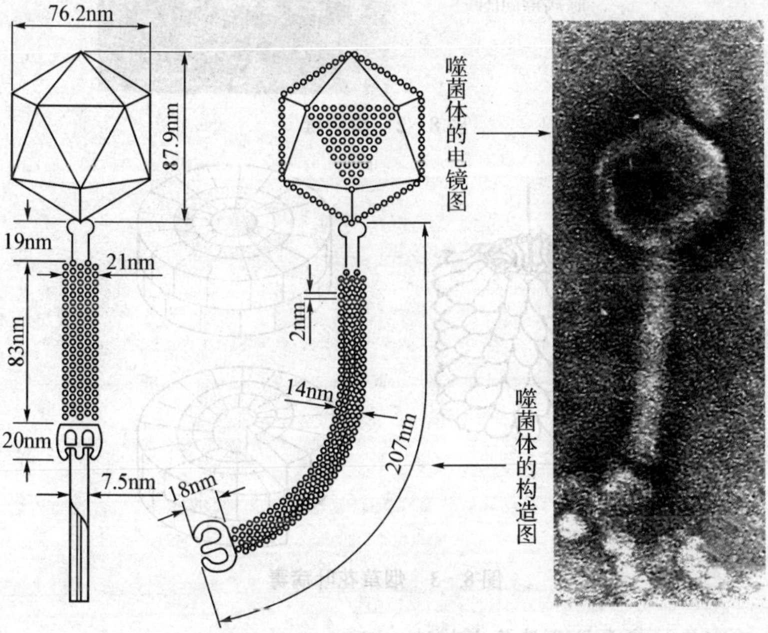

图 8－1　噬菌体

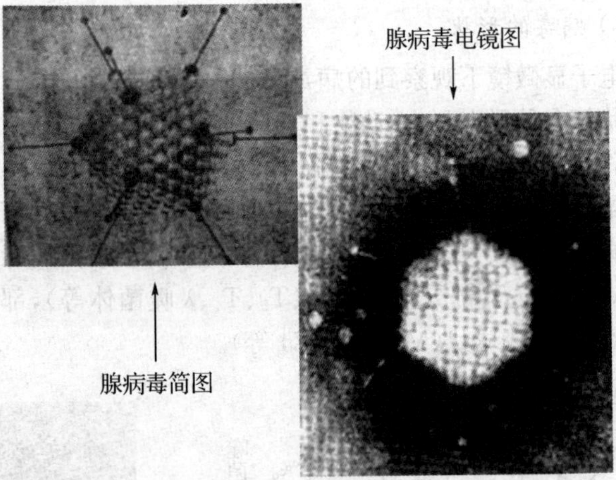

图 8-2　腺病毒

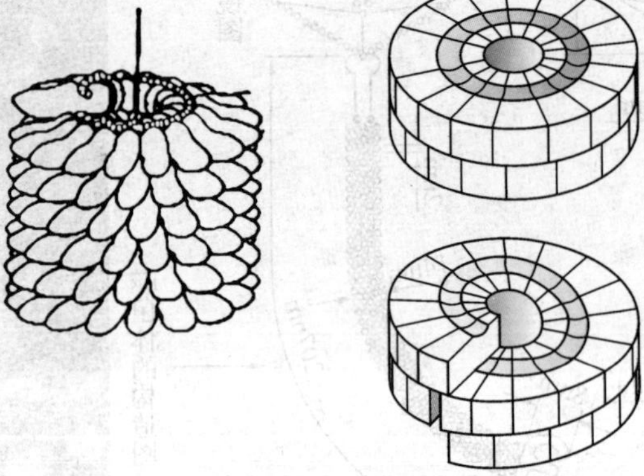

图 8-3　烟草花叶病毒

（三）病毒粒子的基本构造

成熟的具有侵袭力的病毒颗粒称为病毒粒子(virion)。病毒主要由壳体(capsid)和核酸两部分构成。壳体和核酸统称为核壳(nucleo-capsid)。壳体的化学成分是蛋白质，由称为壳粒(capsomer)的亚单位组成。壳粒是电镜下能见到的最小形态单位，由一种或几种肽链折叠而成。有些病毒在核壳外还有一层外套称包膜

(envelope),包膜由脂肪或蛋白质组成。有的包膜上面还有刺突(spike)。多数病毒只含蛋白质和核酸两种成分。少数大型病毒还含有脂类和糖类。

壳体结构类型有螺旋对称壳体结构,如烟草花叶病毒(tobacco mosaic virus,TMV);有二十面体对称壳体结构,如腺病毒(adenovirus);有复合对称壳体结构,如大肠杆菌 T_4 噬菌体。

(四) 病毒的大小

病毒个体用纳米(nm)来量度。病毒的大小相差悬殊,直径在 10～300 nm 之间,通常在 100 nm 左右。较大的病毒如痘类病毒(poxviridae),其大小为(250～300)nm×(200～250)nm。最小的病毒如菜豆畸矮病毒,粒子大小仅为 9～11 nm。

(五) 病毒的分类

早期的病毒分类以宿主为主,将病毒分为脊椎动物病毒、无脊椎动物病毒、昆虫病毒、植物病毒、细菌病毒等,并采用了隐码。根据国际病毒分类委员会 1995 年的第六次报告,现在已知的病毒有 3 600 多种,它们分别属于 71 个病毒科。病毒通常归为以下 7 类:①双链 DNA 有包膜的病毒;②双链 DNA 无包膜的病毒;③单链 DNA 无包膜的病毒;④双链 RNA 有包膜的病毒;⑤双链 RNA 无包膜的病毒;⑥单链 RNA 有包膜的病毒;⑦单链 RNA 无包膜的病毒。侵染细菌的微生物病毒又称为噬菌体(phage)。

(六) 病毒的包涵体

有些病毒在寄主细胞内还形成包涵体的结构,它们多数位于细胞质内,具嗜酸性;少数位于细胞核内,具嗜碱性。包涵体(inclusion body)是寄主细胞被病毒感染后形成的蛋白质结晶体,内含一个至多个病毒粒子。包涵体的个体较大,在光学显微镜下就能看到。包涵体有多角形和颗粒形两种,前者称为多角形包涵体,后者称为颗粒状包涵体。颗粒状包涵体呈圆筒形或椭圆形,内含 1 个(偶尔 2 个)病毒粒子。多角形包涵体一般呈六角形、五角形、四角形和三角形,内含多个病毒粒子。

二、亚病毒

凡在核酸和蛋白质两种成分中，只含其中之一的分子病原体，称为亚病毒。

1. 类病毒　瑞士学者 T. O. Diener 在 1971 年发现马铃薯纺锤形块茎病的病原是一种只有侵染性小分子 RNA 而没有蛋白质的感染因子，称为类病毒（viroid）。类病毒是一个裸露的闭合环状 RNA 分子，它能感染寄主细胞并在其中进行自我复制使寄主产生病症。类病毒的分子量小，仅为最小 RNA 病毒的 1/10，分子量约 10 万 Da。马铃薯纺锤形块茎病类病毒是一个长 50 nm 的棒状 dsRNA 分子，由 2 个互补的半体组成，一个含 179 个核苷酸，另一个含 180 个核苷酸，两者间有 70%的碱基以氢键方式结合，形成 122 个碱基对，整个棒状结构中有 27 个内环，最大的螺旋含 8 个碱基对，最大的内环含有 12 个核苷酸。类病毒是存在于植物"真病毒"颗粒中的小的环状 RNA 分子。

2. 拟病毒　澳大利亚人 Randles 在研究绒毛烟斑驳病毒（velvet tabacco mottle virus，VTMoV）时发现 VTMoV 的基因组除含有一种大分子线状 ssRNA 外，还含有一种类似于类病毒的环状 ssRNA 分子。这两种 RNA 分别接种寄主时都不能感染和复制，只有把两者合在一起时才能感染和复制。Haseloff 等将这种包被于病毒壳体内的环状 RNA 分子称为拟病毒。

3. 朊病毒　美国动物病毒学家 Prusiner 在 1982 年研究羊的瘙痒病病原时发现的一种对人有侵染性的蛋白质颗粒，称为"prion"（protein infection 的缩写）或"virino"，有人译为"朊病毒"或"毒朊"。朊病毒在电镜下呈杆状颗粒，直径 25 nm，长 100～200 nm（一般为125～150 nm），杆状颗粒不单独存在，总是呈丛状排列，其大小和形状不一，有的丛含有多达 100 个杆状颗粒。侵染性的朊病毒的单体含有 3 个或少于 3 个 prp（proteinase-resistant protein）分子，而杆丛聚合体可能含多到 105 个 prp 分子，所测定的半感染剂量（ID_{50}）介于 10～100 个杆状体。朊病毒的分子量为27～30

kDa。提纯的朊病毒用刚果红染色，在光学显微镜下可看到许多无定形结构，大小为 1～20 μm。

三、病毒个例

(一) 埃博拉病毒

埃博拉出血热(Ebola haemorrhagic fever, EBO)是一种烈性传染病，通过血液和体液传播，病死率很高(50%～90%)，临床上以发热及出血(导致内出血)为特征，由令医学界闻之色变而又无可奈何的致命杀手——埃博拉病毒(Ebola virus，ssRNA 丝状病毒)引起。1967 年 8 月，当一个实验室里的工作人员突然发生高热、腹泻、呕吐、大出血、休克和循环系统衰竭时，这个小镇的宁静从此就被打破了。当地的病毒学家快速调查原因——此种症状同样出现在法兰克福和贝尔格莱德——这三个实验室都曾经用过来自乌干达的猴子，用于脊髓灰质炎疫苗等的研究，共有 37 人，包括实验室工人、医务人员和他们的亲戚都感染上了这种莫名的疾病，其中有 1/4 的人死去。3 个月后德国专家才找到罪魁祸首——一种危险的新病毒，形状如蛇行棒状，是猴类传染给人类的。这些细胞的损害导致毛细血管内的血液倒流入外周器官，从而造成循环系统的崩溃并使人快速死亡。埃博拉原本是非洲大陆扎伊尔(Zaire)境内的一条小河，称埃博拉河(Ebola River)。1976 年夏天，扎伊尔(现刚果民主共和国)布姆巴的一位医生尼果·姆硕拉游历到了埃博拉河边的小镇扬布库(Yambuku)。在当地的一家医院里，姆硕拉首次记载下一种新型疾病的临床反应，它传染迅速，致人死命。姆硕拉在旅行日志中描述道，“这种疾病的病征是身体高烧至39℃左右，身体许多部位大量出血，胸腹部疼痛，严重下痢并使病人脱水，皮肤干薄如纸，眼眶下陷……一切治疗方法都难以奏效，3 天左右内迅速死去……”这种疾病由于附近的一条河流而被命名为“埃博拉出血热病毒”，它在几个月后被成功地抑制住，但是 318 名感染者中的 90%不幸死去。埃博拉病毒至今而言还是一个谜，是一大批神秘而格外危险的非洲出血病毒之一。人类还搞不清楚它的复制过程，只知道一旦病毒侵入了人类细胞就自行复制，病毒还需要细胞表皮上的受体识别才能进入细胞内，然而我们并不清楚这个“受体”到底是什么。在躲开可能的攻击后，埃博拉病毒在除了骨头和骨骼的肌肉外，对人体任何其他组织或器官都一视同仁地加以侵蚀，像扫荡一样。当病毒将自身复制到宿主的血细胞中，血细胞便开始死亡并凝结在一起，凝块堵塞血管，切断全身的血液供应，感染的器官开始出现死片。病毒蛋白质以特有的凶残攻击胶原，这是固定器官的连接组织中主要的蛋白质。当胶原变成浆状物，器官表面开始出现孔洞，包括皮肤，血从孔洞中倾泻而出，皮肤下面出现血斑，液化的死皮在表面形成水疱。在这个阶段，所有的孔窍都会渗血，同时皮肤和肌肉的表面隔膜开始炸裂。这稀奇古怪令人毛骨悚然的过程一直持续到病毒成指数地繁殖，毁坏内脏使之完全失去作用以致宿主死亡为止。当这种事发生时，已死或部分已死的器官开始液化，像血液、粪便和呕吐物这样的流体，一点一滴都充满了上百万的病毒。在身体内部，心脏开始渗血，渗入周围的空腔；肝脏肿大、裂开，然后化脓腐烂；肾脏失灵，塞满了死细胞和血块。死的、凝结的血细胞比比皆是，包括大脑，妨碍了供氧，最终导致痴呆和严重的癫痫发作。同时，病毒摧毁剩余血液的凝结能力，以致大出血不受抑制地继续。活的死的血液随同死组织及脱落的黏膜，包括胃、口腔和肠道的黏膜，经过呕吐和腹泻抛出体外。崩溃的血管和肠子不再固定在一起，而是像流体一般涌入体腔。虽然在体液中漂浮着，但组织自身是脱水的，无法执行其功能，于是病人开始死亡。

EBV 属丝状病毒科、丝状病毒属，为单股负链 RNA，其分子量为 4.2×10^{6}，根据病毒抗原不同分为 4 个亚型，即埃博拉—扎伊尔、埃博拉—苏丹、埃博拉—莱斯顿及埃博拉—科特。不同亚型 EBV 的毒力不同，扎伊尔亚型毒力最强，引起人类感染且病死率最高，苏丹亚型次之，莱斯顿亚型仅在非人类灵长类中引起发病和死亡，尚未见引起人类致病的报告。埃博拉病毒对热有中等抵抗力，对紫外线和 γ 射线敏感，对多种化学试剂（乙醚、去氧胆酸钠、β-丙内酯、过氧乙酸、次氯酸钠、福尔马林等）敏感。灵长类动物对埃博拉病毒普遍易感。

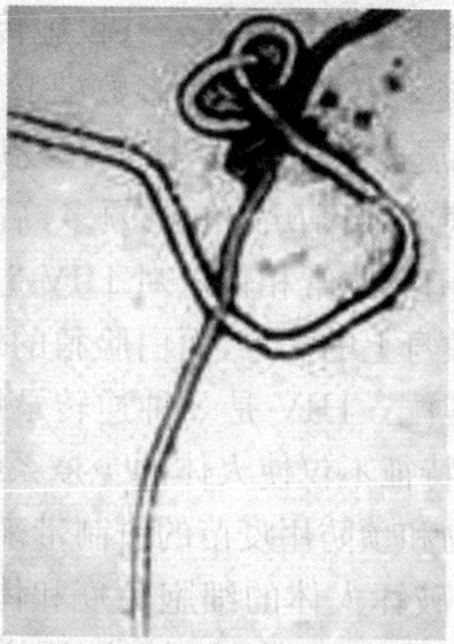

图 8-4　埃博拉病毒

（二）艾滋病

艾滋病是由人类免疫缺陷病毒（human immunodeficiency virus，HIV）引起的疾病，在医学上全称为获得性免疫缺陷综合征（acquired immune deficiency syndrome，AIDS），顾名思义，艾滋病是发生于人体免疫系统的疾病。

艾滋病有三个特性：①获得性——艾滋病并非先天具有，而是后天获得。②免疫缺陷——AIDS 的发病机理是，HIV 通过造成人体免疫系统的损伤，进而导致免疫系统防护功能的减低甚至丧失。免疫缺陷病的共同特点是：对感染的易感性明显增加（更易于被感染），易发生恶性肿瘤，临床及病理表现多样化。③综合征——在临床症状方面，由于免疫缺陷导致的各个系统的机会性感染、肿瘤而出现复杂的伴随症状群。HIV（人类免疫缺陷病毒）是一种生存于人的血液之中并能够破坏人体免疫系统，进而使人体失去对其他疾病的抵抗能力，引发不可治愈的感染和肿瘤，最终导致被感染者死亡的病毒。只有带病毒的血液、精液或阴道分泌物成功进入人体内血管中，才能构成 HIV 的传播。而与艾滋病人及艾滋病病毒感染者的日常生活和工作接触(如握手、拥抱、共同进餐、共用工具、办公用具等)不会感染艾滋病,艾滋病不会经马桶圈、电话机、餐饮具、卧具、游泳池或公共浴室等公共设施传播,也不会经咳嗽、打喷嚏、蚊虫叮咬等途径传播。绝大多数染上 HIV 的患者要经过 5~10 年的时间才发展成为病人,一般会在发病后的 2~3 年内死亡。人们对于艾滋病的成因历来争执颇多,后来科学家们发现非洲猴携带的病毒与 HIV 非常相像。对 HIV-2 的 DNA 分析显示,它非常近似于一种猿身上的病毒,而白脸猿的地理分布也与 HIV-2 的人群分布非常匹配。HIV 是一种逆转录病毒,它具有极强的迅速变异能力,这一特征不仅使人体的免疫系统难以抵御其侵害,而且给特效治疗药物和预防用疫苗的研制带来困难。HIV 直接侵犯人体的免疫系统,破坏人体的细胞免疫和体液免疫。它主要存在于感染者和病人的体液(如血液、精液、阴道分泌物、乳汁等)及多种器官中,可通过含 HIV 的体液交换或器官移植而传播。HIV 对外界环境的抵抗力弱,高温、干燥和一般常用消毒剂均可杀灭 HIV。

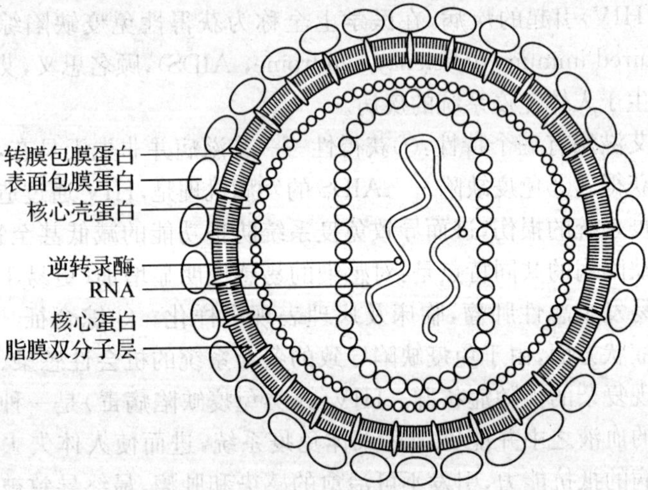

图 8-5　艾滋病的病原体

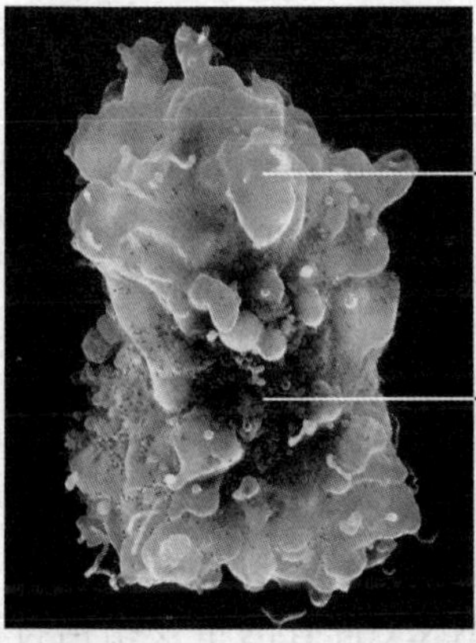

图 8－6 HIV 病毒感染

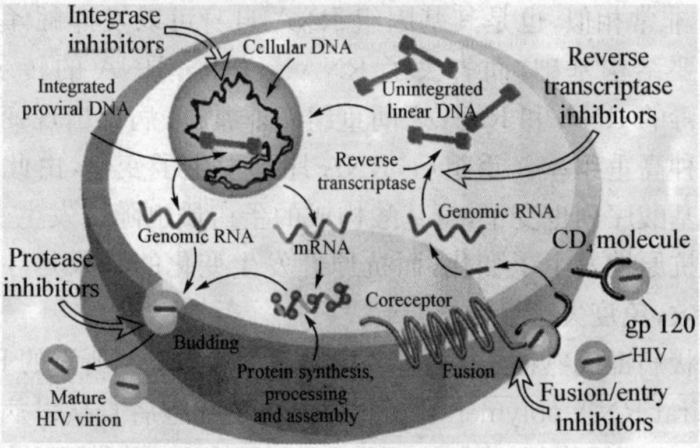

图 8－7 HIV 病毒感染过程

（三）冠状病毒

1937 年，冠状病毒（corona viruses）首先从鸡身上分离出来，1965 年分离出第一株人的冠状病毒。由于在电子显微镜下可观察到其外膜上有明显的棒状粒子突起，使其形态看上去像中世纪欧洲帝王的皇冠，因此命名为"冠状病毒"。1975 年，病毒命名委员会正式命名了冠状病毒科。根据病毒的血清学特点和核苷酸序列的差异，目前冠状病毒科分为冠状病毒和环曲病毒两个属。冠状病毒科的代表株为禽传染性支气管炎病毒（avian infectious bronchitis virus, IBV)。引起在2002年冬到2003年春肆虐全球的严重急性呼吸综合征(severe acute respiratory syndrome, SARS,传染性非典型肺炎)就是冠状病毒科、冠状病毒属中的一种。其膜表面有三种糖蛋白:刺突糖蛋白(S, spike protein,是受体结合位点、具溶细胞作用和主要抗原位点)、小包膜糖蛋白(E, envelope protein,较小,与包膜结合的蛋白)、膜糖蛋白(M, membrane protein,负责营养物质的跨膜运输、新生病毒出芽释放与病毒外包膜的形成)。少数种类还有血凝素糖蛋白(HE蛋白, haemaglutinin-esterase)。冠状病毒的核酸为非节段单链(+)RNA,是RNA病毒中最长的RNA核酸链,具有正链RNA特有的重要结构特征,即RNA链5′端有甲基化“帽子”,3′端有PolyA“尾巴”结构。这一结构与真核mRNA非常相似,也是其基因组RNA自身可以发挥翻译模板作用的重要结构基础,而省去了RNA—DNA—RNA的转录过程。冠状病毒的RNA和RNA之间重组率非常高,病毒出现变异正是由于这种高重组率。重组后,RNA序列发生了变化,由此核酸编码的氨基酸序列也变了,氨基酸构成的蛋白质也随之发生变化,结果使其抗原性发生了变化,而抗原性发生变化的结果是导致原有疫苗失效,免疫失败。

冠状病毒成熟粒子中并不存在RNA病毒复制所需的RNA聚合酶(viral RNA polymerase),它进入宿主细胞后直接以病毒基因组RNA为翻译模板,表达出病毒RNA聚合酶,再利用这个酶完成负链亚基因组RNA(sub-genomic RNA)的转录合成、各种结构蛋白mRNA的合成,以及病毒基因组RNA的复制。冠状病毒各个结构蛋白成熟的mRNA合成,不存在转录后的修饰剪切过程,而是直接通过RNA聚合酶和一些转录因子,以一种“不连续转录”(discontinuous transcription)的机制,通过识别特定的转录调控序列(transcription regulating sequences, TRS),有选择性地从反义链RNA上一次性转录得到构成一个成熟mRNA的全部组成部分。结构蛋白和基因组RNA复制完成后,将在宿主细胞内质网处装配(assembly)生成新的冠状病毒颗粒,并通过高尔基体分泌至细胞外,完成其生命周期。

该病毒对温度很敏感,在33℃时生长良好,但35℃就使之受到抑制。由于这个特性,冬季和早春是该病毒疾病的流行季节。冠状病毒是成人普通感冒的主要病原之一,儿童感染率较高,冠状病毒通过呼吸道分泌物排出体外,经口液、喷嚏、接触传染,并通过空气飞沫传播,感染高峰在秋冬和早春。病毒对热敏感,紫外线、来苏水、0.1%过氧乙酸及1%克辽林等都可在短时间内将病毒杀死。

(四)禽流感病毒

禽流感是禽流行性感冒的简称,是由禽甲型流感病毒某些亚型中的一些毒株引起的急性呼吸道传染病,被国际兽疫局定为甲类传染病,又称真性鸡瘟或欧洲鸡瘟。据世界卫生组织资料,禽流感为病毒诱发的动物传染病,通常仅感染鸟类,偶尔感染猪。禽流感病毒具有高度物种特异性,但偶尔也跨越物种屏障,感染人类。按病原体类型的不同,禽流感可分为高致病性、低致病性和非致病性禽流感三大类。非致病性禽流感不会引起明显症状,仅使染病的禽鸟体内产生病毒抗体。所谓的"低致病性"通常仅导致轻微症状(羽毛皱乱、食量减少、产蛋量下降),很容易被忽视。"高致病性"形式表现得更为明显。它在禽类中传播非常迅速,感染多个内脏器官,通常在48小时内,死亡率可达到100%。

由H5N1血清型引起的禽流感称高致病性禽流感,发病率和死亡率都很高,危害巨大。那么,"H5N1"是什么意思呢?H被称为红细胞凝聚素,N被称作神经氨酸苷酶,它们都是糖蛋白,分布在病毒表面。H有1~15个亚型,N有1~9个亚型(在甲型病毒的情况下)。由于H和N的组合不同,病毒的毒性和传播速度也不相同。血凝素突起(haemagglutinin, HA)的作用是帮助病毒吸附到宿主细胞(被侵染细胞)的细胞膜上,并进一步侵入细胞。它是病毒致病的重要因素。HA抗原在人体内可以激发机体有针对性地产生特异性的HA抗体,这种抗体具有预防流感的作用,因此HA就成为流感疫苗中不可或缺的成分。神经氨酸酶突起(neuraminidase, NA)的作用是促使被感染的细胞释放出新产生的病毒颗粒(可以打断动物细胞结缔组织中的糖蛋白和糖脂上的糖苷键,降解细胞膜表面的唾液酸组分),是流感病毒继续扩散和繁殖必不可少的。它的作用机理是通过抑制内皮细胞的黏液分泌,使病毒更易于黏附在宿主细胞膜上。与 HA 一样,NA 也是一个重要的流感病毒抗原。在过去的 100 年间,给人类带来巨大灾难的流感病毒有三种,分别是:导致西班牙流感的 H1N1 型、导致亚洲流感(1957 年)的 H2N2 型以及导致香港流感(1968 年)的 H3N2 型。

高致病性禽流感病毒与普通流感病毒相似,一年四季均可流行,但在冬季和春季容易流行,因为禽流感病毒在低温条件下抵抗力较强。许多家禽如鸡、火鸡、珍珠鸡、鹌鹑、鸭、鹅等都可感染发病,但以鸡、火鸡、鸭和鹅多见,以火鸡和鸡最为易感,发病率和死亡率都很高;鸭和鹅等水禽的易感性较低,但可带毒或隐性感染,有时也会有大量死亡。高致病性禽流感在禽群之间的传播主要依靠水平传播,如空气、粪便、饲料和饮水等;而垂直传播的证据很少。实验表明,实验感染鸡的蛋中含有流感病毒,因此不能完全排除垂直传播的可能性。我国已经成功研制出预防 H5N1 高致病性禽流感的疫苗。凡是确诊为高致病性禽流感后,应该立即对 3 km 以内的全部禽只扑杀、深埋,其污染物做好无害化处理,这样,可以尽快扑灭疫情,消灭传染源,减少经济损失。家禽不应与猪一起混养,因为家禽的流感病毒可以传染给猪,而人的流感病毒也能传染给猪。由于流感病毒具有 8 个不同的核酸片段,当这两种不同的病毒粒子共同感染一个细胞时,其核酸片段会发生重新组合与排列而产生新型流感病毒粒子,这种新型流感病毒粒子对人类常能形成大的流行,而造成很大的危害。

我们通常所说的流感是由甲(A)、乙(B)、丙(C)三型流感病毒引起的一种人类急性呼吸道传染病。甲型和乙型,特别是甲型可引起人类流感大流行,丙型仅引起散在病例。禽流感为甲型流感病毒引起。流感病毒的最大特点是抗原变异性,而这种变异性能够引起传播力的变化,其中 A 型抗原变异性最强,经常发生小的变异,称为“抗原漂移”。流感病毒的变异程度不同,引起流行的程度也不同。当流感病毒发生大的变异或亚型转变时，称为“抗原转移”，这时就可能引起世界性流感大流行。相比较而言，B 型变异性较弱，只会引起局部地区的暴发和流行；C 型比较稳定，仅引起散发病例。

从微生物学角度讲，有三个方面的原因阻止了禽流感病毒对人类的侵袭。首先，人呼吸道上皮细胞不含禽流感病毒的特异性受体，即禽流感病毒不容易被人体细胞识别并结合；第二，所有能在人群中流行的流感病毒，其基因组必须含有几个人流感病毒的基因片段；第三，高致病性的禽流感病毒由于含碱性氨基酸数目较多，使其在人体内的复制比较困难。1997 年，在我国的香港地区，发生了 18 例人禽流感病例，其中 6 人死亡。该次暴发的人禽流感，病毒株与当时发生在香港家禽中的禽流感的病毒株一致，均为 H5N1 型，这是第一次有记录的禽流感感染人类。所以说，禽流感对于人类来说，是一种新发现的传染病。禽类禽流感的潜伏期从几小时到数天，最长可达 21 天。人类患上禽流感后，潜伏期一般在 7 天以内。人类患上禽流感后，早期症状与重症流感非常相似，表现为高热、流涕、鼻塞、咳嗽、咽痛、头痛、全身不适，部分患者可有恶心、腹痛、腹泻、稀水样便等消化道症状。有些患者可见眼结膜炎等眼部感染，体温大多持续在 39℃以上。部分患者胸部 X 线片会显示单侧或双侧肺炎，少数患者伴胸腔积液。有些病人可发生急性呼吸窘迫症及其他严重威胁生命的综合征。人类患禽流感的病死率高达 30%以上。

禽流感病毒在低温、干燥以及甘油中可保持活力达数月至一年以上。在干燥的尘土中，病毒能存活 14 天。在较低的温度下，病毒在污染的粪便中存活至少 3 个月。在水中，22℃时存活长达 4 天，0℃时可超过 30 天。在冷冻的禽肉和骨髓中，可存活 10 个月。禽流感病毒怕光、怕热，对普通消毒剂也很敏感。在直射阳光下，40～48 h 即可被灭活。通过加热(60℃30 min，100℃1 min)或普通消毒剂(福尔马林、碘复合物等)即可杀灭病毒。

实验室诊断包括病原学诊断和血清学检验。病原学诊断包括病原分离、基因鉴定和毒力测定，血清学检验主要包括琼脂糖凝胶免疫扩散试验(不适用于水禽)、血凝抑制试验(H1)等。服用抗流感病毒药物金刚烷胺和金刚乙胺为病毒 M2 蛋白抑制物，对甲型流感有效，其作用是阻断病毒吸附于敏感细胞。通常在发病 48 h 内开始用药，可使病毒排出量减少，排毒时间缩短，临床症状减轻，一两天即可退热，并可预防感染向下呼吸道蔓延，减少肺炎发生。扎那米尔(zanimivir)和奥司托维尔(oseltamivir)是神经氨酸酶抑制物，能够抗甲、乙型流感病毒。禽流感诊断技术方面，已建立：①琼脂扩散(agar gel diffusion，AGD)诊断技术；②亚型分型技术；③病毒分子诊断技术。禽流感疫苗研制方面，已研制出了可用于 H5 亚型高致病性禽流感紧急免疫预防接种的 H5 亚型禽流感灭活疫苗。H5N1 亚型禽流感重组鸡痘病毒活载体疫苗，也已进入区域安全释放阶段。

(五) 口蹄疫病毒

口蹄疫是由口蹄疫病毒(foot-and-mouth disease virus，FMDV)感染引起的偶蹄动物共患的急性、热性、接触性传染病，最易感染的动物是黄牛、水牛、猪、骆驼、羊、鹿等；黄羊、麝、野猪、野牛等野生动物也易感染此病。本病以牛最易感，羊的感染率低。口蹄疫发病后一般不致死，但会使病兽的口、蹄部出现大量水泡，高烧不退，使实际畜产量锐减。另外，有个别口蹄疫病毒的变种可传染给人，因此，每次暴发后只能屠宰和集体焚毁染病牲畜以绝后患。由于口蹄疫传播迅速、难于防治、补救措施少，被称为畜牧业的“头号杀手”。FMDV 属于小 RNA 病毒科(Picornaviridae)口疮病毒属(*Aphthovirus*)，是偶蹄类动物高度传染性疾病(口蹄疫)的病原。在病毒的中心为一条单链的正链 RNA，由大约 8 000 个碱基组成，是感染和遗传的基础；周围包裹着的蛋白质决定了病毒的抗原性、免疫性和血清学反应能力；病毒外壳为对称的二十面体。FMDV 在病畜的水泡皮内和淋巴液中含毒量最高。在发热期间血液内含毒量最多，奶、尿、口涎、泪和粪便中都含有 FMDV。不过，FMDV 也有较大的弱点——耐热性差，所以夏季很少暴发，而病兽的肉只要加热超过 100℃也可将病毒全部杀死。FMDV 的免疫是依赖 T 细胞的 B 细胞应答，疫苗接种主要诱导中和抗体的产生。

（六）狂犬病毒

狂犬病是由狂犬病毒（rabies virus）引起的人畜共患的传染病。早在 1884 年病毒发现之前，法国科学家巴斯德就发明了狂犬疫苗。狂犬病毒属于弹状病毒科弹状病毒属，外形呈弹状，核衣壳呈螺旋对称，表面具有包膜，内含有单链 RNA。它是引起狂犬病的病原体。狂犬病毒具有两种主要抗原：一种是病毒外膜上的糖蛋白抗原，能与乙酰胆碱受体结合使病毒具有神经毒性，并使体内产生中和抗体及血凝抑制抗体，中和抗体具有保护作用；另一种为内层的核蛋白抗原，可使体内产生补体结合抗体和沉淀素，无保护作用。狂犬病毒进入人体后，沿周围传入神经而到达中枢神经系统，因此头、颈部、上肢等处咬伤和创口面积大而深者发病机会多。狂犬病毒主要存在于患病动物的延脑、大脑皮层、小脑和脊髓中。唾液腺和唾液中也常含有大量病毒，人被患狂犬病的动物咬伤、抓伤或经黏膜感染均可引起狂犬病，在特定条件下也可以通过呼吸道气溶胶传染。感染者发病时呈高度兴奋状态，并伴有发热、头痛、恐怖不安、惊风怕声、肢体发麻、吞咽困难，一旦喝水即引起严重痉挛等症状，出现恐水现象，故又称“恐水症”（hydrophobia）。3～5 日后，病人转入麻痹、昏迷状态，最后呼吸、循环衰竭而死。

（七）新城疫病毒

新城疫（newcastle disease，ND）是由新城疫病毒（newcastle disease virus，NDV）引起的一种极易传染的毁灭性疾病，典型症状是呼吸道、消化道黏膜出血，最常侵袭家鸡，也能感染许多其他家禽和野鸟，人也有易感性。1926 年最早发现于印度尼西亚的巴塔维亚，同年发现于英国新城，因此得名为新城疫。新城疫感染的死亡率高达 100％。

NDV 属于副黏病毒科副黏病毒属，形态接近圆形。成熟病毒粒子外部为囊膜，内部为病毒核心。有血凝素和神经氨酸酶，是病毒的抗原结构。NDV 只有在鸡体内大量增殖，引起细胞病变，才能导致组织损伤。NDV 是通过自身结构 HN 多肽(血凝素-神经氨酸酶)吸附到细胞上，然后病毒与细胞膜发生相互融合作用进入细胞并开始复制繁殖的。

(八) 天花病毒

清朝的顺治和康熙两位皇帝与天花的关系因为没有明确的历史记载而更引起大家的兴趣。最早有记录的天花发作是在古埃及。1980 年 5 月，世界卫生组织宣布人类成功消灭天花。天花病毒(Variola virus)繁殖速度快，而且是通过空气传播，传播速度惊人。带病毒者在感染后 1 周内最具传染性，因其唾液中含有最大量的天花病毒。但是即使到病人结瘢剥离后，天花还是可能透过病人传染给他人。感染天花病毒后的潜伏期平均约为 12 天(7～17 天)。感染后的初期症状包括高烧、疲累、头疼及背痛。2～3 天后，会有典型的天花红疹明显地分布在脸部、手臂和腿部。在发疹的初期，还会有淡红色的块状面积伴随疹子而出现。病灶在几天之后开始化脓，直到第 2 个星期开始结痂。接下来的 3～4 周慢慢发展成疥癣，然后慢慢剥落。天花病毒有不同的品种，对人类会造成不同程度的感染。大多数的天花患者会痊愈，死亡情形常发生在发病后 1 或 2 周内，约有 30%的死亡率。

中国历史上的名医孙思邈用取自天花者口疮中的脓液敷着在皮肤上来预防天花。1796 年，英国乡村医生爱德华·詹纳发现了一种危险性更小的接种方法，他成功地给一个 8 岁的男孩注射了牛痘。现在的天花疫苗也不是用人的天花病毒，而是用牛痘病毒做的，牛痘病毒与天花病毒的抗原绝大部分相同，而对人体不会致病。到目前为止，对天花还没有确定有效的治疗方法。感染天花的病人通常是以支持疗法进行治疗，例如静脉注射电解质、营养品或以药物控制高烧或疼痛，同时也会以抗生素来预防感染天花病毒后随之而来的细菌感染问题。

(九) 病毒与癌症

癌症(cancer)是一种细胞无限生长的现象，导致癌细胞的大量形成和堆积成可见的感染病灶，称为肿瘤（恶性肿瘤，malignant tumor）。在人类肿瘤中虽尚未找到病毒对人致癌的直接证据，但根据流行病学调查、血清学和分子生物学研究资料，发现某些病毒与人类肿瘤发生之间存在着一定的关系。在 1997 年，世界卫生组织就已经宣布，84％的癌症具有肯定的病毒感染原因；而英国癌症研究组织最新研究报道则指出，全世界每年新增的癌症患者中，约有 180 万的患者是因为病毒感染而导致的。

四、其他疾病

1. 细菌性疾病

（1）腹泻（diarrhea）：为多种疾病的症状，如伤寒（typhoid fever）、痢疾（dysentery）、霍乱（cholear）等重症。急性发作的病原菌包括沙门氏菌属（Salmonella）、弯曲杆菌属（Campylobacter）、李斯特氏杆菌属（Listeria）的菌种或大肠杆菌属（Enterobacter）的某些菌株。

（2）肺炎（pneumonia）：多种疾病有此症状，两种最常见的肺炎是由肺炎链球菌（streptococcus pneumoniae）所引起的“传统型”肺炎和由军团杆菌（Legionella）所引起的军团病。

（3）支气管炎：由支气管炎分支杆菌（mycobacteria）引起。

（4）麻风病（leprosy）：由相关的麻风分枝杆菌（*Mycobacterium leprea*）引起的一种慢性接触性传染病。主要侵犯人体皮肤和神经，如果不治疗可引起皮肤、神经、四肢和眼的进行性和永久性损害。

（5）百日咳（pertussis），由百日咳博德特氏菌（*Bordetella pertussis*）引起的急性呼吸道传染病。婴幼儿多见，临床上以阵发性痉挛性咳嗽、鸡鸣样吸气吼声为特征。病程可长达 2～3 月，故名百日咳。

（6）瘟疫（plague）：由鼠疫巴斯德菌（*Pasteurella pestis*）引起的自然疫源性烈性传染病，也叫做黑死病。临床主要表现为高热、淋巴结肿痛、出血倾向、肺部特殊炎症等。

(7) 梅毒(syphilis):由梅毒螺旋体(*Treponema palidum*,又称苍白螺旋体)引起的一种经典性性病。患病后病程漫长,早期侵犯生殖器和皮肤,晚期侵犯全身各器官,并生多种多样的症状和体征。

(8) 淋病(gonorrhea):淋病是淋菌性尿道炎的简称,由淋病奈瑟氏菌(*Neisseria gonorrhoeae*)引起的泌尿生殖系统的化脓性感染,也可侵犯眼睛、咽部、直肠和盆腔等处以及引起血行播散性感染。

(9) 扁桃体炎(tonsillitis):由酿脓链球菌(*Streptococcus pyogenes*)引起,该菌也可引起咽炎、猩红热或红斑病。

(10) 疖、斑疹和脓疱:由金黄色葡萄球菌(*Staphylococcus aureus*)引起。和该菌同在一属的白色葡萄球菌(*Staphylococcus albus*)生活在皮肤上,对人无害。

2. 病毒性疾病

(1) 腹泻:由多种统称为肠道病毒(如轮状病毒、Norwalk 病毒、肠腺病毒)的病毒感染引起,可发生小肠非炎症性腹泻。

(2) 肺炎:呼吸道合胞病毒、腺病毒、副流感病毒、甲型和乙型流感病毒腺病毒、水痘-带状疱疹病毒、Epstein-Barr 病毒、柯萨奇病毒和 Hanta 病毒等可引起肺炎。

(3) 腮腺炎(epidemic parotitis):由一种黏病毒(myxovirus)引起。临床特征为发热及腮腺非化脓性肿痛,并可侵犯各种腺组织或神经系统及肝、肾、心脏、关节等器官。本病好发于儿童,亦可见于成人。

(4) 麻疹:由一种麻疹病毒引起。麻疹病毒呈球状,内核为单链 RNA,螺旋对称,有包膜,其上含血凝素。麻疹是小儿常见的传染病,传染性强,发病率高,并易与支气管性肺炎或脑膜炎并发,患并发症者病死率高。病毒存在于患者鼻咽部的分泌物中,主要通过咳嗽、喷嚏等飞沫经呼吸道侵入人体。患者表现发热,出现皮疹,大多数在口内颊黏膜上出现灰白色的口腔黏膜斑。

(5) 流感:流感是流行性感冒的简称,是由多种黏病毒引起的呼吸道传染病。在患者的呼吸道分泌物中含有大量病毒,可经飞沫直接传给他人，也有由啐沫玷污了用具、书本、衣服、手后，间接传播。因病毒在空气中只能生存 30 min 左右，所以，以直接传染为主。病初 3 天内传染性最强。流感病毒有甲、乙、丙、丁四大型，每型有多种亚型，而且同一型也易变异。各型间无交叉免疫性，也可感染某一型或亚型后，体内产生抗体，只对该型或该亚型有预防第二次得病的作用，但对其他型无作用，因此在感染其他型病毒时，仍可再得病，所以多次发生流感。

(6) 普通感冒：俗称伤风，是由鼻病毒、冠状病毒及副流感病毒等引起，这些病毒存在于病人的呼吸道中，经飞沫传染给别人。普通感冒较流行性感冒传染性要弱得多，一般人在受凉、淋雨、过度疲劳后，因抵抗力下降，才容易得病。所以普通感冒往往是个别出现，很少像流行性感冒流行时，病人成批出现。普通感冒发病时，多数是低热，很少高热，病人鼻塞流涕、咽喉疼痛、头痛、全身酸痛、疲乏无力，症状较流感轻微，并无生命之虑。

3. 真菌性疾病

(1) 鹅口疮(thrush)：又名雪口病白念菌病(moniliasis)，鹅口、雪口、鹅口疳、鹅口白疮。由白色念珠菌(*Candida albicans*)感染所引起，在黏膜表面形成白色斑膜，多见于婴幼儿。这种真菌有时也可在口腔中找到，当婴儿营养不良或身体衰弱时可以发病。新生儿多由产道感染，或因哺乳奶头不洁或喂养者手指的污染传播。

(2) 金钱癣(ringworm)：金钱癣又称为环癣，是一个个圆形的红色印，是受一类称为小孢子菌(microsporum)的真菌所感染的皮肤病。这些真菌会袭击毛囊而令披毛折断、死亡和脱落，令皮肤出现像被烟蒂灼过的印记，如用紫外光灯照射，会出现一个环形。多数系狗同狗传染，亦会传染人。

(3) 肺炎：由卡氏肺囊虫引起的卡氏肺囊虫肺炎(pneumocystis carinii pneumonia, PCP)，亦可称为卡氏肺孢子虫肺炎，又称间质性浆细胞肺炎(interstitial plasma cell pneumonia)，是一种少见的肺炎，主要发生于免疫低下的儿童。症状与艾滋病相似。

4. 原生动物引发的疾病

(1) 腹泻：由包括隐孢虫(cryptosporidia)在内的几类原虫引起。其中阿米巴痢疾(amebic dysentery)是热带地区的一种严重疾病，是由致病性溶组织阿米巴原虫侵入结肠壁后所致的以痢疾症状为主的消化道传染病。病变多在回盲部结肠，易复发变为慢性。原虫亦可由肠壁经血流-淋巴或直接迁徙至肝、肺、脑等脏器成为肠外阿米巴病，尤以阿米巴肝脓肿最为多见。

(2) 疟疾(malaria)：由寄生于人体的疟原虫(malaria parasite)所引起的传染病。经疟蚊叮咬或输入带疟原虫者的血液而感染。不同的疟原虫分别引起间日疟、三日疟、恶性疟及卵圆疟。主要表现为周期性规律发作，全身发冷、发热、多汗，长期多次发作后，可引起贫血和脾肿大。于夏秋季发病较多。在热带及亚热带地区一年四季都可以发病，并且容易流行。

(3) 嗜睡症：由锥虫(trypanosoma)引起。该病是产生于非洲的牛的一种病，但通过采采蝇(tsetse fly)的叮咬而传染给人类。非洲锥虫病，又称非洲睡眠病或嗜睡性脑炎，在非洲撒哈拉南部肆虐，其中有些流行区患病率高达八成。在非洲有两种锥虫为患：东非和南非的锥虫病是由罗德西亚布氏锥虫引起，而西非和中非的锥虫病是由冈比亚布氏锥虫引起的。锥虫在被叮咬的人的血液和淋巴腺繁殖，然后经血液入侵脑中枢神经系统引至脑炎。病者初期可能出现发热、皮疹、水肿和淋巴结胀大等症状，其后脑部和脑膜也可能出现炎症。东非锥虫病的病情可以快速恶化，脑部受影响的情况也较西非锥虫病早些。锥虫病晚期时可能会慢慢地出现其他神经系统疾病，昏睡的情况会逐渐增加，最终导致昏迷并造成死亡，而睡眠病亦因此而得名。

参考文献

[1]包木太,李彩霞,孙培艳,等.生物表面活性剂及其在重金属污染生态修复中的应用[J].城市环境与城市生态,2006,19(5):1—5.

[2]曹京哲.城市污水厂剩余活性污泥农用价值分析[J].太原科技,2003,3:14—15.

[3]陈爱葵,易广,李爱群.食用菌在提高人体免疫力方面的功效[J].中国食用菌,2004,23(3):7—9.

[4]陈美华."白色农业"是21世纪农业发展的新途径[J].安徽农业,1998,1:4—5.

[5]陈声明,张力钦.微生物学研究技术[M].北京:科学出版社,2006.

[6]陈曦,韩志群,孔繁华,等.生物质能源的开发与利用[J].化学进展,2007,19(7/8):1091—1097.

[7]陈秀蓉,南志标.细菌多样性及其在农业生态系统中的作用[J].草业科学,2002,19(9):34—38.

[8]陈文学,史俊华.双歧杆菌的研究进展[J].中国微生态学杂志,2000,12(5):298—300.

[9]陈卫,杭锋,赵建新,等.微波杀菌过程中大肠杆菌与金黄色葡萄球菌细胞膜通透性的改变[J].微生物学报,2007,47(4):697—701.

[10]池振明.现代微生物生态学[M].北京:科学出版社,2005.

[11]董宇静,俞励平,颜戊利,等.食用菌类中矿物质元素的研究[J].广东微量元素科学,2004,11(1):47—50.

[12]杜敏,南庆贤,龚海岩,等.双歧杆菌及其保健机理[J].食品与发酵工业,1995,2:81—83.

[13]冯月红,姚拓,龙瑞军.土壤解磷菌研究进展[J].草原与草坪,2003,100(1):3—5.

[14]高蓝,李浩明.表面展示技术在污染环境生物修复中的应用[J].应用与环境生物学报,2005,11(2):256—259.
[15]弓明钦,陈应龙,仲崇禄.菌根研究及应用[M].北京:中国林业出版社,1997.
[16]国家环保总局.中国环境状况公报[M].北京:人民教育出版社,2002.
[17]国家统计局.中国统计年鉴[Z].北京:中国统计出版社,2001.
[18]国家统计局农村社会经济统计司.中国农村统计年鉴[Z].北京:中国统计出版社,2001.
[19]郭维烈.研究微生物饲料制剂,加快"白色农业"的进展(之一)[J].中国饲料,1996,(21):12—14.
[20]桂祖发.酒类制造[M].北京:化学工业出版社,2001.
[21]哈斯苏荣.酸马奶及其医学价值[J].中国中药杂志,2003,28(1):11—14.
[22]黄英明,高振,黄和,等.生物炼制——实现可持续发展的新型工业模式[J].生物加工过程,2006,4(3):1—8.
[23]洪义国,郭俊,孙国萍.产电微生物及微生物燃料电池最新研究进展[J].微生物学报,2007,47(1):173—177.
[24]J.E.史密斯,著;郑平,胡宝兰,吕镇海,等译.生物技术概论(原书第四版)[M].北京:科学出版社,2006.
[25]贾士儒.生物工艺与工程实验技术[M].北京:中国轻工业出版社,2002.
[26]姜成林,徐丽华.微生物资源开发利用[M].北京:中国轻工业出版社,2001.
[27]姜岷,韦萍,卢定强,等.后化石经济时代工业生物技术发展的若干思考[J].化工进展,2006,25(10):1119—1123.
[28]孔健.农业微生物技术[M].北京:化学工业出版社,2005.
[29]康白.微生态学原理[M].大连:大连出版社,1996.
[30]康明官.中外著名发酵食品生产工艺手册[M].北京:化学工业出版社,1997.

[31]李京宝，韩峰，于文功. 细菌生物膜研究技术[J]. 微生物学报，2007，47 (3)：558—561.

[32]李铁民，马溪平，刘宏生，等. 环境微生物资源原理与应用[M]. 北京：化学工业出版社，2005.

[33]李艳. 发酵工业概论[M]. 北京：中国轻工业出版社，1999.

[34]李英军，刘忠林. EM 有效微生物技术在我国的应用研究进展[J]. 环境与开发，2001，16(3)：12—13.

[35]李越中. 药物微生物技术[M]. 北京：化学工业出版社，2004，172—173.

[36]李越中，李健，周璐，等. 我国黏细菌资源的分离与鉴定[J]. 微生物学报，2000，40 (6)：652—655.

[37]李志真，谢一青. VA 菌根的研究进展及其应用前景[J]. 江西农业大学学报（自然科学版），2002，24(4)：448—453.

[38]李阜棣，胡正嘉. 微生物学. 5 版[M]. 北京：中国农业出版社，2004.

[39]李静，连宾，胡鹏刚. 细菌多糖及其在食品工业中的应用[J]. 食品科学，2006，27 (04)：255—259.

[40]李香春. 脂肪酶的研究进展[J]. 肉类工业，2003，4：45—48.

[41]李云，曾东方. 食用菌液体深层发酵的研究热点[J]. 食品工业科技，2006，27(7)：199—202.

[42]李维国. 环境工程中微生物的利用[J]. 吉林师范大学学报（自然科学版），2004，1：67—69.

[43]李维炯，倪永珍. EM 应用技术[M]. 北京：农业科技出版社，1998.

[44]李月梅. 食用菌的功能成分与保健功效[J]. 食品科学，2005，26 (8)：517—561.

[45]李增利. pH 值及培养时间对红菇多糖深层发酵的影响[J]. 食品科技，2006，12：21—25.

[46]卢敏，牟莉. 环境污染对食品的危害与对策研究[J]. 食品科学，2007，28(08)：593—595.

[47]罗尔夫 D. 施密德著;李慎涛,等译. 生物技术与基因工程图解小百科[M]. 北京:科学出版社,2005.
[48]罗立新,汪薇,潘力. 黏细菌发酵生产新型微生物药物的初步研究[J]. 食品与发酵工业,2005,31(7):10—12.
[49]罗云波. 食品生物技术导论[M]. 北京:中国农业大学出版社,2002.
[50]刘爱民. 生物肥料应用基础[M]. 南京:东南大学出版社,2007.
[51]刘玲玲. 环境污染与食品安全[J]. 中国食物与营养,2006,2:12—14.
[52]刘萍萍,闫艳春. 微生物农药研究进展[J]. 山东农业科学,2005,2:78—790.
[53]刘威,朱伟云,姚文,等. 一株乳酸利用、丁酸产生菌的分离与鉴定及代谢特性的初步研究[J]. 微生物学报,2007,47 (3):435—440.
[54]梅光泉. 重金属废水的危害及治理[J]. 微量元素与健康研究,2004,21(4):54—56.
[55]马振英,王英,王健. 秸秆处理技术的发展与启示[J]. 中国资源综合利用,2007,25(7):33—37.
[56]孟艳琼,宋敏,彭凡,等. 杏鲍菇深层发酵工艺的研究[J]. 安徽农业大学学报,2003,30(3):337—341.
[57]闵九康,陶天申. 生物肥料与生物修复工程[M]. 北京:台海出版社,2006.
[58]曲音波. 微生物技术开发原理[M]. 北京:化学工业出版社,2005.
[59]任南琪,李建政. 环境污染防治中的生物技术[M]. 北京:化学工业出版社,2004.
[60]任仁,张敦信,于志辉,等. 化学与环境[M]. 2 版. 北京:化学工业出版社,2005.
[61]沙家骏. 化工产品手册·农用化学品[M]. 北京:化学工业出版社,1999.

[62]史家梁,朱怀兰,徐亚同.环境有益微生物的开发、应用及产业化[J].环境科学,1997,18(6):82—84.
[63]石成春,郭养浩.环境微生物降解有机磷农药研究进展[J].上海环境科学,2003,22(12):863—868.
[64]宋思扬,楼士林.生物技术概论[M].2版.北京:科学出版社,2003.
[65]宋志军,吴红,Michael G,等.细菌生物膜与抗生素耐药[J].自然科学进展,2003,13(10):1015—1021.
[66]宋志文,夏文香,曹军.海洋石油污染物的微生物降解与生物修复[J].生态学杂志,2004,23(3):99—102.
[67]孙惠平,彭恭嘉.马奶脂抑制结核分枝杆菌生长的体外试验观察[J].实用医技杂志,2003,10(10):1123—1124.
[68]孙光闻.重金属污染及治理研究进展[J].南方农业,2007,1(2):41—44.
[69]谭衡,刘春来,刘照清.中国生物农药的开发应用现状及前景[J].湖南农业科学,2006,(3):77—79.
[70]陶明煊,王玮,王晓炜,等.真姬菇营养成分生物活性物质分析及其多糖清除自由基活性研究[J].食品科学,2007,28(08):404—407.
[71]滕玲玲,魏世强.生物燃料的利用及开发现状分析[J].微量元素与健康研究,2007,24(2):55—58.
[72]王海英,张利平.黏细菌:一类重要的微生物资源[J].微生物学通报,2003,30(2):115—116.
[73]王爱军,袁丛英.绿色生物农药研究现状及发展[J].河北化工,2006,1:54—56.
[74]王宝贞.水污染控制工程[M].北京:高等教育出版社,1994.
[75]王静康,龚俊波,鲍颖.21世纪中国绿色化学与化工发展的思考[J].化工学报,2004,55(12):1944—1949.
[76]王建国.环境微生物[M].北京:化学工业出版社,2002.
[77]王继军,黄士忠.沼液对农药的增效作用[J].农业环境保护,

1998,17 (4):190—191.
[78]王君,张宝善.微生物生产天然色素的研究进展[J].微生物学通报,2007,34(3):580—583.
[79]王兰.现代环境微生物学[M].北京:化学工业出版社,2006.
[80]王晓娟,魏传晚,徐淑永.生物活性多糖结构与功效关系的研究进展[J].广州化工,2004,32(1):6—10.
[81]王素缓.食用菌的代谢产物[J].生物学教学,2001,26(9):35—36.
[82]王竹天.食品污染物监测及其健康影响评价的研究简介[J].中国食品卫生杂志,2004,16(2):99—103.
[83]王贻莲,李国田,高雯,等.活体类微生物杀虫剂的研究与应用[J].山东科学,2006,19(6):31—34.
[84]汪方炜,鲁兴萌.昆虫的微孢子虫病[J].昆虫知识,2003,40(1):5—8.
[85]王树昌,潘贤丽.浅谈生物防治中的生物农药[J].华南热带农业大学学报,2003,9(1):27—32.
[86]汪雪雁.双歧杆菌的研究进展[J].安徽农业大学学报,2000,27(2):175—177.
[87]吴春芳,吴星五.有机污染物的微生物处理研究进展[J].四川环境,2006,25(5):71—75.
[88]吴海燕,孙淑荣,刘春光,等."白色农业(微生物农业)"与农业可持续发展[J].微生物学杂志,2006,26(1):89—92.
[89]吴梧桐,王友同,吴文俊.21世纪生物技术和生物制药(一):生物技术药物发展现状[J].药物生物技术,2001,8(1):1—3.
[90]吴香尧.城市生活垃圾堆肥化处理的现状、问题及解决途径初探[J].成都理工学院学报,1999,26(3):211—216.
[91]吴建峰,林先贵.我国微生物肥料研究现状及发展趋势[J].土壤,2002 (2):68—72.
[92]吴俊森.微生物絮凝剂的研究与应用[J].山东师范大学学报(自然科学版),2006,21(1):85—86.

[93]席北斗，刘鸿亮，白庆中，等. 堆肥中纤维素和木质素的生物降解研究现状[J]. 环境污染治理技术与设备，2002，3(3)：19—23.
[94]熊泽，唐明，邵伟. 液体深层发酵杏鲍菇工艺条件研究[J]. 三峡大学学报(自然科学版)，2006，28(5)：466—488.
[95]许震，朱五星. 利用污水处理厂污泥制作微生物有机肥的方案设计[J]. 安徽建筑工业学院学报(自然科学版)，2003，11(2)：37—40.
[96]徐桂转，常春，张百良. 代谢工程在可再生资源生产燃料酒精中的研究进展[J]. 酿酒科技，2005，9：43—47.
[97]阎章才，东秀珠. 微生物的生物多样性及应用前景[J]. 微生物学通报，2001，28(1)：96—102.
[98]杨冰，高海军，张自强. 微生物燃料电池研究进展[J]. 生命科学仪器，2007，5：3—12.
[99]杨梅，陈凌华，石磊，等. 白灵菇的深层培养及菌丝体氨基酸组分分析[J]. 福建师范大学学报(自然科学版)，2006，22(1)：77—81.
[100]杨梅，邓象斌. 鸡腿菇菌丝深层培养研究[J]. 食用菌，2001(3)：6—7.
[101]杨汝德，陈惠音. 双歧杆菌对老年人的保健作用[J]. 广州食品工业科技，1995，11(2)：22—26.
[102]杨瑞馥，宋亚军. 微生物法医学：理论与技术[M]. 北京：化学工业出版社，2005.
[103]杨永华，姚健. 分子生物学方法在微生物多样性研究中的应用[J]. 生物多样性，2000，8 (3)：337—342.
[104]殷培杰，孙军德，石星群，等. 微生物菌剂在鸡粪有机肥料堆制发酵中的应用[J]. 微生物学杂志，2004，24(6)：43—46.
[105]余焕玲，晏萍. 乳酸菌的生理功能及在食品中的应用[J]. 饮料工业，2000，3(4)：10—13.
[106]易美华. 生物资源开发利用[M]. 北京：中国轻工业出版社，

2003.
[107]余晓斌，罗长才，缪静. pH 值对冬虫夏草深层发酵的影响[J]. 食品与发酵工业，2003，29(13)：98—100.
[108]约翰·波斯特盖特. 微生物与人类[M]. 北京：中国青年出版社，2007.
[109]岳天祥. 生物多样性研究及问题[J]. 生态学报，2001，21(3)：462—467.
[110]曾庆文，曹军. 中药发酵的研究进展[J]. 齐齐哈尔医学院学报，2005，26(5)：545—547.
[111]曾文炉，蔡昭铃，欧阳藩，等. 二十一世纪的理想食品——螺旋藻[J]. 生物工程进展，2001，2 (5)：29—35.
[112]张超，李冀新. 微生物降解有机磷农药残留机理及菌种筛选研究进展[J]. 农药科学与管理，2006，27(4)：29—33.
[113]张春杨. 益生菌作用机理的研究进展[J]. 预防兽医学进展，2000，2：31—34.
[114]张甫安，朱宏发，李明炎，等. 珍稀菌菇实用栽培技术[M]. 香港：香港教科文出版有限公司，2000.
[115]张丽萍，张贵云. 微生物农药研究进展[J]. 北京农业科学，2000，18(4)：22—24.
[116]张素琴. 微生物分子生态学[M]. 北京：科学出版社，2005.
[117]张悦，宋晓玲，黄倢. 微生物多糖结构与免疫活性的关系[J]. 动物医学进展，2005，26 (8)：10—12.
[118]赵永勋. 食药用菌液体发酵的现状和展望[J]. 农业与技术，2004，24(3)：111—114.
[119]赵淑清，方精云，雷光春. 确定大尺度生物多样性优先保护的一种方法[J]. 生物多样性，2000，8(4)：435—440.
[120]郑耀通，林志燕，吴晔. 二株微生物絮凝剂产生菌的筛选与特性研究[J]. 江西农业大学学报，2001.26(2)：274—277.
[121]周德庆，郭杰炎. 我国微生态制剂的现状和发展设想[J]. 工业微生物，1999，29(1)：34—43.

[122]周德庆. 微生物学教程[M]. 2 版. 北京:高等教育出版社,2002.

[123]周文强,樊慧梅. 拮抗微生物在生物防治中的研究进展[J]. 辽宁农业科学,2005(5):32—34.

[124]朱雷,常慧萍,唐欣昀,等. 几种酶活抑制剂对红曲霉色素合成的影响[J]. 微生物学报,2007,47(4):706—709.

[125]朱能武. 堆肥微生物学研究现状与发展前景[J]. 氨基酸和生物资源,2005,27 (4):36—40.

[126]朱跃钊,卢定强,万红贵,等. 木质纤维素预处理技术研究进展[J]. 生物加工过程,2004,2(4):11—16.

[127]Amann RI,Ludwig W,Schleifer KH. Phylogenetic identification and in situ detection of individual microbial cells without cultivation [J]. Microbiology Reviews,1995,59:143—169.

[128]Arciola CR,Alvi FI,An YH,et al. Implant infection and infection resistant materials:a mini review[J]. Int J Artif Organs,2005,28:1119—1125.

[129]Bond DR,Holmes DE,Tender LM. et al. Electrode-reducing microorganisms harvesting energy from marine sediments [J]. Science,2002,295:483—485.

[130] Bourriaud C,Robins RJ,Martin L,et al. Lactate is mainly fermented to butyrate by human intestinal microfloras but interindividual variation is evident [J]. J Appl Microbiol,2005,99 (1):201—212.

[131]Catherine N M,Raymond N Y,Bernard F G,et al. Metal Removal from Contaminated Soil and Sediments by the Biosurfactant Surfactin[J]. Environ. Sci. Technol,1999,33:3812—3820.

[132]Chaudhuri S K,Lovely D R,Electricity generation by direct oxidation of glucose inmediatorless microbial fuel cells[J].

Nature Biotech,2003,21(10):1229—1232.

[133]Daims H,Lucker S,Wagner M. Daime,a novel image analysis program for microbial ecology and biofilm research[J]. Environ Microbiol,2006,8:200—213.

[134]David B Levina,Lawrence Pitt,Murray Love. Biohydrogen production:prospectsand limitations to practical application [J]. International Journal of Hydrogen Energy,2004,29:173—185.

[135]Dincer I. Renewable energy and sustainable development:a crucial review [J]. Renewable &Sustainable Energy Reviews,2000,4:157—175.

[136]Donlan RM. Biofilms:Microbial life on surfaces[J]. Emerg Infect Dis,2002,8:881.

[137]Donlan RM,Costerton JW. Biofilms:survival mechanisms of clinically relevant microorganisms[J]. Clin Microbiol Rev, 2002,15:167—193.

[138]Engel K H,Frenzel T,Miller A. Current and future benefits from the use of GM technology in food production[J]. Toxicology Letters,2002,127:329—336.

[139]Kaeberlein T,Lewis K,Epstein S S. Isolating "uncultivable" microorganisms in pure culture in a simulated natural environment[J]. Science,2002,296:1127.

[140]Korneel Rabaey,Willy Verstraete. Microbialfuelcells:novelbiotechnology for energy generation[J]. TRENDS in Biotechnology,2005,23(6):291—298.

[141]Kosuke Ikeyaa,Shuichi Yamamoto,Akira Watanabe. Semiquantitative GC/MS analysis of thermochemolysis products of soil humic acids with various degrees of humification[J]. Organic Geochemistry,2004,35:583—594.

[142]Lakrod K,Chaisrisook C,Skinner DZ. Expression of pig-

mentation genes following electroporation of albino Monascus purpureus[J]. J Ind Microbiol Biotechnol, 2003, 30: 369—374.

[143] Lee PW, Fukuto JM, Hernandez H, et al. Fate of MCP in the environment[J]. Journal of Agricultural and Food Chemistry, 1990, 38: 567—573.

[144] Li HY, Yu T. Effect of chitosan on incidence of brown rot, quality and physiological attributes of postharvest peach fruit[J]. J Sci Food Agri, 2001, 81(2): 269—274.

[145] Linping K, Farida D, Willy V. Sludge treatment and reuse as soil conditioner for small rural communities[J]. Bioresource Technology, 2000: 73.

[146] Logan BE. Simutaneous wastewater treatment and biological electricity generation[J]. Water Science, 2005, 52: 31—37.

[147] Pace NR, Stahl. DA, Lane DJ, et al. The analysis of natural microbial populations by ribosomal RNA sequence[J]. Advances Microbial Ecol, 1986, 9: 1—55.

[148] Pajand N and Paul A J. Endophytic bacteria induce growth promotion and wilt disease suppression in oilseed rape and tomato[J]. Biological control, 2000, 18: 208—215.

[149] Parsek MR, Singh PK. Bacterial biofilms: an emerging link to disease pathogenesis[J]. Annu Rev Microbiol, 2003, 57: 677—701.

[150] Paris A Kosmidis, Christian Manegold. Advanced NSCLC: new cytostatic agents [J]. Lung Cancer, 2003, 41: 5123—5132.

[151] Patrick C Hallenbeck, John R Benemann. Biological hydrogen production; fundamentals and limiting processes[J]. International Journal of Hydrogen Energy, 2002, (27): 1185—1193.

[152]Quan S, Burentegusi, Yu B. Microflora in traditional starter cultures for fermented milk, hurunge, from Inner Mongolia, China[J]. Animal Science Journal, 2006, 77 (2): 235—241.

[153]Reguera G, McCarthy KD, Mehta T, et al. Extracellular electron transfer via microbial nanowires[J]. Nature, 2005, 435: 1098—1101.

[154]Robertsen B. Modulation of the non-specific defence of fish by structurally conserved microbial polymers[J]. Fish & Shellfish Immunol, 1999, 4 (9): 269—290.

[155]Wolfang Dawid. Biology and global distribution of myxobacteria in soils [J]. FEMS Microbiology Reviews, 2000, 24: 403—427.

[156] Zeng A P, Biebl H. Bulk chemicals from biotechnology: the case of 1,3-propanediol production and the new trends [J]. Adv Biochem Eng Biotechnol, 2002, 74: 2392—2591.